Zur Geschichte der Geophysik

Festschrift zur 50jährigen Wiederkehr der Gründung
der Deutschen Geophysikalischen Gesellschaft

Herausgegeben von
H. Birett K. Helbig W. Kertz U. Schmucker

Mit 84 Abbildungen

Springer-Verlag Berlin Heidelberg New York 1974

ISBN-13: 978-3-642-65999-7   e-ISBN-13: 978-3-642-65998-0

DOI: 10.1007/978-3-642-65998-0

Softcover reprint of the hardcover 1st edition 1974

Library of Congress Cataloging in Publication Data. Main entry under title: Zur Geschichte der Geophysik. "Ouellen zur Geschichte der Geophysik," by H. Birett: p. Includes index. CONTENTS: Koenig, M. Die Deutsche Geophysikalische Gesellschaft, 1922-1974.— Birett, H. Zur Vorgeschichte der Newtonschen Theorie der Gezeiten. - Petri, W. Geophysikalisch interessante Gedanken bei Copernicus und Kepler. [etc.] 1. Geophysics - Germany - Addresses, essays, lectures. 2. Deutsche Geophysikalische Gesellschaft. I. Helbig, Klaus ed. II. Deutsche Geophysikalische Gesellschaft.

Offsetdruck: Julius Beltz, Hemsbach/Bergstr. Bindearbeiten: Konrad Triltsch, Graphischer Betrieb, Würzburg.

Vorwort

Seit 5o Jahren gibt es die Deutsche Geophysikalische Gesellschaft.
Das Stück Geschichte der Geophysik, das sie in dieser Zeitspanne erlebt hat, ist überaus reichhaltig, nicht nur hinsichtlich der Entwicklungen, Erkenntnisse und Erfolge der Geophysik selbst, sondern
auch in seiner Verflechtung mit der Geschichte der Nachbarwissen-
schaften von der Erde und mit der Geschichte der Naturwissenschaften
überhaupt. Die Deutsche Geophysikalische Gesellschaft hat es daher
unternommen, die Anfänge einer Reihe von Teilgebieten der Geophysik
aufschreiben zu lassen und in dem vorliegenden Band zu sammeln. Diesen hat sie ihren Mitgliedern und den anderen Freunden der Geophysik
gleichsam als Geburtstagsgeschenk zugedacht.

Hannover, Oktober 1974   Prof. Dr. A. Hahn
                                (Vorsitzender der Deutschen
                                Geophysikalischen Gesellschaft)

Inhaltsverzeichnis

Mitarbeiterverzeichnis

ANGENHEISTER, G., Prof. Dr., Institut für Angewandte Geophysik,
8 München 2, Theresienstraße 41

BECKMANN, B., Dr., Fernmeldetechnisches Zentralamt, 61 Darmstadt,
Postfach 800

BIALAS, V., Dr., Institut für Geschichte der Naturwissenschaften,
8 München 26, Deutsches Museum

BIRETT, H., Oberbibliotheksrat, Dipl.-Geophys., 8 München 21,
Veldener Straße 28

CLOSS, H., Prof. Dr., 3 Hannover, Gerlachstraße 9

ERRULAT, F., Prof. Dr.†, zuletzt Deutsches Hydrographisches Institut,
2 Hamburg 14, Bernhard-Nocht-Straße 78

FISCHER, A.J., Dr., Astronomisches Institut der Universität Tübingen,
Außenstelle Weissenau, 7980 Rasthalde/Ravensburg

GROTEN, E., Prof. Dr., Astronomische Geodäsie und Satellitengeodäsie,
Technische Hochschule Darmstadt, 61 Darmstadt, Petersenstraße

HAHN, A., Prof. Dr., Niedersächsisches Landesamt für Bodenforschung,
3 Hannover 23, Postfach 23 01 53

HELBIG, K., Prof. Dr., Deutsche Texaco Aktiengesellschaft, 3101 Wietze

KERTZ, W., Prof. Dr., Institut für Geophysik und Meteorologie,
33 Braunschweig, Mendelssohnstraße 1

KÖHLER, R., Dr., 3 Hannover, An der Vogelweide 4

KOENIG, M., Dr., Institut für Physik des Erdkörpers, 2 Hamburg 13,
Binderstraße 22

MEYER, J., Dr., Institut für Geophysikalische Wissenschaften,
1 Berlin 33, Rheinbabenallee 49

MÜHLEISEN, R., Prof. Dr., Astronomisches Institut der Universität
Tübingen, Außenstelle Weissenau, 7980 Rasthalde/Ravensburg

PAETZOLD, H.K., Prof. Dr., Institut für Geophysik und Meteorologie,
5 Köln-Lindenthal, Albertus-Magnus-Platz

PETERSEN, N., Dr., Institut für Angewandte Geophysik, 8 München 2,
Theresienstraße 41

PETRI, W., Prof. Dr., Institut für Geschichte der Naturwissenschaften,
8 München 26, Deutsches Museum

PFOTZER, G., Prof. Dr., Max-Planck-Institut für Aeronomie,
    3411 Lindau/Harz, Postfach 6o

SCHMIDLIN, H., Dr., 78o9 Denzlingen, Karlstraße 6

SCHMUCKER, U., Prof. Dr., Institut für Geophysik, 34 Göttingen,
    Herzberger Landstraße 18o

SCHOPPER, E., Prof. Dr., Institut für Kernphysik der Universität
    Frankfurt, 6 Frankfurt 9o, August-Euler-Straße 6

SCHRÖDER, W., Dr., 282 Bremen-Roennebeck, Hechelstraße 8

SCHULZE, G.A., Dr., 3 Hannover-Kirchrode, Pirmasenser Straße 1

TOPERCZER, M., Prof. Dr., Institut für Meteorologie und Geophysik,
    A-119o Wien IX, Boltzmannstraße 5

VOPPEL, D., Dipl.-Phys., Deutsches Hydrographisches Institut,
    2 Hamburg 14, Bernhard-Nocht-Straße 78

Alfred Wegener (1880 – 1930)

Wegener, Alfred Lothar, 1.11.188o -
11.193o, Geophysiker. Nach einer
Photographie. (Photo Deutsches Museum
München)

Ein Rückblick auf die Geschichte der Geophysik ohne eine ausführliche
Würdigung der Person und des Werks Alfred Wegeners ist ein Torso.
Wenn die Herausgeber trotzdem auf den ursprünglich vorgesehenen Bei-
trag verzichten zu müssen glaubten, so deswegen, weil eine derartige
Würdigung während der Vorbereitungen zu diesem Band erschienen ist
(KOLL, 1972). Stattdessen sind zwei Brieffragmente Wegeners abge-
druckt, die die ältesten schriftlichen Zeugnisse seiner Kontinental-
verschiebungstheorie sind.

Die Abbildungen stammen aus dem Nachlaß Wegener/Köppen, den Frau Else
Wegener vor einigen Jahren dem Deutschen Museum vermacht hat.

K.H.

Literatur

GEORGI, J.: Alfred Wegener † zum 8o. Geburtstag. Holzminden: Weser-
    landverlag 196o (= Polarforsch. Beih. 2).
WEGENER, E.: Alfred Wegener. Tagebücher, Briefe, Erinnerungen. Wies-
    baden: Brockhaus 196o.
KOLL, K.: 6o Jahre Kontinentaldrift-Theorie. Zentralblatt für Geolo-
    gie und Paläontologie 1972, 15o-186, 27o-3o6.
Deutsche Grönlandexpedition Alfred Wegener. Tonfilm FT 227. 243 m
    (22 Minuten). Aufnahmen von den Vorbereitungen zur letzten Expe-
    dition, der Expedition selber und der Auffindung der Leiche
    Wegeners.

Teil eines Briefes von Alfred Wegener an Wladimir Köppen, um 1912
(Photo Deutsches Museum München)

Brief von Alfred Wegener an seinen Schwiegervater Wladimir Köppen,
6.12.1911. Erstes erhaltenes Dokument, in dem die Kontinentalver-
schiebungstheorie erwähnt wird (Photo Deutsches Museum München)

Marburg d. 6. Dez. 1911.

Lieber Vater,
auf Deinen ausführlichen Brief muss ich
Dir gleich antworten. Ich glaube doch
Du hältst meinen Urkontinent für phan-
tastischer als er ist und nebst noch
nichts, dass es sich lediglich um Deutung
des Beobachtungsmaterials handelt. Wenn
ich auch nur durch die übereinstim-
menden Küstenkonturen darauf gekommen
bin, so muss die Beweisführung natürlich
von den Beobachtungsgegebenen der
Geologie ausgehen. Hier werden wir ge-
zwungen, eine Landverbindung zwischen
Südamerika und Afrika anzunehmen,
welche zu einer bestimmten Zeit ab-
brach. Den Vorgang kann man sich
auf zweierlei Weise vorstellen: 1) durch
Versinken eines verbindenden Kontinents
„Archhelenis" oder 2) durch Auseinander-
ziehen von einer großen Bruchspalte.
Bisher hat man, von der unbewiesenen
Vorstellung der unveränderlichen
Lage jeder Länder ausgehend immer nur 1) berücksichtigt und 2) ignoriert.
Dabei widerstreitet 1) aber der modernen Lehre von der Isostasie und
überhaupt unseren physikalischen
Vorstellungen. Ein Kontinent kann
nicht versinken, denn er ist leichter als

Mitteilungen.

Deutsche Geophysikalische Gesellschaft, Tagung in Innsbruck am 24. u. 25. Sept. 1924.

Die bisherige „Deutsche Seismologische Gesellschaft" hielt auf der Naturforscherversammlung zu Innsbruck, September 1924, ihre Jahresversammlung ab, in der sie beschloß, sich unter Erweiterung des Arbeitsgebietes im ganzen in die

„Deutsche Geophysikalische Gesellschaft"

umzuwandeln. Der Vorstand wurde für das nächste Jahr wie folgt bestimmt:

Vorsitzende: O. Hecker, H. Hergesell, E. Wiechert.

Beisitzende: C. W. Lutz, K. Mack, Adolf Schmidt, A. Defant, F. Linke, W. Schweydar.

Schriftleiter der von der Gesellschaft herauszugebenden Zeitschrift: G. Angenheister.

Schatzmeister: R. Schütt.

Für die Ausgestaltung der Gesellschaftszeitschrift, deren Herausgabe beschlossen wurde, wurde eine Kommission gegründet, die außer dem Vorstand die Herren E. Tams und L. Weickmann umfaßt. Diese Kommission hat inzwischen als Herausgeber der Gesellschaftszeitschrift mit dem Titel:

„Zeitschrift für Geophysik"

die Herren: G. Angenheister, O. Hecker, Fr. Kossmat, F. Linke, W. Schweydar, E. Wiechert bestimmt.

Als Ort für die nächste Jahresversammlung wurde Göttingen gewählt (Zeit: wahrscheinlich Anfang Oktober 1925). E. Wiechert.

Gründungsmitteilung der Deutschen Geophysikalischen Gesellschaft
(Z. Geophys. 1, 217, 1924/25)

Einleitung

W. Kertz

Abgrenzung, Zweck und Plan dieses Buches versteht man am besten,
wenn man weiß, wie es entstanden ist. Bei der 32. Tagung der Deutschen Geophysikalischen Gesellschaft 1972 in Frankfurt wurde der
Beschluß des Vorstandes verkündigt, keine Feier zur 5ojährigen Wiederkehr des Gründungstages zu veranstalten. Da tauchte der Gedanke
auf, stattdessen ein Sonderheft der Zeitschrift für Geophysik zum
Thema "Geschichte der Geophysik" herauszugeben. Eine schriftliche
Umfrage bei Mitgliedern und Freunden der Gesellschaft erbrachte allgemeine Zustimmung und, was noch wichtiger war, Angebote, bestimmte
Artikel für dieses Sonderheft zu schreiben. Der Vorstand akzeptierte
den Vorschlag und bestellte das Herausgebergremium. Inzwischen ging
die Zeitschrift auf einen neuen Verlag über. Der bot an, statt des
Sonderheftes ein eigenes Buch herauszugeben. Das wurde gern akzeptiert.

Aus dieser Entstehungsgeschichte erklärt sich der Charakter des
Buches: eine lose Sammlung verschiedenartiger Beiträge zur Geschichte
der Geophysik. Jeder einzelne Artikel genügt wissenschaftlichen Ansprüchen, doch kann ihre Gesamtheit nicht den Anspruch erheben, die
Geschichte der Geophysik darzustellen. Dazu ist ihre Auswahl zu un-
systematisch. Ohne besondere Absicht wurde das deutsche geophysikalische Schrifttum bevorzugt, einfach weil alle Autoren Deutsche sind.
Auch beschäftigen sich mehrere Artikel mit Details, die zwar für die
Geschichte der Geophysik relevant sind, aber erst in einer viel um-
fangreicheren Darstellung dieser Geschichte Platz gefunden hätten.

Auch eine Zusammenstellung, bei der von vornherein auf Systematik
und Vollständigkeit verzichtet wurde, kann bleibenden Wert für die
Geschichte der Geophysik haben. Geschichtliche Tatsachen wurden
hervorgeholt und damit vor dem Vergessen bewahrt. Auch wurden Zusammenhänge aufgedeckt, die bei der üblichen Darstellung der Geophysik,
bei der die geschichtliche Entwicklung eliminiert wird, verborgen
bleiben.

Leider haftet der Beschäftigung mit der Geschichte der Geophysik
etwas Esoterisches an. Forschende oder praktisch tätige Geophysiker
glauben, keine Zeit dafür zu haben. Historikern erscheint die Materie
zu fremd. Die wenigen, die sich über solche Vorurteile hinwegsetzen,
finden in der Geschichte der Geophysik - genauso wie in der anderer
Naturwissenschaften - eitel Freude, ist doch im Gegensatz zur poli-
tischen Geschichte nur von "Fortschritten" zu berichten.

Wenn es diesem Band gelingt, einige Leser, denen die Geschichte
unserer Disziplin auch bisher schon eine Bereicherung ihrer Arbeit
und ihres Lebens war, zu erfreuen und darüberhinaus andere neu als
Freunde der Geschichte der Geophysik zu gewinnen, so sehen sich die
Herausgeber für ihre Mühe belohnt. Allen, die weiter eindringen wollen in das bisher nur wenig erforschte Gebiet, soll der letzte Artikel "Quellen zur Geschichte der Geophysik" Wegweiserdienste leisten.

Die Deutsche Geophysikalische Gesellschaft, 1922-1974

M. Koenig

1. Vorbemerkung

Der Name "Deutsche Geophysikalische Gesellschaft" besteht fünfzig
Jahre. Das ist Grund genug zu einem Rückblick auf die Leistungen der
Geophysik und die Entwicklung dieser Gesellschaft. Ein ähnlicher Rückblick erschien aus Anlaß des dreißigjährigen Bestehens der Gesellschaft
in der Zeitschrift für Geophysik im ersten nach dem Zweiten Weltkrieg
gedruckten Heft. Aus dem Inhalt dieses Heftes sei vor allem ein von
HILLER (1953) verfaßter Beitrag erwähnt, der den Titel "3o Jahre
Deutsche Geophysikalische Gesellschaft, 1922 - 1952" trägt. Die in
diesem Artikel enthaltenen Daten und Fakten seien nachfolgend in gro-
ben Zügen wiedergegeben, weil jenes Heft manchem interessierten Leser
nur schwer zugänglich sein wird.

2. Allgemeine Vereinsgeschichte, Vorstand, Ehrungen

Anläßlich der Jahresversammlung Deutscher Naturforscher und Ärzte im
September 1922 in Leipzig wurde auf Anregung von Geh. Reg.-Rat Prof.
Dr. Emil Wiechert die "Deutsche Seismologische Gesellschaft" gegründet.
Dieser Zusammenschluß deutscher Geophysiker muß vor dem historischen
Hintergrund der Situation Deutschlands nach dem Ersten Weltkrieg gesehen werden, der das Land in eine sowohl wirtschaftliche wie auch
wissenschaftliche Isolierung geführt hatte. Doch eine Konzentration
nur der seismologischen Kräfte war auf die Dauer nicht befriedigend.
So kam es, daß bereits zwei Jahre nach der Gründung der Gesellschaft
ihr Aufgabenbereich auf die übrigen zum Fach Geophysik zählenden Disziplinen erweitert wurde. Während der dritten Jahrestagung der Deutschen Seismologischen Gesellschaft im September 1924 in Innsbruck,
die wiederum in Verbindung mit der Versammlung Deutscher Naturforscher
und Ärzte abgehalten wurde, beschlossen die Mitglieder die Umbenennung
des Namens in "Deutsche Geophysikalische Gesellschaft".

Den Umfang des erweiterten Arbeitsgebietes der Gesellschaft erkennt
man aus der Einteilung, die dem ersten Band der Zeitschrift für Geophysik vorangestellt wurde:

I. Bewegung und Konstitution der Erde.

   1. Rotation, Umlauf, Präzession, Nutation, Polschwankung.

   2. Masse, Schwere, Figur, Dichte, Elastizität der Erde.

   3. Zusammensetzung, Druck, Temperatur des Erdkörpers, des Meeres
      und der Atmosphäre, Aggregatzustand des Erdkörpers.

   4. Massenverteilung im Erdinnern, isostatische Lagerung.

II. Deformationen, Strömungen, Schwingungen.

   1. Geologische Hebungen und Senkungen, Faltung, Gebirgsbildung,
      Vereisung, Gletscherbewegung, Vulkanismus.

   2. Gezeiten der Atmosphäre, des Meeres und des festen Erdkörpers.

4

3. Wellenbewegung und Strömungen in Luft und Wasser.

4. Elastische Deformationen, Seismizität der Erde, Seismik, Schall-
   ausbreitung in Luft, Wasser und Erde.

III. Elektrisches und magnetisches Feld der Erde.

1. Das innere, permanente Magnetfeld der Erde, seine geographische
   Verteilung und säkulare Variation.

2. Das erdmagnetische Außenfeld und seine periodischen Variationen.
   Erdmagnetische Störungen.

3. Erdströme und Polarlicht.

4. Luftelektrizität. Radioaktivität der Erde, des Meeres und der
   Luft.

IV. Kosmische Physik (in ihrer Beziehung zur Erde und ihrer Atmosphäre).

1. Geschichte der Erde, Altersbestimmung der Erde als ganzes und
   ihrer Kruste.

2. Solarkonstante, Strahlung der Erde und ihrer Atmosphäre, Durchlässigkeit der Atmosphäre für alle Wellenlängen, für die durchdringende Strahlung, Licht-, Wärme-, drahtlose Wellen.

3. Beziehung der Sonnentätigkeit zum Wärmehaushalt der Erde und zu
   ihrem elektrischen und magnetischen Feld.

4. Klimaschwankung.

V. Angewandte Geophysik.

1. Schwerkraft
2. Seismische   Methoden zur Bestimmung der Lagerung der
3. Magnetische   Erdschichten zu geologischen und bergbau-
4. Elektrische   lichen Zwecken.

5. Physikalische Abstands- und Höhenmessungen, Tiefenbestimmungen
   des Meeres.

6. Richtungsbestimmungen mittels Magnet- und Kreiselkompasses.

VI. Als Grenzgebiete gelten:

1. Meteorologie; 2. Hydrologie; 3. Physiogeographie; 4. Geodäsie;
5. Geologie; 6. Astronomie; 7. Astrophysik; 8. Physik; 9. Chemie;
1o. Mathematik.

Die jeweilige Mitgliederzahl und die Namen der Vorsitzenden sind in
der Zeittafel (Tabelle 1) angegeben. Mit Ausnahme der Zeitspanne von
193o bis 1945 fand in der Regel etwa alle zwei Jahre gelegentlich
einer Tagung ein Wechsel im Vorsitz der Gesellschaft statt. Wesentlich
länger war die jeweilige Amtsperiode des Kassenwartes. Diese Geschäfte
führten: Prof. R. Schütt (1922 - 1937), Prof. G. Fanselau (1938 - 1945),
Prof. H. Menzel (1947 - 1962), Dr. F. Model (1963 - 1968) und Dipl.-
Geophys. H.B. Hirschleber (1968 - 1974).

Das Amt des Schriftführers wurde erst 1947 neu eingerichtet. Die bisherigen Schriftführer waren: Prof. P. Raethjen (1947 - 1948), Prof.
H. Menzel (1948 - 1951), Prof. H. Berckhemer (1951 - 1953), Prof. K.
Brocks (1953 - 1962), Prof. K. Strobach (1963 - 1964), Prof. R. Gut-
deutsch (1964 - 1971) und Dr. M. Koenig (1971 - 1974).

Das Ende des Zweiten Weltkrieges brachte eine Unterbrechung in der
Geschichte der Deutschen Geophysikalischen Gesellschaft, weil diese
1945 auf Anordnung der Alliierten aufgelöst wurde. Doch der innere
Zusammenhalt der Geophysiker konnte die kurze Periode, in der die
Gesellschaft formal nicht mehr bestand, überbrücken.

Bereits zu Beginn des Jahres 1946 wurde der frühere Vorsitzende, Prof.
J. Bartels, von vielen ehemaligen Mitgliedern gedrängt, die Neugründung
der Gesellschaft vorzubereiten. Er lehnte dieses jedoch mit dem Hinweis
ab, daß es im Hinblick auf das Mißtrauen der Alliierten besser sei,
wenn die neue Gesellschaft von jemandem organisiert werde, der nicht
der alten Deutschen Geophysikalischen Gesellschaft vorgestanden habe.
Im übrigen empfahl er, als Vorstufe für eine "Deutsche Geophysikalische Gesellschaft" zunächst eine "Geophysikalische Gesellschaft in
Hamburg" zu gründen, weil hierzu die notwendige Genehmigung der zuständigen Militärregierung leichter zu erhalten sei. So kam es am
2o. November 1947 zur Gründung dieser nach außen regional erscheinenden Gesellschaft. Ihr traten 52 Mitglieder bei, die Prof. E. Kleinschmidt zu ihrem Vorsitzenden wählten. Zwei Jahre später, anläßlich
der Tagung in Clausthal, konnten die Mitglieder die Umbenennung in
"Deutsche Geophysikalische Gesellschaft" beschließen.

Die Aktivität der Gesellschaft richtete sich in den ersten Nachkriegs-
jahren nicht allein auf das Abhalten von Tagungen (s. Abschn. 3) und
ein Wiederaufleben ihrer Zeitschrift (s. Abschn. 4), sondern es galt
in jener Zeit des Aufbaus die Wissenschaft selbst nach innen und außen
zu organisieren. In ihrer Tätigkeit wurde die Gesellschaft jedoch
immer stärker auf das Gebiet der Bundesrepublik Deutschland beschränkt.

Zweimal im Verlauf ihrer Geschichte gab sich die Deutsche Geophysikalische Gesellschaft eine neue Satzung. Einmal bei der Wiedergründung
1947 und ein zweites Mal 1972. Die neuere Satzung wurde nach längeren
grundsätzlichen Diskussionen abgefaßt und von der Mitgliederversammlung am 23. Februar 1972 in Frankfurt a.M. verabschiedet. Die neue
Satzung löste die ältere aus dem Jahr 1947 stammende formal ab, aber
inhaltlich legte sie nur das fest, was sich bis dahin als "Spielregel"
bewährt hatte. Die inzwischen auf 544 Mitglieder angewachsene Größe
der Gesellschaft ließ es im Hinblick auf finanzielle Überlegungen
zweckmäßig erscheinen, ihr die äußere Form einer juristischen Person
zu verschaffen. Die Eintragung in das Vereinsregister erfolgte am
17. November 1972 in Hamburg.

Die Deutsche Geophysikalische Gesellschaft ehrte Mitglieder, die sich
um die Geophysik und die Gesellschaft verdient gemacht haben, in beson-
derer Weise. Sie ernannte Geh. Reg.-Rat Prof. E. Wiechert zum Ehrenvor-
sitzenden und Nachstehende zu Ehrenmitgliedern: Geheimrat Prof. H.
Hergesell, Geheimrat Prof. Ad. Schmidt, Geheimrat Prof. O. Hecker,
Prof. L. Mintrop, Prof. E. Tams, Prof. E. Kleinschmidt, Prof. B.
Brockamp, Dr. W. Zettel, Prof. K. Jung, Prof. H. Reich und Prof. A.
Schleusener.

Auf Anregung von Prof. L. Mintrop stiftete die Gesellschaft am 28.
April 1955, anläßlich der Tagung in München, die "Emil-Wiechert-
Medaille", um die besonderen Verdienste auf dem Gebiet der Geophysik
zu würdigen. Die bisherigen Träger dieser Medaille sind: Prof. J.
Bartels (1955), Prof. A. Defant (1956), Prof. B. Gutenberg (1957),
Prof. I. Lehmann (1964), Prof. S. Chapman (1969) und Prof. L. Biermann
(1973).

3. Tagungen

Von Anfang an hat die Gesellschaft als wichtigstes Hilfsmittel zur
Lösung ihrer selbstgestellten Aufgabe, der "Mehrung und Verbreitung
des geophysikalischen Wissens in Forschung, Lehre und Anwendung",
die Veranstaltung von Tagungen angesehen. Bis 193o fanden die Tagungen
jedes Jahr statt (s. Tabelle 1). Nach 193o sollten die Tagungen im
Wechsel mit denen der Deutschen Meteorologischen Gesellschaft alle
zwei Jahre abgehalten werden. Die letzte Tagung vor dem Krieg fand
1938 in Jena statt. Die erste Tagung nach dem Krieg konnte dann erst
wieder 1948 in Hamburg abgehalten werden.

Seit 1948 war es der Gesellschaft möglich, neben der Beteiligung an
dem Hamburger Geophysikalischen Kolloquium, das in den ersten Nach-
kriegsjahren eine besondere Bedeutung gewonnen hatte, wieder regelmäßig
Tagungen zu veranstalten. Als besonders schmerzlich wurden allerdings
die Behinderungen der Tagungen empfunden, die sich aus der Teilung
Deutschlands in die Besatzungszonen ergaben.

Die Folge der Tagungen war in der ersten Nachkriegszeit nicht mehr
so regelmäßig, es wurden jedoch häufiger Tagungen mit Nachbargesell-
schaften (Meteorologische Gesellschaften, Physikalische Gesellschaften
und Arbeitsgemeinschaft Extraterrestrische Physik - s. Abschn. 5) gemeinsam veranstaltet.

4. Zeitschrift

Als weiteres wichtiges Hilfsmittel bei der Verbreitung geophysikalischen Wissens dient die von der Deutschen Geophysikalischen Gesellschaft herausgegebene "Zeitschrift für Geophysik". Sie erschien seit
1924 beim Verlag Friedrich Vieweg & Sohn AG in Braunschweig. Schriftleiter war Prof. G.H. Angenheister. Neben Originalarbeiten und Mitteilungen der Gesellschaft enthielt die Zeitschrift von Anfang an ein
Verzeichnis der laufend erschienenen geophysikalischen Literatur. Vom
dritten Band ab wurde das Literaturverzeichnis durch den Abdruck der
Referate geophysikalischer Arbeiten aus den "Physikalischen Berichten"
ergänzt. Wegen der Kriegsereignisse konnten vom 18. Jahrgang (1943)
nur noch vier Hefte erscheinen. Es vergingen zehn Jahre, bis ein Wie-
dererscheinen möglich wurde, zunächst mit dem Sonderband aus Anlaß
des dreißigjährigen Bestehens der Gesellschaft (1953), der nachträglich die Bandnummer 19 bekam. Ab 1955 erschien die Zeitschrift dann
wieder regelmäßig, jedoch beim Physica-Verlag, Würzburg. Schriftleiter
war Prof. B. Brockamp. Dieses Amt übergab er 1961 Prof. W. Dieminger,
dem seit 1968 Prof. J. Untiedt in dieser Tätigkeit zur Seite steht.

Dank der finanziellen Unterstützung durch die Deutsche Forschungsgemeinschaft konnte der Umfang der Zeitschrift vergrößert und die Druck-
qualität im Laufe der Jahre verbessert werden.

Die Gesellschaft sah jedoch die Notwendigkeit, ihre Zeitschrift auf
lange Sicht auf eine wirtschaftlich gesunde Basis zu stellen und die
Voraussetzungen für eine größere internationale Verbreitung zu schaffen. So erfolgte mit dem Jahrgang 4o (1974) ein erneuter Verlagswechsel. Die Zeitschrift wurde vom Springer-Verlag, Berlin - Heidelberg -
New York, übernommen. Mit dem Verlagswechsel verbunden war die Erweiterung des Titels auf "Journal of Geophysics / Zeitschrift für Geophysik", worin der in Zukunft größere englischsprachige Anteil der
Artikel zum Ausdruck kommen sollte. An die Stelle der Schriftleiter
trat ein international zusammengesetztes Herausgeber- und Berater-
gremium mit Prof. W. Dieminger als Hauptherausgeber.

Entsprechend der wechselnden Mitgliederzahl (s. Tabelle 1) war die
Auflagenhöhe der Zeitschrift unterschiedlich. Im Jahre 1973 betrug
sie 1ooo Exemplare. Die Anzahl der von den Mitgliedern der Gesellschaft bezogenen Zeitschriftenhefte und der über den Buchhandel ver-
triebenen Bände war sowohl vor 1945 als auch später stets etwa gleich
groß.

Die Aufnahme eines Literaturverzeichnisses und der geophysikalischen
Referate wurde nach dem Krieg nicht fortgesetzt. Auch wurden die in
der Zeitschrift veröffentlichten "Mitteilungen" stark beschnitten.
Dafür wurde die Reihe der schon vor dem Wiederaufleben der Zeitschrift
in zwangloser Folge vom Vorstand herausgegebenen "Mitteilungen der
Deutschen Geophysikalischen Gesellschaft" weitergeführt. Hierin wurde
über die Tagungen, insbesondere die Geschäftsversammlungen und son-
stige für Geophysiker wichtige Ereignisse berichtet. Seit 1968 enthalten diese Mitteilungen auch Verzeichnisse der geophysikalischen
Vorlesungen an den deutschsprachigen Universitäten und Technischen
Hochschulen.

5. Nachbargesellschaften

Zu anderen wissenschaftlichen Gesellschaften mit verwandten Arbeitsgebieten unterhielt die Deutsche Geophysikalische Gesellschaft stets
gutnachbarliche Beziehungen. Das gilt natürlich ganz besonders für
die Gesellschaft Deutscher Naturforscher und Ärzte, aus deren Schoß
sie ja seinerzeit hervorging. Vier Tagungen fanden im Zusammenhang
mit Versammlungen dieser Gesellschaft statt.

Als nächstes sind die Deutsche Meteorologische Gesellschaft und ihre
Nachfolgeorganisationen zu nennen. Erinnert sei an den turnusmäßigen
Wechsel der Tagungen in den dreißiger Jahren, an die ersten vier Hamburger Tagungen nach dem Krieg, die gemeinsam mit den Meteorologischen
Gesellschaften in Hamburg und Bad Kissingen veranstaltet worden waren
und schließlich an die mit dem Verband Deutscher Meteorologischer
Gesellschaften ebenfalls in Hamburg gemeinsam durchgeführte Tagung
im Jahr 1968. Ein Vertreter dieses Verbandes nimmt auch heute als
"ständiger Gast" an den Sitzungen des Vorstands teil.

Im Oktober 1959 beschloß die Mitgliederversammlung den Beitritt der
Gesellschaft zum Verband Deutscher Physikalischer Gesellschaften, der
späteren Deutschen Physikalischen Gesellschaft. Dieser wurde allerdings
erst im Dezember 196o realisiert. Seitdem ist die Deutsche Geophysikalische Gesellschaft mit der Deutschen Physikalischen Gesellschaft
assoziiert. Zu Vorstandsitzungen beider Verbände entsendet die jeweils
andere einen Vertreter. Der enge Kontakt der beiden Gesellschaften kam
unter anderem in der 1969 in Salzburg in Verbindung mit der Österreichischen Physikalischen Gesellschaft abgehaltenen gemeinsamen Tagung
zum Ausdruck. Seit 1967 besteht eine von der Deutschen Physikalischen
Gesellschaft und der Deutschen Geophysikalischen Gesellschaft gemeinsam getragene "Arbeitsgemeinschaft Extraterrestrische Physik". Später
haben sich auch die Astronomische Gesellschaft und der Verband Deutscher Meteorologischer Gesellschaften der Trägerschaft angeschlossen.
Diese Arbeitsgemeinschaft ist für Mitglieder aller beteiligten Gesellschaften offen. Die Göttinger Tagung der Deutschen Geophysikalischen
Gesellschaft im Jahr 1973 fand in Verbindung mit einer Tagung dieser
Arbeitsgemeinschaft statt.

Gute Beziehungen werden auch zu dem 1964 gegründeten "Forschungskolle-
gium Physik des Erdkörpers" unterhalten. Der Vorsitzende des Forschungskollegiums wird regelmäßig zu den Sitzungen der Deutschen Geophysika-

lischen Gesellschaft eingeladen. Umgekehrt ist der Vorsitzende der
Gesellschaft ex officio Mitglied des Forschungskollegiums.

6. Internationale Beziehungen

Nach dem Ersten Weltkrieg waren die offiziellen Beziehungen zwischen
deutschen und ausländischen Geophysikern gründlich gestört. .Davon
zeugen die Berichte über die Geschäftssitzungen der ersten Tagungen.
Es dauerte bis zum Jahr 1939 (!), bis Deutschland der Internationalen
Union für Geodäsie und Geophysik, anläßlich der Tagung in Washington,
beitrat.

Nach dem Zweiten Weltkrieg wurde die Bundesrepublik Deutschland bereits 1951 bei der Tagung der Internationalen Union für Geodäsie und
Geophysik in Brüssel als volles Mitglied in die Union aufgenommen.
Als parallele deutsche Organisation wurde die Deutsche Union für Geodäsie und Geophysik gegründet. Ihr gehören der Vorsitzende der Deutschen Geophysikalischen Gesellschaft und sein Stellvertreter ex officio
an. Die Gesellschaft benennt jeweils Sektionsleiter und Stellvertreter
der Sektionen Erdmagnetismus, Seismologie und Physik des Erdinneren,
Ozeanographie, Hydrographie und Vulkanologie.

So bestand die Möglichkeit, in vollem Umfang an den großen internationalen Unternehmungen der nächsten Jahre teilzunehmen, die für die Geophysik von ausschlaggebender Bedeutung waren, nämlich das Internationale Geophysikalische Jahr, die Internationale Geophysikalische Koope-
ration, die Internationalen Jahre der ruhigen Sonne, das Internationale Projekt oberer Erdmantel sowie das Geodynamikprojekt.

Große Beachtung schenkte die Deutsche Geophysikalische Gesellschaft
naturgemäß der 1951 gegründeten European Association of Exploration
Geophysicists. Die Gesellschaft wandte sich energisch gegen eine Ab-
spaltung der "Angewandten Geophysik", da die enge Verbindung zwischen
reiner und angewandter Geophysik sich als für beide Teile äußerst
fruchtbar erwiesen hatte. 1953 wurde der Vorschlag gemacht, in Zukunft
zwei stellvertretende Vorsitzende zu haben, damit unter den Vorsitzenden immer ein Vertreter der Angewandten Geophysik sein könne.

7. Deutsche Forschungsgemeinschaft

Ein Jahr nach Gründung des Deutschen Forschungsrates, der sich später
mit der "Notgemeinschaft Deutscher Wissenschaft" zur "Deutschen Forschungsgemeinschaft" zusammenschloß, wurde die Deutsche Geophysikalische Gesellschaft im März 1950 in den Beirat dieser Organisation aufgenommen. Die Deutsche Forschungsgemeinschaft hat in der Folgezeit
die Geophysik sehr tatkräftig unterstützt. Ohne ihre stetige Förderung wäre eine Beteiligung an den großen internationalen Unternehmungen (s. Abschn. 6) nicht möglich gewesen. Auch die Zeitschrift für
Geophysik (s. Abschn. 4) erhielt jahrelang einen nicht unbeträchtli-
chen Druckkostenzuschuß von der Deutschen Forschungsgemeinschaft.
Die Deutsche Geophysikalische Gesellschaft ist vorschlagsberechtigt
bei den Wahlen der Fachgutachter.

*Für die sorgfältige Durchsicht des Manuskripts und für wertvolle ergänzende Hin-
weise ist der Verfasser den Herren Professoren W. Hiller, W. Kertz, H. Menzel und
U. Schmucker sehr zu Dank verpflichtet.*

<u>Literatur</u>

HILLER, W.: 3o Jahre Deutsche Geophysikalische Gesellschaft, 1922 -
    1952. Z. Geophys. <u>19</u>, 5 - 8 (1953).

Tabelle 1. Zeittafel

Jahr	Mitglieder	Vorsitzende	Tagungen		Anmerkungen
1922		Geh. Reg.-Rat Prof. Dr. E. Wiechert	1. Leipzig	17.-24.o9.	Versammlung Deutscher Naturforscher und Ärzte (VDNÄ)
					Gründung der Deutschen Seismologischen Gesellschaft (DSG)
1923	63	"	2. Jena	o4.-o5.1o.	
1924		"	3. Innsbruck	21.-27.o9.	VDNÄ[+]
					Umbenennung der DSG in Deutsche Geophysikalische Gesellschaft (DGG)
					Herausgabe der Ztschr. für Geophysik bei Friedr. Vieweg & Sohn
1925	14o	Prof. O. Hecker	4. Göttingen	o7.-o9.12.	
1926		Prof. Ad. Schmidt	5. Düsseldorf	22.-24.o9.	VDNÄ[+]
1927	16o	Prof. E. Kohlschütter	6. Frankfurt a.M.	26.-28.o9.	
1928		"	7. Hamburg	18.-22.o9.	VDNÄ[+]
1929	187	Prof. F. Linke	8. Dresden	o3.-o5.1o.	
193o	216	Prof. E. Kohlschütter	9. Potsdam	11.-14.o9.	
1931		"	-		
1932	197	"	1o. Leipzig	o4.-o6.1o.	
1933		"	-		
1934	186	"	11. Bad Pyrmont	13.-15.o9.	Deutsche Physikalische Gesellschaft (DPG)[+]
1935		"	-		
1936	19o	Prof. J. Bartels	12. Berlin	o8.-1o.1o.	
1937		"	-		

1938		Prof. J. Bartels	13. Jena	2o.-22.1o.	
1939	217	"	-		
194o		"	-		
1941		"	-		
1942		"	-		
1943		"	-		
1944		"	-		Ztschr. f. Geophysik erscheint vorübergehend nicht mehr
1945		"	-		DGG wird aufgelöst
1946	-	-	-		
1947	52	Prof. E. Kleinschmidt	-		formale Gründung der Geophys. Ges. in Hamburg
1948		"	14. Hamburg	o4.-o6.o9.	Meteorol. Ges. Bad Kissingen[+] und Hamburg[+]
1949	141	Dr. G. Böhnecke	15. Clausthal	o1.-o3.o9.	Umbenennung der Geophys. Ges. in Hamburg in DGG
195o	155	"	16. Hamburg	23.-25.1o.	Meteorol. Ges. in Bad Kissingen[+] und Hamburg[+]
					DGG wird Beiratsmitglied im Dtsch. Forschungsrat
1951	185	Prof. W. Hiller	17. Stuttgart	o7.-11.1o.	Bildung der Deutschen Union für Geodäsie und Geophysik und Aufnahme in die Internationale Union für Geodäsie und Geophysik
1952	217	"	18. Hamburg	27.-3o.o8.	Meteorol. Ges. in Bad Kissingen[+] und Hamburg[+]
1953	225	Prof. F. Errulat	19. Hannover	o6.-1o.1o.	Ztschr. f. Geophysik Sonderband
1954	253	"	-		

Tabelle 1. (Fortsetzung)

1955	265	Prof. K. Jung	2o. München	26.-3o.o4.	Ztschr. f. Geophysik erscheint regelmäßig im Physica-Verlag Stiftung der Emil-Wiechert-Medaille
1956	28o	"	21. Hamburg	25.-29.o9.	Meteorol. Ges. in Bad Kissingen[+] u. Hamburg[+]
1957	317	"	-		
1958	326	Prof. W. Dieminger	22. Leipzig	o2.-o5.o5.	
1959	365	"	23. Bad Soden	14.-16.1o.	
196o		"	-		DGG tritt dem Verband Deutscher Physik. Ges. bei
1961	382	Prof. H. Closs	24. Hannover	12.-15.o4.	
1962		"	-		
1963	428	Prof. W. Kertz	25. Bochum	o3.-o6.o4.	
1964	469	Prof. A. Schleusener	26. Freiburg	29.o9.-o1.1o.	Gründung des Forschungskollegiums Physik des Erdkörpers
1965		"	-		
1966	487	Prof. K. Brocks	27. Kiel	o4.-o7.o4.	
1967	517	"	28. Clausthal	17.-2o.o5.	DGG gemeinsam mit DPG Träger der "Arbeitsgem. Extraterr. Physik" Neueinrichtung des Amts eines "designierten Vorsitzenden"
1968	525	Prof. G. Angenheister	29. Hamburg	o1.-o6.o4.	Verband Deutscher Meterol. Ges.[+] (1oo Jahre Norddeutsche Seewarte)
1969	527	"	3o. Salzburg	29.o9.-o4.1o.	DPG[+] u. Österr. Physik. Ges.[+]
197o	521	"	-		

1971	536	Prof. H. Menzel	31. Karlsruhe	22.-27.o3.	
1972	544	"	32. Frankfurt a.M.	21.-24.o2.	DGG wird in das Vereins-register Hamburg eingetragen
1973	587	Prof. A. Hahn	33. Göttingen	o5.-1o.o3.	Arbeitsgemeinschaft Extraterr. Physik[+]
1974	6o3	"	34. Berlin	25.-3o.o3.	Ztschr. f. Geophysik erscheint im Springer-Verlag

Anmerkung: Mitveranstalter von Tagungen sind mit einem "+" gekennzeichnet.

Zur Vorgeschichte der Newtonschen Theorie der Gezeiten

H. Birett

1. Einleitung

Die Gezeiten des Meeres müssen den Küstenbewohnern schon immer ein-
drucksvoll und geheimnisvoll vorgekommen sein. Die Erklärungsversuche
der sich mit diesem Phänomen beschäftigenden Wissenschaftler laufen
naturgemäß einerseits mit der allgemeinen Entwicklung der Naturwissenschaften, andererseits mit der Zunahme an geographischen Kennt-
nissen parallel.
Hier soll nur die Zeit bis Newton behandelt werden, d.h. die vergeb-
lichen und unvollständigen Versuche, Ebbe und Flut zu erklären. Diese
Vorgänger dürfen von uns trotzdem nicht gering geachtet werden, denn
auf ihrem Gedankengut, das sie auf dem mühsamen Weg von Erkenntnis
und Kritik erarbeitet haben, konnte Newton aufbauen, als er 1686 sein
großes Werk über die Theorie der Schwerkraft schrieb (61)[1]. Dabei ist
mir weniger die Beschreibung der einzelnen Theorien als vielmehr eine
Beleuchtung des geistigen Hintergrundes wichtig.

> Interessant ist ein Vergleich der Geschichte der Anschauungen über
> die Gezeiten in Europa mit denen anderer Kulturkreise. Soweit wir
> heute wissen, kommen die ersten Anstöße zur wissenschaftlichen
> Beschäftigung mit Ebbe und Flut aus dem antiken Europa. Der welt-
> weite kulturelle Austausch bringt diese Gedanken auch nach China
> und Indien. In Indien finden wir nur mythologische Begründungen;
> doch auch hier sind die Gezeiten mit dem Mond verknüpft. In China
> überholt die Entwicklung diejenige in Europa, wo die politischen
> Umstürze, d.h. der Zusammenbruch des Römerreiches mit allen seinen
> Ursachen und Folgen, die Kontinuität der Forschung unterbricht.
> In China gibt es schon im neunten und zehnten Jahrhundert genaue
> Beschreibungen und Gezeitentafeln, in der Theorie kamen die Chine-
> sen jedoch nicht über die Antike hinaus. Auch die Araber, die für
> die europäische Wissenschaft das antike Gedankengut überliefern,
> fügen keine wesentlichen Erkenntnisse hinzu. Erst als die Natur-
> wissenschaften in der heutigen Form aufkommen, sind auf dem uns
> interessierenden Gebiet in Europa wieder wesentliche Fortschritte
> zu verzeichnen.

Von vereinzelten Veröffentlichungen, die es zu allen Zeiten gegeben
hat, abgesehen, beginnen im mittelalterlichen und modernen Europa
die literarischen Quellen über die Gezeiten erst gegen Ende des fünf-
zehnten Jahrhunderts reichlicher zu fließen. Von den über hundert in
Frage kommenden Werken konnte ich etwa zwei Drittel im Original oder
als Nachdruck einsehen. Ausführlich haben im siebzehnten Jahrhundert
Fromondus (37), Riccioli (45) und Morhof (7o) über ihre Vorgänger berichtet. Die Entwicklung seit 1665 läßt sich gut in den "Philosophical
Transactions" (54) verfolgen, in denen Beobachtungen aus aller Welt
neben theoretischen Erklärungen mit nachfolgender Diskussion abgedruckt sind. Neuere ausführliche geschichtliche Werke sind von Almagia
(76) und Duhem (78).

---

[1]Die Literatur zu diesem Kapitel ist - abweichend von den übrigen
dieses Buches - chronologisch und fortlaufend numeriert.

2. Die Gezeiten in Sprache und Mythologie

Ehe wir auf die wissenschaftlichen Versuche eingehen, wollen wir kurz
auf vorwissenschaftliche zu sprechen kommen.

Die ältesten Dokumente für die Beobachtung der Gezeiten dürften wir
in den Wörtern der verschiedenen Sprachen für die Gezeiten finden.
Im germanischen Sprachbereich war das Ab-fließen (Ebbe) und das erneute Über-fluten/fließen des Strandes sprachbildend. Statt Ebbe heißt
es im Altnordischen auch "fiara", d.h. trockener Strand. Der Name für
den Oberbegriff der Erscheinung von Ebbe und Flut: Tide bzw. Gezeiten
- Zeugnis, daß die Regelmäßigkeit erkannt ist? - scheint erst im elf-
ten Jahrhundert n. Chr. aufgekommen zu sein (74). Pytheas brachte aber
schon von einer Reise, die er im vierten Jahrhundert v. Chr. von Mar-
seille aus nach Nordeuropa unternahm, die Kenntnis der Mondabhängig-
keit der Gezeiten mit. Auf Grund des Fehlens von sprachlichen Doku-
menten könnte man vielleicht eine eigenständige Leistung des Pytheas
annehmen. Auch im Lateinischen und Griechischen hängen die Wörter mit
dem Fließen zusammen: flux in der Bedeutung von fließen; aestus -
Gischt, kochen; πλημμυρισ - überfließen; αμπωτισ - auf-, zurückschlür-
fen. Im Französischen bezieht sich "marée" schlicht auf das Meer. Interessant ist die Namensgebung für Ebbe im Chinesischen, das im Picto-
gramm Ebbe mit dem untergehenden, zunehmenden Mond koppelt.

Gebräuche und Aberglauben bringen kaum Erkenntnisse über die Auffas-
sungen des Volkes über die Gezeiten. Im allgemeinen setzen abergläu-
bische Bräuche den Zusammenhang der Gezeiten mit den Mondphasen und
weiter mit dem menschlichen Leben voraus. Ebbe soll die jeweiligen
Phänomene (Unternehmungen, Krankheiten, Geburt, Tod usw.) ungünstig,
Flut soll sie günstig beeinflussen. Doch gibt es auch Gegenden, in
denen die Einflüsse umgekehrt angenommen werden (77).

Märchen und Sagen behandeln die Gezeiten kaum. Eine Sage auf Sylt
(wie alt?) erzählt vom Riesen, der im Mond gebückt steht, um Wasser
zu schöpfen. Wenn er sich ausruht, kommt das Wasser wieder. Als Anmerkung möchte ich auf eine Erzählung von R. Kipling verweisen: "Wie
der Krebs mit dem Meere spielte", in der am Anfang der Krebs, am Ende
aber der Mond für Ebbe und Flut "verantwortlich" ist (75).

In der germanischen Mythologie versucht Thor - Gott der nordischen
Seefahrer - in einem Wettkampf mit den Riesen einen Humpen auszutrin-
ken, was die Ebbe erzeugt. Für die Erzähler der Edda (1o. Jh.), die
die Gezeiten täglich erlebten, eine recht schwache Erklärung (18).

Bei Homer und bei Mose finden wir Beschreibungen der Gezeiten, ohne
daß die Autoren eine Begründung dafür angeben.

3. Grundlagen der theoretischen Erklärungen

Die Kunst, aus Beobachtungen die Eintrittszeiten der Flut und der
Ebbe vorauszusagen, ist der theoretischen Erklärung weit voraus.
Schon Beda (16) stellt im neunten Jahrhundert diesbezügliche Beobachtungen an. In Schifferfamilien werden entsprechende Kenntnisse
überliefert, aber erst seit dem Ende des sechzehnten Jahrhunderts
gibt es gedruckte Gezeitentafeln. Es beginnt mit Listen, die die Ha-
fenzeiten anführen: Sie geben entweder die Stellung des Mondes zum
Zeitpunkt des höchsten Wasserstandes an oder die Zeit, die bis dahin
seit der Kulmination des Mondes verflossen ist. In diesen Listen sind
die wichtigsten Häfen verzeichnet, deren Zahl zwischen einer Handvoll
und fast fünfzig schwankt.

Seit 1668 wird fortlaufend eine tägliche Prognose der Eintrittszeiten
von Ebbe und Flut für die Themse bei London Bridge veröffentlicht:
1682 von Philipps in Philosophical Collections (58); weitere Listen
werden in den Philosophical Transactions (54) abgedruckt; zuerst
werden sie von Flamstedt, später von anderen verbessert.

Ein sehr einfaches Hilfsmittel zur Bestimmung der Gezeiten hatte
schon 1589 Gallucius (31) entworfen. Kircher (4o) übernimmt es 1643
ohne Angabe der Herkunft und nennt es "Halorrhaeometer" (Abb. 1).

Um 16oo fordert Stevin (33) die Beobachtung und Beschreibung der Gezeiten auf der ganzen Erde, da die vorhandenen Kenntnisse nicht ge-
nügen, um die Gezeitenhöhen zu berechnen. Als Grund für diese Notwendigkeit gibt er den Verlust an Schiffen, Menschen und Eigentum an.
161o stellt Porta (32) die Gezeitenströme in Küstennähe für die
Schiffahrt als nützlich vor. (Das war sicher vorher bekannt, aber
erst jetzt schlägt es sich in der wissenschaftlichen Literatur nie-
der, übrigens hält er das Hin- und Herfluten auch für die Selbstrei-
nigung des Meerwassers für wichtig.) Erst rund 1oo Jahre später schlägt
Perse die direkte Nutzung der Gezeiten als Antrieb von Mühlen vor.

Im Gegensatz zu den Beobachtern, die nur die lokalen Gegebenheiten
berücksichtigen müssen, kämpfen die Theoretiker mit vielen gedankli-
chen Schwierigkeiten, bis Newton dann das eine, alles regierende
Gesetz findet.

Aus den Beobachtungen sind mehrere regelmäßige Bewegungsrhythmen des
Meeres bekannt (12 3/4 Std; 14 Tage; 1/2 Jahr), doch ist den Wissenschaftlern nicht klar, ob sich das Wasser des Meeres insgesamt oder
nur ein Teil davon (z.B. Oberflächenwasser) bewegt und in welchem
Maße es effektiv hin- und herfließt. Verwirrend ist auch die Vielfalt
der Erscheinungsweise in Bezug auf die Größe, die Phasenlage zur Mond-
bewegung und die Bewegungsrichtung des Wassers relativ zum Strand;
auf dem freien Meer, wo doch genügend Wasser vorhanden ist, bemerkt
man dagegen zum Erstaunen mancher Autoren nichts von alledem. An diesen Verschiedenheiten scheiterten die meisten Theorien, denn seit
den Griechen waren sich die Wissenschaftler klar darüber, daß die
richtige Theorie alle Erscheinungsweisen zu erklären habe. Erst langsam, mit zunehmender Kenntnis der geographischen Gegebenheiten, erkennt man - spätestens um 16oo mit Stevin (33) -, daß das vom offenen
Meer in enge und kleine Meere einströmende Wasser die hohen Gezeiten
z.B. an der westeuropäischen Küste erzeugt und natürlich - durch die
endliche Strömungsgeschwindigkeit des Wassers - je weiter nördlich,
je später die Flut in der Nordsee eintreten müsse.

Stevin fordert auch die Beobachtung der Gezeiten auf Inseln im Weltmeer, da dort weitgehend ungestörte Gezeiten aufträten; wenn dann
eine Theorie die Ergebnisse nicht erklären könne, müsse sie verworfen
oder verändert werden.

Das Bemühen um eine theoretische Erklärung hat eine Vielzahl von
Hypothesen hervorgebracht, angefangen von mythologischen bis zu wissenschaftlichen, bei denen man - aus der heutigen Sicht betrachtet -
nur noch den letzten Anstoß für die exakte Lösung vermißt. Daß diese
sich dann nicht gleich in einem glorreichen Siegeszug durchsetzt,
sieht man an mehreren Büchern, die nach Newton veröffentlicht werden,
und die die alten Hypothesen in alter oder abgewandelter Form verwenden. Selbst das Lexikon von Zedler (73) führt noch die ganze Reihe
der Erklärungsversuche auf und schreibt bei Newton, daß dies die
beste aller Theorien sei und "fast mit Gewißheit" gelte.

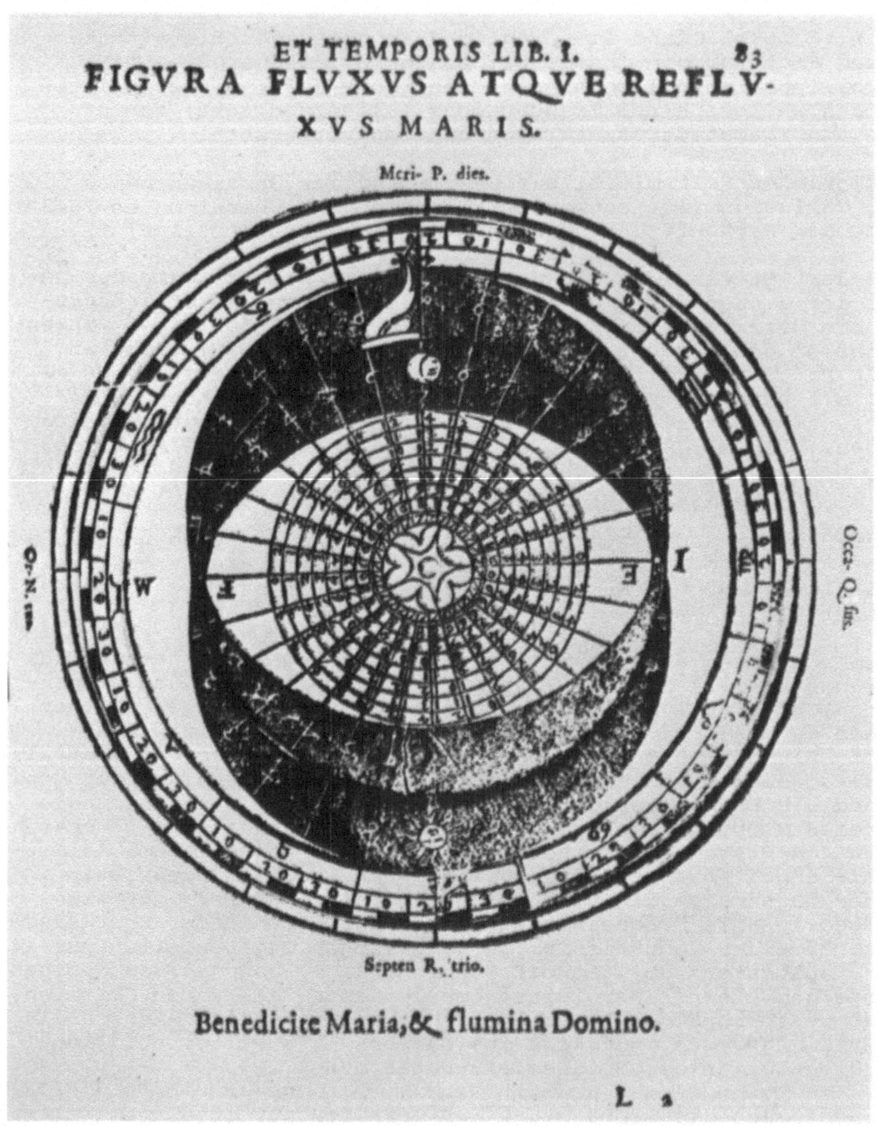

Abb. 1 a u. b. Das von Gallucius erfundene, von Kircher "Hallorhaeo-
meter" genannte Instrument besteht aus einer äußeren Skala und drei
drehbaren Scheiben. Mittels der äußeren Scheibe wird das im Meridian
stehende Tierkreiszeichen (hier Schütze), an der mittleren Scheibe
die Stellung der Sonne und an der inneren Scheibe die des Mondes
festgelegt (31 und 4o).
(a) Opposition: Die Flut tritt ein, wenn der Mond im Meridian steht,
die Ebbe knapp 7 Stunden später. Das Verhältnis von Hoch- zu Nipptide
ist nach Kircher (4o) 3:1 (statt etwa 2,2:1)

Zweimal während der hier betrachteten Zeit von der Antike bis zu
Newton erweitert sich der geographische Raum, der den Wissenschaftlern bewußt bekannt ist, und es ist wohl kein Zufall, daß in diese

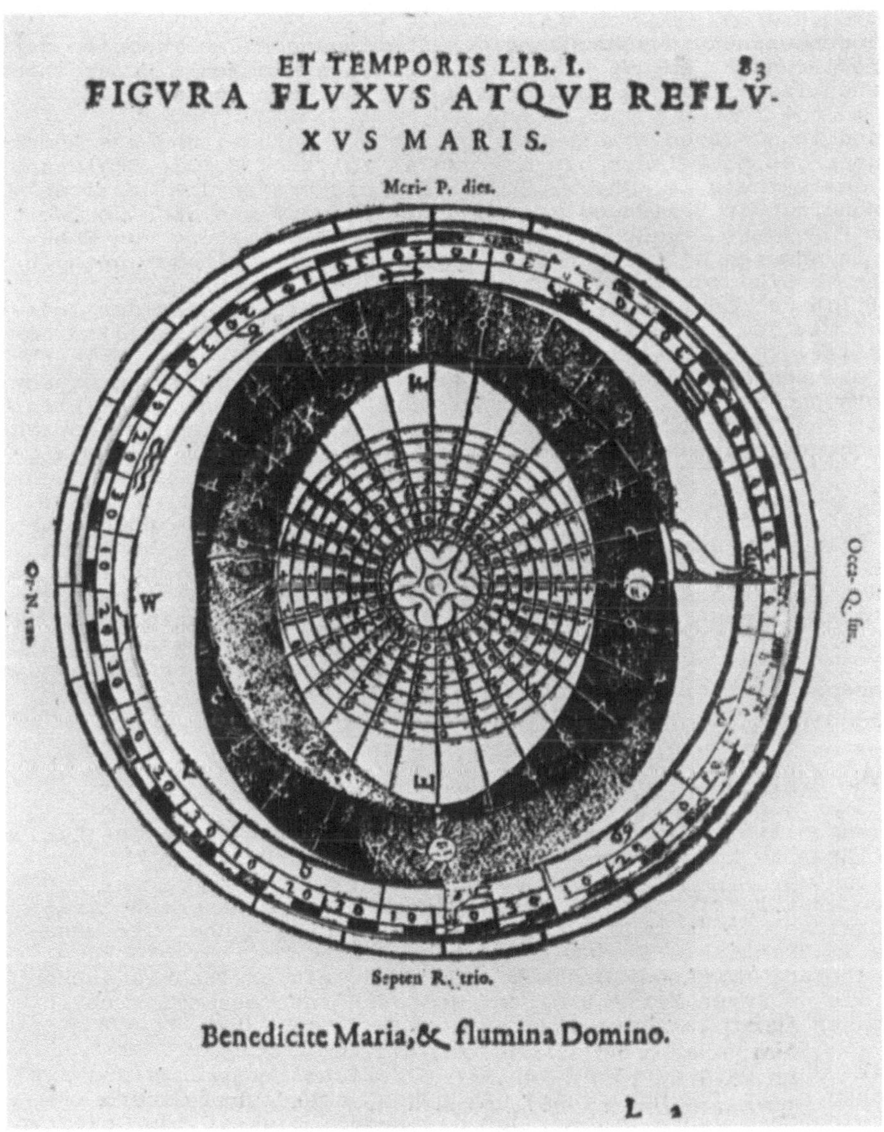

Abb. 1 b. Quadratur: Die Eintrittszeit der Flut ist nicht abzulesen, da das Verhältnis von Ebbe- zu Fluthöhe fast 1:1 ist

Zeit jeweils eine Periode mit lebhafter wissenschaftlicher publizistischer Aktivität fällt. Beides ist für die weitere Entwicklung notwendig: Das Anwachsen der Kenntnisse über die verschiedenen Erscheinungsweisen der Gezeiten und die Kommunikation zwischen den Wissenschaftlern. Denn ohne ein gewisses Maß an empirischem Wissen können keine fundierten Theorien aufgestellt und überprüft werden - ohne gegenseitige Kritik und weitertreibende Ideen ist kein wissenschaftlicher Fortschritt denkbar.

Viele Autoren weisen in scharfsinnigen Überlegungen den Theorien der anderen Fehler nach, so daß sie - alle zusammengenommen - keine Theorie bestehen lassen und so zu weiteren Überlegungen anspornen.

Das erdkundliche Wissen erweitert sich mit der Ausbreitung des Römerreiches über das Mittelmeer hinaus, und es folgen z.B. die Erklärungsversuche des Pytheas (4. Jh. v. Chr.), der als erster die Gezeiten mit dem Mondlauf in Beziehung setzt. Außerdem wird man sich der Weltweite des Phänomens bewußt und leitet aus der Beobachtung von Ebbe und Flut in anderen Weltmeeren ab, daß sie mit dem weltumspannenden Okeanos in Verbindung stehen (Erathosthenes, 3. Jh. v. Chr. (1); Strabo, 1. Jh. v. Chr. (12)). Daraus folgern sie z.B., daß der Indische Ozean mit dem Atlantischen Ozean verbunden ist, Afrika also umschiffbar ist. (Die Umsegelung Afrikas unter Necho II. hat übrigens schon im siebten Jahrhundert v. Chr. den empirischen Beweis erbracht.) Beim Kaspischen Meer - und auch bei den Brunnen, in denen u.a. Plinius (1. Jh. n. Chr. (8)) Gezeitenschwankungen des Wasserspiegels beobachtete - werden aus demselben Grunde Verbindungen zur offenen See angenommen.

Die Zeit der Entdeckungsreisen des sechzehnten und siebzehnten Jahrhunderts bringt ebenfalls eine Fülle neuer Erkenntnisse, aber auch vorhandenes Wissen wieder ins Bewußtsein. Mit der Zunahme an Detailkenntnissen wächst die Forderung nach Generalisierung. Wissenschaftler, die sich in den Einzelphänomenen, die sie z.T. minuziös beschreiben, verlieren, stellen auch die phantastischsten Hypothesen auf. Jene, die in einem großen Überblick die grundsätzlichen Erscheinungsweisen herausarbeiten, finden auch meist sehr nahe an die richtige Lösung heran.

4. Einzelne Erklärungsversuche von der Antike bis Newton

Aristoteles soll sich aus Verzweiflung, die Gezeitenströme des Euripus nicht erklären zu können, in dessen Wassern ertränkt haben.

Die Wissenschaftler in der Antike, die sich mit den Gezeiten befaßt haben, entwickeln eine ganze Reihe von Vorstellungen über die Ursachen, die im Grunde bis in das sechzehnte Jahrhundert hinein kaum eine Erweiterung erfahren. Deshalb seien hier einige Theorien näher erörtert,die größeren Einfluß hatten und auch interessante Einblicke in das Denken jener Zeiten gestatten.

Irenäus (2. Jh.) hält die Gezeiten für göttlichen Ursprungs und als von Menschen nicht zu erklärendes Geschehen. Aber schon Cicero (9) meinte dreihundert Jahre früher, daß die Regelmäßigkeit der Gezeiten nicht göttlich sein könne, da sonst alles Regelmäßige göttlich sein müsse.

Ohne auf den Mond Bezug zu nehmen, versuchen einige Theorien, die Gezeiten zu erklären: So sollen die Wasser in unterirdische Höhlen fließen und von dort wieder herausströmen, z.B. herausgedrückt durch "Ausdünstungen" der Erde (Plato, 4. Jh. v. Chr.) oder durch ein Atmen (Stoa, 3. Jh. v. Chr. (4)). Eine interessante Variante finden wir bei den Chinesen: Dort steigt und fällt durch das Atmen nicht der Wasserspiegel, sondern die feste Erdoberfläche.

Schwierigkeiten macht diese Theorie bei der Erklärung der vielfältigen Erscheinungsformen der Gezeiten. In vielen Erweiterungen und Abänderungen besonders der Hypothese des Plato versuchen Spätere, diese Schwierigkeiten zu beseitigen. Mit Einbeziehen des Mondes als Anreger

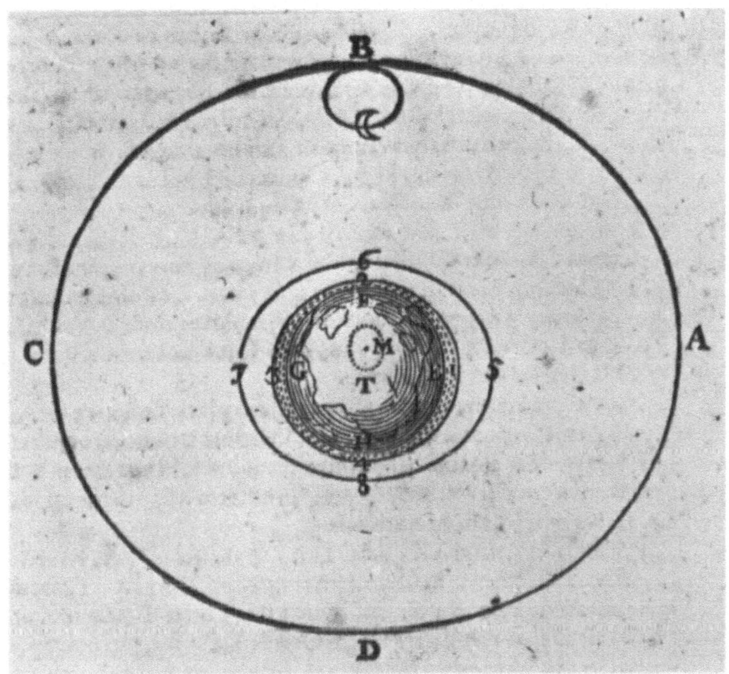

Abb. 2. Die Bewegung der Himmelskörper erzeugt nach der Theorie des
Descartes in dem sie umgebenden Äther wie in einer Flüssigkeit Wirbel.
Der Mondwirbel (in Stellung *B*) drückt auf die Erdoberfläche (bei *6*),
und das Wasser, das nachgeben kann, fließt nach *7* und *5* (dort ist
Flut). Die Erde als Ganzes weicht etwas aus, daher ist in *8* ebenfalls
Ebbe. Das ist den Beobachtungen genau entgegengesetzt (35)

für die Ausdünstungen bauen sie die eindeutige Abhängigkeit in ihre
Theorie ein.

Im Weltbild des Aristoteles (4. Jh. v. Chr. (2)) wird der Sonne das
Heiße und Trockene zugeordnet. So erscheint es nur natürlich, daß der
Mond das Kalte und das Feuchte (also das Wasser) regiert. Die Übereinstimmung, daß das Meer in den Gezeiten zu- und abnimmt mit dem Zu-
und Abnehmen des Mondes erscheint den Wissenschaftlern eine Bestätigung dieses Sachverhaltes zu sein, so daß die zeitliche Übereinstimmung der täglichen Verspätung von Mond und Gezeiten sowie die vierzehn-
tägige und halbjährliche Periode aus dem Werk des Pytheas im Gegensatz
zu anderen seiner Beobachtungen ohne weiteres übernommen wird.

Die Erscheinungen auf der Erde sind ja Spiegelungen des Geschehens
am Himmel - man vergleiche dazu die Anschauungen der Astrologie und
Alchemie; manche Wissenschaftler sehen sogar die Wirkung des Mondes
auf das Meer als Beweis für die Richtigkeit der Astrologie an (78).

Kircher (4o) glaubt, in einem Experiment mit Quecksilber nachweisen
zu können, daß der Mond die Höhe des Flüssigkeitsspiegels in einem
Gefäß beeinflußt.

Aristoteles setzt die Erde in das Zentrum der Welt und bezeichnet
das Zentrum als Punkt, zu dem alle schweren (gravis) Körper als ihrem

natürlichen Ort streben, jeder in eine ihm zugewiesene Entfernung.
Das Wort "gravis" hat natürlich noch nicht ganz die heutige Bedeutung,
denn die warme Luft steigt als weniger schwer nach oben, nicht weil
sie von schwerer Luft verdrängt wird, sondern weil oben der Ort für
die weniger schweren Körper ist. Die Himmelskörper sind aus der Quinta
Essentia, dem 5. schwerelosen Element, weshalb sie auch nicht auf die
Erde herabfallen.

Ein wichtiger Schritt vorwärts in der theoretischen Erfassung der Mond-
wirkung ist die Erkenntnis, daß der Mond ebenfalls ein erdähnlicher
Körper ist (Aristarch, 4./3. Jh. v. Chr.). In manchen Bemerkungen des
Plutarch (1. Jh. (4)) fehlt nur noch der moderne geistige Hintergrund.
Aus der Tatsache, daß es jeden Tag zwei Fluten gibt, folgern die antiken Wissenschaftler auch, daß der Mond und damit die Flutberge sich
um die ganze Erde herumbewegen müssen.

Doch mit einer Definition der aristotelischen Art ist natürlich die
Kraft, mit der der Mond auf die Wasser wirkt - daß auch die feste Erde
Gezeiten hat, entdeckte man erst lange nach Newton - noch nicht gefunden. Um diesen Punkt nun werden die heftigsten Diskussionen geführt.
Die Wissenschaftler suchen die Kraft in den verschiedensten Bereichen
der Physik (aber auch der Metaphysik). Jedesmal, wenn eine neue Kraft
aus der Gesamtentwicklung der Naturwissenschaften hervortritt, wird
versucht, sie in die Gezeitentheorie einzubauen. Einige Autoren führen
Engel und Geister an, die meisten aber bevorzugen Kräfte, die sie
auch sonst in der Natur beobachten können. Insbesondere das Licht muß
hier erwähnt werden, dessen Möglichkeit als Kraftträger sehr ausführlich überdacht wird.

Daß der Mond kein eigenes Licht ausstrahlt, ist schon der Antike bekannt. So schließen die antiken Wissenschaftler weiter, daß auch die
auf die Meere wirkende Kraft, ähnlich dem Licht, vom Mond nur geborgt
ist. Die ebenfalls bekannte Abhängigkeit der Gezeiten von der relativen Stellung des Mondes zur Sonne ist ihnen ein Beweis für die Ansicht. Die Modulation der von der Sonne stammenden Kraft macht aber
für die Erklärung der zwei Flutberge die Annahme eines (unsichtbaren)
Gegenmondes nötig.

Welche Kraft Lichtstrahlen haben können, demonstriert Ziegler 1647 (43)
an der Szintillation von Kugeln auf Kirchtürmen oder Fahnenstangen,
die er als reale Hin- und Herbewegung - verursacht eben von den Lichtstrahlen - deutet.

Einige Wissenschaftler vermuten eine direkte Vermehrung (auch Ausdehnung) des Wasservolumens durch die Temperatur, da der Mond auch hierauf Einfluß haben soll.

Der Luftdruck (Dechales) (62) scheidet bald wieder aus der Diskussion
aus, ebenso ist ein Vergleich mit dem Blutkreislauf (Sachsius, 1664;
Follius, 1665) nur ein Versuch. Ernsthafter diskutiert wird eine
Theorie des Descartes (35, 36) (Abb. 2), der 1644 Ätherwirbel annimmt,
doch kann auch sie bald widerlegt werden, da sie die Flutberge nicht
phasenrichtig erklärt. Galilei (38) führt 1632 die Bewegung der Erde
an, kann aber eine Reihe von Merkmalen nicht erklären - davon wird
später noch die Rede sein.

5. Newtons direkte Vorgänger

Im siebzehnten Jahrhundert führen zwei Linien auf Newton zu. Die eine
geht von Gilbert mit seiner Theorie des Magnetismus aus, die andere
vom heliozentrischen System.

Mit den Arbeiten von Gilbert (1600) (46) und Fromondus (1627) (37)
wird der Magnetismus oder eine dem Magnetismus ähnliche Kraft als
Ursache angenommen. Da die magnetische Kraft Materie durchdringen
kann, fasziniert sie viele Wissenschaftler. Schon Kepler (1619) (34)
hat angenommen, daß die Schwerkraft (die ähnlich wie der Magnetismus
wirken sollte) bis zum Monde reicht, also auch umgekehrt. Da die Erde
sich um sich selber dreht, gibt es nicht nur einen Flutberg, sondern
zwei: Als Begründung hierfür gibt Kepler den amerikanischen Kontinent
an. Das Wasser folgt nämlich dem Mond, Amerika bremst die Bewegung
des Atlantik, und so kommt das Wasser ins Schwingen. Entsprechendes
geschieht mit dem Pazifik.

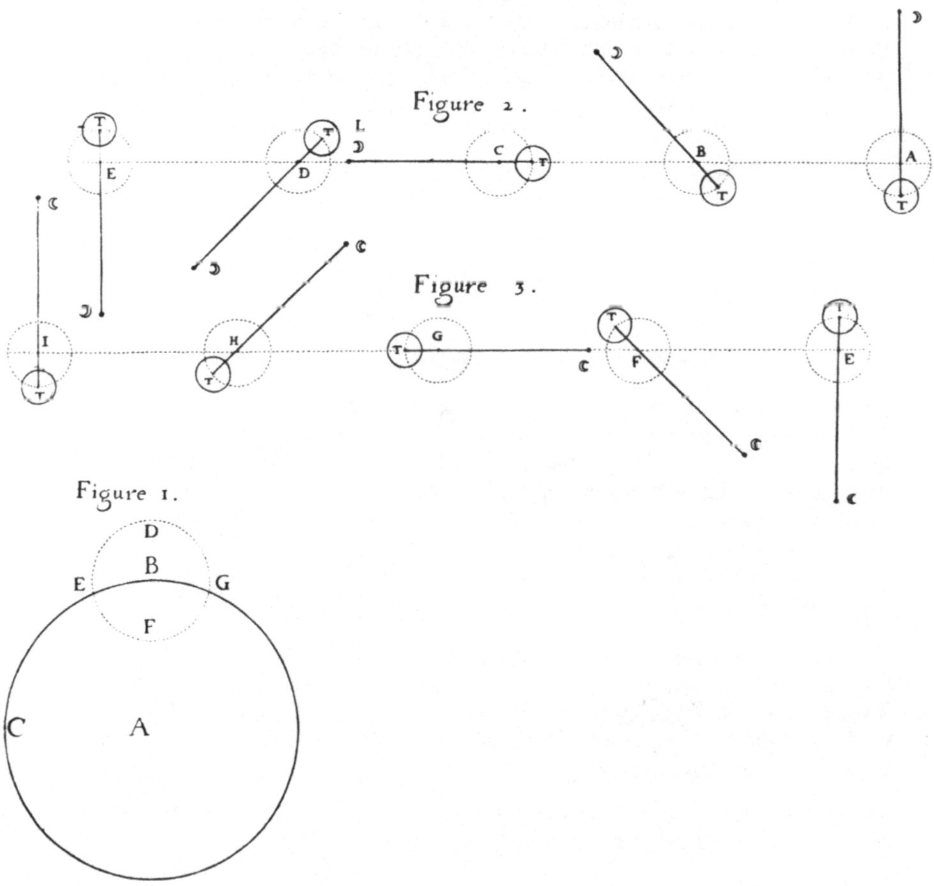

Abb. 3. An Fig. 1 wird die Theorie des Galilei erläutert: Die Bewegung
eines Punktes der Erde B wird in F "gebremst", da die Richtung der
Rotationsbewegung der der Revolution entgegengesetzt ist; in D wird
ein Erdpunkt dementsprechend beschleunigt, da hier beide Bewegungs-
richtungen übereinstimmen. In Fig. 2 und 3 werden verschiedene Phasen
der Rotation von Mond (☽) und Erde (T) um den gemeinsamen Schwerpunkt
gezeigt. Bei der Berechnung seiner Lage ging Wallis stillschweigend
davon aus, daß Erde und Mond das gleiche spezifische Gewicht besitzen.
Durch die zusätzliche Bewegung der Erde um den mit dem Mond gemeinsamen Schwerpunkt kommt nach Wallis der Mondeinfluß zustande (Philosophical Transactions 6.8.1666, (54))

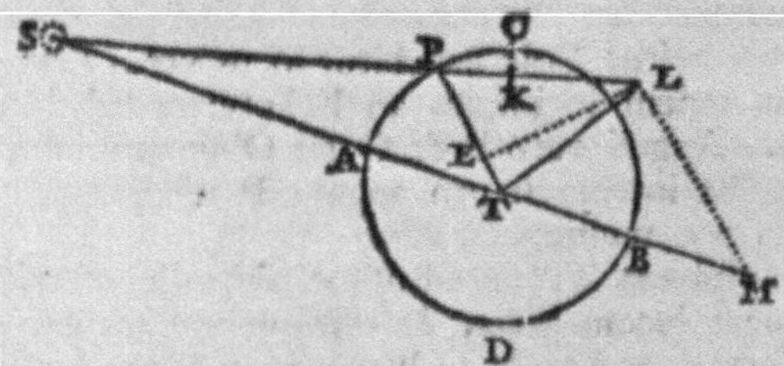

Abb. 4. Anfang des Kapitels über die Gezeiten (Newton, Bd. 3 (61))

Man sieht hier die Verwandtschaft zu den Seiches - Eigenschwingungen von Seen und Meeren - deren gezeitenähnliches Verhalten (An- und Ablaufen des Wassers relativ zum Strand) sehr oft mit den echten Gezeiten verwechselt wird (so auch z.B. von Galilei).

In Galileis Theorien erzeugen Beschleunigungen und Verzögerungen der Bewegung der Erde, die als Folge der Überlagerung der täglichen Rota-

tion und der jährlichen Revolution zustandekommen, die Gezeiten. Daß
der Mond Einfluß habe, findet Galilei unsinnig. Die tägliche Verspätung von Ebbe und Flut nimmt er nicht zur Kenntnis, braucht sie also
auch nicht zu erklären. Dies Problem zu lösen, bleibt Nachfolgern
überlassen.

Wallis (1666) (54) erkennt, daß Erde und Mond einen gemeinsamen Schwerpunkt besitzen, der die Keplersche Bewegung um die Sonne ausführt und
um den sich Mond und Erde bewegen. Damit findet er zwar näher an die
wirkliche Erklärung heran, aber der Einfluß von Galilei auf ihn ist
so stark, daß er die letzte Konsequenz nicht ziehen kann (Abb. 3).

In manchen Beschreibungen im siebzehnten Jahrhundert fehlt nur noch
das berühmte "Tüpfelchen auf dem i". Die Eigenschaften der gezeiten-
erregenden Kraft sind recht gut bekannt, ein reiches Beobachtungsmaterial steht zum Überprüfen der theoretischen Überlegungen bereit.
Es wäre eine spezielle Studie wert herauszufinden, wieweit die Gezeitentheorie für Newton Anstöße und Anregungen zur Entwicklung der Gravitationstheorie brachte. Auf deren Grundlage kann Newton in seinen
1686 erschienenen "Principia" (16) (Abb. 4) auch eine Gezeitentheorie
vorlegen, mittels derer er nicht nur eine Reihe sonderbarer Formen
der Gezeiten zwanglos erklären, sondern auch quantitative Angaben
machen kann. So ist es ihm z.B. möglich, aus der Überlagerung von
Sonnen- und Mondgezeiten das Verhältnis von Spring- und Nipptide zu
verifizieren.

Einen großen Anteil an diesem Erfolg mag wohl die Mathematisierung
haben, denn bei keinem Vorgänger ist sie zu beobachten. Mathematik
kommt höchstens einmal bezüglich der Periodenlängen vor.

Newtons Theorie ist der Anfang einer weiteren großartigen Entwicklung.
Laplace berücksichtigt (Anfang 19. Jh.) die Tatsache, daß das Wasser
sich nicht sofort auf die wechselnden Kräfte einstellen kann, sondern
ihnen dynamisch folgt. Weitere Effekte werden entdeckt und in die
mathematische Rechnung einbezogen. Gezeitenmaschinen zur analogen
Vorhersage werden gebaut. Heute überwiegt allerdings die digitale
Berechnung mittels Computer.

Die Verfeinerung der instrumentellen Beobachtung wie auch der statistischen Methoden ermöglicht die Bearbeitung der Gezeiten der festen
Erde und der Atmosphäre. Doch alle Erfolge sollten uns nicht hochmütig
machen gegenüber den früheren Bemühungen, die in den meisten Fällen
großartige geistige Leistungen darstellen, auch wenn die Ergebnisse
uns heute nicht zufriedenstellen.

<u>Literatur</u>

(chronologisch geordnet, wobei je nach der eingesehenen Ausgabe die
Erscheinungsjahre differieren können).

(1) BERGER, Hugo: Die geographischen Fragmente des Eratosthenes.
        Leipzig: Teubner 188o.
(2) ARISTOTELES: Werke, Bd. 11, 12, 19. Berlin: Akademie-Verlag 1962ff.
(3) HERODOT: Geschichten, Bd. 2. Köln: Atlas-Verlag 196o.
(4) PLUTARCH: Das Mondgesicht. Zürich: Artemis 1968.
(5) POLYBIUS: Geschichte. Zürich: Artemis 1961/63.
(6) CAESAR, Cajus Julius: Der Gallische Krieg, Buch 2.3. Bremen:
        Schünemann 1958.
(7) PLINIUS SECUNDUS, Cajus: Naturalis historiae libri 37. Paris:
        Muguet 1685.

(8) PLINIUS SECUNDUS, Cajus Caecilius: Briefe, 4.3o. München: Gold-
    mann 196o.
(9) CICERO, Marcus Tullius: Vom Wesen der Götter. München: Goldmann
    1962.
(1o) CURTIUS RUFUS, Quintus: Geschichte Alexanders des Großen. Mün-
    chen: Goldmann 1961.
(11) MELA, Pomponius: Geographie des Erdkreises. Leipzig: Voigtländer
    1912.
(12) STRABO: Strabons Erdbeschreibungen in 17 Büchern. Berlin: Nico-
    laische Buchhdlg. 1831/34.
(13) DIO CASSIUS: Cassii Dionis cocceiani historiae Romanae quae
    supersunt. Leipzig: Tauchnitz 1829.
(14) Stoa und Stoiker u.a.: Fragmente des Posidonius aus Apameia.
    Zürich: Artemis 195o.
(15) AMBROSIUS von MAILAND: Ausgewählte Schriften: Exameron. München:
    Kösel 1914/17.
(16) BEDA: Opera theologica, moralia, historica, ... Köln: Friess 1688.
(17) AVICENNA: Artis chemicae principes. Basileae: Perna 1572.
(18) Die Lieder der älteren Edda - Saemundar Edda. Paderborn: Schöningh
    1922.
(19) BACON, Roger: The "Opus Majus" of Roger Bacon (Reprint). Frank-
    furt/M.: Minerva 1964.
(2o) REISCH, Gregorius: Margarita Philosophica nova cui insunt sequen-
    tia. Argentorati: Grüninger 1512.
(21) ROBERT GROSSETESTE LINCONIENSIS: Lincolniensis commentarius in
    VIII libros physicorum Aristotelis ... Boulder/Col.: Univ. of
    Colorado Press 1963.
(22) APIANUS, Petrus: Cosmographia. Antverpiae: Birckmann 1564.
(23) VELTKIRCH, Johann: Epitomae physicae libri quatuor. Erfurdiae:
    Saxonis 1538.
(24) CARDANUS, Hieronymus: De subtilitate libri XXI. Norimbergae:
    Petreius 155o.
(25) DELPHINUS, Fredericus: De fluxu et refluxu aquae maris. Venedig:
    Academica Veneta 1569.
(26) ANEPONYMUS, Wilhelm: Dialogus de subtilitate physicis, Rihelius,
    Argentorati, 1567 (Reprint). Frankfurt/M.: Minerva 1967.
(27) SCALIGER, Julius Caesar: Exotericarva exercitationum: De subti-
    litate. Francofurti: Wechelus 1576.
(28) BORRO, Girolamo: Del flusso, e reflusso del mare. Florenz:
    Marescotti 1582.
(29) WAGHENAER, Lucas Jansz: Spiegel der Zeevaerdt. Amsterdam: Meri-
    dian Publ. Co. 1964.
(3o) NEANDER, Michael: Physicae. Basiliae: Defner 1585.
(31) GALLUCIUS, Ioannes Paulus: Theatrum mundi et temporis. Venetiis:
    Somascus 1589.
(32) PORTA, Ioannes Baptista: De aeris transmutationibus libri IV.
    Romae: Zannettus 161o.
(33) STEVIN, Simon: The principal works. Amsterdam: Svets & Zeitlin-
    ger 1955/66.
(34) KEPLER, Johannes: Neue Astronomie. München: Oldenbourg 1929.
(35) DESCARTES, Renê: Les principes de la philosophie. Paris: Veuve
    Bobin 1681.
(36) DESCARTES, Renê: Briefe. 1629-165o. Köln: Staufen 1949.
(37) FROMONDUS, Libertus: Meteorologicorum libri sex. Lovanii: Nem-
    paeus 1646.
(38) GALILEI, Galileo: Dialogo di Galileo Galilei. Fiorenza: Landini
    1632.
(39) PIERRE de Ste. MARIE MAGDELEINE: Traittê d'horlogographie. Paris:
    Du Puis 1663.
(4o) KIRCHER, Athanasius: Magnes sive de arte magnetica. Coloniae
    Agrippinae: Kalcoven 1643.

(41) GALILEI, Galileo: Systema cosmicum. Lugduni/Batavia: Haaring et
     Severinus 1699.
(42) CABEUS, Nicolaus: In quatuor libros meteorologicorum Aristotelis
     commentaria. Romae: Corbellettus 1646.
(43) ZIEGLER, Jakob: Fermentatio generationis et corruptionis causa.
     Basel: Genath 1647.
(44) HELMONT, Ioannes Baptista van: Ortus medicinae. Venetiis: Giunta
     & Hertz 1651.
(45) RICCIOLI, Ioannes Baptista: Almagestum novum astronomiam veteram.
     Bononiae: Benatius 1651.
(46) GILBERT, Guilielm: De mundo nostro sublunari philosophia nova.
     Amstelodami: Elzevier 1651.
(47) HARSDÖRFFER, Georg Philipp: Deliciae mathematicae et physicae.
     Nürnberg: Endter 1677.
(48) CASATUS, Paulus: Terra machinis mota. Romae: De Lazaris 1658.
(49) SCHOTT, Kaspar: Anatomia physico-hydrostatica fontium ac fluminum.
     Herbipolis: Schönwetter 1663.
(5o) FABRI, Honoratus: Dialogi physici, in quibus de motu terrae dis-
     putatur, marini aestus nova causa proponitur. Lugduni: Fourmy
     1665.
(51) Journal des scavans (Nachdruck, Rey, Amsterdam). Paris: Lacombe
     1665/66 ff.
(52) BACON, Francis: Opera omnia. Francofurti: Schönwetter 1665.
(53) KIRCHER, Athanasius: Mundus subterraneus. Amstellodami: Janssonius
     & Weyerstraet 1665.
(54) Philosophical Transactions. Royal Society of London. London:
     Martyn 1665/66 ff.
(55) IMPERATO, Ferrante: Historia naturale. Venetia: Combi & La Nou
     1672.
(56) GUERICKE, Otto: Experimenta nova. Amstelodami: Janssonius &
     Waesberge 1672.
(57) ROHAULT, Jacques: Tractatus physicus. Genevae: Widerhold 1674.
(58) Philosophical Collections. Royal Society of London. London:
     1679-1682. (Reprint) New York: Johnson 1965.
(59) Essai de Physique. Paris: Pralard 1684.
(6o) SENGUERD, Wolferd: Philosophia naturalis. Lugduni: Gaesbeeck
     1685.
(61) NEWTON, Isaac: Philosophia naturalis principia mathematica,
     sumptibus Societatis. 1. Aufl. 1686. Amstelodami: 1714.
(62) DECHALES, Claude François Milliet: Cursus seu mundus mathematicus.
     Lugduni: Anissonios e.a. 169o.
(63) VARENIUS, Bernhardus: Geographie generale. Jenae: Croker 1693.
(64) PICCINELLUS, Philippus: Mundus symbolicus. Coloniae Aggripinae:
     Demen 1694.
(65) REINZER, Franziskus: Meteorologia philosophia-politica. Augustae
     Vindelicorum: Nepperschmid 1698.
(66) HARTSOEKER, Nicolas: Conjectures physiques. Amsterdam: Desbordes
     17o6.
(67) BERCKENMEYER, Paul Ludolph: Vermehrter Curieuser Antiquarius.
     Hamburger: Schiller 17o9.
(68) SCHERER, Henricus: Critica quadripartita. Dilingae: Bencard
     171o.
(69) FABER, Petrus Johannes: Alle in zwey Theile verfasste Chymische
     Schriften. Hamburg: Eding 1713.
(7o) MORHOF, Daniel Georg: Polyhistor literarius philosophicus et
     practicus. Lubecae: Böckmann 1714.
(71) MORETUS, Theodorus: Tractatus physico-mathematicus de aestu
     maris. (Phil. Diss.) Wien: Voigt 1719.
(72) SCHEUCHZER, Johann Jacob: Physica oder Natur-Wissenschaft.
     Zürich: Heidegger 1729.

(73) Großes vollständiges Universallexikon aller Wissenschaften und
      Künste. Halle: Zedler 1732-1754.
(74) GRIMM, Jacob, GRIMM, Wilhelm: Deutsches Wörterbuch. Leipzig:
      Hirzel 1854-196o.
(75) KIPLING, Rudyard: Gesammelte Werke. München: List 1965.
(76) ALMAGIA, Roberto: La dottrina delle area nell' antichità clas-
      sica e nel Medio Evo, Firenze, Memorie della R. Accademia
      dei Lincei. Classe di scienze fisiche, Vol. V (19o5).
(77) Handwörterbuch des deutschen Aberglaubens. Berlin: de Gruyter
      1927-1942.

Geophysikalisch interessante Gedanken bei Copernicus und Kepler

W. Petri

Copernicus und Kepler waren sich einig in der Überzeugung, daß die
Welt als Ganzes Kugelgestalt habe. Sie wußten auch, daß der Erdkörper
in guter Näherung eine Kugel darstellt. Hierfür waren schon im Alter-
tum mehrere Anschauungsbeweise bekannt, wie die Kimmtiefe und die
runde Gestalt des Erdschattens bei Mondfinsternissen. Trotzdem hatte
die Diskussion über die Existenz von Antipoden und die Verteilung von
Festland und Meer angedauert, wobei die Naturwissenschaftler gegenüber den Theologen oft einen harten Stand hatten, um entgegen zu wört-
lich verstandenen Bibelstellen ihre Überzeugung zu verteidigen, daß
die Erde frei im Raume schwebt und daß es auch jenseits der Grenzen
der damals bekannten bewohnten Teile der Erde trockenes Land und
höchstwahrscheinlich sogar Menschen gibt. Seit Beginn der großen Ent-
deckungsfahrten über die Weltmeere begannen diese Querelen abzuebben.
Hinzu kamen Überlegungen, die in ihrem Grunde bereits als physikalisch
im modernen Sinne gelten dürfen und deshalb mit einiger Kühnheit als
frühe Ausprägungen geophysikalischen Denkens gewürdigt werden können.

Nicolaus Copernicus erklärt in den ersten beiden Leitsätzen seines
als "Commentariolus" bekannten Frühwerkes, daß es keinen gemeinsamen
Mittelpunkt für alle Himmelskreise oder Sphären gibt und daß der Mittelpunkt der Erde nur das Zentrum der Schwere und der Mondbahn ist.
Dabei ist stillschweigend nahegelegt, daß es in der Welt nicht nur
mehrere Sphärenmittelpunkte für die Bewegungen der Himmelskörper,
sondern auch entsprechende Schwerezentren gibt, zumal die Erde mit
ihrer offenkundigen zentripetalen Gravitation nur ein Planet unter
anderen, prinzipiell gleichartigen ist. Allerdings schrieb man der
Schwerkraft einzelner Himmelskörper damals nur eine recht begrenzte
Reichweite zu.

Zu Beginn des zweiten Kapitels von Buch 1 seines Hauptwerkes "De revo-
lutionibus orbium coelestium" stellt Copernicus einen Zusammenhang
zwischen Schwerkraft und Kugelgestalt der Erde her. Die Erde stütze
sich von allen Seiten her auf ihr Zentrum, dem sie zustrebe. Im dritten Kapitel, das bei Ptolemaios keine Entsprechung hat, kommt er dann
auf die Verteilung und die Gleichgewichtsverhältnisse von Land und
Wasser zu sprechen. Er wendet sich gegen die Meinung gewisser Peri-
patetiker, es gäbe zehnmal soviel Wasser wie Erde, weil bei der Umwandlung der Elemente aus Erde die zehnfache Menge Wasser hervorgehe.
Das war eine im Spätmittelalter geläufige Annahme, bei der für uns
eigentlich nur interessant ist, daß darin die Spekulation steckt, bei
der Erschaffung der Welt müsse eine Art von Gleichmächtigkeit des
Substrats geherrscht haben. Copernicus rechnet vor, daß schon ein
Volumenverhältnis 1:7 zwischen Land und Wasser das Vorkommen trocke-
nen Bodens auf der Erde ausschließen würde. In diesem Grenzfalle würde
die (als Kugel gedachte) Landmasse eben noch den Mittelpunkt der Erd-
kugel berühren, sich also auf ihn stützen; andererseits würde sie
nicht über das Weltmeer hervorragen, da ihr Durchmesser nur halb so
groß wäre wie derjenige der gesamten Erde.

In diesem Zusammenhang lehnt Copernicus auch den Gedanken ab, daß die
Landmasse im Weltmeer infolge der in ihr enthaltenen Hohlräume schwimme

und im wesentlichen nur einen einzigen Kontinent bilde. Vielmehr ist
nach der Auffassung des Copernicus der Anteil des Wassers an der Erd-
kugel nur mäßig, auch wenn an der Oberfläche vielleicht mehr Wasser
in Erscheinung tritt. Das Wasser füllt nur Vertiefungen des Boden-
reliefs aus; und das Weltmeer hat überall das gleiche Niveau, da es
sich nirgends seitlich an der Küste abstützen kann. Auf jeden Fall
fallen Schwerezentrum und Figurenzentrum der Erde zusammen.

Johannes Kepler steht in der Geschichte der neuzeitlichen Astronomie
in der Mitte der von Nicolaus Copernicus zu Isaac Newton führenden
Entwicklungslinie, die flankiert wird durch Tycho Brahe, William
Gilbert und Galileo Galilei. Wie schon für Copernicus ist für ihn die
Erde ein Planet unter anderen, aber ausgezeichnet als Heimstatt der
betrachtenden Kreatur und Ort der christlichen Heilsgeschichte. Für
Copernicus war die Erdbahn um die Sonne der "Große Kreis", der - noch
heute als Astronomische Einheit in Gebrauch - mit seinem Halbmesser
das Grundmaß für die Entfernungsverhältnisse im Sonnensystem abgibt.
Kepler ging noch weiter: "Um die Proportionen der Weltkörper aufzuspüren, muß man ... bei der Erde anfangen ... Die Größe der Erde wurde
an die der Sonne angepaßt. Denn die Erde war zum Wohnsitz der betrachtenden Kreatur bestimmt, zu deren Wohl die ganze Welt geschaffen ist."
(Par. 92, 95; Keplerfestschrift).[1]

Auf dem Wege zur Erkenntnis der allgemeinen Gravitation ist Kepler
unmittelbar an die Schwelle der von Newton gefundenen Wahrheit gelangt. Ihm fehlte noch das Verständnis für gleichförmig beschleunigte
Bewegungen, das wir Galilei verdanken. Wohl aber sagte er: " Das Zentrum ist lediglich ein mathematischer Punkt; was kein Körper ist, hat
aber nicht die Kraft, Bewegung zu erteilen" (Par. 49). Dieser Zusammenhang zwischen Masse und Kraftwirkung ließ ihn den realen, mächtigen
Sonnenkörper als Brennpunkt der Planetenbahnen finden - anstelle eines
zwar sonnennahen, aber doch leeren mathematischen Punktes, wie ihn
Copernicus für seine Kreismodelle angenommen hatte, obwohl ihm, wie
wir gesehen haben, zumindest bei der Figurentheorie der Himmelskörper
der Massenmittelpunkt viel bedeutete.

Inzwischen hatten Gilberts Studien über den Erdmagnetismus gelehrt,
daß materiellen Körpern gerichtete und entfernungsabhängige Kräfte
innewohnen können. Tycho hatte durch seine Kometenbeobachtungen die
Vorstellung der starren Himmelsphären endgültig überwunden, so daß
der Weg frei war für (modern ausgedrückt) Korpuskularstrahlungen im
planetaren Raum und darüber hinaus. Durch das Auftauchen Neuer Sterne
war die Überzeugung von der Unveränderlichkeit des Fixsternhimmels
ernsthaft erschüttert. In die Hauptschaffenszeit Keplers fiel dann
die Einführung des Fernrohrs, wodurch die beobachtende Himmelskunde
in einem Ausmaß sprunghaft bereichert wurde, das nur mit den radio-
astronomisch und extraterrestrisch gewonnenen Daten unserer Tage verglichen werden kann.

Kepler war stets bemüht, seine Forschungsergebnisse in größtem Zusammenhang zu sehen und machte sich sogar Gedanken über die Dicke der
Fixsternschale (Par. 143). Wesentlich ist für ihn die kausale Betrachtung: "Die Astronomie ist ein Teil der Physik, welche nach den Ursachen der Dinge und Vorgänge in der Natur fragt, zu denen auch die
Bewegungen der Himmelskörper gehören" (Par. 2). Als wahre Ursachen der
Erscheinungen werden Hypothesen angeboten, für die wahrscheinliche
Begründungen vorzulegen sind (Par. 7). Mathematische Harmonie ist
dabei mehr als ein formales Kriterium der Folgerichtigkeit von Hypothesen. Sie läßt die Absicht des Schöpfers erkennen. "Denn eben die

------

[1] Der Hinweis (Par. 92) bezieht sich auf den 92. Paragraphen der Festschrift.

Welt ist das Buch der Natur, worin Gott als Schöpfer sein Wesen und
seinen dem Menschen geltenden Willen zu einem Teil in einer unaus-
sprechlichen (alogos) Schrift offenbart und abgebildet hat" (Par. 8;
s.a. 99, 1o4 f.).

Als Naturforscher ist Kepler prinzipiell Optimist. Die Schöpfung hat
- als Gottes Werk - immer recht, aber der Mensch kann sich irren und
vermag sich der vollen Wahrheit nur allmählich zu nähern. Darum ist
Kepler allen neuen Beobachtungstatsachen gegenüber aufgeschlossen und
stets bereit, ihnen seine Hypothesen anzupassen. In atheistischer Form
lehrt der Dialektische Materialismus über den naturwissenschaftlichen
Erkenntnisprozeß einen ähnlichen asymptotischen Fortschritt; nur stehen dort die objektiven Gesetze der Bewegungsarten der Materie anstelle der göttlichen Schöpfungsordnung. Gläubigkeit begegnet uns in
beiden Fällen.

Eng mit der Forderung universaler Harmonie verknüpft ist bei Kepler
der Gedanke einer allgemeinen Rangordnung oder auch Verwandtschaft in
der Natur, wie sie beispielsweise in der Folge Sonne - Planeten -
Satelliten zum Ausdruck kommt: "Die Erde ist kein sehr unedler Körper,
sondern zumindest dem Mondkörper gleich, wenn nicht sogar überlegen,
da dieser viel rauher ist als der Erdkörper ... Man unterscheidet
primäre Planeten, deren Körper um die Sonne laufen, und sekundäre,
deren runde Bahnen um einen der primären angeordnet sind, so daß sie
sich mit ihm gemeinsam um die Sonne bewegen" (Par. 55, 88). Wir finden hier gleich zwei verschiedenartige Argumente für die höhere Ein-
stufung der Erde. Solcher Consensus freute Kepler immer.

Für das Verständnis der Naturerscheinungen dienen ihm oft archetypi-
sche Überlegungen und Analogiebetrachtungen (Par. 114; 115 u.ö.),
wobei mathematische Proportionen und Potenzregeln unbekümmert neben
biologischen Gleichnissen für anorganische Sachverhalte nützlich erscheinen. Dadurch ergeben sich Aussagen wie: "Die Erde ist also gewiß
das Maß für die Körper sowohl der Sonne und des Mondes, wie auch der
Sphären derselben" (Par. 119) und: "Sehr wahrscheinlich hat sich diese
andauernde Eigenschaft der ersten Rotation in der Erde zu einer kör-
perlichen Fähigkeit verwandelt und eingewurzelt, so daß sich in der
Erde Fasern (*fibrae*) gebildet haben, die entsprechend der Richtung
jener Bewegung angeordnet sind" (Par. 119, 6o). Da Kepler schließlich
auf mehrere solcher Fasersysteme im Erdinnern kommt, tröstet er sich
mit dem Gedanken: "Die Ärzte kennen sogar ein Beispiel für eine drei-
fache Kombination von Fasern. Beim Magen sind dreierlei Fasern so mit-
einander verflochten, daß sie dessen drei Fähigkeiten des Anziehens,
Zurückhaltens und Ausstoßens darstellen" (Par. 63). Im einzelnen ist
es hochinteressant zu verfolgen, wie Kepler auf der Schwelle zwischen
biologischer und physikalischer Behandlung seiner Probleme steht.
Bezeichnend dafür ist der wechselnde Gebrauch von anima und vis in
seiner Himmelsmechanik (s. z.B. Par. 57, 67).

Rein pragmatisch vom heutigen Wissensstande aus betrachtet, lassen
sich seine Aussagen und Hypothesen in drei Gruppen einordnen: erstens
solche, die auch wir als richtig erkennen (Beispiel: die Keplerschen
Gesetze - selbstverständlich innerhalb ihres nichtrelativistischen
Gültigkeitsbereiches); zweitens solche, die sich als falsch erwiesen
haben (Beispiel: das Vorkommen von Wasserflächen auf dem Monde - Par.
53f.); und drittens ein intermediärer Typ, bei dem etwa falsche Überlegungen doch letztlich richtige Folgerungen erbracht haben (Beispiel:
Entstehung von Sternen durch Kondensation diffuser Materie, welche
Kepler für eine Ausdünstung der Sonne hielt - Par. 43).

Kompliziert wird es, wenn eine falschen Voraussetzungen entsprungene
Annahme durch die Beobachtung nachträglich "bewiesen" wird. Kepler

nahm in einer ihm selbst nie ganz klaren Weise an, daß die Umläufe
der Planeten durch eine von der Sonne ausgehende Kraft (vielleicht
eine Art unipolaren Magnetismus' unter Mitwirkung des Lichtes) in Gang
gehalten würden (Par. 77, 82). Übrigens findet sich schon in der
"Narratio prima" des Rheticus, daß die Sonne als Ursprung der Planetenbewegungen vermutet wird (Des G.J. Rheticus Erster Bericht über
die 6 Bücher des Kopernikus, übers. v. Zeller, München u. Berlin
1943; S. 65). Wir dürfen annehmen, daß diese Äußerung auf Copernicus
selbst zurückgeht, wenn sie auch in seinen uns erhaltenen Schriften
nicht direkt belegbar ist.

Kepler nun postulierte auf Grund seiner falschen Hypothese eine Ach-
senrotation der Sonne, wie sie einige Jahre danach durch Fernrohrbe-
obachtungen von Sonnenflecken tatsächlich im gleichen Drehsinn, wenn
auch erheblich langsamer als vorausgesagt, festgestellt wurde. Natürlich sah er darin eine Bestätigung dafür, daß die Sonne "die Erstur-
sache der Planetenbewegungen im Weltall und der erste Beweger, auch
bezüglich ihres Körpers", sei (Par. 82). Aus historischer Sicht ist
hier noch interessant, daß eine völlige Abkehr von der antiken Auffassung erfolgt ist, wonach das primum movens ganz draußen, außerhalb
der Fixsternsphäre, seinen Sitz haben sollte.

Für seine Zeitgenossen ebenso einleuchtend wie für uns heutige seltsam
war die bereits erwähnte Meinung Keplers, daß eingeprägte Kräfte -
etwa bei der Erdrotation - sich in einer Faserstruktur der Materie
manifestieren müßten. Er ging sogar so weit, im Innern von Mond und
Erde einen strukturierten Kern zu vermuten, dessen Rotation mit der
der äußeren Bereiche nicht übereinstimme (Kepler, Gesammelte Werke,
Bd. 7, ed. Caspar, S. 335 1. 45; 347 1. 41).

Als im Ergebnis nicht ganz falsch erwies sich Keplers Überzeugung,
daß die Dichte der Himmelskörper im Sonnensystem nach außen zu abnehme.
Dabei kam er auf eine Modellsequenz von Gold, Quecksilber, Blei, Sil-
ber, Eisen, Magnetstein und härtesten Edelsteinen für Sonne, Merkur,
Venus, Erde, Mars, Jupiter und Saturn (Par. 13o). Hinsichtlich der
Sonne irrte er sich sehr; aber immerhin ist die mittlere Dichte der
inneren Planeten (Merkur bis Mars) systematisch höher als die der
äußeren (von Mars bis nicht nur Saturn, sondern sogar bis zu dem
damals noch unbekannten Neptun; Pluto ist bekanntlich ein Außensei-
ter). Und auch bei Kepler ist der Dichtesprung zwischen Mars und
Jupiter am größten, was allerdings im Zuge seiner arithmetischen Entwicklungen durch die auch in der Titius-Bode-Reihe ausgeprägte "Pla-
netoidenlücke" bewirkt wird.

Für die Kugelgestalt der Erde gibt Kepler an sich genau wie schon
Copernicus (s.o.) die Konfiguration einer frei gravitierenden Flüssigkeit an: "Wir sehen, daß den Körpern von Erde und Wasser eine kör-
perliche Kraft innewohnt, beliebige Körper anzuziehen und mit sich
zu vereinigen. Diese Kraft nennt man allgemein "Schwere" (gravitas).
Nun ist der ganze Erdball allseitig und ohne Grenze von Wasser um-
strömt. Es ist auch nicht unwahrscheinlich, daß die Erde in ihrem
Innern überall von gewaltigen Rohrgängen durchzogen ist wie ein durch-
löcherter Topf, der aus wassergefüllten Scherben besteht - nämlich
den Kontinenten. Offenbar konnten all die Wasserteile ringsherum gar
keine andere Figur bilden als eine runde. Die Kraft des Wassers, die
weder durch sich selbst, noch von der Erde behindert wird, bewirkt
eine einheitliche, runde Gestalt. Daher bleibt keine, etwa durch
Meeresströmungen bewirkte, Erhebung des Wassers lange erhalten; vielmehr gleicht sie sich stets unter dem Einfluß der Schwere und Bildung
seitlicher Wellen aus" (Par. 12). Diese Ausführungen erwecken den
Eindruck, daß Kepler der moderne Begriff der Isostasie durchaus ein-
geleuchtet haben würde.

Für seine Zeit durchaus revolutionär war Keplers Annahme, daß nicht nur in der Hochatmosphäre, sondern auch im interplanetaren Raum eine feine Substanz vorhanden sei, die auf die Bewegungen der Planeten vielleicht und auf das Licht sicher einen (allerdings mit damaligen Mitteln nicht meßbaren) Einfluß ausübe: "Oberhalb der Luft folgt sogleich der Äther (*aura aetheres*), der wie eine Flüssigkeit das ganze Weltall erfüllt ... Sowohl Äther wie Luft sind flüssig und durchsichtig und von örtlich und zeitlich unterschiedlicher Reinheit. Sie unterscheiden sich aber durch offenkundige und sinnfällige Grade der Durchsichtigkeit" (Par. 39). "Wir können ohne Schaden einräumen, daß der Widerstand des Äthers nicht gänzlich gleich Null ist, so daß die Bewegungen der Gestirne davon ein klein wenig behindert werden, wie sie ja auch wegen ihrer Körpermaterie einen gewissen Widerstand leisten" (Par. 86). Kepler vermutet, "daß die Dichten von Wasser zu Luft und von Luft zu Äther in kubischer Proportion stehen" (Par. 85). Er schätzt, daß die Luft zehntausendmal dünner sei als das Wasser und der Äther ebensoviel dünner als die Luft, weil die Lichtbrechung von Äther in Luft ungefähr 30 Bogenminuten und die von Luft in Wasser ungefähr einhundertmal soviel, nämlich 48 Grad, ausmacht (Ibid).

Besonders "modern" lesen sich Keplers Ausführungen über die Einwirkung der Sonnenstrahlung auf die Kometenschweife, die er im Zusammenhang mit der Vermutung macht, daß von der Sonne diffuse Materie ausgeströmt werde - eine Vermutung, die sich in unseren Tagen bewahrheitet hat: man denke an den "Sonnenwind" und die Theorie der Kometenschweife von Ludwig Biermann. Kepler schreibt: "Auch die Materie der Kometen scheint durch die ihre Körper durchdringenden Strahlen der Sonne deutlich zerstreut und in Form eines Schweifs durch den Äther verteilt zu werden, der vom Kometen in die der Sonne entgegengesetzte Richtung abströmt und den Äther verunreinigt ... Die Kometen sind geradlinige Bahnen im Äther aus leuchtender, der Kondensation und Dissipation fähiger Materie, wie ihre Schweife sehr deutlich zeigen" (Par. 42, 44).

Hinter diesen Gedanken steht natürlich schon die Entdeckung des Petrus Apianus, daß die Kometenschweife von der Sonne weg gerichtet sind, in Verbindung mit der seit Tycho gewonnenen Erkenntnis von der Freizügigkeit der Kometenbahnen im Sonnensystem (s.o.). Aber auch bei den Meteoriten kam Kepler in manchen Punkten der Wirklichkeit schon recht nahe: "Fallende Sterne bestehen aus entflammter zäher Materie. Manche davon werden während des Falls verzehrt, andere gelangen, von ihrem Gewicht gezogen, bis zur Erde herunter. Es ist nicht unwahrscheinlich, daß einige früher aus trüber Materie, die dem Äther beigemischt ist, zusammengeballt wurden und daß sie aus der Ätherregion eine geradlinige Bahn durch die Luft ziehen wie winzige Kometen" (Par. 46). Also nicht nur eine gewisse Verwandtschaft mit den Kometen, sondern auch extraterrestrische Herkunft der Meteorite wird hier ausgesprochen. Das war für jene Zeit wirklich eine erstaunliche Leistung.

Abgesehen von solchen Einzelzügen, deren Zahl sich noch vermehren ließe, haben die folgenden allgemeinen Positionen Keplers ihre Gültigkeit bewahrt und erscheinen heute vielleicht aktueller denn je:

1. Die Erde ist (neben der Energie spendenden Sonne und trotz allen langfristigen Aussichten der Weltraumfahrt, an die auch Kepler schon gedacht hat) für die Menschheit der wichtigste Himmelskörper.

2. Die Wissenschaft von der Erde soll vor allem Detail nicht den Blick auf die Erde als Ganzes verlieren, auf ihr Schicksal und auf die mannigfachen Wechselwirkungen zwischen ihr und dem sie umgebenden Kosmos.

Literatur

Kepler-Festschrift, Hrsg.: Naturwissenschaftlicher Verein, Regensburg
    1971.
KEPLER, J.: Epitome Astronomiae Copernicanae, übers. u. komm.: W.
    PETRI.
KEPLER, J.: Gesammelte Werke, Bd. VII. München 1953. MAX CASPAR:
    Nachbericht.
RHETICUS, G.J.: Des G.J. Rheticus Erster Bericht über die 6 Bücher
    des Kopernikus (übers. v. ZELLER). München, Berlin 1943.

Modelle der Isostasie im Neunzehnten Jahrhundert

V. Bialas

1. Begriffsbestimmung

Die Theorie der Isostasie ist heute ein fester Bestandteil der Geowissenschaften und durch Beobachtungstatsachen für den größten Teil
der Erdkruste bestätigt. Sie kann zwei verschiedene, an vielen Stellen der Erde auftretende Anomalien weitgehend erklären: einmal die
Lotabweichungen, das sind die Unterschiede zwischen den geodätisch
berechneten und den tatsächlich beobachteten Lotrichtungen, und dann
die Schwereanomalien, die entsprechenden Differenzen von theoretischen
und beobachteten Schwerewerten. Die Annahme, daß die über der Normal-
figur der Erde liegenden Kontinentalmassen als Massenüberschüsse, die
Ozeanflächen dagegen als Massendefizite wirken und die Beobachtungen
beeinflussen, konnte die Entstehung der Anomalien nicht völlig erklären. Das gelang erst in zufriedenstellender Weise durch die Erweiterung der Theorie: die mittlere Dichte der Massen unterhalb der Gebirge
mußte kleiner, unterhalb der Ozeane größer als die mittlere Dichte
der oberen Erdkruste sein, es mußten also negative und positive Aus-
gleichsmassen im Erdinnern vorausgesetzt werden (JORDAN et al., 1956
- 69, S. 588ff.: Das Problem der Isostasie). Ferner war anzunehmen,
daß in einer bestimmten Tiefe eine Fläche existieren mußte, für die
an allen Stellen der Druck der darüber lagernden Erdmassen gleich
groß ist.

Die grundlegenden Vorstellungen über die Isostasie sind im wesentlichen im neunzehnten Jahrhundert entwickelt worden. Freilich gab es,
wie bei den meisten Theorien in der Naturwissenschaft, ältere Ansätze,
die aber zur Fundierung einer Theorie nicht ausreichten. Die Bildung
der isostatischen Theorie kann als Beispiel dafür gelten, wie genauere
Beobachtungen der Natur durch verfeinerte Meß- und Versuchsanordnungen
die Wissenschaft insgesamt weiterführen, indem diese herausgefordert
wird, nach neuen Erklärungen für bislang nicht bemerkbare Widersprüche
zwischen Beobachtungen und Theorie zu suchen.

2. Ältere Hypothesen

Die Geschichte der isostatischen Theorie lassen HEISKANEN u. VENING
MEINESZ (1958) mit kurzen Aufzeichnungen von Leonardo da Vinci beginnen, die Delaney 1940 in den von MacCurdy herausgegebenen Notizbüchern
von Leonardo entdeckte. In seinem kurzen Artikel stellt DELANEY (1940)
zunächst die überragende Bedeutung der Arbeit von Dutton aus dem Jahr
1889 (DUTTON, 1892) heraus und weist dann darauf hin, daß Leonardo,
hier noch ganz dem geozentrischen Weltbild des Mittelalters verhaftet,
in etwas unbestimmter Weise einiges von den späteren Theorien vorweg-
genommen habe. Infolge der Tätigkeit der Flüsse, die das Geröll von
den Bergen zum Meer tragen und so die Hänge der Berge ausspülen, werden von Leonardo die Gipfel der Berge gegenüber dem Umland wachsen.
Indem sich ihr Abstand vom Schwerezentrum der Erde oder dem des Uni-
versums vergrößere, ordnen sich leichtere Massen in größerer Entfernung an. So wird nach Leonardo die Höhe der Berge der abnehmenden
Dichte der Massen zugeordnet.

Auch in anderen Aufzeichnungen Leonardo da Vincis lassen sich derartige geophysikalische Gedanken beinhaltende Betrachtungen finden. Er spricht im Zusammenhang von der Entstehung der hohen Berggipfel von einem großen, mit Wasser angefüllten Raum, der infolge der Wirkung der Quellen gegen den Mittelpunkt der Welt gefallen sei. Dann schreibt LEONARDO (1952): "Nun konnte diese große Masse fallen, weil der Mittelpunkt der Welt im Wasser war. Sie lagerte sich mit gleich entgegengesetzten Gewichten um den Mittelpunkt der Welt und erleichterte die Erde dort, wo sie gewichen war. Diese entfernte sich also sofort vom Mittelpunkt der Welt und stieg bis zu der Höhe, wo man jetzt die geschichteten, durch den regelmäßigen Lauf der Gewässer gebildeten Felsen an den Gipfeln der hohen Berge sieht."

Ursachen von Massenveränderungen der festen Erdkruste werden von Leonardo also durchweg in der Kraft des Wassers, nicht aber in Druckunterschieden im Erdinnern gesehen.

Erst mehr als zweihundert Jahre später finden sich wieder Aufzeichnungen zur Isostasie, und zwar bei Bouguer und bei Boscovich. Bouguer war Mitglied der französischen Peru-Expedition, die zur Bestimmung der Erdfigur einen Meridianbogen in Nähe des Äquators ausmessen sollte. Im Verlauf dieser Expedition untersuchte Bouguer die Wirkung der Anziehung eines hohen Berges auf die Lotrichtung, indem er auf zwei Stationen gleicher geographischer Breite in geringerer und größerer Entfernung vom Fuß des Chimborasso die Zenitdistanzen einiger Sterne beobachtete. Die Abweichung des Lotes auf beiden Stationen war geringer als berechnet. Die Wirkung der oberirdischen Massen war also nicht so groß wie erwartet.

Im Anschluß an die Veröffentlichung von BOUGUER (1749) beschäftigte sich BOSCOVICH (1755) näher mit den darin mitgeteilten Ergebnissen. Er geht davon aus, daß die Berge hauptsächlich durch die thermische Expansion des Tiefengesteins, die eine Anhebung der Gesteinsschichten in Nähe der Erdoberfläche zur Folge hatte, entstanden seien. Der so gebildete Hohlraum im Innern des Gebirges gleiche die darüberliegenden Massen aus.

So sehr diese Erklärung an die spätere Prattsche Theorie erinnert, ist doch ein Einfluß der Arbeiten von Bouguer und Boscovich auf die mehr als hundert Jahre später entwickelte Theorie der Isostasie nicht nachweisbar. Bemerkenswerterweise bilden wiederum Messungen im Hochgebirge den Ausgang für weiterführende Rechnungen und Deutungsversuche.

3. Die Begründung der Theorie der Isostasie im neunzehnten Jahrhundert

Die wissenschaftliche Fundierung und Ausarbeitung der isostatischen Theorie wurde durch geodätische Messungen in Indien vorbereitet. Everest, der Leiter der Trigonometrischen Vermessung von Indien, hatte bei der Auswertung der Beobachtungen zwischen zwei auf demselben Meridian, 600 km voneinander entfernt liegenden Stationen südlich des Himalaya-Massivs eine Differenz von rund 5" zwischen dem geodätisch und astronomisch bestimmten Breitenunterschied gefunden. Er vermutete, daß diese Abweichung durch die Anziehung von Gebirgsmassen im Norden hervorgerufen sei, konnte aber einen unmittelbaren Nachweis nicht führen. Schließlich verteilte er den Betrag auf die einzelnen Dreiecke des Bogens, behandelte also die Lotabweichungen als zufälligen Beobachtungsfehler (EVEREST, 1830, 1947).

Diese nicht befriedigende Erklärung der Lotabweichung im ostindischen Meridianbogen veranlaßte kurz nach der Mitte des neunzehnten Jahrhun-

derts Pratt, den englischen Erzdiakon in Kalkutta und bald darauf
Airy, Astronom der Sternwarte Greenwich, sich der Deutung jener 5"-
Abweichung nochmals anzunehmen (PRATT, 1855). Zunächst fand Pratt
heraus, daß dieser Betrag nicht auf fehlerhafte Messungen zurückzuführen sei. Er folgerte daraus:

"Die Differenz von 5",236 muß daher auf eine andere Ursache zurückge-
führt werden. Ein sehr einleuchtender Grund wäre die Anziehung der
oberirdischen Masse, die in großer Menge nördlich des indischen Bogens
liegt." (PRATT, 1855, S. 53.)

Pratt berechnet den Einfluß der Massenanziehung auf die Lotrichtung
beider Stationen und erhält einen Betrag, der dreimal so groß ist
wie die beobachtete Lotabweichung. Auch ein anderer Ansatz mit einem
neuen Wert für die mittlere Oberflächendichte führt nicht zur gewünsch-
ten Übereinstimmung. Schließlich ändert er die Abplattung des Everest-
Ellipsoids von f = 1:3oo,8 auf f = 1:426,2, die nur für den indischen
Bogen gelten soll. Er beschließt seine Arbeit mit der Feststellung,
daß es keine Möglichkeit gäbe, den Fehler der Breitendifferenz von
Everest mit der Abweichung der Lotlinie infolge der Anziehung des
Gebirges in Übereinstimmung zu bringen. Es bleibe daher nur die Annahme übrig, daß die Abplattung des Meridianquadranten, die Everest
benutzte, zu groß für den indischen Bogen gewesen sei.

Es ist also keineswegs zutreffend, daß Pratt, wie in der Literatur
immer wieder zu finden ist (HEISKANEN u. VENING MEINESZ, 1958; JORDAN
et al., 1956 - 1969, S. 589), bereits in seiner Arbeit von 1854 (PRATT,
1855) unterirdische Kompensationsmassen angenommen hat. Er hat lediglich nach dem Ansatz von Everest den Einfluß der sichtbaren Massen
auf die Ablenkung der Lotrichtung berücksichtigt und ist nach dem
unbefriedigenden Ergebnis seiner Rechnung zur traditionellen geometrischen Betrachtungsweise zurückgekehrt. Diesen von der Überlieferung
abweichenden Sachverhalt hat STRASSER (1956) in seiner vorzüglichen
Studie über die Prattsche Theorie herausgearbeitet.

Erst vier Jahre später gab Pratt eine genaue Formulierung seiner Hypothese vom Massenüberschuß und Massendefekt, der schließlich 187o die
endgültige Fassung der Theorie folgte.

Inzwischen hatte Airy eine eigene Theorie zur Erklärung der Lotabweichung im ostindischen Meridianbogen veröffentlicht, nachdem er als
Mitglied der Royal Society an der Sitzung teilgenommen hatte, auf der
Pratts Arbeit von 1854 vorgelegt worden war. Nur 6 Wochen liegen zwischen jener Sitzung und der Niederschrift der Theorie von Airy. In
seiner nur wenige Seiten umfassenden, aber bedeutsamen Abhandlung
(AIRY, 1855) entwickelt er seine Schwimmtheorie. Er vergleicht die
feste Erdkruste, die die flüssige Erdlava umschließt, mit einem Holz-
floß auf einer Wasserfläche. Wenn in diesem Floß die obere sichtbare
Seite eines Balkens deutlich oberhalb der Oberfläche der neben ihm
schwimmenden Balken liegt, so kann mit Sicherheit angenommen werden,
daß die Unterseite dieses Balkens tiefer im Wasser liegt als bei den
anderen Balken. In Analogie zu diesem Bild ist zu erwarten, daß ein
aus der sonst gleichmäßig dicken Erdkruste herausragendes Tafelland
tiefer als andere Teile der Kruste in die schwere Lava eintaucht.
An dieser Stelle wird die Lava von der leichteren Kruste verdrängt.
Es ist eine Verminderung der Anziehung oder "negative Anziehung" festzustellen, wie umgekehrt der die Kruste überragende Teil des Hochlan-
des eine Vergrößerung der Anziehung oder "positive Anziehung" hervorrufen muß. Als Wirkung beider wird die tatsächliche Störung auf die
Lotrichtung einer Station in Nähe des Bergmassivs kleiner sein müssen,
als die Rechnung aus den oberirdischen Massen ergibt. Airy schließt

mit der Bemerkung, daß sich die Kruste in einem Zustand des Gleich-
gewichts befinden müsse, soweit der Prozeß des Einsinkens der Landmasse in die Lava betrachtet werde.

Pratt war nicht bereit, dieser geophysikalischen Hypothese zuzustim-
men. In einer kurzen Erwiderung auf die Veröffentlichung von Airy im
Oktober 1855 hält er den Massendefekt ("deficiency of matter") unterhalb der Tafelländer und Gebirge, hervorgerufen durch den oberirdischen Massenüberschuß ("excess of matter"), wie einen Massendefekt
in Nähe des Grundes tiefer Ozeane, der einen Massenüberschuß unterhalb des Ozeanbettes und damit eine Aufwölbung schwerer flüssiger
Massen in die leichte Kruste zur Folge haben müßte, für nicht vereinbar mit der Hypothese von der sich abkühlenden und im Innern flüssigen
Erde (PRATT, 1856, S. 51f.). 1858 faßt er seine Einwände in 3 Punkten
zusammen (PRATT, 186o, S. 747):

1. Die Mächtigkeit der Erdkruste dürfte etwa 1omal größer sein als
Airy annahm.

2. Wenn die Kruste durch Abkühlung flüssiger Massen entstanden ist,
müßte sie durch Zusammenziehen, also Verdichtung der Massen, schwerer
werden und nicht leichter sein.

3. Oberirdischen Blöcken sollen unterirdische Verdickungen entsprechen,
die in die flüssige Masse hineinragen. Mit derselben Berechtigung
könnte angenommen werden, daß ein Hohlraum in der äußeren Kruste, wie
etwa bei einem tiefen See, mit einem Hohlraum der inneren Kruste kor-
respondieren müßte.

Ein anderer Einwurf gegen Airy kommt von Philipp Fischer, Mathematiker
in Darmstadt. Er will die "Fehlerhaftigkeit der Behauptungen von Airy
unwiderleglich bewiesen" wissen durch den Vergleich der fest auf der
flüssigen Lava aufliegenden Erdkruste mit dem Eis auf dem Wasser, das
schwere Lasten tragen kann, ohne zu zerbrechen oder einzusinken (FI-
SCHER, 1868, S. 228).

Offenbar gehen sowohl Pratt als auch Fischer bei ihrer Argumentation
von einer statischen Theorie über die Bildung der festen Erdkruste
aus. Pratt läßt die Dichte der äußeren, sich in Abkühlung befindlichen
flüssigen Erdmasse bei einer Mächtigkeit von 15oo km zunehmen, übersieht aber, daß eine derart große Masse nicht homogen zusammengesetzt
sein kann und daß ihre Dichte von innen nach außen abnimmt. Fischer
dagegen setzt die Massen der Bergmassive nachträglich auf die feste
Erdkruste wie den "zentnerschweren Mann" auf das dünne Eis.

Erst im Anschluß an seine Kritik an Airy entwickelt Pratt Einzelheiten
seiner Hypothese von den Massedefekten unterhalb der Gebirgsmassen
PRATT, 186o, S. 747). Er geht davon aus, daß während der Phase der
Krustenbildung die Erde die Form eines vollkommenen Sphäroids ohne
Berge und Täler besaß. Infolge von Kontraktionen und Expansionen der
äußeren Kruste sind Masseverschiebungen vor allem in radialer Richtung
anzunehmen, so daß Hebungen und Senkungen von Massen die Folge sein
mußten. So wurden durch den Ausdehnungsprozeß die Gebirge gebildet,
und es kam unterhalb der Gebirge zu Massenverdünnungen. Die vertikalen
Masseverschiebungen ändern nichts daran, daß die Massen längs einer
Vertikalen von einer beliebigen Stelle der Oberfläche aus bis zu einer
bestimmten Tiefe während des ganzen Prozesses konstant geblieben sind.
Erst von 1858 an kann von einer Prattschen Theorie gesprochen werden,
allerdings mit der Einschränkung, daß er den Prozeß der Zusammenzie-
hung der Kruste und Bildung von Meeresbecken noch nicht näher betrachtet. Erst 187o folgt die Erweiterung zur Kompensationstheorie (PRATT,
1872, S. 336f.). Pratt wertet nun erstmals für seine Theorie die Er-

gebnisse der Pendelbeobachtungen längs des ostindischen Meridianbogens
aus und nimmt als ein Vielfaches der Landerhebung über dem Meeresspiegel oder der Meerestiefe eine bestimmte Tiefe an, bis zu der der Massendefekt oder Massenüberschuß wirksam ist. Allerdings kann der Massen-
ausgleich durch Kompensationsmassen nur angenähert gelten, denn Lotabweichungen lassen sich auch in Ebenen, wie in der Nähe von Moskau,
beobachten.

Es läßt sich über die Entstehung der Theorien von Airy und Pratt fest-
halten, daß Airy derjenige war, der als erster einen Einfluß unterir-
discher Massen auf die Lotrichtung vermutete. Er forderte dadurch Pratt
zum Widerspruch und zur Ausarbeitung einer eigenen Theorie heraus.
Airy begnügte sich mit der kurzen Skizzierung seiner Theorie ohne quan-
titativen Nachweis, während Pratt stets darum bemüht war, sogleich
numerisch zu belegen, was hypothetisch angenommen war.

Die letzte grundlegende Arbeit des neunzehnten Jahrhunderts stammt
von dem amerikanischen Geologen Dutton. In einer berühmten Abhandlung
aus dem Jahr 1889 (DUTTON, 1892), mit der Delaney die moderne Theorie
der Isostasie beginnen läßt (DELANEY, 194o), bezeichnet Dutton als
die größten Probleme der physikalischen Geologie die Fragen nach der
Ursache des Vulkanismus, nach der Ursache von Hebungen und Senkungen
bestimmter Teile der Erdoberfläche und nach der Ursache von Faltungen,
Verdrehungen und Brüchen der Erdschichten. Bei der Erörterung des
dritten Problems - die zwei anderen hält er für nicht lösbar - geht
er auf die Figur der Erde ein, die bei homogener Massenzusammensetzung
durch ein an den Polen abgeplattetes Sphäroid ("oblate spheroid") darzustellen ist. Bei heterogener Zusammensetzung der Massen ist an den
Stellen, an denen sich die leichteren Massen anhäufen, eine Tendenz
zur Ausbuchtung der Oberfläche anzunehmen, während die dichteren Mas
sen die Oberfläche abzuflachen oder einzubuchten streben.

"Für diese Bedingung der Gleichgewichtsfigur", so schreibt DUTTON
(1892, S. 53), "zu der die Gravitation einen planetarischen Körper
zu formen neigt, ohne Rücksicht darauf, ob er homogen ist oder nicht,
schlage ich den Namen 'Isostasie' ('isostasy') vor."

Eine isostatische Erde nichthomogener Zusammensetzung wird nach Dutton
eine deformierte Figur besitzen. Die Frage, ob die Figur der Erde die
isostatische Bedingung überhaupt erfüllt, läßt sich für Teilgebiete
der Erde durch das von der Geologie zusammengetragene Tatsachenmate-
rial mit großer Wahrscheinlichkeit beantworten. So ist für größere
Bereiche der Erdoberfläche - etwa für die Appalachen und die Pazifik-
küste Amerikas - als Gesetzmäßigkeit allgemein erkannt worden, daß
große Körper aus Sedimentgestein auf ausgedehnten Flächen eine Senkung
der gesamten Masse hervorrufen. Umgekehrt ist in Hochebenen großer
Erosion ein Ausgleich des Höhenverlustes durch eine Hebung der Platt-
form zu beobachten. Nach Dutton stehen also die Ergebnisse der Geologie für Großformen der festen Erde in guter Übereinstimmung mit der
Annahme einer isostatischen Erde, wie auch aus den Pendelbeobachtungen
Einzelheiten über die verschieden dichte Massenzusammensetzung unterhalb der Hochplateaus und Ozeane sich nachweisen lassen. Ebenso fügen
sich die beobachteten Lotabweichungen in die Theorie ein. Denn gerade
entlang der Küsten der Kontinente, an denen systematische Abweichungen
der Lotlinien auftreten, sind überschüssige Sedimentmassen angehäuft.

Es ist das Verdienst von Dutton, die Theorie der Isostasie, für die
er als Vorläufer Babbage und Herschel nennt, in Übereinstimmung mit
einigen wichtigen geologischen Fakten gebracht und sie damit, von der
Übertragung von der Geodäsie in die Geologie, einer tieferen Fundierung zugänglich gemacht zu haben. Erst seit Dutton kann sie als Teil-
gebiet der Geophysik angesehen werden.

4. Weiterführungen bis nach der Jahrhundertwende

HELMERT (1884), der wohl bedeutendste Geodät am Ende des Jahrhunderts,
stellte fest, daß bei der Reduktion von Schweremessungen die übliche
Reduktion auf das Meeresniveau nicht ausreicht, weil sie nur oberir-
dische Massenunregelmäßigkeiten berücksichtigt. Er nimmt innerhalb
der oberen Erdkruste eine Fläche parallel zur Meeresoberfläche an,
auf der er sich die Massen in einer unendlich dünnen Schicht konden-
siert vorstellt. Praktisch sind die Massen zwischen Kondensations-
flächen und Meeresspiegel gleich groß, wenn sie denselben prismati-
schen Querschnitt besitzen. Nach der Jahrhundertwende entwickelte
Helmert auf der Grundlage der Kompensationstheorie eine verallgemei-
nerte mathematische Methode.

Neben Helmert ist vor allem der amerikanische Geodät Hayford zu erwähnen. Seine Untersuchungen über die Figur der Erde sind auf geodätischen und astronomischen Messungen sowie den daraus resultierenden
Lotabweichungen, nicht aber auf Schweremessungen begründet (KNEISSL,
1964, S. 2). Dabei wurde der Einfluß der unterirdischen Massevertei-
lung sorgfältig für verschieden tief unterhalb der physischen Erdoberfläche angenommene Ausgleichsflächen in Rechnung gestellt. Ist eine
derartige Fläche als Fläche gleichen Druckes definiert, so sind oberhalb der Fläche die Masseteilchen verschiedenen Drucken ausgesetzt,
die sie zu bewegen versuchen. Hayfords Arbeiten, berühmt geworden im
Zusammenhang mit der Ausgleichung des nordamerikanischen Triangula-
tionsnetzes, führten zur Bestimmung eines Rotationsellipsoides (HAY-
FORD, 191o), das 1924 auf der Konferenz der Internationalen Union für
Geodäsie und Geophysik als Internationales Erdellipsoid angenommen
wurde. Die Schweremessungen des nordamerikanischen Netzes wurden insbesondere von Bowie, dem Mitarbeiter Hayfords beim US Coast and Geodetic Survey, ausgewertet. In seinem Buch über Isostasie legt Bowie
besonderen Wert auf die Feststellung, daß es sich bei der Isostasie
um eine Gleichgewichtsbedingung der äußeren Erdkruste und nicht um
einen geologischen oder geophysikalischen Prozeß handelt (BOWIE,
1927, S. 18).

Hat Hayford den Ansatz von Pratt weiterverfolgt, so ist die Annahme
von Airy, nach der die leichteren Schollen der Erdkruste gleichsam
in dem schwereren magmatischen Untergrund schwimmen, von Heiskanen
zu einer mathematisch formulierten Theorie ausgearbeitet worden.

Damit aber mündet die Entwicklung in die moderne Ausbildung der Theorie ein, die nicht mehr Gegenstand dieser kurzen Darstellung sein
kann.

5. Schlußbemerkung

Bei der Bildung der isostatischen Theorie spielen die angelsächsischen
Länder mit den fundamentalen Arbeiten von Airy, Pratt, Dutton und Hayford eine bedeutende Rolle. Dieser Umstand kann seine Erklärung zunächst darin finden, daß die Lotabweichung von 5", welche die wissenschaftliche Diskussion auslöste, in Ostindien, einem englischen Kolo-
nialgebiet, bestimmt wurde. Darüber hinaus aber waren mit den wissenschaftlichen Gesellschaften die Institutionen vorhanden, die unter dem
Einfluß positivistischer Gedanken sich für die Förderung und Weiterentwicklung der Erfahrungswissenschaften, wie der Geowissenschaften,
besonders nachhaltig einsetzten.

*Dieser Aufsatz sei dem Andenken von Max Kneissl, dem Freund der Wissenschaftsge-
schichte, gewidmet.*

Literatur

AIRY, G.B.: On the computation of the effect of the attraction of mountain-masses, as disturbing the apparant astronomical latitude of stations in geodetic surveys. Phil. Trans. Roy. Soc. (London) 145, 1o1-1o4 (1855).

BOSCOVICH, R.J.: De litteraria expeditione per pontificiam ditionem. Rom 1755.

BOUGUER, P.: La Figure de la Terre. Paris 1749.

BOWIE, W.: Isostasy. New York 1927.

DELANEY, J.P.: Leonardo da Vinci on isostasy. Science 91, 546 (194o).

DUTTON, C.E.: On some of the greater problems of physical geology. Bull. Phil. Soc. (Wash.) 11 (1892).

EVEREST, G.: An account of the measurement of an arc of the meridian between the parallels 18° o3' and 24° o7'. London 183o.

EVEREST, G.: An account of the measurement of two sections of the Meridional Arc of India. London 1847.

FISCHER, Ph.: Untersuchungen über die Gestalt der Erde. Darmstadt 1868.

HAYFORD, J.F.: Geodesy. Supplementary investigation in 19o9 of the figur of the earth and isostasy. Washington 191o.

HEISKANEN, W.A., VENING MEINESZ, F.A.: The earth and its gravity field, p. 125. New York 1958

HELMERT, F.R.: Die mathematischen und physikalischen Theorien der höheren Geodäsie, Teil 2. Leipzig 1884.

JORDAN, EGGERT, KNEISSL: Handbuch der Vermessungskunde, Bd. 5, S. 588ff, bearbeitet von K. LEDERSTEGER. Stuttgart 1956-1969.

KNEISSL, M.: Bestimmung der Figur der Erde und Isostasie auf Grund der Gradmessungen in den Vereinigten Staaten von Nordamerika (Ableitung der Abmaße für das Internationale Erdellipsoid). Dtsch. Geod. Komm., Reihe E, Heft 4, München 1964.

LEONARDO DA VINCI: Tagebücher und Aufzeichnungen, S. 255, Hrsg. Th. LÜCKE. Leipzig 1952.

PRATT, J.H.: On the attraction of the Himalaya Mountains, and of the elevated regions beyond them, upon the Plumb-line in India. Phil. Trans. Roy. Soc. (London) 145, 53-1oo (1855).

PRATT, J.H.: On the effect of local attraction upon the Plumb-line at stations of the English Arc of the Meridian, between Dunnose and Burleigh Moor; and a method of computing its amount. Phil. Trans. Roy. Soc. (London) 146, 31-52 (1856).

PRATT, J.H.: On the deflection of the Plumb-line in India, caused by the attraction of the Himalaya Mountains and of the elevated regions beyond, and its modification by the compensating effect of a deficiency of matter below the mountain mass. Phil. Trans. Roy. Soc. (London) 149, 745-778 (186o).

PRATT, J.H.: On the constitution of the solid crust of earth. Phil. Trans. Roy. Soc. (London) 161, 335-357 (1872).

STRASSER, G.: Hundert Jahre Prattsche Theorie? Dtsch. Geod. Komm., Wissenschaftlicher Übersetzungsdienst, Heft 11. München 1956.

Geschichte des Samoa-Observatoriums von 1902 bis 1921

G. G. Angenheister

1. Geschichte des Observatoriums

Im Jahre 1898 wurde an der Georg-August-Universität zu Göttingen das
Institut für Geophysik gegründet. Kurz danach bildete die Königliche
Preußische Gesellschaft der Wissenschaften zu Göttingen eine Geophysikalische Kommission, der als Geophysiker Emil Wiechert, als Mathematiker Felix Klein, als Physiker E. Rieke, Waldemar Voigt und Walter
Nernst, als Geologe A. von Könen, als Geograph Hermann Wagner und als
Astronom W. Schur angehörten. - Im Mai 19oo machten die Delegierten
der Gesellschaft der Wissenschaften zu Göttingen auf dem Kartelltag
der vier deutschen Akademien in Wien unter anderem den Vorschlag,
temporäre seismische Stationen außerhalb Europas zu betreiben. Als
Lokalitäten wurden Palästina, Kiautschau, Südamerika und Samoa (Pazifik) diskutiert.

In der gleichen Zeit wurde die deutsche Südpolar-Expedition vorbereitet. Auf einer Sitzung des Beirates, der mit der Vorbereitung betraut
war, hatte im November 1899 der Erdmagnetiker Adolf Schmidt vorgeschlagen, eine Station für die Registrierung der zeitlichen Variationen
des erdmagnetischen Feldes in Samoa zu errichten (Abb. 1). Diese Station sollte während eines Jahres gleichzeitig mit denjenigen Stationen
registrieren, die von der Südpolar-Expedition in der Antarktis eingerichtet werden sollten. - Auf die Initiative der obengenannten Geophysikalischen Kommission, insbesonderes des Geographen Hermann Wagner, legte die Königliche Gesellschaft der Wissenschaften zu Göttingen am 24.3.19o1 eine Denkschrift mit folgendem Titel vor: "Denkschrift betreffend die Errichtung einer temporären Station für geophysikalische Beobachtungen in Samoa".

In dieser Denkschrift wurden folgende Beobachtungen in Samoa empfohlen:
1. Registrierung der zeitlichen Variationen des Erdmagnetfeldes während der Dauer der Südpolar-Expedition, insbesondere in der Zeit vom
1.2.19o2 bis 1.3.19o3. Die meisten der auf der ganzen Erde verteilten
Observatorien sollten von deutscher Seite gebeten werden, zur gleichen
Zeit zu registrieren. Ferner wurde in der Denkschrift vermerkt, daß
die Registrier-Station auf St. Helena auf etwa der gleichen geographischen Breite liegt wie Samoa und somit die räumlichen Änderungen
der zeitlichen Variationen längs eines Breitenkreises beobachtet werden könnten.

2. Registrierung der zeitlichen Variationen der Luftelektrizität.
Die Ursachen dieser Variationen waren damals noch völlig ungeklärt.
Man erhoffte sich durch die Registrierungen dieser Variationen in
tropischem Klima, mitten im Pazifik, neue Hinweise für die Ursache
des luftelektrischen Feldes zu finden.

3. Registrierung der durch Erdbeben erzeugten seismischen Wellen.
Zwar existierten schon etwa dreißig Stationen, an denen mehr oder
weniger permanent seismische Wellen registriert wurden. Wegen der
unvollkommenen Geräte konnten aber nur die Ankunfts-Zeiten der Wellen

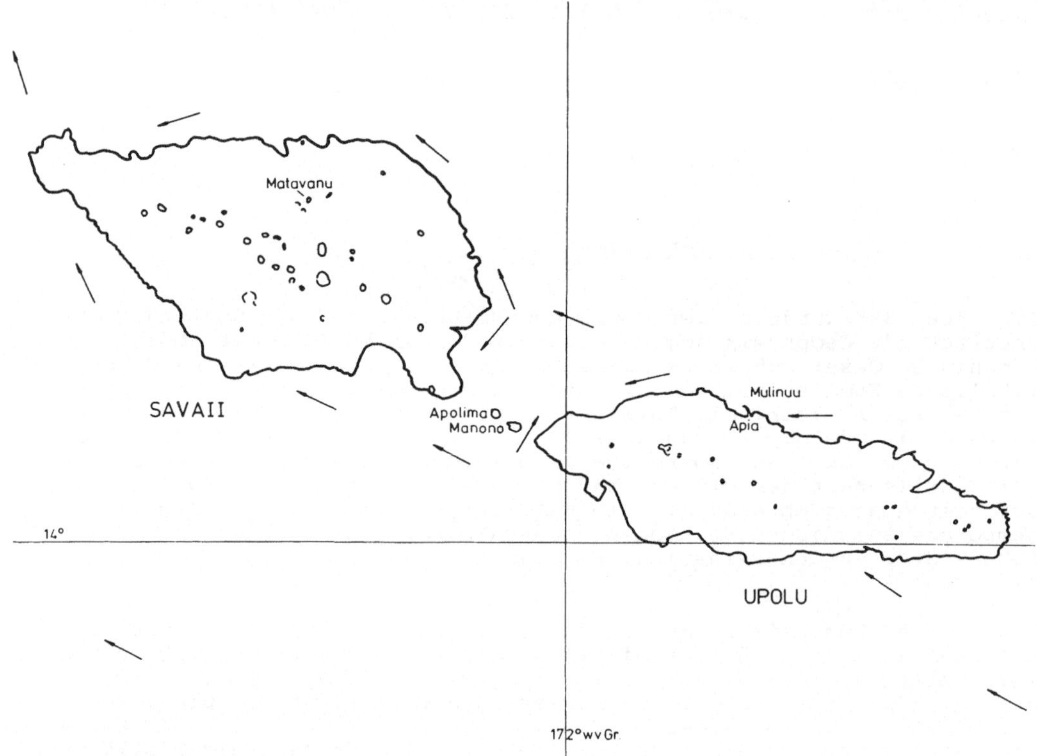

Abb. 1. Zwei der Samoa-Inseln: Savaii und Upolu mit der Hauptstadt
Apia. Das Samoa-Observatorium liegt auf der Halbinsel Mulinuu, 1 km
NW von Apia. - In der Mitte der beiden Inseln liegt die Kette der
Vulkane. Die Richtung der Pfeile ist die Richtung des SE-Passates,
der in der Straße von Apolima und Manono abgelenkt wird. Der einge-
zeichnete Meridian und Breitenkreis sind vermutlich nicht ganz richtig.
(Nachgezeichnet nach F. Linke, Globus 19o8, und ergänzt)

und nur grob die Intensität derselben bestimmt werden, während es
möglich war, mit den von E. Wiechert konstruierten Seismographen auch
Einzelheiten zu beobachten. Es wurde auf die besondere Lage von Samoa
im Pazifik hingewiesen.

Als Kosten werden in der Denkschrift genannt: Instrumente und Ausrüstung 12 000 Mark, Reisekosten 4 000 Mark, Aufenthaltskosten 1o ooo
Mark, Reserve 4 ooo Mark. - Ein Geophysiker sollte als Observator die
drei obengenannten Aufgaben übernehmen.

Die Königliche Gesellschaft der Wissenschaften und insbesondere ihre
Geophysikalische Kommission waren zu diesem Forschungs-Programm nicht
nur durch die Planung für die deutsche Südpolar-Expedition angeregt
worden, sondern auch durch den Stand der Entwicklung, insbesondere
der Instrumente. Die Magnetographen zur permanenten Registrierung der
zeitlichen Variationen des erdmagnetischen Feldes waren schon seit
mehreren Jahren an den verschiedenen Orten der Erde in Betrieb. Auch
die Elektrographen zur permanenten Registrierung des luftelektrischen

Feldes waren soweit entwickelt, daß man es mit diesen Geräten wagen
konnte, in unbekannte Areale zu gehen. Als letztes und wohl stärkstes
Stimulans sind hier die von E. Wiechert entwickelten Seismographen zu
nennen. Dabei war wohl von Wichtigkeit, daß Wiechert eine vollständige
Theorie der Seismographen vorgelegt hatte. Es kam aber auch ein poli-
tisches Moment hinzu. Um die Samoa-Inseln hatten sich seit Mitte des
vorigen Jahrhunderts die Vereinigten Staaten von Amerika, England und
das Deutsche Reich mit wechselndem Erfolg beworben. In den Jahren
1898 und 1899 kam es zu den sogenannten Wirren in Samoa, die durch
einen Vertrag der drei genannten Staaten als Signatar-Mächte am 2.12.
1899 beendet worden sind. Nach diesem Vertrag verzichtete England auf
Ansprüche in Samoa und erhielt dafür Rechte im Areal der Tonga-Inseln.
Die USA erhielten Rechte als Schutzmacht auf der kleinen Insel Tituila,
und das Deutsche Reich erhielt die Rechte als Schutzmacht auf den beiden großen Inseln Savaii und Upolu. Da die Reichsregierung und insbesondere das deutsche Gouvernement in Apia (auf Upolu) eine kulturelle
Entwicklung in ihrem Schutzgebiet fördern wollten, konnte die Königliche Gesellschaft der Wissenschaften mit der Unterstützung des geplanten Forschungs-Programmes durch die Reichsregierung rechnen. Dies
hat sich auch bestätigt.

Am 16. Januar 1902 trat Dr. Otto Tetens, zuvor Assistent an der Sternwarte in Straßburg, in die Dienste der Gesellschaft und begann mit den
Vorbereitungen. Schon am 22.4.1902 trat er die Reise nach Samoa mit
folgender Ausrüstung an: zwei Beobachtungs-Hütten aus Holz, zwei Magnetometern nach Eschenhagen und einer ΔZ-Waage zur Registrierung der
zeitlichen Variationen des Erdmagnetfeldes, gebaut von Otto Töpfer in
Potsdam zum Preis von 4320 Mark, ein Magnet-Theodolit zur Messung der
absoluten Werte des Erdmagnetfeldes nach Eschenhagen, ein astatischer
Seismograph nach Wiechert (1000 kg) (gebaut von der Firma Bartels in
Göttingen, zum Preis von etwa 2000 Mark), für die Messung des luftelektrischen Potential-Gradienten ein Apparat nach Exner mit Elektro-
skopen, mehrere meteorologische Instrumente, unter anderem Wetterfah-
nen, Regenmesser und Sonnenschein-Autograph, Drachen und Drachenwinden.

Am 11. Juni 1902 kam Tetens in Samoa an. Nach Rücksprache mit dem
stellvertretenden Gouverneur Dr. Schnee wurde als Platz des Observatoriums der nördlichste Teil der Halbinsel Mulinuu gewählt (Abb. 2).
Die Halbinsel begrenzt im Westen die Bucht von Apia, der Hauptstadt
von Samoa. Mulinuu gehörte der deutschen Reichs-Regierung. Tetens
begann sogleich mit dem Aufbau der Beobachtungs-Hütten und der Instrumente.

Als erstes wurden Samoa-Häuser sowohl für den Observator wie auch für
die Instrumente gebaut. Ein Samoa-Haus ist eine meist kreisrunde oder
ovale Hütte von 5 bis 10 m Durchmesser. Das kuppelförmige, mit Blättern abgedeckte Dach wird von Holz-Säulen oder Holz-Pfeilern getragen,
die aequidistant am Kreisumfang errichtet sind. - Nach und nach wurden
die Samoa-Häuser durch Steinbauten oder Holzhäuser ersetzt. Ganz aus
Stein ist im Jahre 1912 das "Gauss-Haus" für die Registrierung der
zeitlichen Variationen des erdmagnetischen Feldes errichtet worden
und später, etwa 1914, das Erdbebenhaus. Der dafür erforderliche Zement wurde von einem sogenannten China-Dampfer gekauft. Das Büro- und
Laboratoriums-Gebäude wurde 1914/15 fertiggestellt. - Das Grundstück
war zunächst vom Kaiserlichen Gouvernement dem Observatorium leihweise
überlassen worden und wurde 1914 von der Königlichen Gesellschaft der
Wissenschaften gekauft (Abb. 3, 4).

Im Dienste der Königlichen Gesellschaft der Wissenschaften zu Göttingen waren im Observatorium folgende Wissenschaftler tätig: Dr. Otto
Tetens als Observator von 1902 bis 1904, Dr. Franz Linke als Observator

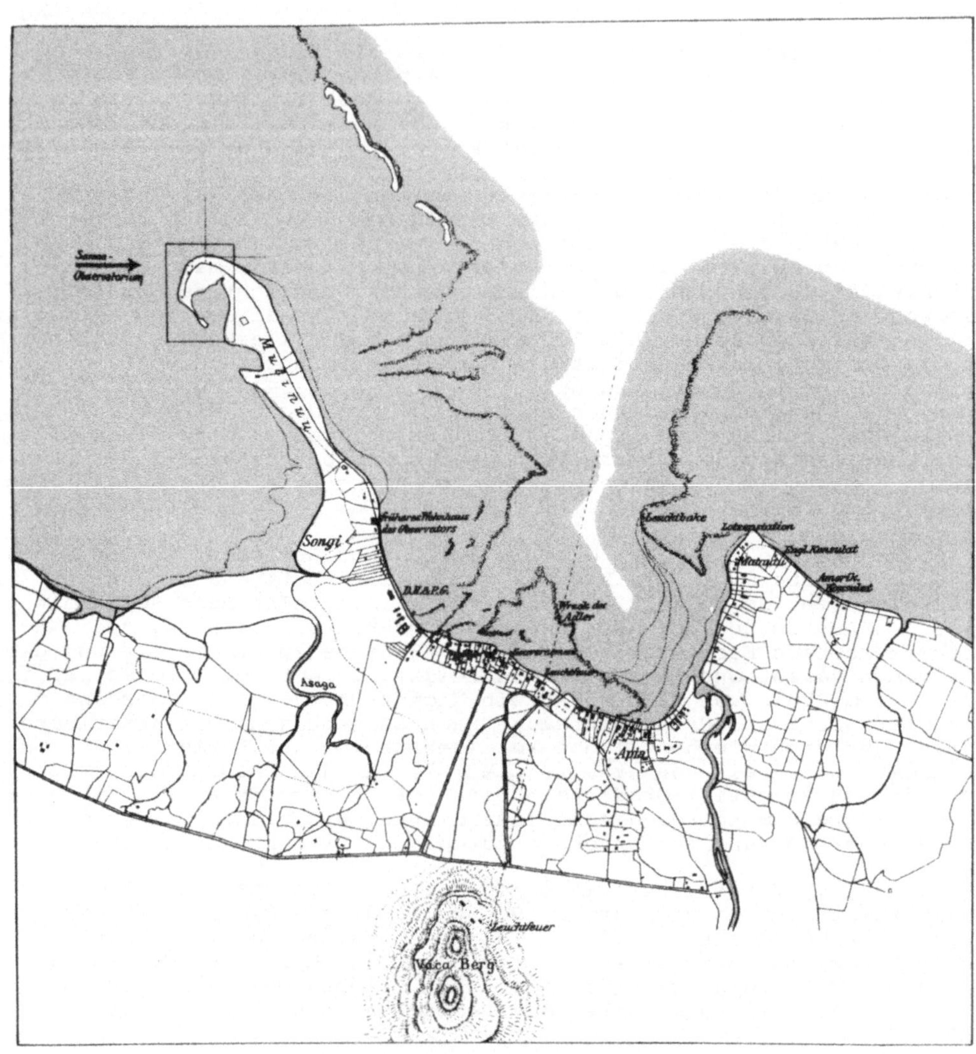

Abb. 2. Übersichtskarte von Apia und der Halbinsel Mulinuu mit dem Areal des Samoa-Observatoriums im April 1904

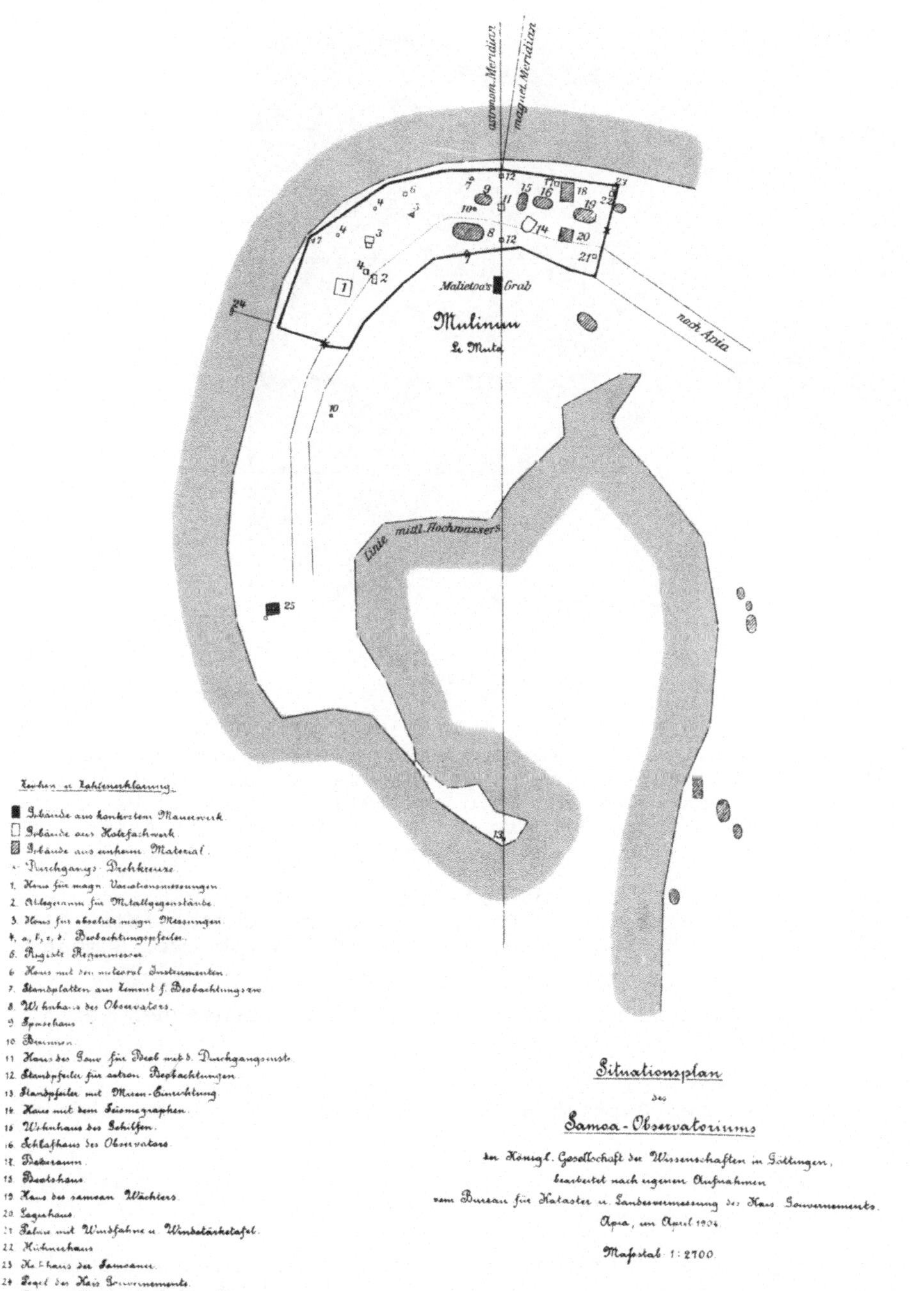

Abb. 3. Areal des Samoa-Observatoriums 1904 am Nordende der Halbinsel Mulinuu

Abb. 4. Wohn- und Dienstgebäude des Observators im Samoa-Observatorium:
unten aus Stein und Zement, oben aus Holz

von 19o4 bis 19o7, Dr. Gustav Heinrich Angenheister als Observator
von 19o7 bis 19o9, Dr. Kurt Wegener als Observator von 19o9 bis 191o,
Dr. Max Hammer als Observator von 191o bis 1911, Dr. Gustav Heinrich
Angenheister als Observator 1911 bis 1912, Dr. Amelung als Assistent
1912, Dr. Franz Defregger .als Assistent 1913 bis 1914, Dr. Ludwig
Geiger als Observator von unbekanntem Datum bis 1915, Dr. Gustav Heinrich Angenheister als Direktor von 1914 bis 1922. Als Techniker wirkten von 19o5 bis 19o7 Herr Albert Possin und Herr Liebrecht bis 1914
und der Zollassistent Christoff von 1916 bis 1917 sowie zwei Samoaner
und ein Chinese. Ein weiterer Chinese war als Koch beschäftigt.

Die Kosten des Observatoriums wurden zur Hälfte vom Deutschen Reich
und zur Hälfte vom Land Preußen getragen.

Im Jahre 19o4 wurde eine Finanz-Planung vorgelegt. Danach war mit
folgenden Kosten für den Betrieb und für den Ausbau des Observatoriums
zu rechnen:

1904	1905	1906	1907	1908	in summa
23 550 M	19 000 M	26 000 M	21 500 M	19 950 M	110 000 M

Im Jahre 19o8 legte die Königliche Gesellschaft der Wissenschaften
zu Göttingen auf Betreiben ihrer Geophysikalischen Kommission eine
zweite, vom damaligen Observator des Samoa-Observatoriums ausgearbei-
tete Denkschrift vor mit dem Titel: "Denkschrift zur Begründung des
Antrages, das Samoa-Observatorium der Königlichen Preußischen Gesellschaft der Wissenschaften in eine dauernde Institution umzuwandeln."
In einer weiteren ausführlichen Schrift macht die Gesellschaft der
Wissenschaften den Vorschlag, das Samoa-Observatorium zu einem Reichs-
Institut zu ernennen oder einem preußischen wissenschaftlichen Institut anzugliedern. Vermutlich blieb es aber bei der alten Regelung.

Völlig unerwartet kam für das Observatorium der Erste Weltkrieg. Am
29. August 1914 erschienen ein französisches und fünf englische Kriegs-
schiffe und zwei Truppentransporter vor dem Hafen von Apia. 1500 Sol-
daten aus Neuseeland besetzten Samoa. Der Assistent Dr. F. Defregger
kam zu Beginn seiner Heimreise in Kriegsgefangenschaft nach Neuseeland.

Einen dramatischen Höhepunkt erlebten die in Samoa verbliebenen Deutschen und somit auch die deutschen Angehörigen des Observatoriums,
als am 14. September 1914 das deutsche Ostasien-Geschwader vor dem
Hafen von Apia erschien. Der Kommandeur des Geschwaders, Admiral Graf
Spee, erkannte aber sehr bald, daß der strategische und taktische
Wert des Geschwaders in den heimatlichen Gewässern so groß war, daß
jedes Risiko, wie z.B. der Versuch, die Samoa-Inseln zurückzugewinnen,
vermieden werden mußte. Ohne militärische Aktion fuhr daher nach einigen Tagen das Geschwader weiter. Es ist bekannt, daß dieses deutsche
Geschwader die heimatlichen Gewässer nicht erreichte. Nach der erfolg-
reichen Seeschlacht nahe der Stadt Coronel vor der Küste Chiles wurde
die deutsche Flotte von der englischen bei den Falkland-Inseln ver-
nichtend geschlagen.

Dem deutschen Direktor des Observatoriums gelang es bei einer Besprechung im September 1914, den englischen Kommandanten davon zu überzeugen, daß der Betrieb des Observatoriums fortgeführt werden mußte, da
dieses als wissenschaftliche Anstalt dem Haager Abkommen unterstände.
Tatsächlich konnte der Betrieb des Observatoriums, wenn auch eingeschränkt und nur mit den größten Anstrengungen, fortgeführt werden.

Größte Schwierigkeiten bereitete die Finanzierung des Betriebes, da
die englische Besatzungsmacht wegen der ungeklärten Rechtslage nicht
bezahlen wollte und das Deutsche Reich wegen der Kriegssituation
nicht bezahlen konnte.

Am Ende des Krieges wurden die deutschen Samoa-Inseln Neuseeland als
Mandatsmacht übertragen. Gemäß Friedens-Vertrag zog die Mandatsmacht
das Eigentum des Deutschen Reiches in den ehemaligen deutschen Schutz-
gebieten ohne Vergütung ein. Das konfiszierte Privateigentum wurde
jedoch gegen Reparationen verrechnet. Diese Werte wurden also dem
Deutschen Reich als bezahlte Reparationen gutgeschrieben. Die deutschen Eigentümer des konfiszierten privaten Eigentums mußten dementsprechend vom Deutschen Reich entschädigt werden. - Das Samoa-Observatorium war Eigentum der Gesellschaft der Wissenschaften. Das aus
dieser Situation resultierende schwierige Verfahren hat die Gesellschaft der Wissenschaften erst mehrere Jahre nach dem Kriege beenden
können.

Seit 1921 wurde das Samoa-Observatorium von der Regierung von Neuseeland, zunächst mit Unterstützung der Carnegie Institution, Washington,
verwaltet. Der deutsche Direktor kehrte 1921 mit einigen Beobachtungs-
Reihen aus den Jahren 1913 bis 1920 nach Deutschland zurück.

Von 1921 bis 1924 gab es ein Büro des Samoa-Observatoriums am Institut
für Geophysik der Georg-August-Universität in Göttingen, in dem die
von Samoa mitgebrachten Beobachtungs-Reihen bearbeitet wurden. Ein
Teil dieser Arbeiten ist veröffentlicht worden. Das Samoa-Observatorium existiert heute (1974) noch.

Tabelle 1. Untersuchungen des Samoa-Observatoriums 19o2 - 1922.

Erdmagnetismus:	Messungen des Erdmagnetfeldes, absolute Werte der Komponenten (H, Z, D), permanente Registrierung der Zeit-Variationen mit Pulsationen, Regionalvermessungen.
Seismik:	Permanente Registrierungen seismischer Wellen, erzeugt sowohl durch Erdbeben als auch durch Dünung oder Brandung (Mikroseismik).
Luftelektrizität:	Messungen des luftelektrischen Feldes (Potential-Gradient) absolute Werte, zeitliche Variationen, elektrische Leitfähigkeit der Luft.
Meteorologie:	Permanente Beobachtung von Temperatur, Wind, Niederschlag, Luftdruck, Wolken.
Pegel-Messungen:	Wasserstand, Gezeiten des Meeres.
Permanenter Zeitdienst.	
Vulkanologie:	Beobachtung der Aktivität der Vulkane auf Savaii.

2. Die wissenschaftlichen Arbeiten von 19o2 bis 1921

Die Wissenschaftler haben sehr viel mehr Themen behandelt, als in den beiden Denkschriften von 19o2 und 19o8 genannt worden sind. In der Tabelle 1 sind die behandelten Themen aufgeführt. Ein großer Teil der ersten Arbeiten, insbesondere die zum Thema Erdmagnetismus und Seismik, ist in den "Abhandlungen der Königlichen Gesellschaft der Wissenschaften zu Göttingen, Mathematisch-Physikalische Klasse, Neue Folge", ein anderer Teil in den Nachrichten derselben Gesellschaft erschienen. Die Arbeiten zum Thema Meteorologie sind teilweise auch in der "Meteorologischen Zeitschrift", andere Arbeiten aus der Zeit von 19o2 bis 1921 sind in anderen Zeitschriften, z.B. in der "Naturwissenschaftlichen Rundschau", veröffentlicht worden.

a) Erdmagnetismus

Die absoluten Werte der horizontalen Komponente H des Erdmagnetfeldes (damals wie auch heute oft als Horizontalintensität bezeichnet) wurden am Samoa-Observatorium mit der Methode nach C.F. Gauss gemessen. Diese Methode war damals schon hinsichtlich Theorie und Instrumentarium weit entwickelt worden. Sogenannte Magnet-Theodoliten standen zur Verfügung. Im Samoa-Observatorium wurde damals der Magnet-Theodolit nach Tesdorf verwendet. - Auch die Methoden zur Messung der Deklination und Inklination des Erdmagnetfeldes waren bereits damals soweit entwickelt worden, daß sie im Samoa-Observatorium genutzt werden konnten. Auch für die permanente Registrierung der zeitlichen Variationen des Magnetfeldes standen Magnetographen zur Verfügung.

Sehr bald wurde von den Observatoren bemerkt, daß der räumliche Gradient des Erdmagnetfeldes im Areal des Observatoriums auf der Halbinsel Mulinuu groß war: Gegenüber dem Feld am Basispunkt wurde an einem 2o m entfernten Pfeiler eine Differenz ΔH von 48 γ gemessen und an einem 2 km entfernt liegenden Punkt über Lavaboden eine Differenz von -1775 γ. Nur an wenigen, nämlich nur an zwölf regional über die Insel Upolu verteilten Punkten, wurde das Magnetfeld (H, I und D) gemessen. Auch hinsichtlich der Interpretation dieser Anomalien waren

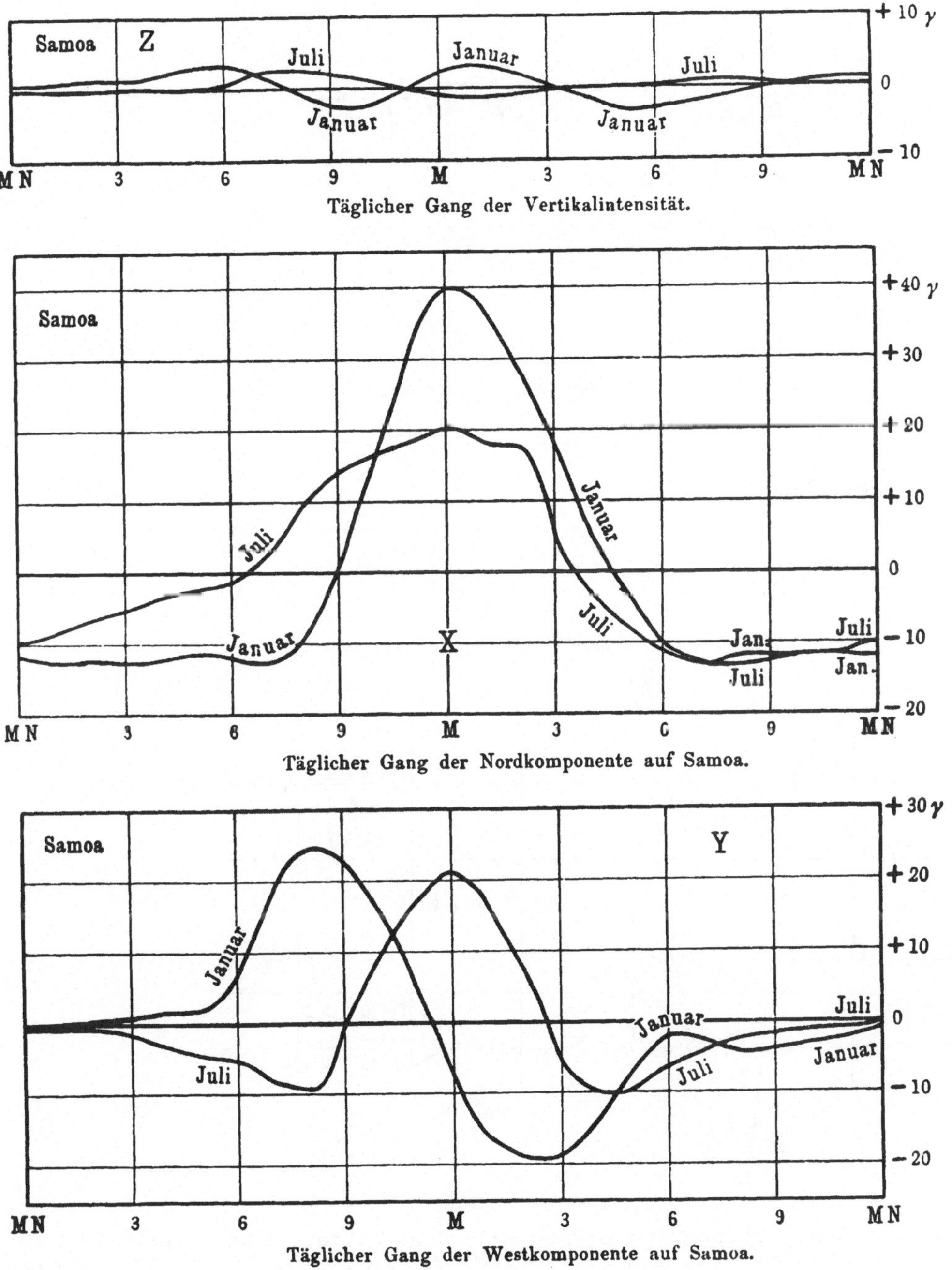

Abb. 5. Die regelmäßigen Variationen des erdmagnetischen Feldes in Samoa, berechnet aus den Beobachtungen in den Jahren 1905 bis 1908, *M* Mittag, *MN* Mitternacht, Ortszeit. (Nach J.B. Messerschmitt, Naturwissenschaftliche Rundschau 26, Nr. 22, 1911)

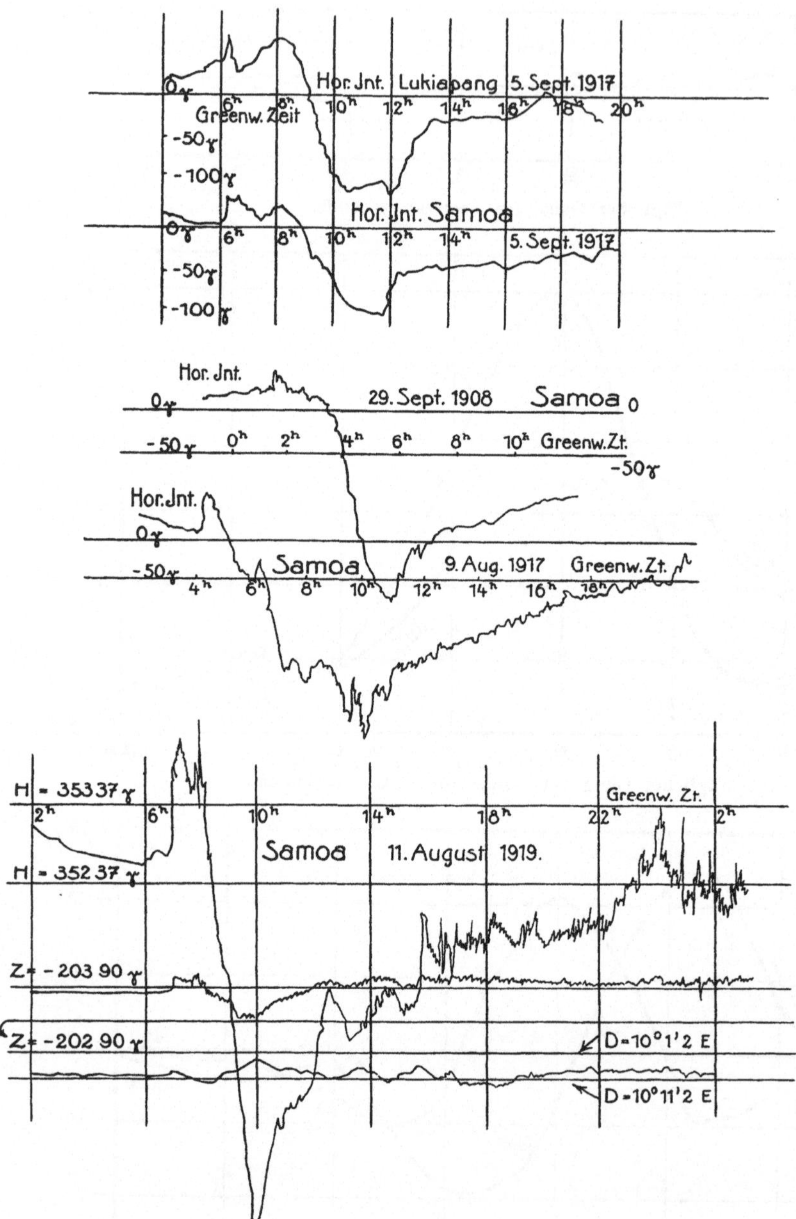

Abb. 6. Starke Störung des erdmagnetischen Feldes, registriert im Samoa-Observatorium an drei verschiedenen Tagen. Zu Beginn der Störung (in der heutigen Nomenklatur ssc, storm sudden commencement) nimmt die Horizontalkompnente H des Erdmagnetfeldes (Horizontal-Intensität) innerhalb einiger Minuten zu (Anfangsphase), um in den folgenden 3 bis 4 Stunden stark abzunehmen (Hauptphase). In der Erholungsphase mit einer Dauer von einem Tag oder einigen Tagen nimmt H wieder zu (Erholungsphase). – Durch diese Registrierungen wurde bestätigt, was damals schon mehr oder weniger bekannt war: 1. Dieser Typ der Störung beginnt auf

die Observatoren sehr zurückhaltend. Da die Insel aus vulkanischen
Gesteinen aufgebaut ist, können nach dem heutigen Stand der Kenntnisse
diese Anomalien durch die Variation der Magnetisierung der vulkanischen Gesteine interpretiert werden. Die Phänomene des Gesteinsmagnetismus waren aber allem Anschein nach den Observatoren wenig bekannt.

Die Observatoren betrachteten als wichtigste Aufgabe die Registrierung der zeitlichen Variationen, also der täglichen und jährlichen
Perioden wie auch der unregelmäßigen Variationen. Letztere wurden
schon damals als Aktivität des erdmagnetischen Feldes bezeichnet.
In Abb. 5 sind die täglichen Variationen der drei Komponenten Z (Vertikalintensität), X (Nordkomponente), Y (Westkomponente) der Jahre
1905 bis 1908 eingezeichnet, die J.B. Messerschmitt, Observator an
der Sternwarte in Bogenhausen in München, nach den Publikationen der
Observatoren des Samoa-Observatoriums berechnet hat. Man wußte damals
schon, daß diese täglichen Variationen durch die Wellen-Strahlung der
Sonne erzeugt werden.

Große Aufmerksamkeit widmete man den unregelmäßigen Zeit-Variationen
des Erdmagnetfeldes, insbesondere der Abnahme der horizontalen Komponente H nach Beginn einer starken Störung, die oft als "erdmagnetischer Sturm" bezeichnet wurde. Man ahnte schon, daß die unregelmäßige
Zeit-Variation des Magnetfeldes, insbesondere der sogenannte "erdmagnetische Sturm", mit den Prozessen an der Oberfläche der Sonne
indirekt zusammenhängt. Heute wissen wir, daß der Sonnenwind innerhalb weniger Minuten zu einem Sturm anwachsen kann. Auch damals wurde
als Ursache der starken Störungen, die man immer wieder zu nicht vor-
hersagbaren Zeiten beobachtet, ein Partikelstrom von der Sonne diskutiert. - In Abb. 6 ist solch eine als "Sturm des Erdmagnetfeldes"
bezeichnete Störung zu erkennen, insbesondere auch die starke Abnahme
der Horizontalkomponente nach Sturmbeginn.

Auch die Pulsationen des erdmagnetischen Feldes - das sind Zeit-Variationen mit Perioden von einigen Sekunden bis einigen Minuten mit Amplituden meist kleiner als einige Gamma (γ) - wurden am Samoa-Observatorium registriert und diskutiert. In Abb. 7 ist die Registrierung
zweier pt-Effekte wiedergegeben (pt = pulsation trains, in der Nomenklatur, die seit Mitte der fünfziger Jahre akzeptiert worden ist).
Es konnte damals nachgewiesen werden, daß die pt-Effekte an den einige
1000 km voneinander entfernten Stationen Apia auf Samoa und Tsingtau
an der Küste Chinas gleichzeitig beginnen. Gleiche Zeiten wurden auch
für die Station Batavia (Djakarta) gefunden. Die Meßgenauigkeit der
Mittelwerte war etwa 5 sec. Dieses wichtige Ergebnis wurde in den
folgenden Jahrzehnten für viele Stationen und viele pt-Effekte bestätigt. Man vermutete damals schon, daß diese an der Erdoberfläche
meßbaren Effekte weit außerhalb der Erde erzeugt werden. Existenz
und Struktur der Ionosphäre und Magnetosphäre, in der wir heute die
erzeugenden Prozesse vermuten, waren damals noch nicht bekannt. An
einer vollständigen Theorie der pt-Effekte wird heute intensiv gearbeitet.

---

der ganzen Erde gleichzeitig. 2. An allen Orten niederer und mittlerer
Breiten sind die Zeit-Variationen während dieser starken Störung sehr
ähnlich. - Für die Interpretation dieser starken Störung, die oft auch
als "Sturm" bezeichnet wird, wurde in den zwanziger bis sechziger Jahren meist der Ringstrom im Abstand von 4 bis 10 Erdradien vom Zentrum
der Erde diskutiert. Heute diskutiert man als Ursache solcher starken
Störungen Ströme in der Magnetopause und in der Magnetosphäre sowie
den Elektrojet in der Ionosphäre an den Polkappen und dessen Rückströme.
(Aus den Nachrichten der Gesellschaft der Wissenschaften zu Göttingen,
Math.-Phys. Klasse 1924, 1-42)

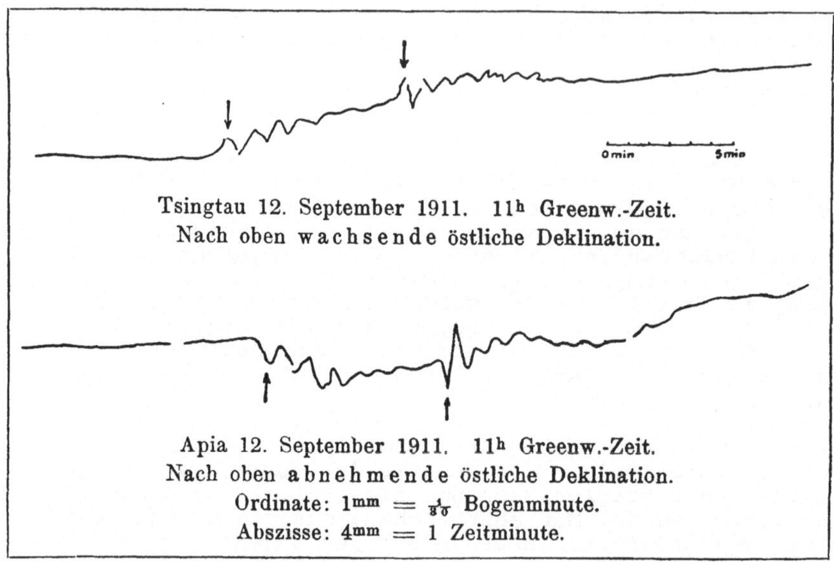

Tsingtau 12. September 1911. 11ʰ Greenw.-Zeit.
Nach oben **w a c h s e n d e** östliche Deklination.

Apia 12. September 1911. 11ʰ Greenw.-Zeit.
Nach oben **a b n e h m e n d e** östliche Deklination.
Ordinate: $1^{mm} = \frac{1}{30}$ Bogenminute.
Abszisse: $4^{mm} = 1$ Zeitminute.

Vergleich der Deklination in der Schnellregistrierung Apia und Tsingtau.
Die beiden Kurven verlaufen spiegelbildlich zu einander, weil in Tsingtau
wachsende östliche Deklination nach oben, in Apia nach unten geht.

Abb. 7. Pulsationen des Erdmagnetfeldes, registriert in Tsingtau an
der NE-Küste Chinas und in Apia auf Samoa. Die beiden Effekte (in der
heutigen Nomenklatur: pt-Effekte, pulsation trains) sind gleichzeitig
und haben gleiche Gestalt, obwohl die Stationen mehrere 1ooo km voneinander entfernt sind. Die Zeiten, zu denen die Effekte an den beiden
Stationen beginnen, differieren um etwa 15 sec. Dies ist weniger als
die Meßgenauigkeit. (Beachte: Die beiden Registrierungen sind nicht
synchron montiert.) - An die Wirkung der im Erdinneren induzierten
Ströme hatte der Bearbeiter nicht gedacht. Da diese induzierten Ströme
wegen der Inhomogenitäten des Untergrundes nicht gleich sind, ist eine
völlige Identität der beiden Registrierungen nicht zu erwarten. (Aus
den Nachrichten der Königl. Gesellschaft der Wissenschaften zu Göttingen, Math.-Phys. Klasse, 1913)

b) Seismik

Die wichtigste Aufgabe des Samoa-Observatoriums war permanente Regi-
strierung seismischer Wellen, die durch Erdbeben erzeugt werden. Es
war ein selbstverständlicher, daher später kaum dokumentierter Auftrag
Emil Wiecherts an die Observatoren, diese Registrierung mit größter
Sorgfalt auszuführen, so daß sie quantitativ ausgewertet werden konnte.
Dies galt insbesondere für die Ankunftszeiten seismischer Wellen.

In den ersten Jahren konnte dieses Ziel nicht erreicht werden, aber
etwa ab 19o5 wurde diese Forderung voll erfüllt.

Der erste ausführliche Bericht des Observatoriums zur Seismologie
wurde von Franz Linke vorgelegt und in den Abhandlungen der Gesellschaft 19o9 (III) veröffentlicht. Er hat den Titel: "Die Brandungs-
Bewegungen des Erdbodens und ein Versuch ihrer Verwendung in der
praktischen Meteorologie". Die Seismographen auf der Halbinsel Mulinuu registrierten nämlich die Mikroseismik. Das sind Bodenbewegungen

mit Perioden zwischen 3 und 8 sec und Amplituden zwischen 1 und 5 µm.
(Diese Art der Mikroseismik darf nicht mit der durch Technik und Verkehr erzeugten verwechselt werden.) - Die Frage nach der Entstehung
der Mikroseismik, die auch in Göttingen gleich nach Aufstellung der
Seismographen beobachtet worden war, beschäftigte Emil Wiechert und
seine Schüler lebhaft. Schon 19o7 hatten Wiechert und Zöppritz über
die Mikroseismik in Göttingen berichtet und die Theorie aufgestellt,
daß die Mikroseismik durch Brandungen der Meereswellen an den Küsten
entstanden sei. Linke schloß sich dieser Theorie für Mikroseismik auf
der Samoa-Halbinsel Mulinuu an und wies auf die Unterschiede zwischen
der Mikroseismik in Göttingen und in Mulinuu hin. In Mulinuu sind die
Amplituden im Intervall von 3 bis 8 sec größer als in Göttingen. F.
Linke interpretierte dieses durch den Unterschied der Entfernungen
zur Küste: in Mulinuu weniger als 1 km, in Göttingen etwa 9oo km.
Nach Abschätzungen von Linke ist die Erregung der Bodenbewegungen
durch die Brandung stark genug, so daß diese als seismische Wellen
in größerer Entfernung von der Küste registriert werden können.

1921 erschien ein ausführlicher Bericht von G.H. Angenheister in den
Nachrichten der Gesellschaft der Wissenschaften zu Göttingen über
"Beobachtungen an Pazifischen Beben" (ANGENHEISTER, 1921). Aus diesem
Bericht ist die Abb. 8 entnommen. In Abb. 8 ist die Verteilung von
Epizentren von Erdbeben längs des Tonga-Grabens, klassifiziert nach
3 Stärke-Graden, wiedergegeben, wie sie aus den Registrierungen der
Jahre 19o9 bis 1919 berechnet werden konnten. Zur Konstruktion dieser
Epizentren wurden zunächst vorwiegend die Registrierungen von ent-
fernten Stationen verwendet, später auch die von Mulinuu bei Apia.
Mulinuu lag teilweise im Schüttergebiet der Tonga-Beben. Ein weiteres
Ergebnis wurde wie folgt formuliert: "Die Geschwindigkeit der Erdbebenwellen in der obersten Kruste ist also unter dem Ozean größer als
unter dem Kontinent". (Die Definition der Erdkruste als Material zwischen Erdoberfläche und Moho war damals noch nicht so scharf gefaßt
wie heute. In Anlehnung an die Gravimetrie wurde damals die Erdkruste
bis etwa 5o km gerechnet.) - Im gleichen Bericht aus dem Jahre 1921
wurde über Oberflächen-Wellen, Quer-Wellen und Rayleigh-Wellen berichtet und der Versuch unternommen, Aussagen über die Absorption
seismischer Wellen zu gewinnen.

<u>c) Luftelektrizität</u>

Um die Jahrhundertwende war die Größenordnung des luftelektrischen
Feldes, meist als vertikaler Potential-Gradient bezeichnet, an einigen
Stationen der Kontinente, z.B. in Europa, bekannt. Die große Intensität
des Feldes (1oo - 2oo V/m) erregte selbstverständlich große Aufmerksamkeit. Auch heute sind viele, die diesen Wert zum ersten Mal hören, sehr
erstaunt. - Ebenfalls bekannt war die Gleichung: Vertikale Stromdichte
gleich elektrische Leitfähigkeit der Luft mal Potential-Gradient. Für
die Messung der elektrischen Leitfähigkeit der Luft und für die permanente Registrierung des Potential-Gradienten waren Methoden und Instrumente für einen Einsatz in unbekannten Gebieten entwickelt worden.
(Emil Wiechert selbst hat ein Elektrometer konstruiert und bauen lassen.)

Zur Messung der elektrischen Leitfähigkeit wurde im Samoa-Observatorium der Aspirations-Apparat nach Gerdien verwendet, über dessen Konstruktion Gerdien 19o5 in den Nachrichten der Gesellschaft der Wissenschaften zu Göttingen und in der Zeitschrift für Physik berichtet
hatte. - Die zeitliche Variation des Potential-Gradienten wurde mit
Potentialsonden und dem Quadranten-Elektrometer mit nachgeschaltetem
Registrierwerk nach Benndorf permanent aufgeschrieben. Als Potential-

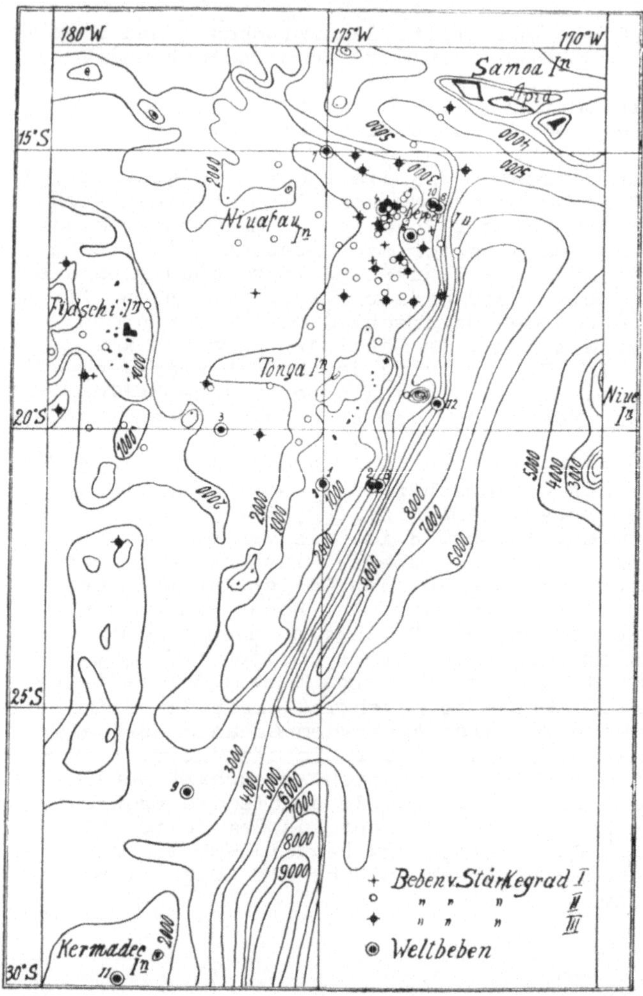

Abb. 8. Verteilung der Epizentren der Bebenherde am Tonga-Graben. Die
Epizentren der 12 sehr starken und 77 mittelstarken Beben liegen alle
auf dem Plateau westlich des Tonga-Grabens. (Aus den Nachrichten der
Gesellschaft der Wissenschaften zu Göttingen, Math.-Phys. Klasse, 1921)

sonde wurde zuerst eine Radium-Elektrode, später eine Polonium-Elek-
trode verwendet. Die Elektrode führte durch die Westwand des Obser-
vatoriums-Gebäudes und ragte etwa 1 m in die freie Luft, etwa 6 m
über dem Boden. 12o Kalomel-Elemente lieferten eine Spannung von
6o Volt.

Es war schon damals bekannt, daß der Potential-Gradient (also das
luftelektrische Feld) örtlich und zeitlich stark variiert, wobei geringe Änderungen in der nahen und nächsten Umgebung wirksam werden.
Die Observatoren gaben sich daher größte Mühe, die lokalen und kurz-
zeitigen Effekte, die durch Häuser, Mauern, Pflanzen, Wind und Regen
erzeugt werden, zu vermeiden oder bei der Auswertung zu berücksichtigen.

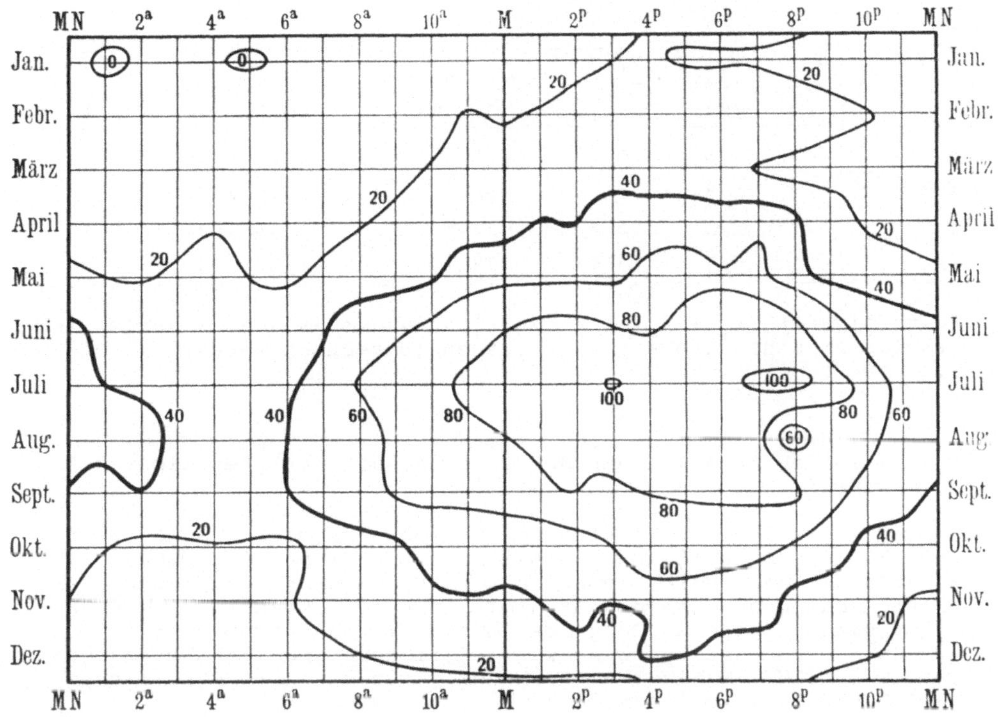

Täglicher und jährlicher Gang des luftelektrischen Potentialgefälles in Samoa
(1906 bis 1908) in Volt/m.

Abb. 9. Tägliche und jährliche Variationen des Potential-Gradienten
des luftelektrischen Feldes in Samoa in Volt/m. Zusammengestellt von
J.B. Messerschmitt. (Aus Naturwiss. Rundschau 25, Nr. 29, 1911)

Die Observatoren verglichen die von ihnen in Mulinuu 19o6, 19o7 und
19o8 gemessenen Werte mit denen der wenigen Stationen in niedriger
Breite (Colombo, Bombay) und in Europa (z.B. Potsdam) (V). Als erstes
wurde für die Station Mulinuu ein Mittelwert des Potential-Gradienten
von etwa 1oo V/m errechnet. Eine befriedigende Interpretation dieses
kleinen Wertes (nur etwa 6o bis 7o% der Werte in Potsdam und Kew)
fanden die Observatoren nicht. Ähnlich erging es ihnen mit den täglichen Variationen des Potential-Gradienten. Sie beobachteten nämlich
zwei Maxima am Tage um etwa 7 Uhr und um 19 Uhr mit Intensitäten von
etwa 17o V/m und 15o V/m. Die Minima waren kleiner als 1oo V/m. –
Auch die jährliche Variation des täglichen Ganges wurde untersucht
(Abb. 9). Man kam zu der Überzeugung, daß diese jährlichen Variationen vorwiegend durch lokale Effekte bewirkt werden.

Man konnte aber eine andere wichtige Beobachtung bestätigen: Man fand
nämlich, daß die Mittelwerte der Dichte des vertikalen Stromes elektrischer Ladungen in der Luft (damals luftelektrischer Leitungs-Strom
genannt) an weit voneinander liegenden Stationen vom Vorzeichen und
Betrage nach bemerkenswert gleich waren, während die beiden anderen
Größen, Leitfähgikeit und Potential-Gradient, deren Produkt gleich
der Stromdichte i ist, sich stark unterschieden. So findet man in

Tabelle 2

	$(\lambda_+ + \lambda_-)$	dV/dh	i
	esE	Volt/m	Amp/cm^2
Island	$3,0 \cdot 10^{-4}$	90	$3,0 \cdot 10^{-16}$
Potsdam	$0,84 \cdot 10^{-4}$	260	$2,2 \cdot 10^{-16}$
Samoa	$5,0 \cdot 10^{-4}$	38,6	$2,14 \cdot 10^{-16}$
Indien	$5,8 \cdot 10^{-4}$	29	$1,8 \cdot 10^{-16}$

Die Leitfähigkeit $(\lambda_+ + \lambda_-)$ der positiven und negativen Ladungen ist in elektrostatischen Einheiten angegeben (Umrechnungs-Faktor $1/9 \cdot 10^{13}$).

einer 1911 in den Anhandlungen der Gesellschaft veröffentlichten Arbeit die Tabelle 2.

In den Jahren 1915 bis 1921 sind vom Forschungsschiff "Carnegie" der Potential-Gradient dV/dh und die Leitfähigkeit λ auf den Ozeanen (Pazifik, Atlantik und Indik) gemessen worden, worüber L.A. Bauer 1921 berichtete. Man beobachtete sehr viel kleinere Schwankungen von dV/dh und λ und einen täglichen Gang des Potential-Gradienten, der in den drei Ozeanen recht gut synchron war (täglicher Gang nach Weltzeit, Minimum um 3 h GMT, Maximum um 19 h GMT). Die mittlere Stromdichte war gleich etwa $3 \cdot 10^{-16}$ Amp/cm^2.

In Kenntnis dieser Ergebnisse hatte C.R.T. Wilson die bis heute von vielen anerkannte Theorie des luftelektrischen Feldes und Stromes aufgestellt: Das Feld wird von den Gewittern in der Troposphäre, insbesondere in den Tropen, erzeugt und permanent erhalten. An der Oberseite der Gewitterwolke ist meist ein Überschuß an positiven, an der Unterseite ein Überschuß an negativen Ladungen. Die als Generatoren wirkenden Gewitterwolken sind über die schwach leitende Atmosphäre einerseits mit dem gut leitenden Boden und andererseits mit der damals noch hypothetischen, gut leitenden Ausgleichsschicht in der hohen Atmosphäre - wir wissen heute, daß dies die Ionosphäre ist - zu einem Kreis leitender Materie verbunden, in dem permanent der luftelektrische Strom fließt. Auch die Ergebnisse des Samoa-Observatoriums wurden im Rahmen dieser Theorie diskutiert. - Erst in den sechziger Jahren konnte, wie R. Mühleisen berichtete, gezeigt werden, daß die Spannung zwischen dem Boden und der Ausgleichsschicht den gleichen Tagesgang hat wie der Potential-Gradient über den Ozeanen und daß diese Spannung von der zu erwartenden Größe ist.

Berechnet man das Schleifen-Integral $\oint HdS$ (das mit Magnetometern gemessene Magnetfeld der Erde), so erhält man bei großen Integrations-Wegen an der Erdoberfläche meist nicht den Wert Null. Es ergibt sich dann die Frage, ob dies durch Meßfehler oder durch einen vertikalen, elektrischen Strom, der die Integrations-Schleife durchfließt, erzeugt wird. Mit den in Tabelle 2 angegebenen Werten der vertikalen Stromdichte i wurde damals bereits nachgewiesen, daß der Beitrag des luftelektrischen Stroms zum Magnetfeld an der Erdoberfläche unter der Meßgenauigkeit liegt und somit zur Interpretation des Schleifen-Integrals nicht herangezogen werden kann.

d) Meteorologie

Schon im Jahre 1892 wurde von E. Knipping eine Arbeit mit dem Titel
"Die Samoa-Orkane im Februar und März 1889" in den Annalen der Hydrographie veröffentlicht (KNIPPING, 1892). In der gleichen Zeitschrift
publizierte O. BURCHARD (19o3) einen Artikel mit dem Thema "Das Klima
von Apia". Auch findet man in dem Buch: "Samoa" (REINECKE, 19o2) eine
Beschreibung des Klimas von Samoa mit Tabelle der jährlichen Variationen der Regenmengen und der Lufttemperaturen sowie der Windrich-
tungen. In den Deutschen Überseeischen Meteorologischen Beobachtungen,
die von der Deutschen Seewarte herausgegeben wurden, ist in verschiedenen Bänden über meteorologische Beobachtungen in Apia von 188o bis
191o durch FUNK (188o - 191o) berichtet worden. Funk war Arzt in
Songi bei Apia.

Obwohl nach den Planungen für das Samoa-Observatorium die meteorologischen Beobachtungen nur nebenbei betrieben werden sollten, haben
die Observatoren doch viel Mühe und Zeit für diese Arbeiten aufge-
wendet. Wegen der Bedeutung für die Bewirtschaftung der Plantagen war
das Gouvernement an den meteorologischen Beobachtungen sehr interessiert. So hatten sich der Kaiserliche Gouverneur, Dr. Solf, und sein
Vertreter, Dr. Schnee, schon im Jahre 19o2 persönlich um den Versand
meteorologischer Geräte von Berlin nach Samoa bemüht, damit ein Netz
von meteorologischen Stationen aufgebaut werden konnte. Die Observatoren konnten sich selbstverständlich den Bitten des Gouvernements
nicht verschließen. Der erste Observator, Otto Tetens, kam hierdurch
in eine schwierige Lage, da er zugunsten der meteorologischen Beobachtungen andere Messungen zurückstellen mußte. Es hat den Anschein,
als hätten die Professoren der Geophysikalischen Kommission in Göttingen hierüber ein wenig gebrummt.

Auf dem Gelände des Observatoriums in Mulinuu wurde gleich nach Ankunft der ersten Observators eine Wetterstation eingerichtet, die in
den folgenden Jahren permanent betrieben und ausgebaut worden ist.

Über die Ergebnisse der meteorologischen Beobachtungen haben die Observatoren in zweiundzwanzig Publikationen berichtet, die in den
Nachrichten und in den Abhandlungen der Königlichen Gesellschaft der
Wissenschaften zu Göttingen sowie in der Meteorologischen Zeitschrift,
in Petermanns Geographischen Mitteilungen und anderen Zeitschriften,
wie "Das Wetter" oder "Globus", abgedruckt worden sind.

Tetens und Linke berichteten 191o (IV) über die tägliche und jährliche
Variation des Luftdruckes, der Temperatur und der Regenmenge. Es kann
von einer Passatwind-Zeit von Mai bis Oktober und von einer Regen-Zeit
von November bis April gesprochen werden.

Auch die Verteilung des Niederschlages auf den beiden Inseln Upolu
und Savaii diskutierten die beiden Autoren an Hand einer Karte gleicher Regenmenge pro Jahr. Die beiden Inseln sind Vulkaninseln. Die
Vulkane sind die höchsten Berge und liegen wie die Perlen einer Schnur
in der Längsachse der beiden Inseln. Durch die Linien gleicher Regenmengen wird die Gestalt der beiden Inseln nahezu abgebildet. Es muß
allerdings vermerkt werden, daß den Autoren nur Messungen bis etwas
über die halbe Höhe der Vulkane zur Verfügung standen. Sie haben daher, um das Bild vervollständigen zu können, extrapolieren müssen.

Auch aerologische Beobachtungen wurden ausgeführt: In den Jahren 19o6
bis 191o wurden 7o Drachen und 35 Pilotballone hochgelassen. Hiermit
wurde eine Passatschicht (SE-Wind) bis zu einer Höhe von etwa 15oo m
und darüber eine Antipassatschicht (N- bis NW-Wind) bis etwa 5ooo m
nachgewiesen.

Die kleine Gruppe der Samoa-Inseln hat ein relativ gleich- und regel-
mäßiges Klima, so daß es den Observatoren berechtigt erschien, nach
mehrjährigen Perioden in den Klima-Elementen (Temperatur, Luftdruck
usw.) zu suchen. Für die Zeit von 189o bis 1918 fanden sie eine gewisse Korrelation mit der Sonnenflecken-Relativzahl. Auch die mehrfach diskutierte dreijährige Periode wurde untersucht.

Die regelmäßigen täglichen Variationen des Luftdruckes, die typisch
für Stationen in den Tropen sind, wurden auch in Samoa mit Barographen
registriert (TETENS u. LINKE, 19o8) (II). Wichtig sind die beiden zwölfstündigen Perioden innerhalb eines Sonnentages, deren Maxima und Minima nicht genau gleich sind. Das erste Maximum (1,1 mmHg oder 1,5
mbar) wird zwischen 8 und 9 Uhr vormittags der Ortszeit, das zweite
Maximum (o,5 mmHg oder o,66 mbar) zwischen 1o und 11 Uhr nachmittags
(22 - 23 h) erreicht. Diese beiden etwa zwölfstündigen, nicht symme-
trischen Variationen erkennt man an vielen Tagen bereits im Barogramm,
da die Amplituden der sporadischen und unregelmäßigen Variationen des
Luftdruckes in Samoa nur selten größer sind als diese periodischen.

Über die Ursache dieser halbtägigen Variationen des Luftdruckes in
den Tropen mit der Periode gleich einem halben Sonnentag, die schon
damals bekannt waren - insbesondere durch die seit 1866 in Batavia
(Djakarta) ausgeführten Beobachtungen - , hatte man bereits vor der
Jahrhundertwende diskutiert. Die beiden Autoren Tetens und Linke
schlossen sich der damals allgemein akzeptierten Meinung von Kelvin
und Margules an, nach der diese Variationen des Luftdruckes durch
die zwölfstündige Eigenschwingung der Atmosphäre bedingt ist. Diese
Eigenschwingung soll vorwiegend durch die täglichen Temperatur-Ände-
rungen erregt werden. Heute wird oft die von Chapman erweiterte Theorie diskutiert, nach der die Eigenschwingung der Atmosphäre sowohl
durch die täglichen Variationen der Temperatur wie auch durch Gezeitenkräfte angeregt wird.

In einer in den Abhandlungen der Gesellschaft der Wissenschaften im
Jahre 1913 publizierten Arbeit mit dem Titel: "Zusammenstellung der
Barometer-Beobachtungen von Samoa aus den Jahren 19o3 - 19o8 zur Bestimmung der Gezeiten-Bewegungen der Atmosphäre" berichtet GOTTHOLD
WAGNER (VIII) über seine Analyse der in Mulinuu gemessenen Werte des
Luftdruckes. Er ordnete die nach Sonnenzeit stündlich gemessenen Werte
um in Mondzeit. Mit den so geordneten Werten errechnete er eine halb-
mondtägige Variation mit einer Amplitude von o,o4 mmHg und mit einem
Maximum kurz nach der Kulmination des Mondes. Er fand auch eine ganz-
tägige Variation von o,o1 mmHg. Wagner machte plausibel, daß die Variation mit der Periode eines halben Mondtages statistisch gesichert
und somit dies eine Wirkung der Gezeitenkräfte des Mondes auf die
Atmosphäre ist. - Da in Mitteleuropa die unregelmäßigen Variationen
des Luftdruckes sehr groß sind, ist der Nachweis der Mondgezeiten mit
den in Mitteleuropa gemessenen Werten des Luftdruckes nur mit sehr
langen Beobachtungsreihen und nur mit besonderen statistischen Methoden möglich.

Es war damals schon bekannt, daß die Gezeiten in der Atmosphäre, erzeugt durch den Mond, keine Bedeutung für das Wetter haben. Es wurde
aber diskutiert, ob diese Gezeiten nicht für die zeitlichen Variationen des Erdmagnetfeldes wichtig sein könnten. Der Nachweis hierfür
wurde bekanntlich später tatsächlich erbracht.

e) Registrierungen des Wasserstandes, der Gezeiten des Meeres und der Flutwellen

Der Wasserstand im und beim Hafen von Apia wurde bereits vor Errichtung des Observatoriums auf Veranlassung des Gouvernements an einem
Wasserstands-Pegel mehrfach am Tage abgelesen. Im April 1904 übernahm
Otto Tetens die Betreuung eines an der Halbinsel Mulinuu neuerrichte-
ten Pegelmessers. Auch hier folgten die Observatoren den Bitten des
Gouvernements, das an einer sachgemäßen Wartung des Pegels und an
einer Auswertung der Messungen wegen der Schiffahrt im Hafen von Apia
sehr interessiert war. - Später konnte Herr Tobias für die ständigen
Ablesungen des Pegels gewonnen werden. Von den Observatoren wurde in
den folgenden Jahren ein permanent registrierender Pegelmesser instal-
liert.

Die Obervatoren haben wenig über diese von ihnen übernommene Aufgabe
berichtet. Jedoch haben sie sich Gedanken über die Eigenschwingungen
des Hafenbeckens und der Bucht von Apia gemacht, um einerseits den
Wasserstand besser kontrollieren und um andererseits die Gezeiten des
Meeres besser erkennen zu können.

Mit dem permanent registrierenden Pegelmesser des Samoa-Observatoriums
wurden von 1917 bis 1919 vier Flutwellen registriert. Auch die seismischen Wellen, die diesen Flutwellen vorauseilten, wurden mit den
Seismographen des Observatoriums registriert. Ort und Zeit der vier
Beben konnten mit Hilfe der seismischen Beobachtung in Samoa und anderer Stationen berechnet werden. Damit konnte auch die Geschwindigkeit
der Flutwellen berechnet und mit der mittleren Tiefe des Meeres längs
des Wellenweges korreliert werden. Die Werte der Tabelle 3 und die
Abb. 10 sind einer Publikation in den Nachrichten der Gesellschaft
der Wissenschaften aus dem Jahre 1920 entnommen (G.H. ANGENHEISTER,
1920a). In der Abb. 10 ist die Registrierung der Flutwelle vom 26.6.
1917 wiedergegeben. Der Bebenherd lag bei den Keppel-Inseln, 265 km
von Mulinuu entfernt.

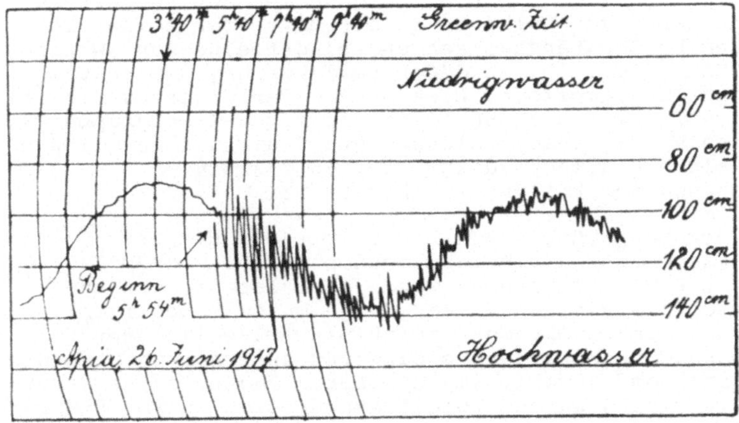

Abb. 10. Registrierung des Wasserpegels an der Halbinsel Mulinuu auf
Upolo (Samoa). Halbtägige Periode der Meeresgezeiten mit einer Doppel-
amplitude von etwa 40 cm. - Um 5 h 54 min Ankunft einer Flutwelle, erzeugt durch ein Beben, östlich der Keppel-Inseln in einer Entfernung
von 265 km (siehe Abb. 8)

Tabelle 3. Erdbeben und Flutwelle im Pazifik am 3o.4.1917.

Herd: N von Vava'u, Tonga. $\phi = 18^{\circ}$ S, $\lambda = 173,5^{\circ}$ W.
7 h 16 m 49 s ± 3,7 s Greenwich-Zeit.

Station	Herd-distanz km	Laufzeit der Flutwelle	Geschwindig-keit der Flutwelle m/s	mittlere Meerestiefe m
Haapai	22o	25 min	147	2ooo
Apia	25o	59 ± 3 min	155	3ooo
Honolulu	462o	6 Std. 28 min	198	45oo
S.Franzisco	8o3o	11 Std. 23 min	196	45oo
S.Diego	814o	11 Std. 28 min	197	45oo

Für Haapai ist die Zeit zwischen dem ersten Bebenstoß und Ankunft der
Front der Flutwelle durch Befragung ermittelt worden.

f) Der Zeitdienst

Dem Observatorium standen Pendeluhren und Marine-Chronometer zur Verfügung, deren Stand und Gang die Observatoren mit einem Passage-Instrument zu geregelten Terminen nach bekannten Methoden der Astronomie
kontrollierten. Das Passage-Instrument war in einer Holzhütte mit
verschiebbarem Dach untergebracht.

g) Berichte zum Vulkanismus von Savaii

Die beiden Inseln Savaii und Upolu sind Vulkan-Inseln. Sie haben etwa
die Gestalt zweier sich in Richtung ihrer Längsachsen aneinanderrei-
henden Ellipsen. Eine Kette von Vulkanen in der Mitte der beiden Inseln folgt etwa diesen beiden Längsachsen und bildet eine von NW nach
SE gerichtete Perlschnur (Abb. 1), in deren Verlängerung die dritte
Insel der Samoa-Gruppe Tutuila liegt. Etwa in der Verlängerung dieser
Linie Savaii - Upolu - Tutuila nach SE liegt die Manua-Inselgruppe
mit den beiden kleinen Vulkan-Inseln Olosega und Tau. Zwischen diesen
beiden Inseln liegt ein submariner Vulkan, der 1866 aktiv war. Im
ganzen ist dies eine etwa 4oo km lange Vulkan-Linie.

Am 3o.12.19o2 brach der Mauga Mu, südlich von Aopo auf der Insel
Savaii aus, nachdem lange Zeit auf beiden Inseln Savaii und Upolu
kein Vulkan tätig war. - Vom Gouverneur wurde Otto Tetens gebeten,
sich an einer Exkursion zum aktiven Vulkan Mauga Mu zu beteiligen.
Da die Bevölkerung durch den Ausbruch beunruhigt war, wollte der
Gouverneur klären, was zum Schutz der Bevölkerung unternommen werden
konnte. Tetens war Astronom. Obwohl, wie er selber sagte, seine Kenntnisse der Vulkanologie gering waren, beteiligte er sich an der Exkursion und stellte seine Beobachtungsgabe und seine Kenntnisse der
Physik bei den Beratungen zur Verfügung.

Vom 4. Aug. 19o5 bis Nov. 1911 war auf der Insel Savaii der Vulkan
Matavanu tätig. Er liegt etwa 15 km NE vom Mauga Mu. Es bildete sich
im Matavanu ein Lavasee (auch Feuersee genannt). Lava trat auch seitlich aus dem Vulkan aus und floß nach NE etwa 13 km bis zur N-Küste
der Insel Savaii. Dort ergoß sie sich unter Entwicklung von großen

Abb. 11. Lava des Vulkans Matavanu ergießt sich an der N-Küste der
Insel Savaii ins Meer. Die Lava ist in einem breiten Strom vom etwa
13 km entfernt liegenden, hohen Vulkan Matavanu bis zu dieser Stelle
an der Küste geflossen. Der Vulkan war von 1905 bis 1911 tätig. Aufnahme aus dem Jahr 1908

Wasserdampfwolken ins Meer. Die Observatoren F. Linke (1905), G.H.
Angenheister (1908) und K. Wegener (1911) besichtigten den Matavanu
und beschrieben ihre Beobachtungen. Die Abb. 11 und 12 sind Reproduk-
tionen der im Jahre 1908 gemachten Aufnahmen von Orten an der N-Küste
von Savaii, an denen die Lava das Meer erreichte. Zum Mechanismus der
Wasserdampf-Explosionen (Abb. 12), die sich nach unregelmäßigen Inter-
vallen von etwa 5 bis 10 Minuten kurz vor der Ausflußstelle der Lava
im Meere wiederholten, wurden mehrere Ideen diskutiert.

Eine Beschreibung dieses Vulkans findet man bei K. SAPPER: Der Mata-
vanu-Ausbruch auf Savaii 1905 - 1906 (Z. Ges. Erdkde., Berlin 1906,
686-709 und 1909, 501-539).

*Der Akademie der Wissenschaften in Göttingen (der ehemaligen Königl. Preußischen
Gesellschaft der Wissenschaften zu Göttingen) danke ich für die Erlaubnis, Einsicht
in Akten des Samoa-Observatoriums zu nehmen.*

Abb. 12 wie Abb. 11. Wasserdampfexplosion dicht vor der Steilküste, an der die Lava des Vulkans Matavanu auf Savaii in das Meer fließt

Literatur

In den Abhandlungen der Königlichen Gesellschaft der Wissenschaften zu Göttingen, Mathematisch-Physikalische Klasse, Neue Folge, sind folgende Berichte unter dem Sammeltitel "Ergebnisse der Arbeiten des Samoa-Observatoriums der Wissenschaften zu Göttingen" veröffentlicht worden:

I.   WAGNER, H.: Das Samoa-Observatorium, 7, Nr. 1, 1-7o (19o8).
II.   TETENS, O, LINKE, F.: Die meteorologischen Registrierungen der Jahre 19o2-19o6, 7, Nr. 2, 1-137 (19o8).
III.   LINKE, F.: Die Brandungsbewegungen des Erdbodens und ein Versuch ihrer Verwendung in der praktischen Meteorologie, 7, Nr. 3, 1-58 (19o9).
IV.   TETENS, O., LINKE, F.: Das Klima von Samoa, 7, Nr. 4, 1-114 (191o).
V.   LINKE, F., ANGENHEISTER, G.H.: Die erdmagnetischen Registrierungen der Jahre 19o5 bis 19o8, 9, Nr. 1, 1-52 und Tabellen 1-139 (1911).
VI.   ANGENHEISTER, G.H.: Die luftelektrischen Beobachtungen am Samoa-Observatorium 19o6, 19o7, 19o8, 9, Nr. 2, 1-35 (1911).
VII.   WEGENER, K., HAMMER, M.: Die luftelektrischen Beobachtungen am Samoa-Observatorium 19o9 bis Mai 1911, 9, Nr. 3, 1-31 (1912).

VIII. WAGNER, G.: Zusammenstellung der Barometer-Beobachtungen von
       Samoa aus den Jahren 19o3-19o8 zur Bestimmung der Gezeiten-
       bewegungen der Atmosphäre, 9, Nr. 4, 1-48 (1913).
IX.   WEGENER, K.: Die erdmagnetischen Beobachtungen im Jahre 19o9
       und 191o, 9, Nr. 5, 1-15, Tabellen 1-52 (1914).
X.   ANGENHEISTER, G.H.: Die erdmagnetischen Beobachtungen im Jahre
       1911, 9, Nr. 6, 1-9, Tabellen 1-22 (1914).

Weitere Literatur

ANGENHEISTER, G.H.: Beobachtungen am Vulkan der Insel Savaii (Samoa).
   Globus 95, Nr. 9, 138-142. Braunschweig: Vieweg 19o9a.
ANGENHEISTER, G.H.: Wolkenbeobachtungen in Samoa. Nachr. K. Ges. Wiss.
   Göttingen, Math.-phys. Kl., 1-8 (19o9b).
ANGENHEISTER, G.H.: Über die Fortpflanzungsgeschwindigkeit magnetischer
   Störungen und Pulsationen. Nachr. K. Ges. Wiss. Göttingen, Math.-
   phys. Kl., 1-17 (1913).
ANGENHEISTER, G.H.: Die luftelektrischen Beobachtungen am Samoa-Ob-
   servatorium 1912/13. Nachr. K. Ges. Wiss. Göttingen, Math.-phys.
   Kl., 1-16 (1914).
ANGENHEISTER, G.H.: Der jährliche Gang der erdmagnetischen Aktivität.
   Vier Erdbeben und Flutwellen im Pazifischen Ozean. Nachr. K. Ges.
   Wiss. Göttingen, Math.-phys. Kl., 1-1o (192oa).
ANGENHEISTER, G.H.: Über die Fortpflanzungsgeschwindigkeit erdmagne-
   tischer Störungen und Pulsationen. - Sonnentätigkeit, Sonnenstrah-
   lung, Lufttemperatur und erdmagnetische Aktivität im Verlauf einer
   Sonnenrotation. Nachr. K. Ges. Wiss. Göttingen, Math.-phys. Kl.,
   1-8 (192ob).
ANGENHEISTER, G.H.: Beobachtungen an pazifischen Beben. Nachr. K. Ges.
   Wiss. Göttingen, Math.-phys. Kl., 1-34 (1921).
ANGENHEISTER, G.H.: Liste der wichtigsten am Samoa-Observatorium
   1913/2o registrierten Erdbeben. Nachr. K. Ges. Wiss. Göttingen,
   Math.-phys. Kl., 1-3 (1922a).
ANGENHEISTER, G.H.: Die Jahresmittel der meteorologischen Beobachtun-
   gen in Apia und die 11-jährige Periode der Sonnentätigkeit. Mete-
   orol. Z., Heft 2, 46-49 (1922b).
ANGENHEISTER, G.H.: Die Wirkung des Regens auf die Registrierung des
   Potentialgefälles der Atmosphäre. Nachr. Ges. Wiss. Göttingen,
   Math.-phys. Kl., 1o5-115 (1924a).
ANGENHEISTER, G.H.: Die luftelektrischen Beobachtungen am Samoa-Obser-
   vatorium 1914-1918. Nachr. Ges. Wiss. Göttingen, Math.-phys. Kl.,
   81-1o4 (1924b).
ANGENHEISTER, G.H.: Die erdmagnetischen Störungen nach den Beobach-
   tungen des Samoa-Observatoriums. Nachr. Ges. Wiss. Göttingen,
   Math.-phys. Kl., 1-42 (1924c).
ANGENHEISTER, G.H.: A Summary of the Meteorological Observations of
   the Samoa Observatory (189o-192o).. Apia Observatory, Samoa, 1-56,
   Wellington, N.Z.: 1924d.
ANGENHEISTER, G.H., ROHLOFF, C.: Meteorologische Beobachtungen in der
   Südsee, gesammelt vom Samoa-Observatorium. Nachr. K. Ges. Wiss.
   Göttingen, Math.-phys. Kl., 1-16 (1911).
BURCHARD, O.: Das Klima von Apia. Ann. Hydrograph. 193 (19o3).
CONRAD, V.: A summary of the meteorological observations of the Samoa
   Observatory (189o bis 192o). (Besprechung). Meteorol. Z., 12o-124
   (1925).
FUNK, B.: Meteorologische Beobachtungen in Apia, 189o-191o. Deutsche
   überseeische Meteorol. Beobachtungen, hrsg. von der deutschen See-
   warte 5, 13o; 6, 45; 7, ·34; 9, 24; 12, 68; 14, 37; 15, 11; 17, 6;
   19, 9; 2o, 6.

HABEKOST, P.: Die meteorologischen Registrierungen des Samoa-Obser-
    vatoriums, 19o7-19o8. Diss., Göttingen, Univ. 1913.
HANN, J. v.: Die meteorologischen Arbeiten des Deutschen Samoa-Obser-
    vatoriums. Meteorol. Z., 161-17o, 228-235 (1913).
KÄHLER, K.: Die luftelektrischen Beobachtungen am Samoa-Observatorium
    19o6, 19o7, 19o8 (Literaturbericht). Meteorol. Z. 43o-431 (1911).
KNIPPING, E.: Die Samoa-Orkane im Februar und März 1889. Ann. Hydro-
    graph. und marit. Meteorol., August 1892.
LINKE, F.: Meteorologische Drachenaufstiege in Samoa, 19o6. Nachr.
    K. Ges. Wiss. Göttingen, Meth.-phys. Kl., 493 (19o6); auch Meteo-
    rol. Z. 173 (19o7).
LINKE, F.: Samoanische Bezeichnung für Wind und Wetter. Globus 94,
    15. Braunschweig: Vieweg 19o8.
LINKE, F.: Ein meteorologisches Stationsnetz in der Südsee. Meteorol.
    Z. 256 (191o).
MESSERSCHMITT, J.B.: Magnetische Beobachtungsresultate von Samoa.
    Naturw. Rundschau 273-276 (1911a).
MESSERSCHMITT, J.B.: Die luftelektrischen Arbeiten am Samoa-Observa-
    torium. Naturw. Rundschau 365-367 (1911b).
REINECKE, F.: Samoa. Berlin: W. Süsserott 19o2.
Samoa-Observatory: Drachen- und Pilotballon-Aufstiege an den inter-
    nationalen Tagen. Veröff. intern. Komm. wiss. Luftschiffahrt
    19o7-1914.
TETENS, O., LINKE, F.: Regenkarte von Samoa. Petermanns Geogr. Mitt.
    191o.
WEGENER, K.: Die Frage eines Stationsnetzes in der Südsee. Meteorol.
    Z. 548 (19o9).
WEGENER, K.: Der Regen in Samoa. Das Wetter 7 (191o).
WEGENER, K.: Die Zugrichtungen der Luftschichten über Samoa. Meteorol.
    Z. 569 (1911).
WEGENER, K.: Die Aerologischen Ergebnisse im Jahre 191o am Samoa
    Observatorium. Nachr. K. Ges. Wiss. Göttingen, Math.-phys. Kl.
    271 (1911); auch Meteorol. Z. 42 (1912).
WEGENER, K.: Über den Anteil der direkten Strahlung an der Temperatur-
    periode der Luft in niedrigen und mittleren Höhen der Troposphäre.
    Nachr. K. Ges. Wiss. Göttingen, Math.-phys. Kl., 382 (1911); auch
    Meteorol. Z. 13o (1912).
WEGENER, K.: Die Gewitter auf Samoa. Wetter 76 (1912).
WEGENER, K.: Temperatur und Regen in Samoa, 19o9-191o, in gedrängter
    graphischer Darstellung. Nachr. K. Ges. Wiss. Göttingen, Math.-
    phys. Kl. 95 (1914).

Künstliche Bodenerschütterungen mit der Mintrop-Kugel

J. Meyer

Die berühmten Fallversuche vom schiefen Turm von Pisa sind, wie jedermann weiß, sehr umstritten, um nicht zu sagen Legende. Nicht umstritten sind dagegen die weniger berühmten Fallversuche mit der schweren Stahlkugel im Garten des Geophysikalischen Instituts der Universität Göttingen, die dort Anfang dieses Jahrhunderts, wenige Jahre nach der Eröffnung des Instituts, durchgeführt wurden. Kugel und Fallgerüst sind noch heute auf dem Institutsgelände am Hainberg zu sehen (Abb. 1). Allerdings sollten diese Versuche nicht etwa einer späten Verifizierung der Fallgesetze dienen. Ihr Zweck war vielmehr, die Ausbreitung der durch den Aufprall der Kugel erzeugten Bodenerschütterungen zu studieren.

Im Hörsaal des Göttinger Instituts erinnert die fotografische Vergrößerung einer Originalregistrierung solcher Bodenschwingungen (Gesamt-

Abb. 1. Mintrop-Kugel und unterer Teil des Fallgerüstes im heutigen Zustand (Kugel-Durchmesser 1 m)

vergrößerung 5o ooofach) an die historischen Versuche. Das Datum auf
diesem Bild (21. August 19o8) ist nicht nur das einzige fixierte Datum
in der ganzen Versuchsreihe, sondern kennzeichnet das Bild zugleich
als den ältesten Hinweis auf die Fallversuche überhaupt. Das Gerüst
selbst ist auch erst im Jahre 19o8 gebaut worden, und zwar von Ludger
Mintrop, dem Leiter der 19o7 neu errichteten Erdbebenwarte der Westfälischen Berggewerkschaftskasse in Bochum. Mintrop, der zuvor in
Aachen Markscheidekunde studiert hatte, war nach Göttingen gekommen,
um sich hier bei Emil Wiechert, dem ersten Direktor des neuen Instituts, mit der jungen Wissenschaft der Geophysik, insbesondere der
Seismologie, vertraut zu machen. Seine Dissertation (MINTROP, 1911),
mit der er bei Wiechert promovierte und in der er die von einem Gas-
motor im Göttinger Elektrizitätswerk erzeugten Bodenschwingungen behandelt, steht in direktem Zusammenhang mit allgemeineren Untersuchungen über künstliche Erdbeben, die er sowohl in Bochum als auch in
Göttingen anstellte und zu denen auch die Fallversuche auf dem Hainberg gehörten.

Das Gerüst für die Kugel besteht aus vier gegeneinander versteiften
Eisenträgern. Seine Höhe beträgt insgesamt 15 m. Durch eine zusätzliche
Vertiefung im Erdboden, die heute zugeschüttet ist, entstand eine maximale Fallhöhe von 14 m. Die 4 t schwere Stahlkugel war Mintrop durch
Wiecherts Vermittlung von der Firma Friedr. Krupp A.G. (die auch bereits die Spiralfedern für den Bau des 13oo kg-Vertikalseismographen
der Göttinger Erdbebensation gestiftet hatte) zur Verfügung gestellt
worden (Abb. 1). Sie konnte mittels eines Flaschenzuges an dem Gerüst
hochgezogen und über eine mechanische Auslösevorrichtung zu einem
beliebigen Zeitpunkt zum Fallen gebracht werden. Der Aufprall erfolgte
unmittelbar auf den festen Trochitenkalk des Hainbergs.

Registriert wurde fast durchweg mit einem schon 19o6 von Wiechert konstruierten tragbaren Seismographen (Horizontalpendel), dessen größt-
mögliche Vergrößerung 5o ooo betrug. Wiechert hatte dieses sehr empfindliche Gerät zunächst für die Registrierungen der Bodenerschütterungen beim Abfeuern schwerer Geschütze auf dem Schießplatz Meppen
benutzt. Mintrop selbst baute, in Anlehnung an das Wiechertsche Prinzip, für seine weiteren Untersuchungen über künstliche Erdbeben einen
ähnlich empfindlichen Seismographen mit etwas kleinerer Maximalver-
größerung. Bei den Fallversuchen mit der 4 t-Kugel wurde er jedoch
nur ein einziges Mal eingesetzt, und zwar bei der gleichzeitigen
Registrierung der Querkomponente im Erdbebenhaus des Instituts, in
125 m Entfernung vom Fallort (Punkt a und b in Abb. 3, vgl. die entsprechenden Seismogramme in Abb. 4). Bei allen anderen Fällen wurde
lediglich die Schwingungskomponente parallel zur Richtung zur Kugel
aufgezeichnet und hierfür das ursprüngliche Wiechertsche Gerät verwendet. Die Vertikalkomponente konnte noch nicht registriert werden,
da es zu jener Zeit noch an einem hochempfindlichen transportablen
Vertikalseismographen fehlte, wie er von Mintrop erst einige Jahre
später entwickelt wurde.

Von dem Wiechertschen Feldseismographen ist in der Literatur (MINTROP,
19o9) nur die Außenansicht in Form einer Zeichnung überliefert, während die Mintropsche Nachkonstruktion in der gleichen Arbeit ausführlicher beschrieben wird (vgl. Abb. 2). Das zugrundegelegte Bauprinzip
war das Wiechertsche System des umgekehrten Pendels. Die zylindrisch
geformte Pendelmasse wog 12 kg. Ihre Relativbewegung wurde nach einer
Kombination von konstanter mechanischer Vergrößerung durch Hebelüber-
setzung (4ofach) und einer veränderlichen optischen Vergrößerung
(Lichtweg 2 x 1 m) auf einem Filmstreifen fotografisch aufgezeichnet.
Die gesamte Indikator-Vergrößerung konnte hierbei auf 178o, 55oo
oder 11 3oo eingestellt werden (entsprechende Werte beim Originalge-

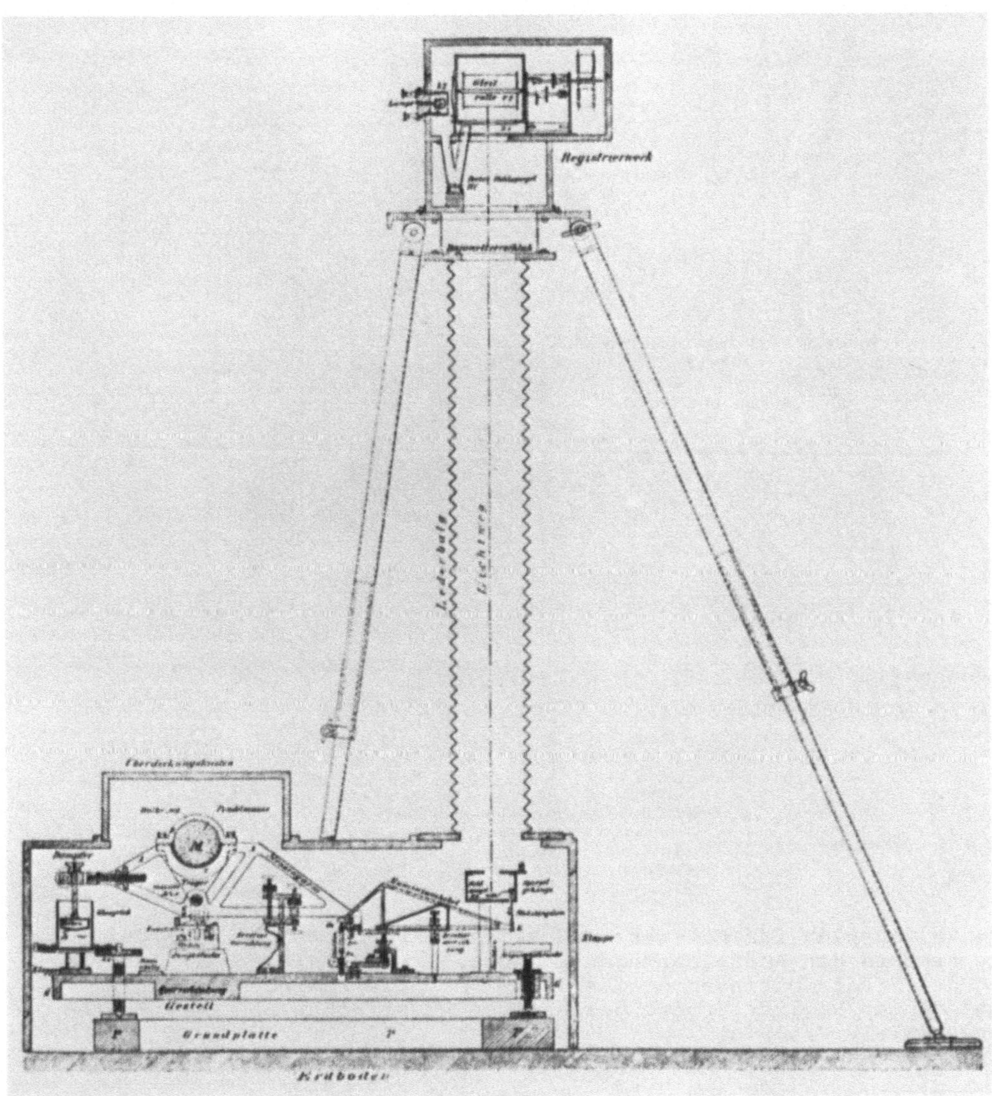

Abb. 2. Schnitt durch den transportablen Horizontalseismographen von
Mintrop; M = Pendelmasse. Das gesamte System ist lichtdicht abgeschirmt; Höhe etwa 1,3o m (MINTROP, 19o9, 191o)

rät von Wiechert: 5ooo, 2o ooo und 5o ooo). Die Eigenperiode des
Systems lag, je nach der gewählten Vergrößerung, zwischen o,7 und
1,o sec (beim Wiechertschen Gerät zwischen o,8 und 1,6 sec). Die Un-
terdrückung der Resonanzen erfolgte durch eine Öldämpfung. - Der Lichtweg zwischen Seismometer und Registriereinrichtung war durch einen
Lederbalgen (bzw. einen geschlossenen Schacht) abgeschirmt, so daß
die Geräte an jeder Stelle unter freiem Himmel eingesetzt werden konnten. Zum Transport genügte ein Handwagen. Für den Aufbau bis zur Ein-
satzbereitschaft wurde eine knappe Viertelstunde benötigt.

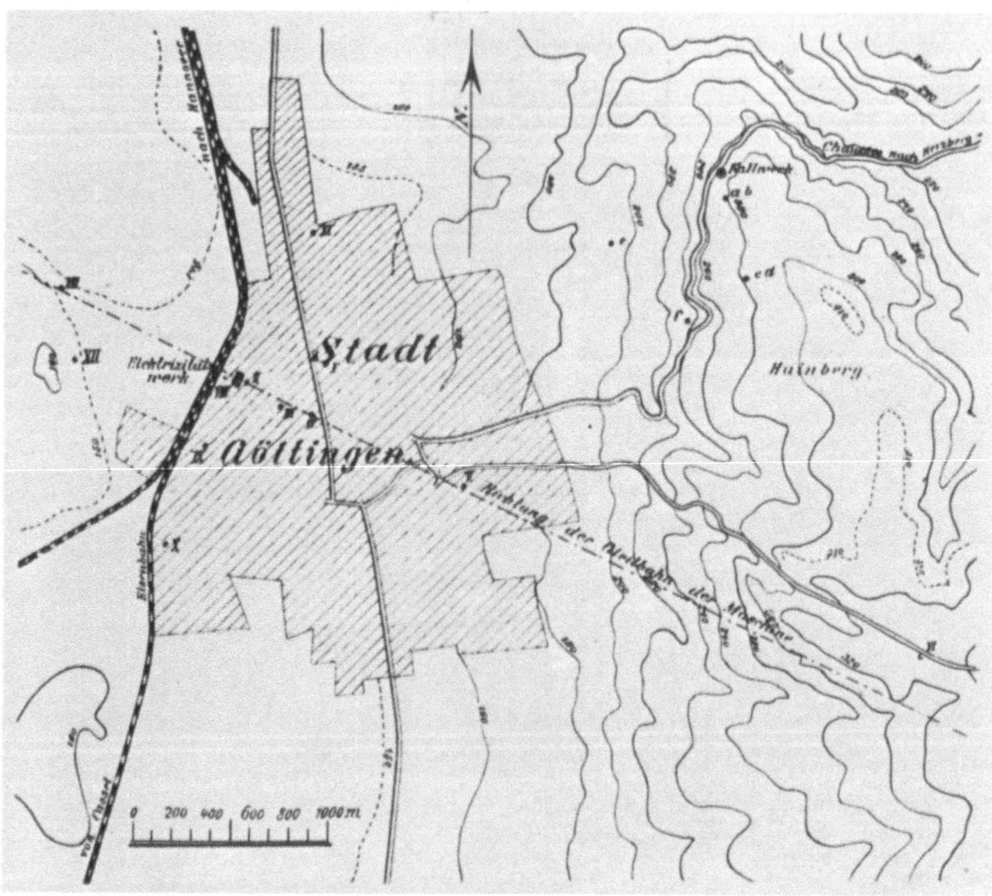

Abb. 3. Lageplan für Fallwerk und Registrierorte (Buchstaben $a-f$, entsprechend den Aufzeichnungen in Abb. 5) im Vergleich zur Ausdehnung der Stadt Göttingen um das Jahr 19o8. Die römischen Ziffern kennzeichnen Registrierorte bei anderen künstlichen Bodenerschütterungen (MINTROP, 191o)

Die Abb. 3 zeigt den Lageplan für Fallwerk und Registrierorte im Vergleich zur damaligen Ausdehnung der Stadt Göttingen. Die Meßpunkte sind mit den gleichen Buchstaben gekennzeichnet wie die entsprechenden Registrierungen in Abb. 4, in der die Ergebnisse der Beobachtungen zusammengestellt sind. Der Abstand zwischen je zwei Anfängen oder Enden der kleinen waagerechten Striche entspricht einer Sekunde. Während die Seismogramme (a) und (b) gleichzeitige Aufnahmen darstellen, wurden die Spuren (c) und (d) am gleichen Ort an aufeinanderfolgenden Tagen registriert. Dabei ist deutlich der störende Einfluß der Maschinen des Elektrizitätswerkes zu erkennen. Bei dem Fallversuch am zweiten Tag, wie auch bei den übrigen Versuchen, standen diese Maschinen still. In den Seismogrammen (d) und (e) kommt darüberhinaus eine größere Bodenunruhe zum Ausdruck, die teils auf die größere Nähe der Stadt, teils auf den lockeren Untergrund zurückzuführen ist. Aus Entfernungen über 71o m fehlen veröffentlichte Aufzeichnungen. Es ist lediglich vermerkt (MINTROP, 191o), daß die Bodenschwingungen noch in etwa 2 km Entfer-

nung registriert werden konnten. Erst am Hainholzhof, 2,6 km vom Fallort entfernt, waren die Vorläufer des künstlichen Erdbebens gar nicht
mehr und die Hauptwellen nicht mehr mit Sicherheit zu erkennen.

Die fotografischen Registrierungen der Göttinger Fallversuche stellen
die ersten vollständigen Seismogramme von künstlichen Erdbeben dar,
die überhaupt erhalten bzw. veröffentlicht worden sind. Mintrop erkannte in ihnen auch bereits die gleichen Wellenarten wie bei natürlichen Beben, nahm aber dennoch keine weitere Auswertung seiner Ergebnisse vor. Am Schluß seines Kongreßberichtes schreibt er deutlich,
worum allein es damals ging: "Beobachtungen an künstlichen Erdbeben
schließen die Kette der Untersuchungen über die Ausbreitung der Erdbebenwellen. - Der Zweck der Abhandlung ist erfüllt, wenn sie ein
allgemeines Bild von der Art der Ausbreitung künstlicher Bodenerschütterungen gegeben und zu weiteren Untersuchungen angeregt hat"
(MINTROP, 191o). An die Erforschung von Gebirgsschichten und nutzbaren Lagerstätten mit seismischen Methoden war noch gar nicht gedacht. Diese setzte erst ein paar Jahre später, vollends erst nach
dem Ersten Weltkrieg ein.

Obwohl MINTROP (1911) in der Einleitung seiner Dissertation in bezug
auf die Fallversuche schreibt, daß diese Untersuchungen noch nicht
abgeschlossen seien, fehlt jeglicher Hinweis auf weitere Kugelfälle.
HUBERT (1925) hat später zwar noch einmal Fallversuche an dem gleichen Gerüst unternommen, jedoch mit ganz gewöhnlichen Gewichtsstücken
bis zu 5o kg sowie einer Walze von 117 kg bei Fallhöhen bis zu 11 m.
Registriert wurde dabei im Erdbebenhaus des Instituts mit einem speziellen stationären Vertikalseismographen mit zweimillionenfacher
Vergrößerung. Die 4 t-Kugel selbst war offenbar auch zu dieser Zeit
schon historisches Relikt.

Die wissenschaftliche Bedeutung der Göttinger Fallversuche ist heute
verblaßt. Und man sollte die Pflege ihres Andenkens auch nicht über-
bewerten. Für den lebenden Geophysiker können und sollen solche historischen Denkmäler wie die Mintrop-Kugel nicht mehr sein als Mahnung
und Verpflichtung, "nach Kräften in dem Geiste zu wirken, für den sie
als Symbole stehen" (BARTELS, 1951).

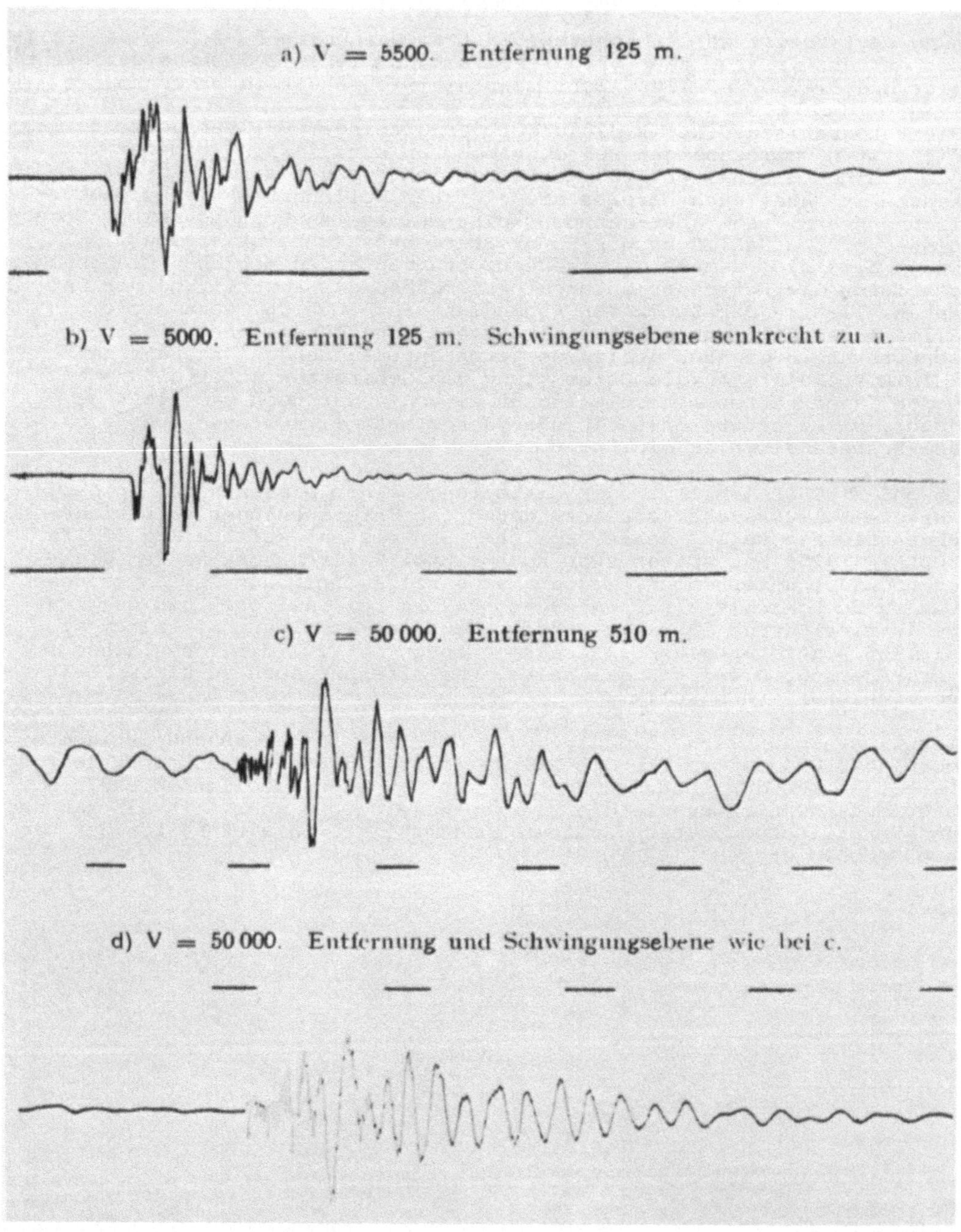

Abb. 4 a-d

Abb. 4 a-f. Seismogramme der durch den Aufprall der 4 t-Kugel ausgelösten Bodenerschütterungen in verschiedenen Entfernungen vom Fallort
(Originalaufzeichnungen, V = Indikator-Vergrößerung). Der Abstand
zwischen Anfang oder Ende zweier benachbarter kleiner Striche entspricht jeweils einer Sekunde (MINTROP, 191o)

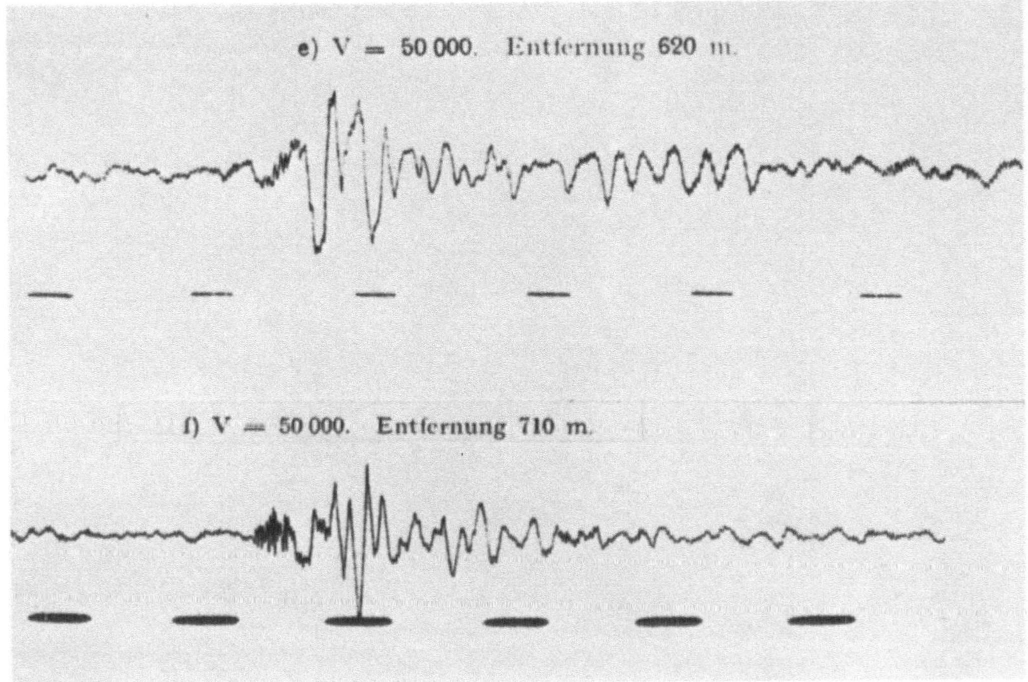

Abb. 4 e und f

Literatur

BARTELS, J.: Geophysik in Göttingen, Mitt. d. Univ.-Bundes 27 (1),
    24-32, 1951 (Abdruck einer Rede bei der Immatrikulationsfeier der
    Universität Göttingen am 18.11.195o).
HUBERT, F.: Die Registrierung der durch fallende Gewichte erzeugten
    Bodenschwingungen mit einem zweimillionenfach vergrößernden Wie-
    chertschen Vertikalseismometer. Diss. Göttingen 1925. Abgedruckt
    in: Z. Geophys. 1, 134-143 (Teil 1) und 197-2o9 (Teil 2), 1924/25.
    (Nur kurzer Hinweis auf die Fallversuche von Mintrop; ansonsten
    Experimente am gleichen Gerüst, aber mit wesentlich kleineren
    Gewichten).
MINTROP, L.: Die Erdbebenstation der Westfälischen Berggewerkschafts-
    kasse in Bochum, Glückauf, Berg- und Hüttenmännische Zeitschrift
    45, Nr. 11 u. 12, 1-2o sowie 4 Tafeln (19o9). (Auf S. 19 erster
    veröffentlichter Hinweis auf die Fallversuche, mit Registrierbei-
    spiel auf Tafel 4, Fig. 4).
MINTROP, L.: Über künstliche Erdbeben, Intern. Kongreß f. Bergbau
    u. Hüttenwesen. Angew. Mechanik u. prakt. Geologie. Selbstverlag
    des Arbeitsausschusses des Kongresses, 98-112, 191o. (Ausführlich-
    ste Beschreibung der Fallversuche, mit 6 Registrierbeispielen).
MINTROP, L.: Über die Ausbreitung der von den Massendrucken einer
    Großgasmaschine erzeugten Bodenschwingungen, Diss., Göttingen 1911.
    (In der Einleitung nur kurzer Hinweis auf die Fallversuche, mit
    Registrierbeispiel).
MINTROP, L.: Zur Geschichte des seismischen Verfahrens zur Erforschung
    von Gebirgsschichten und nutzbaren Lagerstätten. Mitt. Seismos-Ges.
    II, Selbstverlag, Hannover 193o. (Gesamtentwicklung bis zum Mintrop-
    Verfahren; auf S. 27 u. 28 kurze Hinweise auf die Fallversuche).

Die Conrad-Diskontinuität

M. Toperczer

Es ist kaum möglich, einen Bericht über die Auffindung der Conrad-
Diskontinuität zu geben, ohne die Anfänge und die Entwicklung der
seismischen Forschung im Bereich der Donaumonarchie zu erwähnen.
Denn alle bedeutenden seismischen Entdeckungen der Jahre zwischen
19oo und 193o sind Folgeerscheinungen verschiedener Umstände, die die
Entwicklung der Seismik in Österreich begünstigten.

Der auslösende Anlaß war das Laibacher Erdbeben vom 14.4.1895, das
wegen seiner Schadensfolgen, aber auch wegen der damals schon großen
Publizität derartiger Ereignisse durch Presseberichte, das Interesse
der Öffentlichkeit besonders erregte.

Für die kaiserliche Akademie der Wissenschaften war dieses Beben nur
der Anlaß, eine eigene Erdbebenkommission einzusetzen, deren erster
Obmann der bekannte Geologe E. Suess war. Die Einsetzung dieser Kommission hatte dreierlei Folgen. Zunächst setzte eine sehr rege Tätigkeit auf makroseismischem Gebiet ein. Es wurden Berichte über historische Beben gesammelt und auch die rezente Bebentätigkeit auf dem
Gebiete der Monarchie durch Einsetzung von Erdbebenreferenten für die
einzelnen Kronländer zu überwachen versucht. Vorwiegend beschäftigten
sich damals Geologen mit makroseismischen Untersuchungen. Zum zweiten
aber sollte auch ein mikroseismischer Dienst eingerichtet werden. Dies
war eine nicht leicht zu lösende Aufgabe, weil es damals noch keine
einwandfreien Seismographen und natürlich auch keine Erfahrungen über
den richtigen Betrieb mikroseismischer Stationen gab. Am wichtigsten
aber war drittens, daß durch die Einsetzung der Erdbebenkommission
die Kontinuität der seismischen Forschung gesichert wurde und die
Akademie für den Anfang Mittel für die Einrichtung mikroseismischer
Stationen zur Verfügung stellen konnte.

An sich ist aber die Akademie der Wissenschaften kein Organ der Exe-
kutive, sondern im allgemeinen nur geeignet, Initiativen einzuleiten.
Die Akademie war daher bestrebt, schon vorhandene wissenschaftliche
Institutionen für den regelmäßigen makro- und mikroseismischen Dienst
zu gewinnen.

Auf Beschluß der Akademie wurden zunächst seismische Stationen in
Wien, Triest, Laibach, Kremsmünster und Lemberg eingerichtet. In Zusammenhang mit dem Gegenstand dieses Artikels ist nur die Entstehungsgeschichte des seismischen Observatoriums in Wien von Bedeutung.

Zunächst wurde der Versuch gemacht, die Mikroseismik an der Universi-
täts-Sternwarte unterzubringen. Als der Versuch - wohl wegen der Ver-
schiedenartigkeit der erforderlichen Dienstleistungen - dort nicht
zum Erfolg führte, fiel die Wahl der Akademie auf die Zentralanstalt
für Meteorologie, die selbst durch die Akademie gegründet war. Hier
waren günstige Bedingungen vorhanden, weil sich in der Übernahme des
seismischen Dienstes nach Einstellung des erdmagnetischen Betriebes
ein neues Arbeitsgebiet als Ersatz anbot.

In dieser Zeit der Umbildung und Erweiterung des Dienstbetriebes an
der Zentralanstalt trat im Jahre 1901 V. Conrad, der bei F. Exner
und L. Boltzmann theoretische und Experimentalphysik gehört hatte,
in die Dienste der Zentralanstalt.

Als im Jahre 1904 mit Erlaß des zuständigen Ministeriums der Zentralanstalt, die von da ab die Bezeichnung "Zentralanstalt für Meteorologie und Geodynamik" führte, der Erdbebendienst offiziell übertragen
wurde, mußte auch die Stelle eines Seismikers geschaffen werden. Die
Aufgabe, den mikroseismischen Dienst und ein den damaligen Bedürf-
nissen entsprechendes Observatorium einzurichten, wurde Conrad übertragen.

Das Hauptinstrument des Observatoriums war ein Horizontal-Seismograph
nach Wiechert mit einer Masse von 1000 kg und einer durchschnittli-
chen Eigenperiode von 10 sec; im Jahre 1908 wurde auch nach einer
Studienreise Conrads nach Göttingen noch ein Vertikal-Seismograph von
1200 kg Masse angeschafft und in Betrieb genommen.

Die Akademie der Wissenschaften hatte zwei Wiechert-Horizontal-Seis-
mographen angekauft. Diese wurden zuerst in einem Bergwerk bei Přibram
(Böhmen), an der Erdoberfläche und in einer Tiefe von rund 1000 m
aufgestellt. H. Benndorf wollte mit Hilfe dieser Aufstellung Einflüsse
der Erdkruste auf die Ausbreitung der Bebenwellen untersuchen. Die
theoretischen Überlegungen führten zur Aufstellung des Benndorfschen
Satzes, der von grundlegender Bedeutung für die weitere Entwicklung
der Seismik war, da durch ihn Strahlbahn-Parameter aus der Tiefe mit
unmittelbar an der Erdoberfläche beobachtbaren Größen verbunden werden.
Die Beschäftigung mit seismischen Problemen endete, als Benndorf eine
Lehrkanzel für Physik an der Universität Graz erhielt. Er sorgte aber
dafür, daß im Institutsgebäude ein Wiechert-Horizontal-Seismograph
aufgestellt wurde und übernahm auch den mikroseismischen Dienst.

Conrad war um den weiteren Ausbau des seismischen Observatoriums Wien
bemüht. Sein Ziel war, die Station so auszurüsten, daß alle Beben des
Nahbebenbereiches aufgezeichnet werden könnten. Dazu baute er einen
empfindlichen Seismographen mit einer Masse von 4000 kg, einer Eigenperiode von 2 sec und einer statischen Vergrößerung von 400, der eine
Horizontalkomponente aufzeichnete. Für starke Nahbeben hingegen ließ
er ein kleines unempfindliches Pendel bauen, das übrigens auch heute
noch - mit unwesentlichen Abänderungen am Laufwerk - in Betrieb ist.

Seine Aufmerksamkeit galt in erster Linie der Erforschung von Nahbeben, und dafür suchte er das zur Erfassung der Nahbeben erforderliche Rüstzeug zu schaffen. Doch konnte er die Früchte dieser Vorberei-
tungsarbeiten zunächst nicht ernten. Denn im Jahre 1910 wurde er zum
ao. Professor für kosmische Physik an der Universität Czernowitz ernannt und verließ seine bisherige Wirkungstätte. In Czernowitz fand
er wenig Gelegenheit, sich mit seismischen Problemen zu beschäftigen.

Im Jahre 1909 veröffentlichte A. Mohorovičić seine Untersuchungen des
Bebens vom 8. Oktober 1909. Sie enthält die Feststellung einer inneren
Grenzfläche, der nach ihrem Entdecker benannten Mohorovičić-Fläche.
Etwa zur gleichen Zeit legten die Arbeiten von E. Wiechert, K. Zöppritz und B. Gutenberg auch die Kerngrenze fest. Die Arbeit von Mohorovičić definiert physikalisch die Kruste. Die Struktur des Erdkörpers ist in ihren Grundzügen festgelegt.

Der Erste Weltkrieg war für Conrad von einschneidender Bedeutung.
Bei der Besetzung der Bukowina verlor er durch Plünderung einen großen Teil seiner beweglichen Habe, vor allem litt auch seine Bibliothek.

Er war während des Krieges als Leiter von Feldwetterstationen in militärischer Dienstleistung tätig. Nach dem Zerfall der Monarchie konnte er seine restlichen Besitztümer nach Wien retten, 192o wurde er wieder in die philosophische Fakultät der Universität Wien aufgenommen, wo er Vorlesungen über Klimatologie, sein zweites Hauptarbeitsgebiet, hielt. Überdies wurde ihm wieder der mikroseismische Dienst an der Zentralanstalt für Meteorologie und Geodynamik übertragen, und damit kehrte er an die Stätte seines früheren Wirkens zurück. Daß er die Beschäftigung mit den Problemen der Seismik dauernd aufrecht erhalten hatte, bezeugt der Artikel in der Enzyklopädie der mathematischen Wissenschaften (CONRAD, 1922).

Nach Wiederaufnahme seiner Tätigkeit im mikroseismischen Dienst galt die Aufmerksamkeit Conrads wieder in erster Linie den Nahbeben. Schon A. Mohorovičić hatte darauf hingewiesen, daß im Krustenbereich noch weitere Diskontinuitäten vorhanden sein könnten. Die Untersuchung von Nahbeben stößt aber auf zwei Schwierigkeiten. Geeignete Nahbeben sind im ostalpinen Raum nicht sehr häufig; mikroseismische Stationen in der näheren Umgebung der Herdgebiete sind gleichfalls unzulänglich verteilt. Im Bundesgebiet von Österreich gab es damals nur drei Stationen: in Wien, Graz und Innsbruck. Vom deutschen Raum abgesehen, waren im Süden und Osten nur wenige brauchbare Registrierstationen vorhanden. Es ist auch zu berücksichtigen, daß damals die Zeitgenauigkeit der Aufzeichnungen nicht immer befriedigen konnte. Conrad war dabei noch insofern in einer recht günstigen Lage, weil er sich als Herausgeber von "Gerlands Beiträgen zur Geophysik" dank seiner persönlichen Beziehungen leicht überall das erforderliche Material verschaffen konnte.

Das erste von ihm bewußt im Hinblick auf die Aufsuchung von weiteren Grenzflächen im Krustenbereich bearbeitete Beben war das Tauernbeben vom 28. November 1923. Dieses Beben hatte ein ausgedehntes Schüttergebiet mit relativ geringer Epizentralintensität. Dies deutete auf einen relativ tiefliegenden Herd hin. Die Untersuchung der Laufzeitkurven ergab eine Herdtiefe von 26 km als wahrscheinlichsten Wert.

Unter den P-Wellen findet Conrad Einsätze, die er einer neuen Laufzeitkurve zuordnen konnte und die er als $P*$-Phase bezeichnete. Zu ihrer Erklärung wäre am einfachsten eine neue Diskontinuitätsfläche anzunehmen. Doch sollte dies nur ein hypothetischer Hinweis sein, da auch eine andere, wenn auch wesentlich kompliziertere Erklärung möglich wäre. In zwei Abhandlungen teilt Conrad das Ergebnis seiner Untersuchungen mit (CONRAD, 1925, 1926).

Eine volle Bestätigung der Hypothese, daß die $P*$-Welle durch eine neue Grenzfläche erzeugt wird, lieferte die Untersuchung des Schwadorfer Bebens vom 8. Oktober 1927. Die Epizentraldistanz dieses Bebens betrug von der Bebenwarte aus gerechnet 26 km, die Herdtiefe 28 km. Aus den Angaben von 24 Stationen mit Distanzen von 26 km - 1268 km konnte nun die $P*$-Welle verifiziert und auch die zugehörige $S*$-Welle festgestellt werden, die schon vorher H. Jeffreys bei zwei englischen Beben festgestellt hatte. Es war ein glücklicher Umstand, daß die Beben, die zur Feststellung der $P*$-Einsätze führten, so rasch aufeinander folgten und auch beide ziemlich tief liegende Herde hatten. Eine ausführliche Diskussion der Untersuchungsergebnisse dieses Bebens veröffentlichte Conrad in Gerlands Beiträgen (CONRAD, 1928). Mit Recht fügte er im Untertitel dieser Arbeit "Ein Beitrag zur Kenntnis der Konstitution der oberen Erdkruste" hinzu. Interessant sind die Angaben über die Auftauchdistanzen der $P*$-Phase bzw. die Angaben über die Tiefenlage der Diskontinuität. Man darf nicht vergessen, daß damals der Gedanke, daß diese Diskontinuitätsflächen in verschiedenen Gebieten der Erde verschiedene Tiefenlagen haben könnten, noch unge-

wöhnlich war. Mit dieser Arbeit war die Existenz der Conrad-Diskonti-
nuität im Verein mit den Untersuchungen von Jeffreys, Gutenberg und
Matuzawa, der die Existenz der $P*$-Phase auch für japanische Beben
nachwies, sichergestellt.

Im April 1934 wurde Conrad nach dem Verbot der sozialdemokratischen
Partei vom Dienst enthoben und mit Wartegebühr beurlaubt. Der damalige
Direktor der Zentralanstalt, Prof. W. Schmidt, beauftragte mich mit
der Übernahme des seismischen Dienstes, und in zwei Stunden übergab
mir Prof. Conrad seine Agenden mit dem Rat: "Werten Sie zunächst frühere Beben aus und vergleichen Sie Ihre Ergebnisse mit den meinen."
Dies war tatsächlich der einfachste Zugang zur praktischen Seismologie.

Im Jahre 1938 mußte dann Conrad emigrieren und kehrte auch nach 1945
nicht nach Wien zurück, da ihm die europäischen Verhältnisse zu unsi-
cher erschienen. In Amerika arbeitete Conrad auf seinem zweiten Hauptarbeitsgebiet: der Klimatologie und Bioklimatologie. Er erhielt in den
USA auch mehrere Regierungsaufträge. Einen kurzen Überblick über sein
Leben und Wirken gibt ein Nachruf (STEINHAUSER u. TOPERCZER, 1963).

Literatur

CONRAD, V.: Dynamische Geologie. Enzyklopädie der mathematischen Wis-
    senschaften mit Einschluß ihrer Anwendungen 6, 1B, 397-496 (1922).
CONRAD, V.: Laufzeitkurven des Tauernbebens vom 28.11.1923. Mitt. d.
    Erdbebenkommission der Akademie der Wissenschaften, Wien, N.F.
    Nr. 59, 1925.
CONRAD, V.: Laufzeitkurven eines alpinen Bebens. Z. Geophys. 2, 34-35
    (1926).
CONRAD, V.: Das Schwadorfer Beben vom 8. Oktober 1927. Gerlands Beitr.
    Geophys. 2o, 24o-277 (1928).
STEINHAUSER, F., TOPERCZER, M.: V. Conrad. Arch. Meteor. Geophys.
    Bioklim., Serie A, 13, 283-289 (1963).

Die gravimetrischen Arbeiten Rudolf Tomascheks

E. Groten

Ein Bericht über die breit gefächerten Arbeiten Rudolf Tomascheks
(1895 - 1966) auf dem Gebiet der Schweremessung ist nicht ganz pro-
blemlos, da man heute Gravimetrie vielfach mit dem gleichsetzt, was
K. Jung genauer als "Schwerkraftverfahren in der angewandten Geophysik"
bezeichnete (wobei die Anwendung dieser und ähnlicher Verfahren auf
Fragen der Krustentiefe, Isostasie, Mantelstruktur usf. einbegriffen
sei) und weil außerdem experimentelle Arbeiten zur Gravitationstheorie
auch im Rahmen der Physik in Deutschland bestenfalls randläufigen
Charakter haben. Tomascheks gravimetrische Arbeiten sind von den
Nachbardisziplinen nicht scharf zu trennen und in ihrer Zielsetzung
oft komplex und vielschichtig. Diese Vielschichtigkeit kennzeichnet
im übrigen die Arbeiten Tomascheks insgesamt, der von der Chemie zur
Physik und schließlich zur Geophysik kam. Seine "gravimetrischen"
Arbeiten als Ganzes lassen sich, streng genommen, nicht in den Rahmen
der Geophysik einordnen; sie stellen vielmehr verschiedenartige, aber
weitgehend zusammenhängende Beiträge zu Disziplinen von der Gravimetrie über die Kosmologie bis hin zur Tektonophysik dar; letztere könnte
man im Angelsächsischen großenteils der "geodesy" bzw. "zero frequency
seismology" zuordnen. Im Deutschen wird der Begriff "Geodäsie" dem-
gegenüber meist enger gefaßt.

Am ehesten könnte man seine geophysikalischen Beiträge als Geodynamik
im weitesten Sinne auffassen, wobei "Geodynamik" durchaus im modernen
Sinn verstanden werden soll. Denn Tomaschek sprach schon früh von
Plattenstruktur der Kruste, zwar zunächst in Anlehnung an die Neokon-
traktionshypothese KOBERs (1942); er ging aber später von dessen tek-
tonischen Vorstellungen ab, und lange bevor HESS (1965) in den USA
den Begriff "Plattentektonik" formulierte, kam er, u.a. auf Grund
seiner Gezeitenergebnisse, zu einer Konzeption der "Großschollenstruk-
tur der Erdkruste", die sich in ihren Grundvorstellungen weit entfernt
hatte von dem, was seinerzeit gängige Schulmeinung in Deutschland war
und in einigen wesentlichen Punkten den Konzeptionen der "new tectonics"
nahe kam. Sicherlich gingen seine - großenteils qualitativen - Vorstellungen nicht in allen Details bis hin zu dem, was wir mit diesem Begriff heute verbinden. Die Konsequenzen für die Entstehung der Erdkruste lagen natürlich soweit ab von seinen eigenen Arbeitsgebieten,
daß sie in seiner Argumentation kaum eine Rolle spielten. Deshalb ist
auch die Diskussion darüber, ob im Grunde Tomascheks Vorstellungen
nicht eher den "klassischen" Richtungen - wie etwa den Theorien BE-
LOUSSOVs (1962) oder gar STILLEs (1924), DARTONs (191o) oder AMPFERERs
(1939, 194o) - zuzurechnen seien, genauso problematisch wie die Beantwortung der Frage, ob WEGENERs (1962) "Kontinentalverschiebung" oder
gar Vening-Meinesz' (HEISKANEN u. VENING-MEINESZ, 1958) "Mantelkonvek-
tion" letztlich - trotz aller konzeptionellen Unterschiede - Vorreiter
der Plattentektonik sind.

Vielleicht war aber eine weit wichtigere Erkenntnis Tomascheks die
Tatsache, daß als Konsequenz dieser Plattenstruktur die Love-Zahlen
h und k letztlich keine globalen Parameter, sondern Ortsfunktionen
sind (TOMASCHEK u. GROTEN, 1963a), deren globale Mittelwerte astronomisch beobachtet werden können, so daß die astronomischen Resultate

- oder heute die Satelliten-Beobachtungsergebnisse - ein von den
terrestrischen Meßergebnissen wesentlich verschiedenes Resultat liefern.

Etwas vereinfachend kann man Tomascheks Tätigkeit in der Schwerefor-
schung in drei Teilabschnitten betrachten: erstens die Zeit in Marburg,
die noch wesentlich geprägt war von der Tätigkeit in Heidelberg (TO-
MASCHEK, 1933 a-d; TOMASCHEK u. SCHAFFERNICHT, 1931, 1932 a-d, 1933
a-c). Während die Arbeiten in Marburg noch entscheidend im Zeichen
der Untersuchung von Schwereeffekten im Zusammenhang mit der Erforschung der Äthertheorien standen, rückte ab etwa 1937 die geophysikalische Betrachtungsweise in den Vordergrund (TOMASCHEK, 1937 ff.).
Im zweiten Teilabschnitt wurden seine zunächst auf Gravimetermessungen konzentrierten Arbeiten durch Tiltmeterbeobachtungen und eine
Anzahl anderer Arbeiten aus den Randgebieten zwischen Geophysik und
Physik erweitert. Dieser Abschnitt prägte seine Tätigkeit in Dresden
und schließlich seine Münchner Zeit mit. Der dritte Abschnitt schließlich umfaßt seine wissenschaftliche Tätigkeit in England nach dem
Zweiten Weltkrieg bis zu seiner Rückkehr nach Bayern, die fast rein
geophysikalisch war (TOMASCHEK, 1956, 1957 a, c, 1958b; TOMASCHEK u.
RINNER, 1958). Das trifft letztlich auch auf die anschließenden Arbeiten bis zu seinem Tode im Februar 1966 zu.

Tomascheks Übergang von der Physik zur Geophysik und die fruchtbare
Synthese von minutiösen instrumentellen Arbeiten und weitreichenden
geophysikalischen Konzeptionen im Sinne von "Physique du Globe" sind
keineswegs sebstverständlich. P. Jordans Buch "Die Expansion der Erde"
(JORDAN, 1966) zeigt vielleicht am ehesten, wie weit in Deutschland
die Kluft zwischen Physikern und Geophysikern in Wissensgebieten geworden ist, die gerade hier einmal typisch für enges Zusammenwirken
zwischen Physikern, Astronomen, Geophysikern, Geodäten und Mathematikern waren und anderswo noch heute sind. Der Bau von Geräten und
die Auswertung von Meßdaten als Einzelheiten befriedigten ihn offenbar kaum, solange sie ihm nicht einen Beitrag zur Gewinnung qualitativ
neuer Erkenntnisse ermöglichten.

Die wesentlichen Einzelheiten der Arbeiten Tomascheks und ihre Zusammenhänge auf seinem Weg zum Geophysiker erkennt man am deutlichsten
bei chronologischer Betrachtung. Manche scheinbare Widersprüchlichkeit
wird erst verständlich, wenn man die damalige Situation der Physik
- gerade in Heidelberg - berücksichtigt und den Ätherwind bedenkt,
der zu Tomascheks Zeiten dort noch die Gemüter bewegte.

In Heidelberg hatte Tomaschek in den Zwanziger Jahren das bekannte
Trouton-Noble-Experiment mit hoher Genauigkeit wiederholt, um die
"Absolutbewegung" der Erde (bezogen auf den Weltäther) bzw. die Frage
des Ätherwindes elektromagnetisch zu untersuchen. Als diese Experimente und auch seine Wiederholung des Michelson-Morley-Versuchs im
Optischen (mit Sternlicht) ein negatives Ergebnis zeigten, welches
damals verschiedentlich mit einer möglichen Lorentzkontraktion der
Erde erklärt wurde, setzte er das von SCHWEYDAR (1914) zuvor angewandte Bifilarprinzip zur Messung von Schwereunterschieden ein, um
mit bis dahin in der Physik wenig gebräuchlichen Schwereexperimenten
eine eindeutige Lösung des Problems zu finden (TOMASCHEK, 1933 a-d;
TOMASCHEK u. SCHAFFERNICHT, 1931, 1932 a-d, 1933 a, b). Die Genauigkeit seiner Schwereregistrierungen übertraf um etwa das Zwanzigfache
diejenige der Schweydarschen Messungen von 1914. Als das Ergebnis
auch dieser Beobachtungen eine klare Absage an die klassische Theorie
- im Sinne einer Relativbewegung zum Äther - und speziell an die Vorstellungen von Courvoisier in Potsdam über die Lorentz-Kontraktion
der Erde lieferten, und man schließlich dieses Resultat der Bifilar-

aufhängung zuschrieb, ging Tomaschek - mit viel Geduld - vom astasier-
ten Bifilargravimeter zum linearen Interferenzgravimeter über (TOMA-
SCHEK u. SCHAFFERNICHT, 1933c); vgl. Abb. 1. Daß mit diesem Gravimeter
damals - d.h. ohne elektronischen Abgriff - keine höhere Genauigkeit
erreichbar war, schien von vornherein klar zu sein.

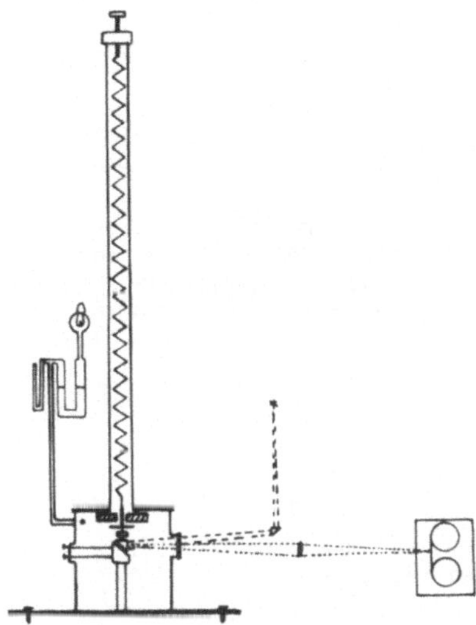

Abb. 1. Prinzip des Interferenzgravi-
meters (TOMASCHEK u. SCHAFFERNICHT,
1933c)

Man ist heute vielfach geneigt, die Einflüsse der Mikroseismik auf
Präzisionsmessungen der Schwere u.ä. zu unterschätzen und glaubt,
daß seit Einführung elektronischer Abgriffe mit höchster Auflösung
das astasierte Prinzip für stationäre Registriergravimeter überholt
sei. Dabei übersieht man jedoch, welche Schwierigkeiten Tomaschek
die Mikroseismik schon bei der damaligen Genauigkeit der Schweremessung mit linearem Gravimeter bereitete.

Der auf den ersten Blick inkonsequent erscheinende Übergang zum linearen Gravimeterprinzip ist jedoch aus der seinerzeitigen Argumentation
Courvoisiers gegen das Bifilarprinzip zu verstehen, deren Unwahrschein-
lichkeit Tomaschek aber schon 1932 hervorhob. Den mikroseismischen
Einflüssen beim Interferenzgravimeter begegnete er mit einer recht
einfachen magnetischen Dämpfung; für die Eichung verwandte er das
Auftriebsprinzip (Teilevakuierung führt zu scheinbarer Massenänderung);
ein Vergleich mit der beim Bifilargerät von ihm angewandten (günsti-
geren) elektrostatischen Eichvorrichtung ist nicht bekannt. Die Tech-
nologie der Interferenzmethode scheint 1931 noch nicht ganz unumstrit-
ten gewesen zu sein; wenn man die damaligen Arbeiten sorgfältig durch-
sieht, gewinnt man jedenfalls diesen Eindruck.

Vergleicht man die Parallelregistrierungen der beiden Schweremesser
in Marburg (vgl. Abb. 2) mit heutigen Parallelmessungen, so erkennt
man den großen Fortschritt in der Stabilisierung der Gravimeter während der letzten vierzig Jahre, die vor allem den Feldgravimetern
zugute kam. Die Steigerung der Relativgenauigkeit der Schwereregi-
strierung von ca. ± o,2 µGal (unter optimalen Bedingungen) heute entspricht etwa der Genauigkeitssteigerung, die Tomaschek seinerzeit
im Vergleich zu Schweydar u.a. erreichte.

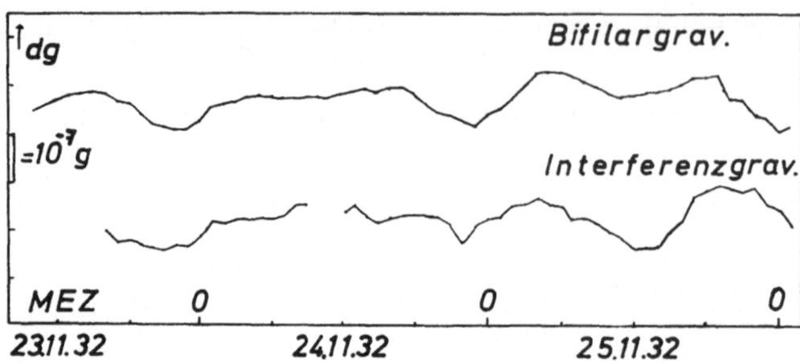

Abb. 2. Parallelregistrierung Bifilar- mit Interferenzgravimeter, Marburg 1932 (TOMASCHEK u. SCHAFFERNICHT, 1932d)

In Marburg beginnt Tomaschek mehr und mehr, sich geophysikalischen Problemen (TOMASCHEK, 1933b; TOMASCHEK u. SCHAFFERNICHT, 1933b) zuzuwenden, die etwa von 1937 an bei ihm vorrangig werden (TOMASCHEK, 1937); er fängt auch Neigungsmessungen an. Setzt man aus der bekannten Gleichung

$$\gamma = 1 + k - h$$

in

$$\delta = 1 + h - \frac{3}{2}k$$

(γ Verminderungsfaktor der horzizontalen Gezeitenkomponenten, k, h Love-Zahlen und δ Gravimeterfaktor) ein, so erhält man

$$\delta = 2 - \gamma - \frac{k}{2}$$

und erkennt unmittelbar den Zusammenhang zwischen Neigungs- und Gravimetermessung in der Gezeitentheorie. Das zentrale Problem der Gezeitenforschung - das ist die Bestimmung von h und k - bringt somit die Neigungsmessung in das primär gravimetrische Gezeitenproblem hinein.

Vom heutigen Standpunkt der Instrumententechnik aus überrascht es, daß langperiodische Neigungsmessungen hoher Genauigkeit viel früher möglich waren als Schweremessungen. Der Langrohr-Neigungsmesser von MICHELSON u. GALE (1919) sowie vor allem die Horizontalpendel vom Zöllner-Typ, auf die Tomaschek zurückgriff, ermöglichten erstmalig die Bestimmung von h und k. Die Experimente, die er z.T. von Dresden aus in den Bergwerken bei Berchtesgaden, Pillnitz und Beuthen durchführte, können sich zwar nicht in der Genauigkeit mit modernen Beobachtungen messen, gaben aber bereits Hinweise auf die bemerkenswerten Ergebnisse, die er mit seinen Geräten nach dem Zweiten Weltkrieg in Winsford/England (TOMASCHEK, 1952a, 1954b; TOMASCHEK u. GROTEN, 1964) erzielte.

Diese Geräte (vgl. Abb. 3), die z.T. noch heute eingesetzt werden und in etwas modifizierter Form als Tomaschek-Ellenberg-Pendel im Deutschen Geodätischen Forschungsinstitut in München gebaut wurden, ermöglichten auch erste Hinweise auf nicht- und langperiodische, z.B. jahreszeitliche Neigungsänderungen (vgl. auch seine ersten Messungen jahreszeitlicher Schwankungen in Bohrlöchern; TOMASCHEK, 1952b), wenn auch die starke Zeitabhängigkeit des Eichwertes und unregelmäßige Drifterscheinungen Langzeitmessungen noch wesentlich beeinträchtigten.

Die vektorielle Darstellung der Analysenergebnisse (TOMASCHEK u. GROTEN, 1964; TOMASCHEK, 1957c), die er schon in den dreißiger Jahren anwendete und die später auch NISHIMURA (195o) in Japan mit viel Erfolg in der lokalen Interpretation von Neigungsmessungen verwandte,

Abb. 3. Horizontalpendel nach Tomaschek in Winsford/England (TOMA-
SCHEK, 1952a)

führte dann in den fünfziger Jahren zu einer Vielzahl von Publikationen (vgl. z.B. TOMASCHEK u. BAARS, 1952; TOMASCHEK, 1953, 1955b, 1959),
in denen die Interpretation von regionalen und kontinentalen aperiodischen Effekten, wie z.B. meteorologisch bedingte Belastungseffekte,
erste Nachweise von Neigungen infolge regionaler Schneebelastungen
(die J.C. HARRISON, 1969, neuerdings in Colorado mit Hughes-Tiltmetern
beobachtete) und erste Messungen von Neigungen als Vorläufer sehr weit
entfernter Erdbeben (TOMASCHEK, 1955b) behandelt wurden. Hier finden
sich auch die ersten Hinweise auf periodische Störeffekte meteorologischer u.ä. Herkunft (TOMASCHEK, 1959), die später BUCHHEIM (197o) und
andere detailliert und eingehender untersucht und diskutiert haben.

Seit dieser Zeit kann man im Grunde drei Ziele oder Arten der Neigungsmessung unterscheiden: 1. die astronomisch-geodätische, die aber keineswegs ohne Störungsrechnung wegen ozeanischer, meteorologischer,
tektonischer u.ä. geophysikalischer Effekte möglich ist, 2. die lokal
orientierte, wie sie früher von Nishimura und neuerdings mehrfach mit
Bohrlochpendeln in Verwerfungszonen erfolgreich angewendet wurde und
3. die regional orientierte im Sinne der Tektonophysik zwecks Unter-

suchung von Krustenstrukturen und -bewegungen. Dabei sind unter 2.
und 3. die periodischen und die aperiodischen Neigungen klar zu unterscheiden.

Eingehende Berechnungen (TOMASCHEK, 1960) von Meeresgezeiteneinflüssen
der M_2-Tide für die Station Winsford, die nur z.T. veröffentlicht sind,
beschäftigen Tomaschek in den fünfziger Jahren. Die Gezeitenmessungen
in Winsford wurden ergänzt durch kurzzeitige Beobachtungen in anderen
Orten Englands (TOMASCHEK, 1952b), u.a. auf den Shetland-Inseln (TOMA-
SCHEK, 1955a, 1957 b, c). Dabei sind die Versuche zur Messung der
Schwereabsorption durch die Mondmasse während der totalen Sonnenfinsternis 1954 im Sinne der Gravitationswellentheorie von besonderem
Interesse (TOMASCHEK u. SCHAFFERNICHT, 1933a). Da er sich auch hier
- wie meistens - am Rande der überhaupt realisierbaren Beobachtungs-
genauigkeit befand, wendete er wiederum Parallelregistrierungen an
und kommt ähnlich wie später in Zusammenarbeit mit Brein (TOMASCHEK
u. GROTEN, 1963c) zu Grenzwerten für den Absorptionskoeffizienten,
die mit dem Bottlingerschen um 1912 verglichen werden (vgl. Lit. in
TOMASCHEK u. GROTEN, 1963c).

Tomaschek geht dabei davon aus, daß die Mondmasse die von der Sonne
herrührende Gravitation im Sinne der allgemeinen Relativitätstheorie
absorbieren könne. Dieser Effekt, der sich nicht genau mit dem deckt,
was man heute als (allgemeine) Schwereabsorption - im Zusammenhang
mit der Gültigkeit des Äquivalenzprinzips (vgl. hierzu z.B. TREDER,
1971) - bezeichnet, war bislang nicht empirisch beobachtet, sondern
im wesentlichen von MAJORANA (1920) postuliert worden.

Als etwa ab 1960 infolge der Fortschritte der Instrumententechnik in
den fünfziger Jahren die Frage im Zusammenhang mit Eigenschwingungen
des Erdkörpers zunehmend an Interesse gewann und gleichzeitig Hinweise
auf Gravitationswellen im Sinne Einsteins eingehender diskutiert wurden, die bekanntlich zu globalen Schwingungen führen können, knüpfte
Tomaschek gewissermaßen an seine ersten Arbeiten an. Er regt zu Horizontalpendelmessungen während der Sonnenfinsternis im Februar 1961
an (TOMASCHEK, 1961). Die Ergebnisse sind in TOMASCHEK u. GROTEN
(1963c) analysiert und diskutiert worden und fanden großes Interesse.
Als Resultat ergaben sich eine genauere Begrenzung des Absorptionskoeffizienten auf $\lambda < 0{,}7 \cdot 10^{-15}$ cgs und einige vorsichtige Hinweise
auf mögliche Frequenzen von Gravitationswellen.

Alle diese Fragen paßten genau in den Bereich zwischen Geophysik und
Physik, aus dem heraus er seinen Weg zur Geophysik in den dreißiger
Jahren begonnen hatte. Zwar hatte er nicht die Mittel und Möglichkeiten, über die beispielsweise J. Weber (vgl. z.B. FALK u. RUPPEL, 1973)
in USA heute verfügt, und die eher geeignet sind, eindeutige Antworten
zu geben. Aber die Impulse und Anregungen, die auch auf diesem Gebiet
von diesen späten Arbeiten ausgehen, sind z.T. richtungsweisend.

Lassen Sie uns noch ein paar Anmerkungen zur praktischen Bedeutung
der gravimetrischen Entwicklungsarbeiten Tomascheks anfügen, die klar
wird, wenn man den heutigen Stand und die damaligen technischen Möglichkeiten mitberücksichtigt. Das sei an zwei Beispielen erläutert:

Dem Bifilargravimeter, das Tomaschek bis zu einer gewissen Perfektion
weiterentwickelte und dessen Theorie VOIT (1949) auf seine Anregung
hin später detailliert untersuchte, waren Schranken des Astasierungs-
grades und damit der Empfindlichkeitssteigerung sowie von der Linea-
rität her gesetzt; die Schwierigkeiten, speziell um den Umkehrpunkt
herum, ließen sich mit den heute vorhanden elektronischen Reglern
leicht über den feed-back-System, also mittels Nullmethode, umgehen.

Seine Anwendung der elektrostatischen Relativeichung bei diesem Gerät
ließe sich durchaus zur Erfassung der Nichtlinearität des Meßsystems
verwenden; andererseits eignet sich - bei ausreichender Vorspannung
zur Überwindung der Nichtlinearitäten des elektrostatischen Systems -
gerade diese Anordnung ausgezeichnet zur Nullablesung, wenn man über
ein Reglersystem eine der Auslenkung der Gravimetermasse (als Folge
der Schwereänderung) proportionale Spannungsänderung auf eine Konden-
satorplatte des elektrostatischen Eichsystems gibt.

Beim Interferenzgravimeter als Lineargerät wurde konsequenterweise
die damals höchste Auflösung, nämlich die optisch-interferometrische,
angewendet. Das nicht-astasierte Federprinzip mit geringer Eigenperiode, zum dem z.B. R. Brein (priv. Mitt.) wieder zurückgekehrt ist,
läßt sich mit Nullablesung und elektronischem Abgriff - z.B. kapazi-
tiv - heute voll ausnützen, sofern man ausreichend filtern kann.

Bedenkt man, daß Tomaschek unter Ausnützung aller damals verfügbaren
Möglichkeiten (z.B. Beobachtung unter Tage, weil er keine Thermosta-
sierung der derzeit verfügbaren Genauigkeiten verwenden konnte) vor
mehr als 3o Jahren Genauigkeiten erreichte, die zwischen $\pm$ 1o^{-8} und
$\pm$ 3 $\cdot$ 1o^{-9} lagen, während heute die besten Gravimeter etwa $\pm$ 1o^{-10}
oder etwas besser erreichen, so wird sein meßtechnisches Talent ver-
deutlicht. J. Weber (priv. Mitt. L. LaCoste) hat im Bendix-Mondgravi-
meter beim LaCoste-Romberg-Sensor das o.a. elektrostatische Prinzip
zur Nullablesung in höchster Perfektion eingebaut; auch Leçolazet
(vgl. GOSTOLI, 197o) in Straßburg hat es mit Erfolg verwendet.

Selbstverständlich ist die technologische Überlegenheit - angefangen
von der Federbehandlung und der daraus resultierenden Stabilität bis
zur Elektronik heutiger Schweremeßsysteme - sehr groß; das wirkt sich
vornehmlich beim Bau kompakter Feldgravimeter aus; die prinzipiellen
Fortschritte gegenüber 1932 halten sich aber in Grenzen.

Die letzten Jahre Tomascheks waren begleitet von Überlegungen über
Zusammenhänge zwischen Erdbeben und Gezeitenkräften u.ä., wie sie
beispielsweise von TAMRAZYAN (1968) diskutiert wurden. Tomaschek ging
dabei noch einige Schritte weiter; über die Einzelheiten wird vielleicht später einmal zu berichten sein.

Goethe schreibt in "Wilhelm Meisters Lehrjahre" den Satz: "Alles, was
uns begegnet, läßt Spuren zurück, alles trägt unmerklich zu unserer
Bildung bei". Er fällt einem gerade beim Überblick über Tomascheks
Arbeiten ein; nur bei Berücksichtigung der damaligen Situation in der
Physik kann man sie wohl voll begreifen.

<u>Literatur</u>

AMPFERER, O.: Grundlagen und Aussagen der geologischen Unterströmungs-
    lehre. Z. Natur u. Volk <u>69</u>, 337-349 (1939).
AMPFERER, O.: Gegen den Nappismus und für die Deckenlehre. Z. dtsch.
    geol. Ges. <u>92</u>, 313-327 (194o).
BELOUSSOV, V.V.: Basic problems in geotectonics. New York-London-
    Toronto-San Francisco 1962.
BUCHHEIM, W.: Die Korrektur von Erdgezeiten-Beobachtungen auf indi-
    rekte Effekte als Randwertprobleme der Mechanik. Obs. Roy. Belg.
    A <u>9</u>, 137, 146 (197o).
DARTON, N.: Laramie-Sherman folio, Wyoming. Geol. Atlas USA, N173,
    US Geol. Survey, Washington 191o.
FALK, G., RUPPEL, W.: Mechanik, Relativität, Gravitation. Berlin-
    Heidelberg-New York: Springer 1973.

GOSTOLI, J.: Étude de la construction d'un dispositif d'asservisse-
ment pour un gravimètre LaCoste-Romberg. Enregistrement numérique
de la marée gravimétrique. Thèse Fac. Sci. Univ. Strasbourg 197o.
HARRISON, J.C.: A preliminary report on tilt and gravity-tide measure-
ments in the Poorman-mine near Boulder. Col., ESSA ERLTM-ESL 8,
US Dept. Comm., Boulder 1969.
HEISKANEN, W.A., VENING-MEINESZ, F.A.: The earth and its gravity
field. New York-Toronto-London 1958.
HESS, H.H.: Mid-ocean ridges and tectonics of the sea floor. Submarine
Geology and Geophysics, Symp. Colston Papers 18 (W.F. WHITTHARD,
R. BRADSHAW, eds.), pp. 317-333, London 1965.
JORDAN, P.: Die Expansion der Erde, Folgerungen aus der Diracschen
Gravitationshypothese. Die Wissenschaft 14 (1966).
KOBER, L.: Tektonische Geologie. Berlin 1942.
MAJORANA, Q.: On gravitation. Theoret. Exp. Res., Phil. Mag. 39,
488-5o4 (192o).
MICHELSON, A.A., GALE, A.G.: Astrophys. J. 39, 1o5 (1914) sowie 5o,
33o (1919).
NISHIMURA, E.: On earth tides. Trans. Amer. Geophys. Union 31, 2, 357
(195o).
SCHWEYDAR, W.: Beobachtung der Änderung der Intensität der Schwerkraft
durch den Mond. Sitz.-Ber. Preuß. Akad. Wiss., Math.-Phys. Kl. 14,
454 (1914).
STILLE, H.: Grundfragen der vergleichenden Tektonik. Berlin 1924.
TAMARAZYAN, G.P.: The earthquake of Nevada (USA)' and the tidal forces.
J. Geophys. Res. 73, 18, 6o13-6o18 (1968).
TOMASCHEK, R.: Über die zeitlichen Schwankungen der Schwerkraft. Das
Weltall 32, 54-55 (1933a).
TOMASCHEK, R.: Die Messungen der zeitlichen Änderungen der Schwerkraft.
Ergebn. Exakt. Naturw. 12, 36-81 (1933b).
TOMASCHEK, R.: Über die zeitlichen Schwankungen der Schwerkraft.
Forsch. Fortschr. 9, 1, 8-9 (1933c).
TOMASCHEK, R.: Hat die kosmische Bewegung der Erde einen Einfluß auf
die Schwerebeschleunigung? Die Sterne 13, 8o-85 (1933d).
TOMASCHEK, R.: Schwerkraftmessungen. Naturwissenschaften 25, 12, 177
-185 (1937).
TOMASCHEK, R.: Tidal gravity observations at Winsford (Cheshire).
Monthly Notices Roy Astron. Soc., Geophysic. Suppl. 6, No. 6, 372
-382 (1952a).
TOMASCHEK, R.: Harmonic analysis of tidal gravity experiments at
Peebles and Kirklington. Monthly Notices Roy. Astron. Soc. Geophys.
Suppl. 6, No. 5, 286-3o2 (1952b).
TOMASCHEK, R.: Non-elastic tilt of the earth's crust due to meteoro-
logical pressure distributions. Geofis. pura e applic. 25, 17-25
(1953).
TOMASCHEK, R.: The tides of the solid earth and their geophysical
and geological significance. Nature 173, No. 4395, 143-145 (1954a).
TOMASCHEK, R.: Variations of the total vector of gravity at Winsford
(Cheshire), Part 1, General results and maritime load influences.
Monthly Notices Roy. Astron. Soc. Geophys. Suppl. 6, No. 9, 54o
-556 (1954b).
TOMASCHEK, R.: Tidal gravity measurements in the Shetlands, Effect
of the total eclipse of June 3o, 1954. Nature 175, 937-942 (1955a).
TOMASCHEK, R.: Earth tilts in the British Isles connected with far
distant earthquakes. Nature 176, 24-27 (1955b).
TOMASCHEK, R.: Probleme der Erdgezeitenforschung. Deutsch. Geod. Komm.
Bayr. Akad. Wiss. A 16, No. 23 (1956).
TOMASCHEK, R.: Anleitung zur Messung mit Horizontalpendeln. Comm. Obs.
Roy. Belg. No. 114, S. Geoph. No. 39 (1957a).

TOMASCHEK, R.: Measurements of tidal gravity and load deformations
     on Unst (Shetlands). Comm. Obs. Roy. Belg. No. 114, S. Geoph. No.
     39, 77 (1957b).
TOMASCHEK, R.: Measurements of tidal gravity and load deformations
     on Unst (Shetlands). Geofis. pura applic. 37, 55-78 (1957c).
TOMASCHEK, R.: Tides of the solid earth. In: Encyclopedia of Physics,
     Vol. 48, Geophysics II, pp. 775-845. Berlin-Göttingen-Heidelberg:
     Springer 1957d.
TOMASCHEK, R.: Über den Einfluß der maritimen Effekte in Winsford.
     Comm. Obs. Roy. Belg. No. 142, S. Geoph. No. 47, 72 (1958a).
TOMASCHEK, R.: Ergebnisse der Horizontalpendelmessungen in Winsford,
     195o-1954. Comm. Obs. Roy. Belg. No. 142, S. Geoph. No. 47, 7o-71
     (1958b).
TOMASCHEK, R.: Schwankungen tektonischer Schollen infolge barometri-
     scher Belastungsänderung. Freiberger Forschungsh. C 6o, 35-55
     (1959).
TOMASCHEK, R.: Influence of attraction by the tides of the ocean.
     (Unpublished paper, Manuskript 196o).
TOMASCHEK, R.: Conditions d'observation de l'éclipse de soleil du
     15 févier 1961 pour les instruments de mésure des marées terrestres.
     Bull. Inf. Marées Terr. 23, 46o-465 (1961).
TOMASCHEK, R., GROTEN, E.: Beobachtungen und Analyse der Erdgezeiten-
     bewegungen in Winsford (Cheshirc) von 195o-1954 (unveröffentlichtes
     Manuskript) 1954.
TOMASCHEK, R., GROTEN, E.: The problem of the residual of tilt measure-
     ments, IVme. Symp. Int. Marées. Terr. Comm. Obs. Roy. Belg. No. 188,
     S. Geoph. No. 58, 78-93 (1961).
TOMASCHEK, R., GROTEN, E.: Vorschläge zur einheitlichen Bezeichnung
     der Gezeitenquotienten. B.I.M. 33, 1o29-1o32 (1963a).
TOMASCHEK, R., GROTEN, E.: Die Residualbewegungen in den Registrie-
     rungen der horizontalen Gezeitenkomponenten. Geofis. pura applic.
     56, 1-15 (1963b).
TOMASCHEK, R., GROTEN, E.: Untersuchungen von Gravitationswirkungen
     während der totalen Sonnenfinsternis am 15. Februar 1961. Nachr.
     Karten Vermessungsw. I 25, 17-26 (1963c).
TOMASCHEK, R., GROTEN, E.: Mésures faites dans les composantes Nord-
     Sud et Est-Ouest avec les pendules horizontaux n° 1 et n° 2 en
     195o, 1951 et 1952, station Winsford (Angleterre). Obs. Roy. Belg.,
     Bull. Obs. Mar. Terr. II, 3 (1964).
TOMASCHEK, R., RINNER, K.: Über die Genauigkeit der Ergebnisse der
     Erdgezeitenmessungen. Comm. Obs. Roy. Belg. No. 142, S. Geoph.
     No. 47, 166 (1958).
TOMASCHEK, R., SCHAFFERNICHT, W.: Zu den gravimetrischen Bestimmungs-
     versuchen der absoluten Erdbewegung. Astron. Nachr. 244, No. 5844,
     257-266 (1931).
TOMASCHEK, R., SCHAFFERNICHT, W.: Ether-drift and gravity. Nature
     129, No. 3244 (1932a).
TOMASCHEK, R., SCHAFFERNICHT, W.: Tidal oscillations of gravity.
     Nature 13o, 165-166 (1932b).
TOMASCHEK, R., SCHAFFERNICHT, W.: Untersuchungen über die zeitlichen
     Änderungen der Schwerkraft. I. Messungen mit dem Bifilargravimeter.
     Ann. Phys. 5, 15, 787-824 (1932c).
TOMASCHEK, R., SCHAFFERNICHT, W.: Über die periodischen Veränderungen
     der Vertikalkomponenten der Schwerebeschleunigung in Marburg a.d.
     Lahn, Sitz.Ber. Ges. Beförder. Ges. Naturw. Marburg 67, 5, 151-174
     1932d).
TOMASCHEK, R., SCHAFFERNICHT, W.: Über die Messung der zeitlichen
     Schwankungen der Schwerebeschleunigung mit Gravimetern. Z. Geophys.
     9, 125-136 (1933a).
TOMASCHEK, R., SCHAFFERNICHT, W.: Die Flut der festen Erde. Z. Geo-
     phys. 9, 199-2o4 (1933b).

TOMASCHEK, R., SCHAFFERNICHT, W.: Über die Frage der Nachweisbarkeit
    einer Lorentz-Kontraktion der Erde. Astron. Nachr. 248, No. 5929,
    1-8 (1933c).
TOMASCHEK, R., BAARS, B., JEFFREYS, R., CORKAN, R.H.: Earth Tides
    (Geophys. Discussion). Observatory 72, No. 866, 16-21 (1952).
TREDER, H.J.: Gravitationstheorie und Äquivalenzprinzip. Berlin:
    Akademie Verlag 1971.
VOIT, H.: Über die beste Dimensionierung des Bifilargravimeters.
    Geofis. pura applic. 15, 9o-11o (1949).
WEGENER, A.: Die Entstehung der Kontinente und Ozeane. Die Wissen-
    schaft 6o, 4. Aufl. Braunschweig, reprint 1962.

Anfänge der Krustenseismik

G. A. Schulze

1. Einleitung

EMIL WIECHERT (1923), von 1898 bis 1926 Direktor des Geophysikalischen
Instituts in Göttingen, schreibt unter dem Titel "Untersuchungen der
Erdrinde mit dem Seismometer unter Benutzung künstlicher Erdbeben"
in den Nachrichten der Gesellschaft der Wissenschaften zu Göttingen,
Mathematisch-physikalische Klasse 1923:

> "So scheint die sichere Gewähr geboten, daß es möglich sein wird,
> bei verhältnismäßig kleinem Aufwand mittels künstlicher Beben eine
> Laufzeitkurve für Nahbeben herzustellen, wie sie nötig ist, um die
> Lagerung der für die Geologie in Betracht kommenden Erdschichten
> festzustellen."

In einem Artikel der Geologischen Rundschau im Jahre 1926 mit dem
Titel "Untersuchung der Erdrinde mit Hilfe von Sprengungen" geht
WIECHERT (1926) noch einen Schritt weiter und schreibt:

> "Es scheint ein erstrebenswertes und wohl erreichbares Ziel der
> experimentellen Seismik, jede Zacke, jede Welle der Seismogramme
> zu erklären und für die Entwirrung der Beschaffenheit der Erdrinde
> dienstbar zu machen."

Dieses Ziel ist bis heute noch nicht erreicht und wird auch in absehbarer Zeit nicht erreicht werden. Inzwischen sind aber schon gewaltige
Fortschritte gemacht worden, die Lücke zwischen der Erkenntnis durch
die Erdbebenforschung bis zur geologischen Oberflächenkartierung zu
schließen.

Durch diese beiden Zitate von Wiechert ist die Problemstellung für
die Erforschung der Kruste unserer Erde gegeben.

In diesem Artikel werden die Anfänge der Krustenseismik aufgezeigt.
Zum größten Teil handelt es sich dabei um Fernsprengungen mit Beobachtungen über einige 1o km bis 1oo km Entfernung. Für die Fernsprengungen gibt REINHARDT (1954) eine zusammenfassende Katalogisierung.
Über die Arbeiten des Geophysikalischen Instituts in Göttingen auf
diesem Gebiet wurde von FÖRTSCH u. SCHULZE (1948) in "Naturforschung
und Medizin in Deutschland 1939-1946" berichtet.

2. Erdbebenseismik

Die Fernbeben zeigten sehr bald, daß die Ankunftszeiten an den Erdbebenstationen sich in eine Laufzeitkurve für die verschiedenen Wellenwege und -arten einpassen ließen. Die über die ganze Erde verteilten Erdbebenstationen lieferten das Material, diese Laufzeitkurven
in ihren Einzelheiten zu bestimmen. Wichtige Erkenntnisse über den
Aufbau unserer Erde, Gliederung, Aggregatzustände, ferner über Herdtiefen und den Mechanismus eines Bebens wurden erzielt. Während sich
bei diesen großräumigen Untersuchungen ein ziemlich homogener Aufbau
der Erde zu ergeben schien, erkannte man bald, daß die oberflächen-

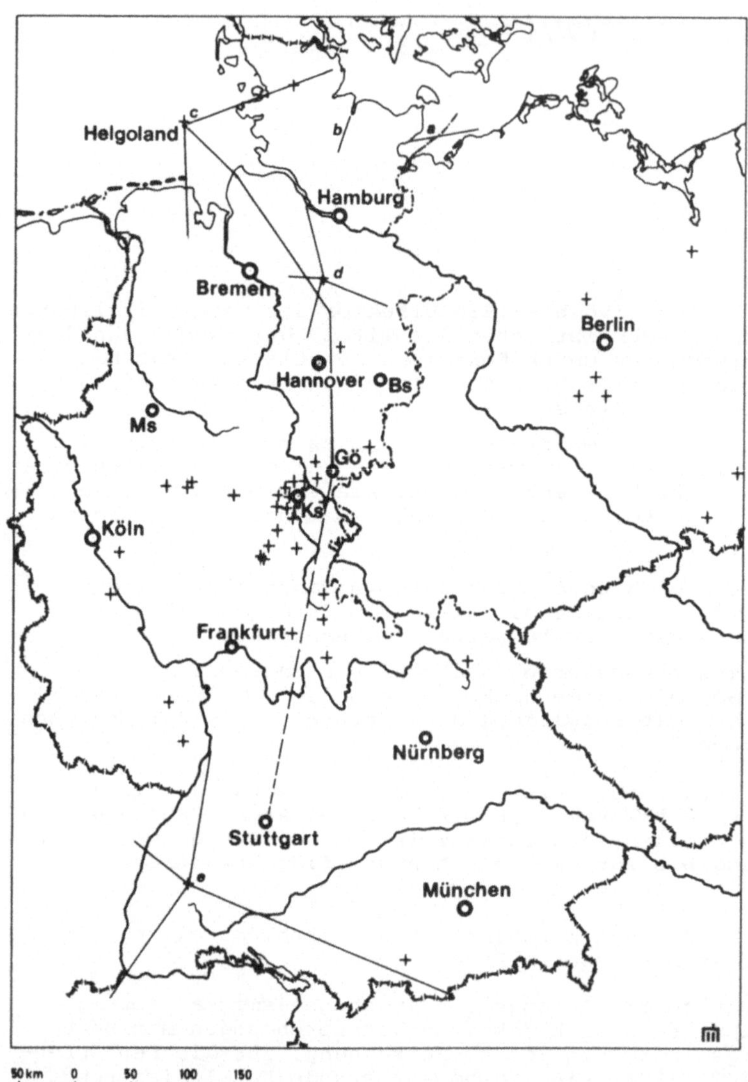

Abb. 1. + Lage der Sprengorte. Die Sprengungen wurden in den meisten
Fällen am Sprengort, in Göttingen und an ein bis zwei Zwischenstatio-
nen beobachtet. Beobachtungen auf Profilen (ausgezogene Linien) wurden
mit einer Vielzahl von Stationen bei Untersuchungen *a* Ostsee, *b*
Kiel, *c* Helgoland, *d* Soltau, *e* Haslach, durchgeführt

nahen Schichten weit komplizierter gelagert sind. Konnte die groß-
räumige Schichtung der Erde mit verhältnismäßig wenigen Erdbebenstationen erfaßt werden, so war es notwendig, für die Erforschung etwa
der oberen 5o km die Stationen dichter zusammenzurücken. Als Energiequelle dienten nun die Nahbeben. Wegen der geringen Energie mußte die
Vergrößerung der Seismometer von ungefähr hundertfach auf tausendfach
heraufgesetzt werden. Die Aufzeichnungen erfolgten in Ruß. Die träge

Masse, die notwendig ist, die Reibung von 1 Millipond an der Schreib-
spitze in Ruß zu überwinden, betrug bei hundertfacher Vergrößerung
1 t und bei tausendfacher Vergrößerung 17 t. Viele Schwierigkeiten
ergeben sich bei der Aufstellung der Laufzeitkurve für Nahbeben. Herdkoordinaten, Herdtiefe und Herdzeit sind unbekannt. Unter gewissen
Annahmen der Schichtung, die aber gerade erst herausgefunden werden
sollten, lassen sie sich ungenau bestimmen, allenfalls höchstens
etwas einengen.

3. Sprengseismik

Um die Schwierigkeiten bei der Bearbeitung von Beben zu überwinden,
sollten Sprengungen benutzt werden. Die weit geringeren Energien
forderten noch höhere Vergrößerungen der Seismographen. Die Seismographen mußten, um sie für die jeweiligen Probleme optimal einsetzen
zu können, transportabel sein. Die Rußregistrierung wurde durch eine
optische mit Hilfe von fotografischer Aufzeichnung ersetzt. Es wurden
Seismographen mit bis millionenfacher Vergrößerung gebaut. Nun waren
Herdkoordinaten, Herdtiefe und Herdzeit bekannt. Die Sprengorte lagen
durch die wenigen Steinbrüche fest. Für die jeweiligen Steinbrüche
waren die Sprengladungen, bedingt durch die Höhe der abzubauenden
Wand, konstant. In einem Rhythmus, der sich aus der Verarbeitung des
bei einer Sprengung anfallenden Materials und der Vorbereitung der
nächsten Sprengung ergab, erfolgten die Sprengungen etwa alle Jahre.

In Abb. 1 ist die Lage der Sprengorte angegeben. In den meisten Fällen wurde am Sprengort in Göttingen und an ein oder zwei Zwischen-
stationen beobachtet. Registrierungen mit einer Vielzahl von Registrierungen (Helgoland 24 transportable Stationen) wurden auf den
ausgezogenen Profillinien durchgeführt.

Die meisten Sprengorte liegen südlich von Göttingen bis zu den Alpen.
Jede sich bietende Gelegenheit, eine Sprengung zu beobachten, wurde
genutzt.

Hierbei wurden die Sprengungen mit verschiedenen Apparatetypen registriert. Es konnte nachgewiesen werden, daß bei gleichem Sprengort
und Beobachtungsort mit gleichen Seismographen identische Seismogramme
aufgeschrieben wurden. Bei Seismographen mit unterschiedlicher Eigenfrequenz und dadurch unterschiedlicher Vergrößerung für die einzelnen
Frequenzen ließen sich die Unterschiede in den Aufzeichnungen erklären.
Alle diese Untersuchungen wurden ausschließlich mit mechanischen Geräten durchgeführt. Diese Versuche zeigten, daß die Seismogramme re-
produzierbar waren. Neben den Laufzeiten für Einsätze von Wellengrup-
pen schien es möglich, wegen der Reproduzierbarkeit des Seismogramms
Rückschlüsse auf den Entstehungsort, den durchlaufenden Wellenweg und
Aufnahmeort aus den Frequenzen und Amplituden zu ziehen. Aus diesen
Erkenntnissen ergaben sich die Arbeiten des Göttinger Geophysikalischen Instituts, in Zusammenarbeit mit der Deutschen Gesellschaft für
Bodenmechanik, die sich mit der Ausbreitung sinusförmiger Wellen befaßten (RAMSPECK u. SCHULZE, 1938; HERTWIG, 1936; REINHARDT, 1954).
Dieser Weg wurde gewählt, da in einem scharfen Impuls (Sprengung)
viele Frequenzen enthalten sind. Die Kenntnis der Ausbreitungsgesetze
einer sinusförmigen Welle erschien einfacher und wurde daher vorge-
zogen. Diese Arbeiten brachten Erkenntnisse über Geschwindigkeiten,
Absorption, Dispersion, Eigenschwingungen des Bodens und vieles andere. Es waren Vorversuche für die Entzifferung eines Seismogrammes.

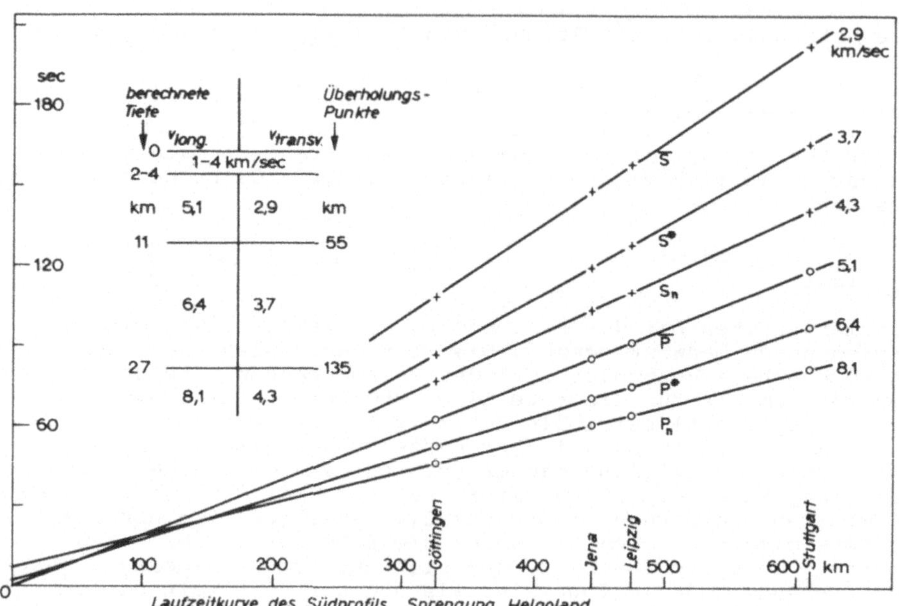

Abb. 2. Laufzeitkurve der Helgoland-Sprengung am 18. April 1947, ergänzt durch die Registrierungen der Erdbebenstationen Jena, Leipzig und Stuttgart. Longitudinale Wellen P; transversale Wellen S.

Index: $_n$ Laufweg in der Mohorovičić-Schicht. * Laufweg in der Conrad-Schicht. - Laufweg im Basement.

Die Tabelle gibt die aus den Überholungspunkten und den Geschwindigkeiten berechneten Tiefen (SCHULZE, 1949)

4. Die Laufzeitkurve

Die ersten Laufzeitkurven, die mit Hilfe von Sprengungen aufgestellt waren, wurden schon von WIECHERT (1929) und von BROCKAMP u. WOELKEN (1929) in der Zeitschrift für Geophysik veröffentlicht. Die Laufzeitkurve wurde durch jede neu beobachtete Sprengung ergänzt. Es wurden longitudinale Wellen mit Geschwindigkeiten zwischen 5,4 und 6,9 km/sec mit den dazugehörigen transversalen Wellen beobachtet. An dieser Laufzeitkurve, die sich aus Beobachtungen aus den verschiedensten Richtungen zusammensetzte, ließ sich nur größenordnungsmäßig feststellen, daß die ersten Einsätze durch eine einheitliche tiefere Schicht gelaufen waren. Der nächste Schritt war, eine Sprengung längs eines Profils zu beobachten. Hierzu bot sich die Gelegenheit bei der Helgoland-Sprengung. Es wurde auf drei verschiedenen Profilen nach Süden, Osten und nach Südosten, dem längsten Profil, beobachtet. Abb. 2 zeigt die Laufzeitkurven des Südostprofiles, ergänzt mit den Beobachtungen an den Erdbebenstationen Jena, Leipzig und Stuttgart. Die Krustendicke, die Tiefe einer Schicht, in der die Longitudinal-Wellen mit einer Geschwindigkeit von ungefähr 8,1 km/sec gelaufen waren, ergab sich zu 27 km. Hiermit war erstmalig der Anschluß an die Erdbebenseismik, bei der gleiche Geschwindigkeiten beobachtet waren, hergestellt. Mit Hilfe der reduzierten Laufzeitkurve (Abb. 3) war es möglich, Unterschiede auf den verschiedenen Profilen zu erkennen.

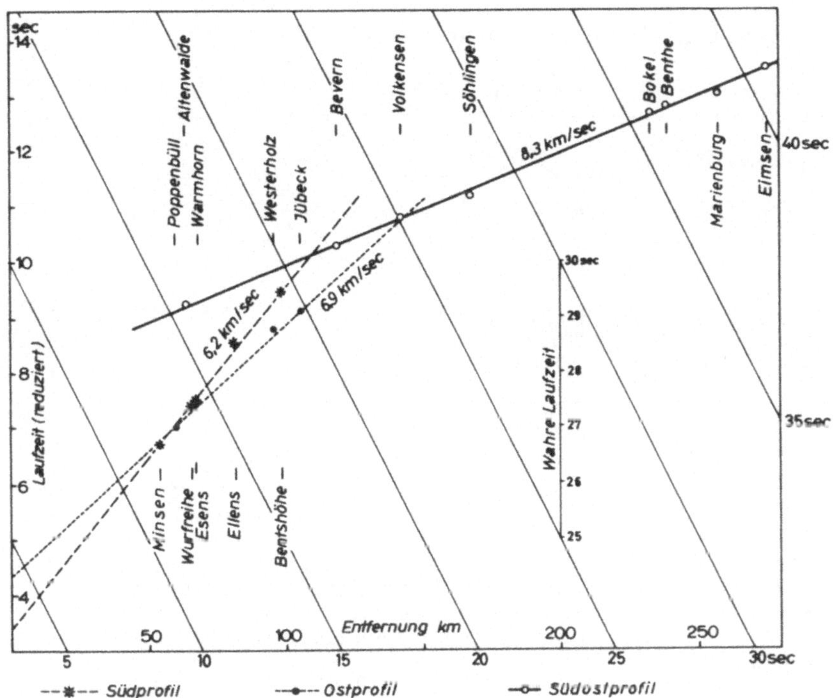

Abb. 3. Helgoland-Sprengung 18. April 1947. Reduzierte Laufzeitkurve (mit 1o km/sec). Laufzeitverkürzungen durch die magnetische Anomalie sind auf dem Ostprofil zu erkennen (SCHULZE, 1949)

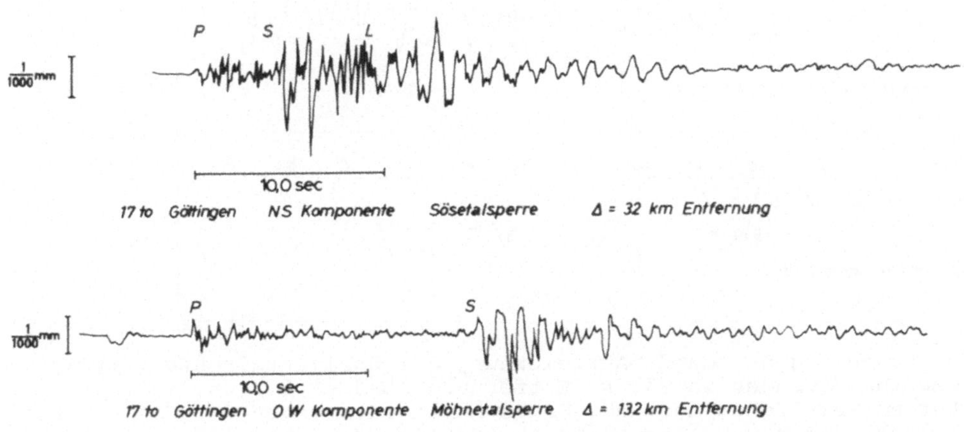

Abb. 4. Rußregistrierungen mit dem Göttinger Stationsinstrument (17 t). Die sehr großen Amplituden sind auf die sehr gute Verdämmung im Wasser zurückzuführen. Die Ladungen betrugen bei der Sösetalsperre nur ca. 5 t, bei der Möhnetalsperre nur ca. 3 t. Bemerkenswert sind die klare Gliederung und die sehr langen Perioden von über 1 sec (FÖRTSCH u. SCHULZE, 1948)

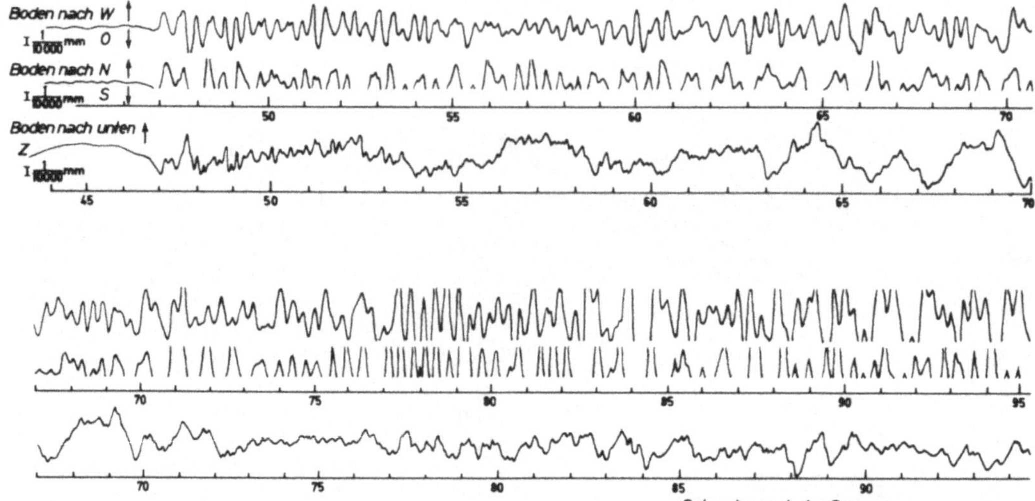

Abb. 5. Helgoland-Sprengung, 18. April 1947. 4ooo t Munition. Registriert in Göttingen, 325 km Entfernung. Horizontal: 17 t-Pendel, optisch. Vertikal: astatisches Erdbebeninstrument, optisch. Die Amplituden sind trotz der sehr großen Ladung verhältnismäßig klein (FÖRTSCH u. SCHULZE, 1948)

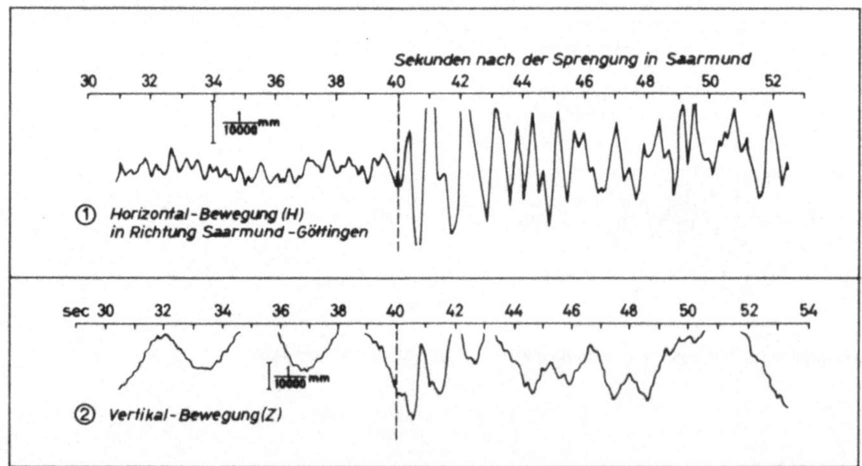

Abb. 6. Sprengung Saarmund. Aufzeichnung der Horizontal- und Vertikalbewegung in Göttingen in 232 km Entfernung. Ladung 8 t und 12 t in sehr kurzem zeitlichem Anstand. Große Amplituden wegen der Größe der Impulsfläche und der vollkommenen Abstrahlung der elastischen Energie. Es wurde ein auf das Moor aufgebrachter Sandkörper von ca. 2o x 1oo m durch Heraussprengen des Moores abgesenkt (FÖRTSCH u. SCHULZE, 1948)

Als eine weitere Fernsprengung wurde vom Geophysikalischen Institut
in Göttingen die Sprengung Haslach im Schwarzwald mitbeobachtet.
Hier wurde ein Profil bis an die Alpen beobachtet.

5. Größe der Bodenbewegung

Bei der Betrachtung der Ladungen von 3 t - 4ooo t an der Sprengstelle
und den in den verschiedenen Entfernungen von 3o km bis einige 1oo km
Entfernung gemessenen Amplituden von 1/1ooo mm zeigte sich, daß Wasser die beste Verdämmung liefert. Die Sprengungen in der Söse- und
Möhnetalsperre (Abb. 4) im Gegensatz zu der Helgoland-Sprengung (Abb.
5) haben dieses bewiesen. Die gute Energieübertragung bei der Sprengung in Saarmund (Abb. 6) ist, außer der Tatsache, daß sie im Moor
gezündet wurde, auf die große Impulsfläche zurückzuführen. Hier wurden
viele kleine, auf einer großen Fläche untergebrachte Ladungen gleichzeitig gezündet.

6. Bodenbewegung an der Sprengstelle und am Beobachtungsort

Die Abb. 7 zeigt die Aufzeichnung einer Steinbruchsprengung Bransrode
(Hoher Meißner) am 3o.4.1938. Die Ladung der Kammersprengung betrug
3,3 t und die Entfernung der Beobachtungsstation Göttingen von der

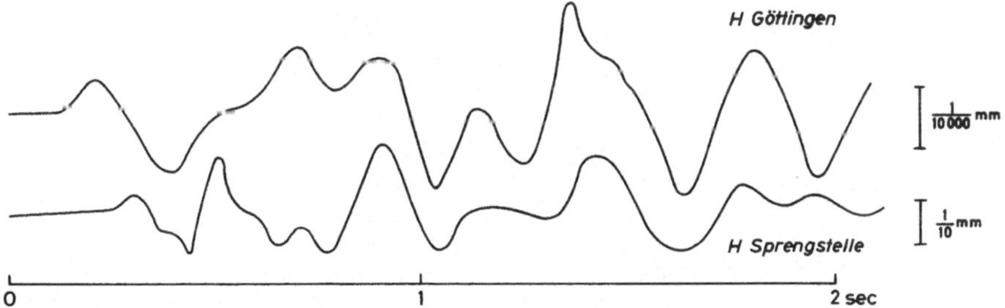

Abb. 7. Sprengung Bransrode. Vergleich der Aufzeichnung an der Spreng-
stelle mit der Registrierung in Göttingen in 35,5 km Entfernung. Das
Schwingungsbild ist weitgehend erhalten geblieben. Ladung 3,3 t.
Kammersprengung (FÖRTSCH u. SCHULZE, 1948)

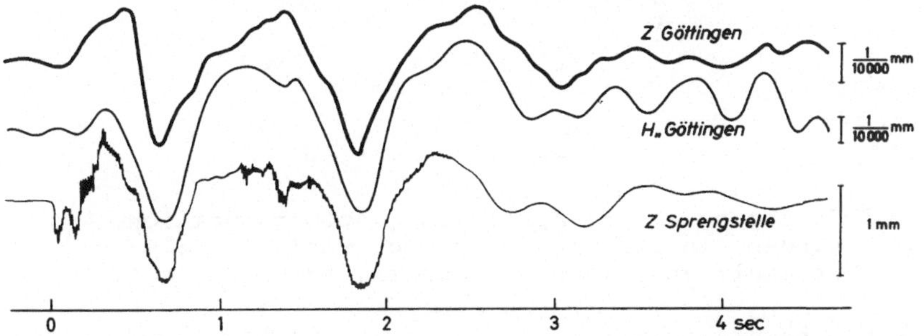

Abb. 8. Sprengung Saarmund. Vergleich der Aufzeichnung an der Sprengstelle mit der Registrierung in Göttingen in 232 km Entfernung. Das
Schwingungsbild ist vollkommen erhalten geblieben. Die hochfrequenten
Schwingungen an der Sprengstelle zeigen die Aufeinanderfolge der beiden Sprengungen in ca. 1,2 sec Abstand (FÖRTSCH u. SCHULZE, 1948)

Sprengstelle 35,3 km. Der Vergleich des Schwingungsbildes zeigt, daß
die Bewegung am Sprengort sich weitgehend über die 35,3 km erhalten
hat. Das gleiche gilt für die Abb. 8, die die Registrierungen der
Sprengung bei Saarmund am Sprengort und am Beobachtungsort Göttingen
in 232 km Entfernung zeigt.

Bei der Sprengung "Saarmund" handelte es sich um die Absenkung eines
über dem Moor aufgeschichteten Sandkörpers für den Autobahnbau des

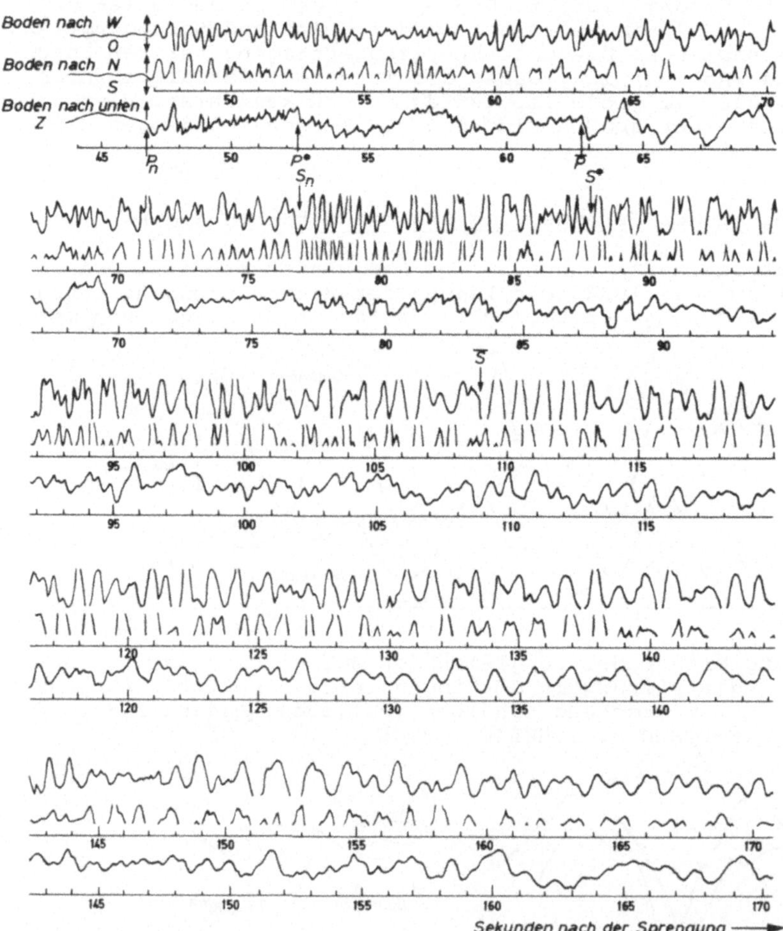

Abb. 9. Helgoland-Sprengung am 18. April 1947, 4ooo t Munition,
registriert in Göttingen, in 325 km Entfernung. Horizontal: 17 t-
Pendel, optisch. Vertikal: astatisches Erdbebeninstrument, optisch
(SCHULZE, 1949)

P_n Einsatz der Longitudinal-Welle
        durch die Mohorocicić-Schicht   8,2 km/sec
$\underline{P}$* durch die Conrad-Schicht   6,4 km/sec
$\overline{P}$ durch das Basement   5,1 km/sec
S_n, $\underline{S}$*, $\overline{S}$ die Einsätze der entsprechenden Transversal-
        wellen 4,3   3,7   2,9 km/sec

Zubringers Berlin. Durch viele kleine unterhalb des Sandkörpers im
Moor untergebrachte Sprengladungen wurde das Moor bei der Sprengung
seitlich herausgequetscht. Der Sandkörper wurde auf diese Weise bis
zur Auflage auf die festeren Schichten abgesenkt. Die Registrierung
am Sprengort gibt die Bewegung des Sandkörpers wieder, auf dem die
Registrierung erfolgte.

7. Wellenarten

In Abb. 3 der Sprengungen in der Söse- und in der Möhnetalsperre
zeigen die Seismogramme vorbildlich die Gliederung in longitudinale
P-Wellen (von "primär"), transversale S-Wellen (von "sekundär") und
L-Oberflächenwellen (von "Love"). Besonders zu erwähnen sind die langen Schwingungen von 1 sec bei den S- und L-Phasen. Das Auftreten von
L-Wellen ist bei Sprengungen eine große Seltenheit und nur bei Sprengungen in Talsperren beobachtet worden. Eine schlüssige Erklärung für
das Auftreten der Oberflächenwellen und der langen Perioden bei Sprengungen in Talsperren gibt es noch nicht.

Mit den hier geschilderten Arbeiten ist ein Anfang gemacht, die Gliederung der Kruste zu erforschen. Klare, eindeutige Einsätze auf Profilen in den verschiedenen Gegenden werden uns in der Kenntnis der
Kruste weiterbringen. Bei der Betrachtung der Bodenbewegung von der
Sprengung auf Helgoland in Göttingen, die über 3 Minuten dauerte,
sieht man deutlich, daß der kleinste Teil die Ankunftszeiten der verschieden gelaufenen Wellen sind. Weit mehr ist im gesamten Schwingungsbild eines Seismogramms enthalten. Die Reproduzierbarkeit ermutigt uns,
zu versuchen, das gesamte Seismogramm zu entziffern. Jede Schwingung,
jede Zacke gibt Auskunft über Herd, Weg und Beobachtungsort. Es ist
noch ein langer Weg, bis dieses Ziel erreicht sein wird. Das Arbeits-
ziel ist durch den Spruch über dem Göttinger Erdbebenhaus abgesteckt:

"Ferne Kunde bringt Dir der schwankende Fels, deute die Zeichen."

Literatur

ANGENHEISTER, G.: Boden- und Gebäudeschwingungen. Berichtsheft der
    Schwingungstagung des Vereins deutsch. Ing. in Berlin, 9-19, 1938.
BROCKAMP, B.: Seismische Untersuchungen bei Steinbruchsprengungen.
    Z. Geophys. 7, 295-3o2 (1931).
BROCKAMP, B., WOELKEN, K.: Bemerkungen zu den Beobachtungen bei Stein-
    bruchsprengungen. Z. Geophys. 5, 163-171 (1929).
FÖRTSCH, O., SCHULZE, G.A.: Seismik der Fernsprengungen. Naturfor-
    schung und Medizin in Deutschland 1939-1946, 18, 44-51 (1948).
HERTWIG, A.: Die Anwendung dynamischer Baugrunduntersuchungen. Mit-
    teilungen über gemeinsame Arbeiten der Degebo und des Geophysikal.
    Instituts der Universität Göttingen, Veröff. Inst. Dtsch. Forsch.
    Ges. Bodenmechanik (Degebo), Heft 4., S. 1-38. Berlin: Julius
    Springer 1936.
RAMSPECK, A., SCHULZE, G.A.: Dispersion elastischer Wellen im Boden.
    Veröff. Inst. Dtsch. Forsch. Ges. Bodenmechanik (Degebo), Heft 6,
    S. 1-27. Berlin: Julius Springer 1938.
REINHARDT, H.G.: Steinbruchsprengungen zur Erforschung des tieferen
    Untergrundes. Freiberger Forschungsh. C 15, 9-91 (1954).
SCHULZE, G.A.: Seismische Auswertung der Sprengung Helgolands. Erdöl
    und Tektonik, Amt f. Bodenforschung Hannover-Celle, 282-285, 1949.
SCHULZE, G.A., FÖRTSCH, O.: Die seismischen Beobachtungen bei der
    Sprengung auf Helgoland am 18. April 1947 zur Erforschung des tie-
    feren Untergrundes. Geol. Jahrb. 64, 2o4-242 (195o).

WIECHERT, E.: Untersuchungen der Erdrinde mit dem Seismometer unter
    Benutzung künstlicher Erdbeben. Nachr. Ges. Wiss. Göttingen,
    Math.-phys. Kl. $\underline{1}$, 1-14 (1923).
WIECHERT, E.: Untersuchung der Erdrinde mit Hilfe von Sprengungen.
    Geol. Rundschau $\underline{17}$, 339-346 (1926).
WIECHERT, E.: Seismische Beobachtungen von Steinbruchsprengungen.
    Z. Geophys. $\underline{5}$, 159-162 (1929).

Anfänge der Reflexionsseismik in Deutschland

R. Köhler

1. Einleitung

Die Reflexionsseismik in Deutschland ist 4o Jahre alt. Der erste
Reflexionstrupp der Seismos GmbH., Hannover, führte im Jahre 1934
eine erfolgreiche Messung für eine Kohlengrube durch.

Daß die von Ludger Mintrop begründete Refraktionsseismik lange Jahre
die einzige praktisch genutzte seismische Methode blieb - obwohl bereits im Juni 1921 bei der Geological Engineering Company Reflektions-
signale beobachtet worden waren - hatte mancherlei Gründe. Viele Geophysiker jener Zeit hielten es für unwahrscheinlich, daß der Untergrund reflektieren würde, d.h. daß hierfür die physikalischen Voraussetzungen vorhanden wären, andere wieder hielten ein Erkennen von
Reflexionsimpulsen in dem Gewirr der vom Seismographen aufgezeichne-
ten Schwingungen für unmöglich. Erste von Mintrop angestellte schüch-
terne Versuche fanden - ohne Erfolg - in einem ungünstigen Gebiet
statt, aber auch die ersten Versuche der Amerikaner führten nicht zu
praktischen Konsequenzen. Die Zeit war für die Entwicklung der Reflexionsseismik technisch noch nicht reif.

Das änderte sich, als bei der Geophysical Research Corporation im
Jahre 1925 der erste für die relativ tieffrequenten Reflexionswellen
durchlässige elektronische Verstärker fertiggestellt worden war. Er
ermöglichte die Zentralregistrierung und damit das Aufzeichnen mehrerer "Spuren" nebeneinander auf ein und demselben Seismogramm. In diesem Seismogramm geradlinig angeordnete Impulse konnten nun durch das
Korrelationsvermögen des menschlichen Auges als Reflexionsimpulse
erkannt werden. Die erste kommerzielle und erfolgreiche reflexionsseismische Messung wurde im Jahre 1927 durch J.E. Ducan in Oklahoma
für die Geophysical Research Corporation ausgeführt. Im Jahre 193o
waren in den USA die meisten Refraktionstrupps bereits durch Reflexionstrupps ersetzt und damit die deutsche Geophysik in Amerika praktisch ausgeschaltet.

In Deutschland gewann die angewandte Seismik entscheidend an Bedeutung, als sich Friedrich Trappe und Waldemar Zettel Anfang der dreißiger Jahre bei der Seismos intensiv der Entwicklung reflexionsseismischer Instrumente zuwandten, und ab 1934 die Reichsaufnahme durch
Refraktionsmessungen begann.

Die Anfänge der Reflexionsseismik in Deutschland bis etwa zum Ende
des Zweiten Weltkrieges werden in den folgenden Kapiteln geschildert.

Bevor wir uns aber den Instrumenten, der Registriertechnik, den Ener-
giequellen und dem Stand der Interpretation zuwenden, scheint uns zur
Abrundung des Bildes der ersten Jahre reflexionsseismischer Messungen
ein ganz kurzer Blick auf die Wirkung dieser neuen Technik auf die
Umwelt angebracht, denn auch dieses, scheint uns, gehört zu ihrer
Geschichte.

Die Tätigkeit der Seismiker im Gelände wurde von den Grundeigentümern
mit Neugier und Staunen und, nach Fühlungnahme mit Registrierern und
Bohrern, oft auch mit Bewunderung verfolgt. Eine Flurschadenregelung
war insofern recht schwierig, als sich die Bauern nur zögernd bereit
fanden, die ihnen angebotenen Beträge von 2 bis 5 RM pro Bohrloch anzunehmen. Das Interesse der Lokalpresse war groß. Da sich die Redak-
teure meistens direkt mit Registrierern und Bohrleuten in Verbindung
setzten, waren deren feuilletonistischen Produkte, von denen wir eine
Kostprobe zitieren, entsprechend:

> "Während die Sprengung ausgelöst wird, läuft ein Seismogramm über
> den Osselographen, der die ausgelösten Reflexionen, die mit Ge-
> schwindigkeiten von etwa 1ooo Metern in die Tiefe dringen, in
> Form der 7 Zackenlinien registriert. Der Mensch spürt die Explo-
> sion nur als dumpfes Murren. Aber die Seismographen fühlen nun
> auch die geringsten Wellen. Die Wellen hält das Seismogramm fest,
> die Zeit der Wellenankunft stoppt die Stoppuhr und schon kann sich
> der Fachmann ein Bild daraus machen."

2. Die Instrumente

In Deutschland wurden die ersten Reflexionen mit mechanischen Seismographen aufgenommen. Die in Abb. 1 wiedergegebenen Seismogramme stammen aus dem Jahre 1933, bei denen die Zeitmarkierung noch mittels
einer 5o Hz-Stimmgabel bewerkstelligt wurde. Eine praktische Bedeutung hatten diese Seismogramme jedoch noch nicht.

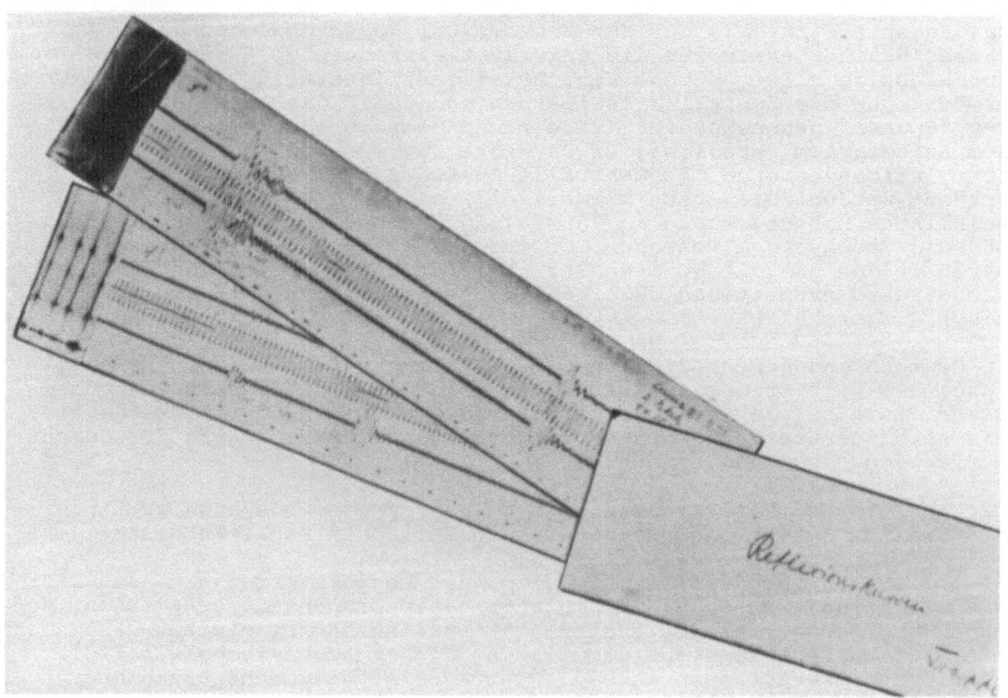

Abb. 1. Reflexionsseismogramme aus dem Jahr 1933 (die mittlere Spur
ist die Zeitmarke) (Prakla-Seismos Report 1, 1971)

DEUTSCHES REICH

**AUSGEGEBEN AM
17. JUNI 1941**

REICHSPATENTAMT

PATENTSCHRIFT

№ 707257

KLASSE **42**c GRUPPE 42

S 123161 IX b/42 c

Dr. Friedrich Trappe in Falkensee und Dr.-Jng. Waldemar Zettel in Kiel

Elektrischer Seismograph für Schürfzwecke bzw. Bodenuntersuchungen

Patentiert im Deutschen Reich vom 27. Juni 1936 an

Patenterteilung bekanntgemacht am 15. Mai 1941

Die Erfindung betrifft einen elektrischen Seismographen für den Nachweis von impulsartigen Schwingungen, insbesondere seismischen Wellen für Schürfzwecke bzw. Bodenuntersuchungen, und bezweckt, einen Seismographen zu schaffen, der insbesondere für die in letzter Zeit immer mehr in den Vordergrund tretende Reflexionsseismik von Bedeutung ist.

Das in der Reflexionsseismik anzuwendende Meßverfahren besteht darin, daß die von einer tieferen Bodenschicht zurückgeworfenen Schwingungen von den oberflächlich laufenden getrennt beobachtet werden. Gegenüber den älteren seismischen Untersuchungsverfahren, bei denen lediglich zeitliche Einsätze oder kontinuierliche Schwingungen aufzuzeichnen waren, liegen hier für die Wirkungsweise der Seismographen besondere Vorbedingungen vor, und zwar insofern, als die Forderungen größter Empfindlichkeit in der Wiedergabe von Schwingungseinsätzen und von formgetreuer Wiedergabe des Schwingungsablaufs gleichzeitig erfüllt werden müssen.

Dieser Tatsache ist dadurch Rechnung zu tragen, daß der Dämpfungsgrad auf den optimalen Wert, der bekanntlich in der Nähe des aperiodischen Grenzzustandes liegt, eingestellt wird. Denn für diesen Wert bleibt das Schwingungsbild in bestmöglicher Weise

frei von Verzeichnungen, die durch Eigenschwingungen des registrierenden Systems und von solchen, die durch Frequenzabhängigkeit der Amplituden- und Phasenwiedergabe erzeugt werden.

Die früher auch für Feldmessungen üblicherweise verwendeten Seismographen entsprechen im wesentlichen denen, die ursprünglich für die Registrierung von Erdbeben entwickelt worden sind, für Verhältnisse also, bei denen es ganz überwiegend auf die Registrierung zeitlicher Einsätze ankommt. Diese Feldseismographen sind ausnahmslos mit durch schwere Massen belasteten Schwingungssystemen ausgerüstet; da aber für eine bestimmte Eigenschwingungszahl bei gleichbleibender Dämpfungskraft der Dämpfungsgrad der schwingenden Masse umgekehrt proportional ist, läßt sich die optimale Dämpfung allenfalls durch Anwendung komplizierter Dämpfungseinrichtungen erreichen.

Für einen anderen Zweck, nämlich den der Erzielung einer möglichst hohen Eigenfrequenz des schwingenden Gliedes, ist bei piezoelektrischen Schwingungskörpern schon vorgeschlagen worden, unter gewissen Voraussetzungen auf eine zusätzliche Belastung des schwingenden Körpers zu verzichten, welcher dann vermöge seiner eigenen Masse schwingungsfähig ist. Abgesehen von der anderen hierdurch angestrebten Wirkung han-

Abb. 2. Patentschrift für ein Tauchspulgeophon

Ein einwandfreies Erkennen von Reflexionseinsätzen wurde erst durch
die Einführung der Zentralregistrierung möglich, für die nicht nur
elektronische Verstärker, sondern auch elektrische Seismographen und
eine Registriereinrichtung mit Galvanometern (Meßschleifen) erforderlich waren. Die erste in Deutschland mit diesen Bauelementen von
Trappe entwickelte Reflexionsapparatur wurde im Jahre 1934 bei der
Seismos GmbH für einen Kohleaufschluß unter dem Truppführer Hubert
Lückerath eingesetzt. Sie wurde in den Werkstätten der Seismos in den
folgenden Jahren durch Zettel weiterentwickelt. Nach der 1937 erfolgten Gründung der Prakla, Gesellschaft für praktische Lagerstättenforschung GmbH, Berlin, wurde in den nunmehr zwei deutschen Geophysikfirmen die instrumentelle Entwicklung getrennt weitergeführt.

Bereits im Jahre 1936 wurde in den Labors der Seismos von Trappe und
Zettel der erste wirklich brauchbare elektrische Feldseismograph
(DRP 7o7 257 vom 27.6.36) mit Tauchspulensystem und Blattfeder ent-
wickelt (Abb. 2). Durch eine zweckmäßige Gestaltung der Bauelemente
war er besonders robust, so daß er nicht arretiert zu werden brauchte
(Abb. 3).

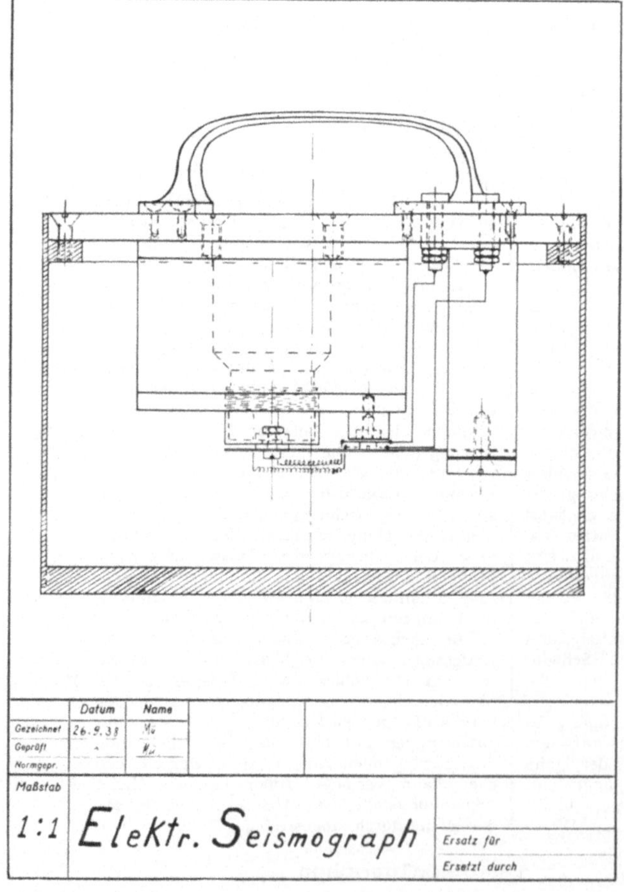

Abb. 3. Werkstattzeichnung für ein Geophon mit hängendem Topfmagneten
und aufrecht angeordneter Tauchspule aus dem Jahr 1938. Durchmesser
16 cm (Prakla-Seismos Archiv)

Seine Abmessungen und sein Gewicht von 2 kg wurden damals als Minia-
turisierung angesehen. Dieser Seismograph, sowie ein etwas später von
Lückerath entwickelter Seismograph ähnlicher Dimension, bei dem sich
der magnetische Fluß eines geschlossenen Kreises änderte, wurden von
allen deutschen Reflexionstrupps bis einige Jahre nach Ende des
Zweiten Weltkrieges benutzt.

Die reflexionsseismischen Meßapparaturen waren zunächst mit vier bis
sechs, zu Ende der dreißiger Jahre bereits mit jeweils acht, später
sogar mit zwölf oder vierzehn Seismographen, Verstärkern und Meßschleifen ausgerüstet.

Da die Verstärker mit einer für jeden Meßvorgang fest eingestellten
Verstärkung arbeiteten, die von den Seismographen aufgenommene Energie
jedoch von einem anfänglichen Höchstwert um mehrere Zehnerpotenzen
abnahm (der Energiebereich umfaßte mehr als 1oo dB), waren die Seismogramme nur in einem schmalen Zeitbereich lesbar. Dieser lesbare
Bereich wurde durch schrittweise Steigerung der Schußladung von einer
Sprengkapsel bis zu einigen Kilogramm Sprengstoff vom Beginn des Seismogramms bis zu seinem Ende "verschoben". Um eine Seismographenaufstellung auszuschießen, wurden oft sieben bis acht Aufnahmen benötigt.

Eine starke Reduktion der Zahl der Seismogramme pro Schußpunkt wurde
durch die Vorsatzregelung (Kompression) zu Beginn der vierziger Jahre
erzielt. Bei dieser wichtigen Neuerung wurde der Verstärkungsgrad aller
Verstärker gemeinsam während des seismischen Vorganges dem zeitlichen
Ablauf der seismischen Energie angepaßt, also von einem kleinen An-
fangswert zu einem größeren Endwert geregelt.

Bei Seismos wurde dieser Energieausgleich durch ein logarithmisches
Potentiometer erreicht, das der ersten Verstärkerstufe jeweils vorge-
schaltet war. Die Potentiometer waren für alle Verstärker auf einer
gemeinsamen Achse angeordnet; sie wurden durch einen Motor in Drehung
versetzt, der bei Auslösung des Schusses automatisch anlief.

Bei Prakla wurde die Regelung der Verstärkung nicht mechanisch, sondern elektrisch durch die Entladung des Kondensators bewirkt. Die
Kondensatorspannung, deren Anfangs- und Endwert einstellbar waren,
wurde zentral für alle Verstärker einem Vorsatzgerät entnommen und
jeweils dem Steuergitter der Verstärker-Regelröhre zugeführt (Abb. 4).

Die zur Ausschaltung von nieder- und hochfrequenten Störschwingungen
notwendige Filterung war bei diesen seismischen Apparaturen bereits
üblich. Durch entsprechende Bemessung der Schaltelemente im Verstärker
wurde die untere und obere Grenze des durchgelassenen Frequenzbereiches festgelegt. Seit der Einführung der Kompression - bei der Seismos
"Auflauf" genannt - genügten in der Regel ein bis zwei Registrierungen,
um eine Aufstellung auszuschießen (Abb. 5).

Die in der Abb. 6 gezeigte, von Zettel Anfang der vierziger Jahre entwickelte Reflexionsapparatur arbeitete bereits mit der oben beschriebenen Vorsatzregelung. Der Lichtweg zwischen den großen Meßschleifen
und der Registrierkamera ist noch offen. Dies bedeutete, daß - wie bei
allen bis zu dieser Zeit entwickelten Reflexionsapparaturen - der Meßwagen während des Registriervorganges vollständig abgedunkelt werden
mußte.

Hiermit ist das Wesentliche über die Reflexionsapparaturen in Deutschland im betrachteten Zeitraum gesagt. Ihre Entwicklung vollzog sich,
durch die Isolierung des damaligen Deutschland von der übrigen Welt
erzwungen, auf rein nationaler Ebene. Als im Jahre 1947 beiden deut-

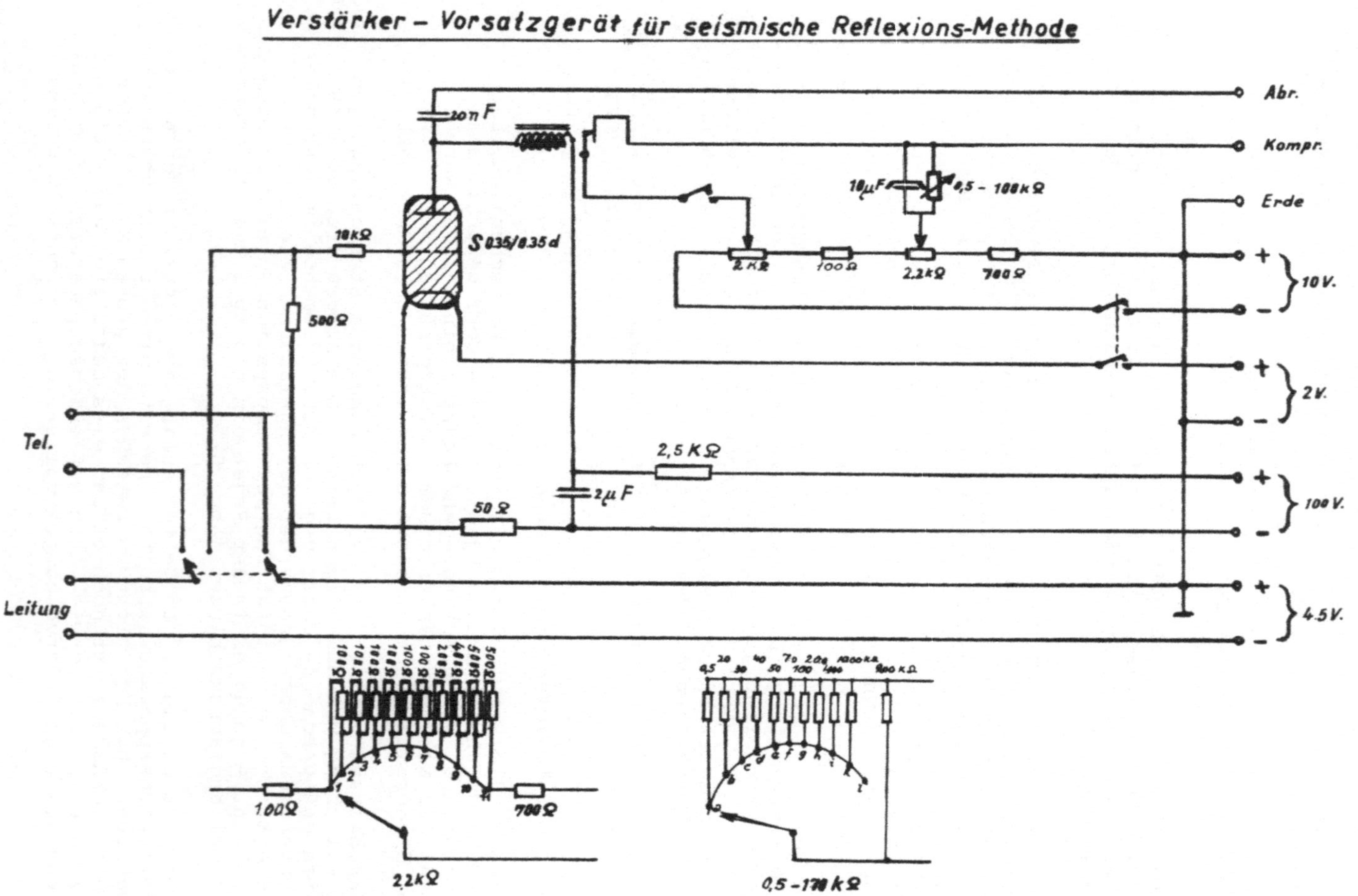

Verstärker – Vorsatzgerät für seismische Reflexions-Methode

Abb. 4. Schaltskizze für ein Vorsatzgerät zur Verstärkungsregelung (Kompression). Die an der Klemme "Kompr." liegende Spannung war die Gittervorspannung für die Eingangsstufen aller Verstärker. Einstellung der Anfangsspannung am 2 MΩ -Potentiometer, der Endspannung am 2,2 kΩ-Potentiometer (Detail links). Die Entladungszeit des 1o µF-Kondensators wird durch das 17o kΩ-Potentiometer (Detail rechts) reguliert. Auslösung der Entladung durch einen Stromstoß im Schußmoment (Prakla-Seismos Archiv)

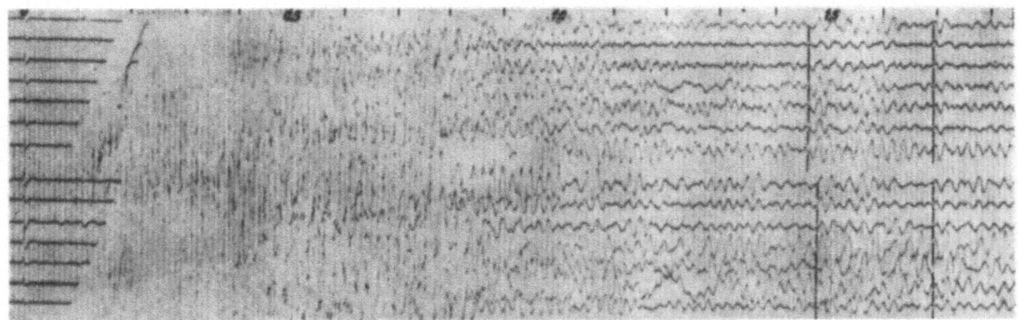

Seismogramm ohne Energieausgleich

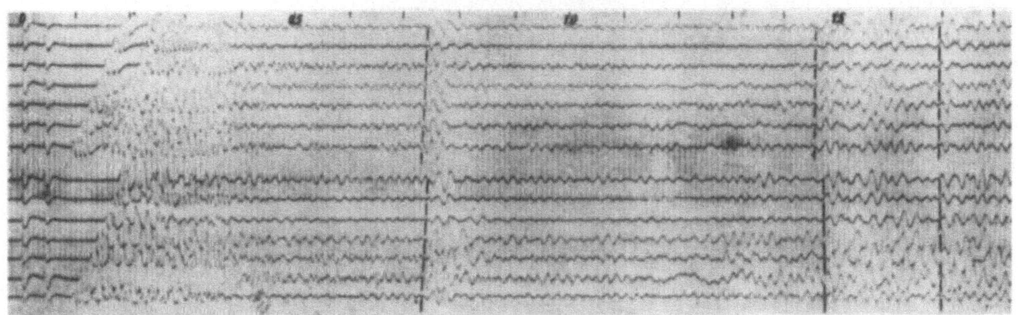

Seismogramm mit Energieausgleich

Abb. 5. Wirkung der Kompression: Im unteren Seismogramm nimmt die
Verstärkung während der Registrierung zu. Im Gegensatz zum oberen
Seismogramm sind daher die Reflexionen bei o,7 Sekunden und bei 1,5
Sekunden deutlich zu erkennen (LÜCKERATH, 1941)

schen Geophysikfirmen je eine moderne amerikanische Reflexionsapparatur zur Verfügung gestellt worden war, konnte festgestellt werden,
daß die Entwicklung im seismischen Apparatebau im Prinzip sowohl in
Deutschland als auch in den USA in die gleiche Richtung gegangen war.
Die noch bestehenden Unterschiede wurden in kurzer Zeit ausgeglichen,
so daß im Anschluß an den in dieser Abhandlung betrachteten Zeitraum
in der Reflexionsseismik weltweit gleichartige Apparaturen eingesetzt
waren.

3. Die Feldtechnik

Die Isolierung des Deutschen Reiches in Wissenschaft und Technik von
der übrigen Welt vor und während des Zweiten Weltkrieges hatten nicht
nur beim Bau der reflexionsseismischen Instrumente, sondern auch in
der Feldtechnik eine von der internationalen unterschiedliche Entwicklung zur Folge. Die in der angewandten Seismik tätigen Wissenschaftler und Techniker erlebten gezwungenermaßen eine Pionierzeit,
die für sie nicht ohne Reiz war.

Die zunächst sehr einfache Feldtechnik änderte sich ständig und hatte
zu Ende des Krieges eine gewisse Perfektion erreicht. Hierbei wurden

Abb. 6. Sechzehnkanalige Reflexionsapparatur mit Vorsatzregelung nach
W. Zettel. Auf dem Tisch rechts die Schleifenoszillographen, links
die Kamera (Prakla Rdsch. 19, 5, 3, 1962)

auch Methoden entwickelt und Erkenntnisse gesammelt, deren praktische
Anwendung aus technischen Gründen erst in späteren Jahre erfolgen
konnte.

Die Apparaturen wurden bereits in den dreißiger Jahren in Kastenwagen
oder in entsprechend ausgebauten Anhängern untergebracht, die gleichzeitig als Kabine für die Entwicklung der Papierseismogramme dienten.

Der Anlauf (Entfernung zwischen Schußpunkt und erstem Seismographen,
heute: "offset in line") betrug meist etwa 3oo m. Dieser große Anlauf
war nötig, um den durch die Sprengung erzeugten Oberflächenwellen aus-
zuweichen. Der Abstand zwischen den einzelnen Seismographen (er wurde
anfangs als einzige Entfernung im Gelände wirklich vermessen) betrug
25 m, so daß die Aufstellungslänge bei den anfänglich zumeist sieben
arbeitenden Verstärkern 15o m betrug - entsprechend einer Untergrund-
bedeckung von etwa 75 m.

Der Aufbau einer Seismographenaufstellung spielte sich etwa folgendermaßen ab:

Der "Helfer am Wagen" schleppte zwei Kabel, zwei Seismographen und
einen Spaten bis zur ersten Seismographenposition und grub dort ein
spatentiefes Loch, in das der Seismograph wegen der besseren Ankop-
pelung an den Boden hineingesetzt wurde. Dann schloß er den Seismographen an das Kabel an und stampfte stark auf den Boden, wobei er
sich durch lautes Schreien dem Registrierer im Meßwagen bemerkbar
machte. Durch das Schwingen der zu diesem Seismographen gehörenden
Meßschleife überprüfte der Registrierer, ob der Seismograph richtig

angeschlossen war. War der Anschluß gut, brüllte dies der Registrierer
dem Helfer zu (später bediente er als Antwort nur die Hupe des Regi-
strierwagens), der nun um 25 m weiterstapfte. Dieser Vorgang wiederholte sich solange, bis die ganze Aufstellung aufgebaut war. Bei Einführung der Reflexionsseismik in Deutschland mußten also Registrierer
und Helfer am Wagen über sehr gute Lungen verfügen.

War eine Aufstellung "abgeschossen", wurde in der vom Schußpunkt aus
entgegengesetzten Richtung von neuem aufgebaut. Auf diese Weise wurde
eine Zentralaufstellung (heute: "split spread"), der allerdings das
Mittelstück fehlte, in zwei Schritten registriert. Sie wurde häufig
durch Beobachtungen in senkrechter Richtung zum Profil zu sog. Kreuzaufstellungen erweitert, mit deren Hilfe es bereits damals möglich
war, die reflektierenden Elemente räumlich zu orientieren. Vor Einführung der Kompression waren, um alle zugänglichen Reflexionshori-
zonte zu erfassen, für das Ausschießen einer Kreuzaufstellung 3o bis
35 Registrierungen nötig.

Das "kontinuierliche Schießen" wurde - weil für die Technik der ersten
Jahre viel zu aufwendig - noch nicht angewandt. Man begnügte sich oft
mit dem sog. "Neigungsschießen" mittels im Gelände sporadisch angeordneter Kreuzaufstellungen, um festzustellen, ob der Untergrund söhlig
oder geneigt war; in letzterem Falle wurde die Meßanordnung durch
Profile verdichtet. Im Regelfalle setzte der Truppführer die Schußpunkte auf dem Meßtischblatt an Stellen fest, die dem Registrierwagen
ohne Schwierigkeiten zugänglich waren; die Abstände der Schußpunkte
waren daher unterschiedlich und z.T. sehr groß. Erst in den Jahren
1942/43 wurde mit einer regelmäßigen Anordnung der Schußpunkte im
Profil begonnen in der Art, daß mindestens eine 5o%-Untergrundbe-
deckung erreicht wurde.

Der erste Schuß an jeder Seismographenaufstellung war der "Schall-
schuß": ein oder zwei Sprengpatronen wurden an den Ast eines Baumes
gebunden oder auf die Erde gelegt und gezündet. Durch die im Seismogramm erscheinenden scharfen Schalleinsätze konnten der Anlauf berechnet und die Abstände der Seismographen mit Hilfe der Lufttemperatur, Windrichtung und Windgeschwindigkeit (zu ihrer Schätzung warf
der Registrierer ein Stückchen Papier in die Luft) überprüft werden.
Eine Summenkorrektur dieser Daten war dadurch möglich, daß man die
gemessenen Seismographenabstände mit den aus diesen Daten errechneten
Abständen verglich. Damit ließ sich auch eine eventuelle Korrektur
der Anlaufsentfernung, die ja nicht gemessen war, erreichen. Wenn
auch die Bestimmung der Anlaufsentfernung mittels Schallschüssen anfänglich der geforderten Meßgenauigkeit entsprach, ging man jedoch
bald auch zur Vermessung der Anlaufsentfernung mit einem Meßkabel
über.

Anfang 194o wurde bei der Seismos von Th. Krey der Versuch unternommen, durch den Einsatz von fünf Seismographen pro Spur (bei Prakla
wurden entsprechende Versuche mit zwei Seismographen etwa zur selben
Zeit gemacht), mit Abständen von 7 m innerhalb der Gruppen, eine Verbesserung des Nutz/Störverhältnisses durch eine Filterung im Wellen-
zahlbereich zu erzielen. Aus Mangel an Seismographen blieb dieser an
sich sehr erfolgreiche Versuch jedoch für die allgemeine Praxis zunächst ohne Auswirkung.

4. Energiequellen und Schießtechnik

Zur Erzeugung der seismischen Energie wurde in den ersten Jahren reflexionsseismischer Messungen ausschließlich Sprengstoff benützt.

Mintrop hatte zwar bereits im Jahre 191o refraktionsseismische Versuche mit Fallgewichten gemacht, diese aber als erfolglos aufgegeben, so daß in der Reflexionsseismik zunächst erst gar keine Versuche mit Fallgewichten als Energiequelle angezeigt erschienen.

Bereits seit 1927 war bekannt, daß eine Zündung des Sprengstoffes unter der Verwitterungsschicht eine beträchtliche Abschwächung der störenden Oberflächenwellen zur Folge hatte. In Deutschland wurde deshalb in der Reflexionsseismik von Beginn an mit Schußbohrungen gearbeitet.

Das Verfahren zur Niederbringung der Schußbohrungen war anfangs sehr primitiv. Als "Schlagbohren" war es unverändert aus dem Brunnenbau übernommen worden: ein mit einem ledernen Bodenventil versehener eiserner Hohlzylinder wurde solange in die Bohrrohre fallen gelassen, bis er sich etwa zur Hälfte mit Bohrgut gefüllt hatte. Hierbei wurde mit Eimern ständig Wasser in die Rohre gegossen, und diese wurden von Hand bewegt, damit sie tieferrutschen konnten. Nach dem Entleeren der "Pumpe" (des Hohlzylinders) wurde dieser mühsame Vorgang immer wieder von neuem wiederholt, bis die gewünschte Bohrtiefe erreicht war. Bei härteren Schichten dauerte das Bohren bis zu einer Tiefe von etwa 1o m unter Umständen zwei volle Tage.

Aus wirtschaftlichen Gründen mußte daher eine Schußbohrung möglichst oft benutzt werden. Nach dem Besetzen der Bohrung mit Sprengstoff wurden die Rohre etwas angezogen und der Schuß abgetan. Anschließend wurde die Bohrung wieder "heruntergebracht" und von neuem besetzt. Häufig bildete sich unter den Rohren ein "Kessel", der zwar das Laden der Bohrung und damit das Registriertempo beschleunigte, der aber, wie sich später zeigte, Gefährdungen durch Einsturz und durch verspätetes Ausblasen von zunächst abgeschlossenen Sprenggasen mit sich brachte. Außerdem traten Veränderungen der "Aufzeit" auf und damit Veränderungen in den Reflexionszeiten derselben Aufstellung, die anfangs nicht richtig gedeutet wurden. War ein Bohrloch "zusammengefallen", noch bevor eine Aufstellung abgeschossen worden war, mußte in geringer Entfernung ein neues Bohrloch niedergebracht werden.

Die Leistung eines Reflexionstrupps war also in erster Linie von der Leistung des Bohrtrupps abhängig. Sie erhöhte sich, als das "Pumpen" nicht mehr durch manuelles Ziehen und Loslassen an den Aufhängungsseilen der Pumpe, sondern durch rhythmisches Aus- und Wiedereinkuppeln der Pumpenwinde besorgt wurde. Mit dieser sehr früh eingeführten Neuerung konnte die Leistung eines seismischen Trupps auf etwa 2o bis 25 Schußpunkte pro Monat erhöht werden, eine Leistung, die als durchaus normal empfunden wurde.

Neben diesen noch recht primitiven Handbohrgeräten wurde jedoch bereits seit 1936 bei der Seismos ein auf einem Anhänger fest montiertes Rotarygerät eingesetzt, das allerdings zunächst ziemlich reparaturanfällig war (Abb. 7). Seit 1941 wurden auch auf Lastwagen festmontierte Rotarygeräte benutzt, die durch den Motor des Wagens betrieben wurden und Tiefen bis zu etwa 3oo m erreichen konnten.

Die Lagerung und der Transport des Sprengstoffes waren zu jener Zeit kein Problem. Der geschätzte Tagesbedarf wurde von der Reichsbahn täglich als normales Frachtgut angeliefert, der Schießmeister holte ihn jeden Morgen vom Bahnhof ab und verbrauchte ihn meistens noch am gleichen Tage im Gelände. Blieb etwas Sprengstoff übrig, sollte dieser grundsätzlich nach Arbeitsschluß verbrannt werden. Das geschah auch zunächst, später jedoch aus Sparsamkeitsgründen nicht mehr. Der Schießmeister brachte den Sprengstoffrest abends zum Bahnhof zurück, um ihn am nächsten Morgen mit der neuen Sendung wieder abzuholen.

Abb. 7. Auf Anhänger montiertes Rotary-Bohrgerät, im Einsatz von etwa
1936 an (Prakla-Seismos Archiv)

5. Die Interpretation

In den ersten Jahren der Reflexionsseismik beschränkte sich die Interpretation der Seismogramme durch die Kontraktorfirmen häufig nur auf
ihre physikalische Bewertung, wenn die Untersuchungen auf Erdöl angesetzt waren. Eine geologisch-stratigraphische Deutung wurde nicht versucht, sondern von den Geologen der Erdölfirmen vorgenommen, denen
infolge ungenügender Kenntnis der Technik der Reflexionsmethode manchmal tektonische Fehldeutungen unterliefen. Das änderte sich jedoch
sehr bald, als die enge Zusammenarbeit der Erdölgeologen mit den Geophysikern der Meßtrupps einsetzte und damit ein besseres Verständnis
auf beiden Seiten zu größerem Nutzen der Meßergebnisse führte.

Die reflexionsseismischen Messungen für den Bergbau wurden dagegen
von Beginn an in engem Kontakt mit den Markscheidern der Auftraggeber
durchgeführt und alle geologischen Kenntnisse bei den Messungen mit-
verwertet. Bereits im Jahre 1935 wurden von Lückerath in einem Schacht
Messungen der seismischen Geschwindigkeiten ausgeführt und bei der
Profildarstellung verwandt.

Das Aufsuchen von Reflexionen in den stark von Störschwingungen über-
lagerten Seismogrammen jener Tage war schwierig. Es bedurfte eines
ausgeprägten Korrelationsvermögens des Seismikers ("seismischer
Blick"), um die Einsatzzeiten der Reflexionsimpulse zu markieren.
Als Hilfsmittel diente beim "Auswerten" ein Transparentdreieck, das
durch das Verschieben in den Seismogrammen das Auffinden von geradlinig angeordneten Impulsen erleichterte. Wegen des langen Anlaufs
von 3oo m und der geringen Seismographenentfernungen von 25 m innerhalb der Aufstellungen lagen die Impulse in den erfaßten Ästen der
Reflexionshyperbeln tatsächlich fast auf einer Geraden.

Die in den Seismogrammen markierten Reflexionselemente wurden nach
der Strahlenoptik mit der sogenannten "Spiegelkonstruktion" in Profil-
querschnitten dargestellt. Die hierfür benötigten seismischen Ge-

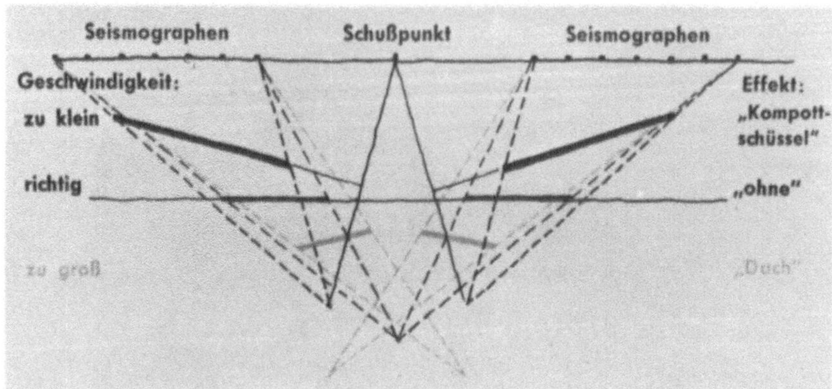

Abb. 8. Graphisches Interpretationsverfahren zur Bestimmung der seismischen Durchschnittsgeschwindigkeit (Prakla Rdsch. 19, 5, 3, 1962)

Abb. 9. Einführung eines Versenkseismographen in ein Bohrloch (TRAPPE, 1935)

schwindigkeiten wurden anfangs näherungsweise empirisch mit einem
Iterationsverfahren bestimmt: wo unter den Schußpunkten söhlige Lagerung der Schichten angenommen werden konnte, wurden zu beiden Seiten Reflexionselemente, die demselben Reflexionshorizont angehörten,
solange mit variablen Geschwindigkeiten konstruiert, bis sie in eine
Gerade fielen (Abb. 8). Die Bestimmung der mittleren Geschwindigkeit
aus den Parametern der Reflexionshyperbel war zwar bereits bekannt,
wurde jedoch in der Praxis wenig angewandt.

Waren für mehrere Zeiten, d.h. für flache und zunehmend tiefere Hori-
zonte, die Geschwindigkeiten ermittelt, wurden sie - in Abhängigkeit
von der Zeit - zur Konstruktion einer Tiefenkurve, der sog. "Eichkurve" benützt. Diese Eichkurve wurde zur Darstellung der Reflexionen
im ganzen Meßgebiet angewandt und bei Nachfolgemessungen, evtl. verbessert, wiederverwendet. Für die geringen Tiefen, die der Reflexionsseismik damals zugänglich waren, erwiesen sich diese Eichkurven als
recht brauchbar.

Die Bestimmung der seismischen Geschwindigkeiten war jedoch nicht nur
auf diese empirische Methode angewiesen. Bereits 1934 gab es Versenkseismographen, die bis zu einer Tiefe von 2ooo m verwendet wurden
(Abb. 9, 1o).

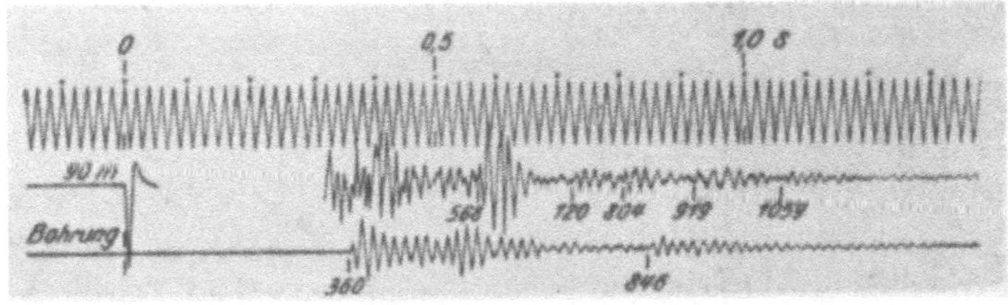

Abb. 1o. Versenkseismogramm "aus einem hannoverschen Erdölvermutungs-
gebiet" (1934). Die untere Spur (Signal des Versenkgeophons) zeigt
einen deutlichen Einsatz bei o,36o Sekunden. Da sich das Instrument
in einem petrographisch ausgezeichneten Horizont befand, wird an der
Oberfläche (mittlere Spur) die zugehörige Reflexion mit o,72o Sekunden
Laufzeit beobachtet (TRAPPE, 1935)

Soweit die Auftraggeber von der Wichtigkeit dieser Messungen überzeugt werden konnten und die technischen Möglichkeiten bestanden,
wurden damals Geophon-Versenkmessungen von beiden deutschen Geophysikfirmen sporadisch durchgeführt.

Die Versenkmessungen wirkten sich auch bald auf die Darstellung der
Meßergebnisse aus durch die Einführung der "Gleithorizonte" als her-
vorstechende Grenzen seismischer Geschwindigkeiten, die meist auch
Grenzen zwischen geologischen Formationen waren. Die Tertiärbasis,
die oberste markante Geschwindigkeitsgrenze in Norddeutschland,
taucht bereits in den Berichten von 1939/4o als Gleithorizont auf,
etwas später kam die Oberkreidebasis hinzu. In dem Bericht Süder-
hastedt vom 29. Aug. 1942 heißt es z.B.:

   "Um die Tiefen der reflektierenden Elemente zu berechnen, wurde
   das für Holstein verwandte Geschwindigkeitsprofil, das aus direkten Messungen in Tiefbohrungen gewonnen wurde, benutzt. Dabei
   wurde die in den Mulden zunehmende Mächtigkeit der Schichten geringer seismischer Geschwindigkeit (Tertiär, Diluvium) besonders
   in Rechnung gesetzt."

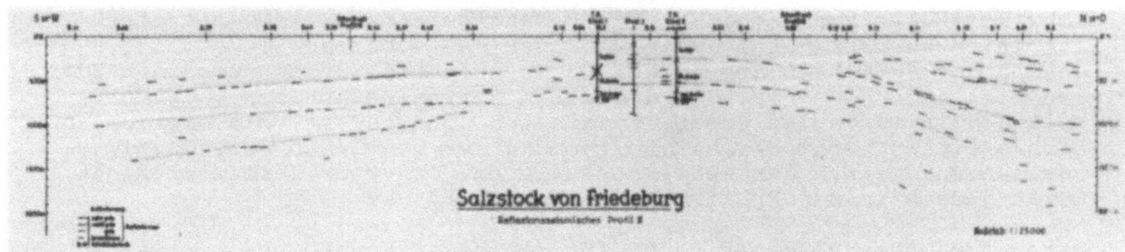

Abb. 11. Reflexionsseismisches Profil aus dem Jahr 1938 über den Salzstock von Friedeburg (Prakla Rdsch. 19, 5, 3, 1962)

Die Bezeichnung eines Eozänhorizontes, der Tertiärbasis und der Oberkreidebasis mit den Buchstaben A, B und C, die bis heute gilt, stammt bereits aus dem Beginn der vierziger Jahre.

Eine der ältesten verfügbaren Ergebnisdarstellungen aus der Vorkriegszeit für die Erdölindustrie ist ein Profilquerschnitt aus dem Jahre 1938, das der erste reflexionsseismische Trupp der Prakla am Salzstock von Friedeburg in Ostfriesland vermessen hat (Truppführer H. Schnell, Mitarbeiter R. Köhler, H. Menzel; Abb. 11).

Dieses Profil gibt bereits bis zu 2ooo m Tiefe ein recht brauchbares Lagerungsbild. Die in späteren Jahren geäußerte Meinung, daß die Reflexionsseismik in Deutschland in den Vorkriegsjahren über erste tastende Versuche nicht hinausgekommen wäre, ist also kaum aufrecht zu erhalten.

F. Trappe schrieb im Bericht über die Messung am Salzstock von Friedeburg sehr vorsichtig:

> "Es ist möglich, daß der obere der dargestellten Horizonte etwa in die Grenzzone Tertiär/Oberkreide fällt, über die Natur der beiden unteren Horizonte lassen sich keine Angaben machen."

Die Aussagen über die stratigraphische und tektonische Zuordnung der Meßergebnisse wurde natürlich im Verlaufe der Zeit zunehmend präziser. Sie gingen Hand in Hand mit verbesserten Aufnahme- und Interpretationsmethoden, die besonders bei der Vermessung des Salzstockes von Hohenhorn deutlich werden.

Bei dieser vom Verfasser im Jahre 1947 durchgeführten Vermessung wurden drei wesentliche Neuerungen konsequent angewandt:

1. Es wurde kontinuierlich gemessen, d.h. der Untergrund wurde 1oo%ig überdeckt.

2. Ein Drittel der Feldarbeit wurde auf Nahrefraktionslinien zur Bestimmung statischer Korrekturen verwandt.

3. Die seismischen Geschwindigkeiten wurden flächenmäßig über das ganze Untersuchungsgebiet aus den Reflexionshyperbeln berechnet.

Wie bereits erwähnt, ermöglichte das Ende der Isolierung der deutschen angewandten Geophysik von der amerikanischen im Jahre 1947 die Schließung der vorhandenen Lücke im Instrumentenbau. Andererseits konnte aber durch die neu gewonnenen Kontakte mit den Geophysikern außerhalb Deutschlands festgestellt werden, daß das Niveau in der Interpretation der seismischen Ergebnisse dem Stand im Ausland zumindest gleichwertig war. Diese Tatsache ist leicht verständlich, wenn bedacht wird, mit welch komplizierter Tektonik und Stratigraphie sich die deutschen Geophysiker durchweg befassen mußten.

Der Verfasser dankt Dr. Ing. W. Zettel, Prakla-Seismos GmbH., Hannover, für viele technische Hinweise, die bislang noch nirgends veröffentlicht worden sind, sowie einigen älteren Kollegen für intensive Diskussionen, die wertvolle Informationen zum behandelten Thema beisteuerten.

Literatur

LÜCKERATH, H.: Fortschritte der Reflexionsseismik. Oel und Kohle 37, 5, 73-77 (1941).
TRAPPE, F.: Die Anwendung des seismischen Reflexionsverfahrens im Kohlebergbau. Glückauf 577-582 (1935).

Die geophysikalische Reichsaufnahme und ihre Vorgeschichte

H. Closs

Mit dem Anfang der Geophysikalischen Reichsaufnahme begann 1934 eine
entscheidend wichtige Entwicklungsphase der angewandten Geophysik in
Deutschland. Bei der historischen Betrachtung dieses Vorganges darf
es nicht unterlassen werden, den Hintergrund zu skizzieren, vor welchem sich jenes Ereignis abhob. Nur so ist es möglich, die geistigen
Leistungen einzelner Akteure anzudeuten und davon zu lernen, obwohl
nie ein historischer Vorgang in allen Einzelheiten abläuft wie ein
anderer, auch wenn Parameter verändert werden. Trotzdem hat die historische Analyse ihre allgemein anerkannte Bedeutung. Was hier interessiert, sind - abgesehen von der Entwicklung eines Zweiges der Erd-
wissenschaften - das Zusammenwirken von wissenschaftlichen Instituten
und Regierungsstellen, die Reaktionszeiten bis zur Nutzanwendung von
Einzelleistungen, die gegenseitigen Beziehungen von Hochschulen und
wissenschaftlichen Behörden, das Wirken der damaligen Notgemeinschaft
der Wissenschaft und die Neben- und Nachwirkungen einer wissenschaft-
lich gut vorbereiteten Initiative, schließlich das Zusammenwachsen
dreier Fachrichtungen (Geophysik, Geodäsie und Geologie).

1. Vorgeschichte

a) Gravimetrie

Abb. 1 zeigt, stellvertretend auch für die anderen Zweige der Geophysik, einige wichtige Daten aus der Entwicklung der Gravimetrie
(Physik, Geodäsie, Geophysik) und den Zeitpunkt des Beginns einer

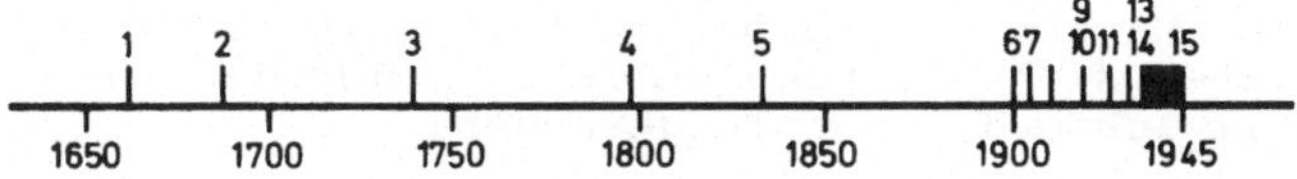

Abb. 1. (1) Richer (Frankreich) führt 1672 Gangdifferenzen einer Pen-
deluhr an zwei Orten auf unterschiedliche Schwere zurück; (2) Newton-
sche Gesetze (England) 1687; (3) Bouguer (Frankreich) - Pendelmessungen in Peru 1735-43; (4) Cavendish (Endland) - Bestimmung der Gravi-
tationskonstante, 1798; (5) Herschel (England) - Vorschlag für ein
Gravimeter, 1833; (6) v. Sterneck (Österreich) - Invariable Pendel,
ungefähr 19oo; (7) Kühnen und Furtwängler (Deutschland) - Absolutbe-
stimmung der Schwere, 19o4; (8) Eötvös (Ungarn) - Drehwaagemessungen,
19o9; (9) Ising (Dänemark) - Vorschlag für erstes astatisches Feldgravimeter, 1918; (1o) Schweydar und Heiland (Deutschland) - Erste
Drehwaagemessungen an einem Salzstock in Deutschland, 1918; (11) Beginn systematischer Pendelmessungen in Norddeutschland, ungef. 192o;
(12) Jung (Deutschland) - Grundlegende Darstellung und Zusammenfas-
sung der gravimetrischen Methoden, 193o; .(13) Schleusener (Thyssen)
(Deutschland) - Erste Gravimetermessungen in Deutschland, 1934;
(14) Beginn der Geophysikalischen Reichsaufnahme, 1934; (15) Ende
der Reichsaufnahme 1945 (nach JAKOSKY, 195o u.a.)

systematischen Überdeckung großer Teile Deutschlands mit Schweremessungen. Man erkennt die für die meisten Wissenszweige bekannte jahrhundertelange Anlaufzeit und die etwa ab 19oo in rascher Folge sich abspielenden Ereignisse, welche die technischen und geistigen Voraussetzungen für die gravimetrische Landesaufnahme schufen.

Auf welcher Höhe die gravimetrische Tätigkeit in Europa, speziell in Deutschland, in den zwanziger Jahren stand, wird am besten dadurch illustriert, daß sich der später führende amerikanische Geophysiker Barton in Deutschland in den Gebrauch von Drehwaagen einweisen ließ (CLOSS, 1952).

Von geologischer Seite aus versuchte man sich in der Deutung (BORN, 1925; KOSSMAT, 1931), da man den Wert der physikalischen und geodätischen Entwicklungen für die geologische Erkundung insbesondere jener Gebiete erkannt hatte, deren Struktur durch junge und jüngste (pleistozäne) Sedimente verschleiert ist. Der Mann, der später eine führende Funktion bei der Geophysikalischen Reichsaufnahme innehaben sollte, O. Barsch, war schon 1918 bei den ersten - von einem Direktor der Deutschen Bank angeregten (!) - Drehwaagemessungen an hannoverschen Salzstöcken (SCHWEYDAR, 1918) zugegen. 1921 führte er selbst Drehwaagemessungen an einem Salzstockrand in Norddeutschland und 1922 im Oberrheingebiet an Verwerfungen aus. 1923 bearbeitete er eine Fragestellung im oberschlesischen Karbon. Dies waren die Anfänge der langen Kette seiner Einzeluntersuchungen im Rahmen der Preußischen Geologischen Landesanstalt.

Die theoretischen Grundlagen für die gravimetrischen Methoden legten dar bzw. schufen HAALCK (1929) und insbesondere JUNG (193o), beide vom Geodätischen Institut in Potsdam.

Eine dritte Gruppe waren die Askania-Werke in Berlin, die an der Vervollkommnung sowohl von Pendelapparaten als auch vor allem der Drehwaagen arbeiteten, die dann in die ganze Welt gehen sollten. Schweydar, mit Verbindungen zu Shell, der auch damals größten europäischen Erdölgesellschaft, war ihr wissenschaftlicher Berater.

Die Entwicklung lag also nur bei einer Handvoll Männer. Sie aber hielten engen Kontakt und jeder von ihnen hatte seinen eigenen Schwerpunkt: Vertreter von Theorie, Mathematik, Experimentalphysik, Technik und angewandter Geologie hatten sich zur rechten Zeit, jeder den anderen in seiner Funktion voll achtend, zusammengefunden.

In ziemlicher Abgeschiedenheit arbeitete das Team v. Thyssen und Schleusener, letzterer als Hauptkonstrukteur, bei der Seismos an einem feldfähigen Gravimeter (SCHLEUSENER, 1934).

Die Hochschule stand wegen mangelnder Mittel abseits. So ist es zu verstehen, daß ein für seine Zeit bekannter und geachteter Hochschullehrer den Berichterstatter fragte, wie groß denn so ein mit einer Drehwaage gemessener Gradient werden könne. KOENIGSBERGER (1927) verfolgte die Entwicklung als Physiker.

<u>b) Magnetik</u>

1915 hatte Adolf Schmidt, Potsdam, das erste wirklich feldfähige Magnetometer einsatzbereit (HAALCK, 1953, S. 5). 1933 bewährte sich eine temperatur-kompensierte Version dieses von den Askania-Werken hergestellten Gerätes (REICH, 1933). Die Grundlagen für eine quantitative Auswertung sind von HAALCK (1927), KOENIGSBERGER (1938) und NIPPOLDT (193o) Anfang der dreißiger Jahre zusammengefaßt worden.

Der Nutzen der Geomagnetik für die Erzprospektion war schon lange
bekannt. Ob es aber sinnvoll sei, diese Methode für Regionalaufnahmen
speziell in Norddeutschland zur Erkundung des tiefen Untergrundes einzusetzen, war Gegenstand vielfacher Diskussionen. Bahnbrechend waren
hier die Arbeiten von REICH (1927) und SCHUH (192o, 193o), die zeigten, daß es nicht die eiszeitlichen Moränen mit ihrem reichlichen
Gehalt an nordischem Kristallin waren, oder die Tektonik der obersten Sedimente, sondern der kristalline Untergrund, der die auffallenden Anomalien hervorrief. Eine Prospektion von Salzstöcken mit
Magnetik wurde eine Zeitlang propagiert.

Auch in der angewandten Geomagnetik waren es Observatorien (Preußen,
Bayern, Württemberg), das Geodätische Institut Potsdam und die Geologische Landesanstalt in Berlin, welche die Entwicklung maßgebend
beeinflußten. Wieder waren es die Askania-Werke, welche die instrumentelle Basis bereitstellten. Von der Hochschule kamen interessante
Beiträge zum Gesteinsmagnetismus.

c) Seismik

Die Refraktionsseismik ist, wenn wir die deutsche Entwicklung betrachten, im Geophysikalischen Institut der Universität Göttingen entstanden, belegt durch das berühmte Patent des Jahres 1917 von Mintrop.
Trotz einiger Versuche in Deutschland - eine auf Grund seismischer
Messungen niedergebrachte Bohrung beim Gasvorkommen Neuengamme war
erfolglos - konnte diese Methode der Geophysik erst in den USA 1924
den berühmten Erfolg am Orchard Dome erzielen (JAKOSKY, 1949, S. 12).
Aus dieser Zeit erzählt man sich die schöne Geschichte, Mintrop habe
einem Direktor einer amerikanischen Erdölgesellschaft bei seinem ersten Besuch zugesichert, er komme "from Germany to sell wifes (waves)
which can detect oil accumulations in the underground"!

Die Seismos sammelte im Laufe der Jahre einen großen Schatz an Erfahrungen in den USA. Auch von der Preußischen Geologischen Landesanstalt
wurden Ende der zwanziger Jahre seismische Refraktionsarbeiten ausgeführt (SCHWEYDAR u. REICH, 1927; BARSCH u. REICH, 193o).

Es gab ein kurzes Intermezzo, in welchem man, verführt durch die Messung von Emergenzwinkeln von 90° und ohne Kenntnis der Wirkung der
Verwitterungsschicht, glaubte, von den optischen Gesetzen abweichen
zu müssen. Doch die Arbeiten von ANSEL (193o) und anderen setzten
sich bald durch.

Auch in der Seismik war also bis in die ersten dreißiger Jahre ein
zehnjähriger Reifungsprozeß durchlaufen, sowohl was das Grundsätzli-
che, die Instrumentierung, die Anwendung auf Objekte und die Auswertung anbelangt. Von den Hochschulen hatte sich die Aktivität sehr
weitgehend zur Industrie und zu den maßgebenden wissenschaftlichen
Behörden verlagert. Der Stand des Wissens ist vor allem bei JUNG
(193o) im Handbuch der Experimentalphysik und in einem Lehrbuch von
REICH (1933) in befriedigender Weise dargelegt.

2. Der Beginn der Geophysikalischen Reichsaufnahme

In aller Kürze wurde versucht, zu zeigen, daß einige wenige Geophysiker und Geodäten auf der einen Seite und Geologen auf der anderen
bemerkenswert eng in den zwanziger Jahren zusammengearbeitet haben.
Dabei gab es einen wissenschaftlichen Schwerpunkt im Raum Berlin/

Potsdam, der häufig enge persönliche Kontakte ermöglichte. Aber auch
in Bayern, vertreten z.B. durch Burmeister, und in Württemberg und
Hessen begann eine (magnetische) Landesaufnahme. Die Geophysiker
vermittelten den Geologen ihre Ergebnisse, berieten sie, und die Geologen, die über ein Jahrzehnt praktische Erfahrung in der Geophysik
gesammelt hatten, brachten ihre Probleme ein. Als Folge dieser Entwicklung haben Männer wie Barsch (Preuß. Geol. L.A.), Born (Technische Hochschule Berlin), Kossmat (Sächs. Geol. L.A.), Kühn (Preuß.
Geol. L.A.), Reich (Preuß. Geol. L.A.) und Schuh (Mecklenburg. Geol.
L.A.) vor allem gegen Ende der zwanziger Jahre auf eine systematische
geophysikalische Regionalaufnahme gedrängt, da die drei wichtigsten
geophysikalischen Methoden so weit entwickelt und erprobt waren, daß
sie sich gegenseitig ergänzen konnten. Die damalige Weltwirtschafts-
krise lähmte jedoch jede Initiative staatlicher und industrieller
Geldgeber.

Nach 1933 waren die früheren Kontakte der maßgebenden Wissenschaftler
untereinander und mit den Ämtern und Regierungsstellen zunächst nicht
abgebrochen. So gelang es, ein Gesetz des Reichswirtschaftsministers
und des Preußischen Ministers für Wirtschaft und Arbeit zu erwirken,
mit welchem die Durchforschung des Reichsgebietes nach nutzbaren Lagerstätten angeordnet wurde (Lagerstättengesetz vom 4. Dez. 1934,
veröff. am 1o. Dez. 1934 in Nr. 133 Reichsgesetzblatt). Ihm war die
Gründung einer Kommission zur Geophysikalischen Reichsaufnahme vor-
ausgegangen und eine Denkschrift dieser Kommission vom 27.5.1934 über
die Notwendigkeit einer geophysikalischen Untersuchung Deutschlands
von Professor v. Seidlitz, Präsident der Preuß. Geol. L.A., Geh.Rat
Kohlschütter, Präsident des Geodätischen Instituts in Potsdam, Professor Nippoldt, Leiter des Magnetischen Observatoriums Potsdam,
Professor Sieberg, Leiter der Reichsanstalt für Erdbebenforschung in
Jena und Professor Angenheister, Leiter des Geophysikalischen Instituts der Universität Göttingen. Diese Denkschrift ging auch zur damaligen Notgemeinschaft der Deutschen Wissenschaft, begleitet von einem
Antrag auf RM 335 ooo.--. Dieser Einmütigkeit der maßgebenden Institutionen ist der Durchbruch zur Geophysikalischen Reichsaufnahme zu
verdanken.

Nicht allzu lange zuvor hatte es einen Präsidenten der Preußischen
Geologischen Landesanstalt gegeben, der meinte, er könne, ohne Schaden
an seiner Gesundheit zu nehmen, die Menge Erdöl trinken, welche außer
der im hannoverschen Raum schon bekannten in der restlichen norddeutschen Tiefebene aufgefunden werden könnte. Davon hat sich jedoch
Alfred Bentz, damals ein junger Geologe an der gleichen Anstalt, der
stets enge Kontakte mit der deutschen Erdölindustrie gepflegt hatte,
nicht beeinflussen lassen. Er vertrat ganz im Gegenteil die Anschau-
ung, daß eine Erdölproduktion von ca. 2oo ooo t - die deutsche Förderung anfangs der dreißiger Jahre - nicht vollen Nutzen aus den geologischen Möglichkeiten ziehe, womit er recht behalten sollte.

War zu einem erheblichen Teil dem Wirken von Barsch das Lagerstättengesetz zu verdanken, so ist in ähnlicher Weise Bentz als der Schöpfer
eines Reichs-Erdöl-Bohrprogramms zu betrachten. Es versteht sich von
selbst, daß Barsch und Bentz im Rahmen der gleichen Behörde engstens
zusammenarbeiteten und sich gegenseitig Anregungen gaben. Jeder von
den beiden hatte seinen eigenen Verfügungsfonds. Die Notgemeinschaft
der Deutschen Wissenschaft, die zunächst eingesprungen war, zog sich
in den nächsten Jahren in dem Maße zurück, wie das Reichswirtschafts-
ministerium die Kosten der Reichsaufnahme tragen konnte, die rasch
auf mehrere Millionen jährlich anwuchsen.

Die Geschäftsführung der Kommission zur Geophysikalischen Reichsaufnahme, also die Durchführung und Finanzierung der Arbeiten, lag bei

der Preuß. Geol. L.A. (BARSCH, 1937a). Man hatte versucht, insbesondere für die Planung und Auswertung der Arbeiten, alles Fachwissen
zusammenzufassen. Auch die Seismos, der Hauptkontraktor für Gravimetrie und Refraktionsseismik, war als Beobachter und Ratgeber bei
den Sitzungen der Kommission (s.o.) stets vertreten. Es zeigte sich
aber wider Erwarten, daß dieses Modell der Mitbestimmung nicht viel
einbrachte, da weder von der theoretischen noch praktischen Seite
- einige Pendelmessungen ausgenommen - eine wirkliche Mitarbeit der
anderen Mitglieder einsetzte. Die Kommission schlief also allmählich
ein, zum Schaden der Sache Geophysik.

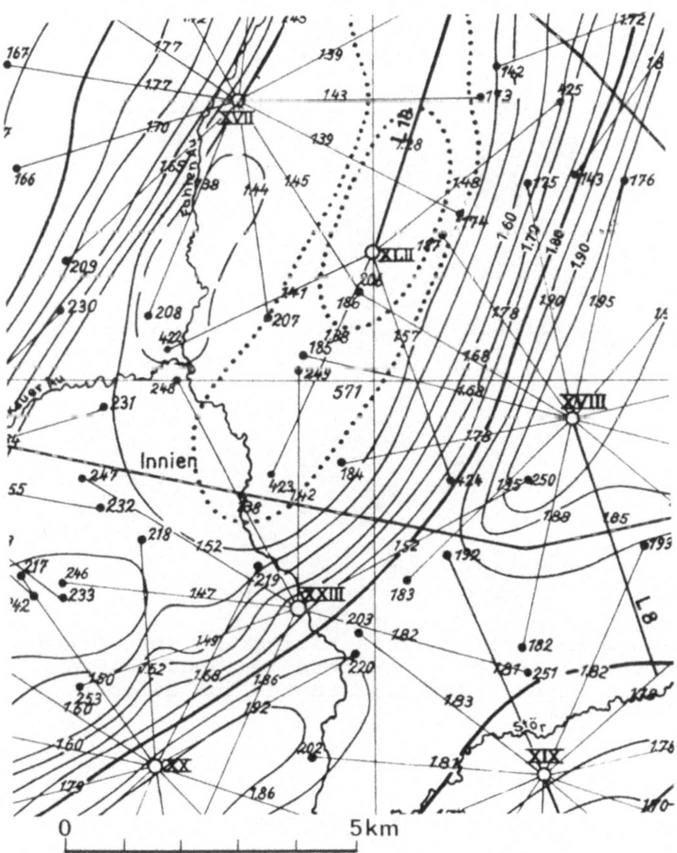

Abb. 2. Laufzeitplan auf Grund von Fächerschießen im Bereich einer
Oberkreideaufwölbung mit Salzkern, Schleswig-Holstein.
Offener Kreis mit XIX = Schußort; ausgefüllter Kreis mit 2o3 = Beob-
achtungsort; 1,83 in der Mitte zwischen Schuß- und Beobachtungsort
= auf 4 km Einheitsentfernung reduzierte Laufzeit des ersten Einsat-
zes in Sekunden; Linien gleicher Laufzeit im Abstand von 5/1oo sec;
L 18 = Refraktionslinie (Archiv Bundesanstalt für Bodenforschung
Hannover)

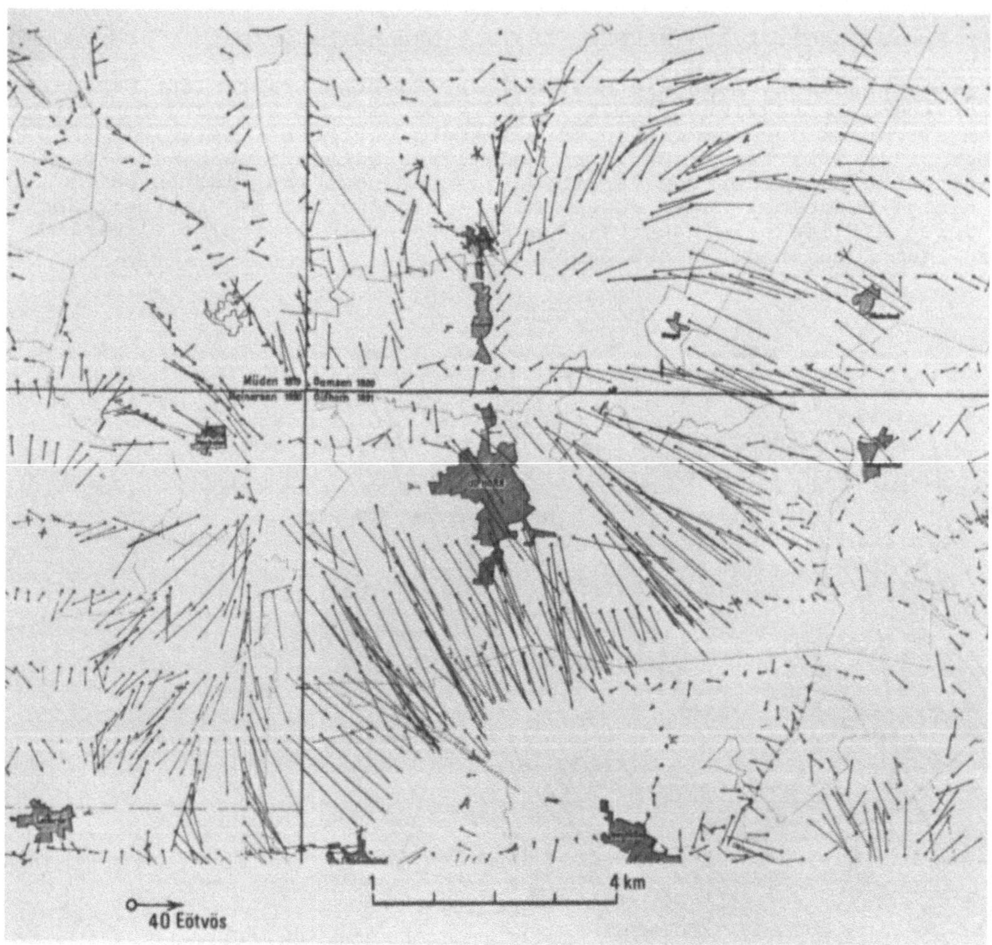

Abb. 3. Die Entdeckung von 2 Salzstöcken (ein kleiner in der SO-Ecke)
durch Drehwaagemessungen unweit Hannover. Beachte den RegionalGra-
dienten in Südostrichtung im Bereich des Salzstockes von Gifhorn
(WOLFF, 1939; nach BARSCH, 1943)

3. Das Ergebnis der Geophysikalischen Reichsaufnahme

a) Geophysikalisch - geologisch

Man könnte hier viele Details anführen wie z.B., daß etwa 2oo bis
dahin unbekannte Salzstrukturen aufgefunden, hunderte von Kilometern
Verwerfungen im Oberrheintal festgelegt worden sind usw. Die Abb. 2,
3 und 4 zeigen dafür Beispiele. Damit läßt sich jedoch die im gesamten
erzielte Erweiterung des geologischen Bildes ebenso wenig beschreiben
wie etwa durch die Nennung der Anzahl von Bohrungen und Bohrmetern
(allein bis 1.4.37 waren es schon 16o Bohrungen mit 166 ooo Bohrmetern; BROCKAMP, 194o), die zum allergrößten Teil auf Ergebnissen der
Reichsaufnahme basierten. Auch der Vergleich der Abb. 5 und 6 veran-
schaulicht nur ein Teilergebnis.

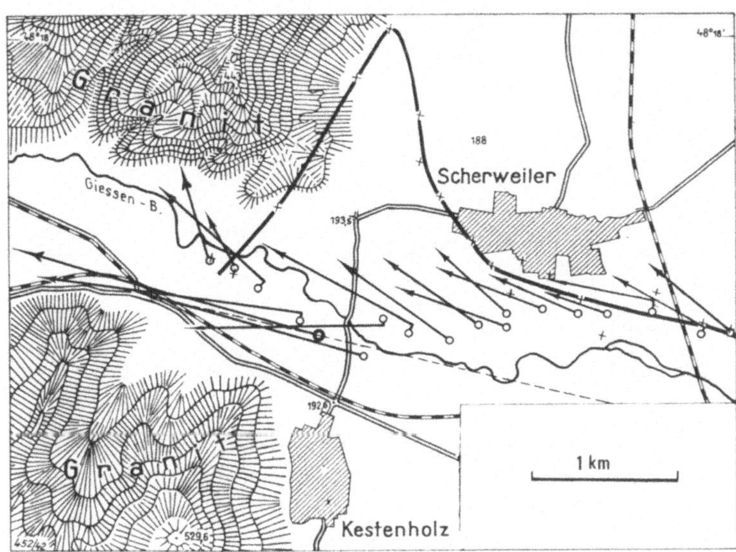

Abb. 4. Ergebnisse von Drehwaagemessungen am Westrand des Oberrhein-
grabens. Die Randverwerfung ergibt hier einen maximalen Gradienten
von ca. 75 Eötvös, die asymmetrische Gradientenkurve zeigt eine nach
Ost einfallende Verwerfung an

Für Norddeutschland von der holländischen bis zur polnischen Grenze,
den Oberrheingraben und das Alpenvorland änderten sich in kurzer Zeit
die geologischen Vorstellungen als Folge der geophysikalischen Tätigkeit von Grund auf. Die terra incognita weiter Flächen erwies sich
als hochinteressant sowohl vom wirtschaftlichen als auch geologisch-
wissenschaftlichen Standpunkt (s.a. REICH, 1949). Endgültig wurden
Geologie und Geophysik - nun auch in Deutschland - zusammengeführt.
Der Geophysik wurde eine solche Bedeutung eingeräumt, daß z.B. der
Geologe BARSCH (1942) schrieb: "Die Einführung der Geophysik als
Pflichtfach für Geologen, Bergleute und Markscheider auf der Hochschule ist ein weiterer Grundpfeiler für Entwicklung und Praxis ...
Noch ein weites Aufgabenfeld auf dem Gebiete des Aufbaues von lei-
stungsfähigen Instituten und geophysikalischen Forschungsanstalten
liegt vor uns ..." - Leider ist diese Forderung bis heute nur teilweise erfüllt.

Im Rahmen der Reichsaufnahme wurden unter der Leitung von H. Reich
durch die Preuß. Geol. L.A. (PGLA) magnetische und durch die PGLA
sowie in deren Auftrag von der Seismos, unter Leitung von J. Schander,
und zwei kleinen Unternehmungen gravimetrische Messungen in weiten
Gebieten durchgeführt. Mit tausenden von Drehwaagestationen (bis zu
2o ooo pro Jahr) wurden Norddeutschland und der Oberrheingraben be-
deckt. Pendelmessungen (im Auftrage der PGLA hauptsächlich ausgeführt
von K. Jung und H. Schmehl (Geodätisches Institut Potsdam) und Gravimetermessungen (ebenfalls im Auftrag der PGLA: Seismos unter Leitung
von A. Schleusener) dienten anfänglich als regionale Stütze für die
Drehwaagemessungen. Später begannen Gravimetermessungen die Drehwaagemessungen zu ersetzen (s. z.B. CLOSS u. WOLFF, 1939). Eine Eichstrecke
für Gravimeter wurde im Harz eingerichtet, und auf der Zugspitze wurde
gemessen, in der Hoffnung, in diesem Gebiet junger Tektonik vielleicht
Jahrzehnte später Änderungen der Schwere nachweisen zu können. Bei der

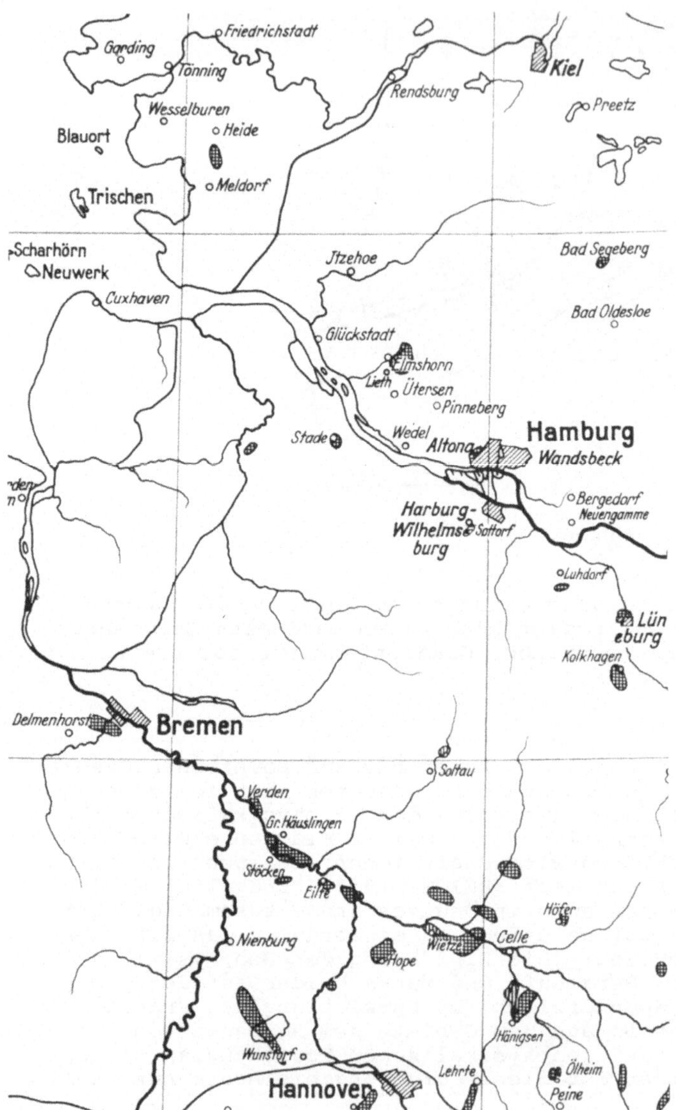

Abb. 5. Die vor der Geophysikalischen Reichsaufnahme im Gebiet zwischen Hannover und Kiel bekannten Salzstrukturen (FULDA, 1935)

Seismik der Reichsaufnahme - betreut durch H. Reich, ausgeführt von der Seismos unter der Leitung von K. Röpke - dominierte die Refraktionsseismik, insbesondere nachdem sich gezeigt hatte, daß durch Fächerschießen mit Erfolg große Gebiete überdeckt werden können, da meist eine Deckschicht mit geringer Geschwindigkeit (Tertiär) über einer Unterlage mit höherer (Mesozoikum) liegt. Mit relativ geringen Kosten konnte schnell sehr viel neue Erkenntnis in Bezug auf das oberste Stockwerk gewonnen werden. Die reflexionsseismischen Spezialuntersuchungen waren schon damals im wesentlichen der Erdölindustrie vorbehalten, aber auch die Reichsstelle (vormals PGLA) führte in der

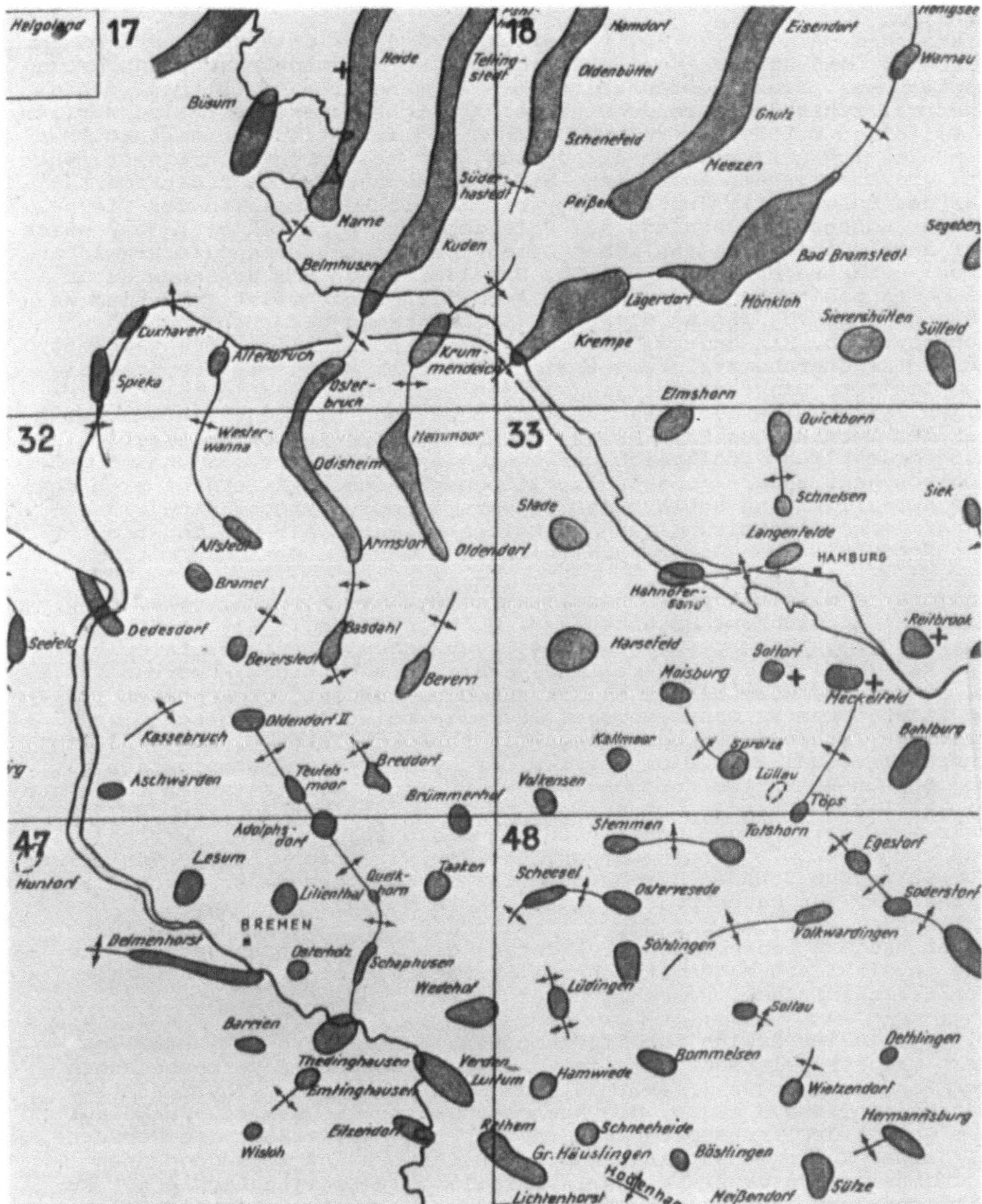

Abb. 6. Die Salzstrukturen in Nordwestdeutschland nach der Geophysikalischen Reichsaufnahme (Closs in Reichsamt: Geotektonische Karte)

letzten Phase selbst Reflexionsmessungen in bescheidenem Umfang durch. Die Ergebnisse der Refraktionsseismik wirkten stimulierend auf die Reflexionsseismik.

Das Sammeln von Daten für große Flächen und eine rasche, oft nur qualitative Auswertung für den Ansatz von Bohrungen hatte Vorrang. Alle

Mittel und personellen Möglichkeiten wurden dem untergeordnet, in der
Hoffnung, daß später aus der Gesamtschau eine umso bessere Auswertung
möglich sei. Dieser Gedanke ist zwar in mancher Hinsicht bestechend,
aber die fehlende laufende wissenschaftliche Kontrolle hat sicherlich
- bei allen Erfolgen - zu erheblichen Fehlinvestitionen geführt. Man
bemühte sich nur wenig um die Deutung der meisten großen magnetischen
und gravimetrischen Anomalien. Mit Enttäuschung wurde registriert,
daß der Befund: "Im Zentrum der gravimetrischen Anomalie des Flechtinger Höhenzuges Hochlage des Paläozoikums" nicht in einfacher Weise
auf andere Anomalien ähnlicher Dimension - ausgenommen das Bramscher
Hoch - übertragen werden konnte. Die Tiefenlage der Ursachen der regionalen positiven und negativen Anomalien wurde meist zu gering angesetzt. Man zog daraus nicht für Meßprogramme die entsprechenden
Konsequenzen. Ein anderes Beispiel sind die unzähligen Drehwaagemessungen im Oberrheintal, wo es sich hinterher herausstellte, daß die
komplizierte Dichte-Verteilung in den Sedimenten nur in relativ wenigen Fällen eine quantitative Interpretation hinsichtlich der Tektonik des Tertiärs zuläßt. Da das Fächerschießen in Nordwestdeutschland
außerordentlich erfolgreich war, wurde es zu stereotyp auch auf geologisch ganz anders gebaute Gebiete übertragen. - Es ergibt sich daraus der allgemeine Schluß, daß eine zumindest überschlägige wissenschaftliche Bearbeitung geophysikalischen Materials möglichst mit
der Produktion von Daten parallel laufen muß.

Ansätze zu wissenschaftlichen Auswertungen des Materials sind natürlich zu verzeichnen. So hatte z.B. W. Wolff (mündl. Mitt.) Modelle
für die große Schwerestruktur des Flechtinger Höhenzuges berechnet
und kam dabei zu der Vorstellung, daß auch sehr tiefe Krustenteile
zu dieser Anomalie beitragen müssen. Eine Auswahl von Arbeiten ist
im Literaturverzeichnis gegeben. Für die meisten magnetischen und
gravimetrischen Interpretationen ist charakteristisch, daß lediglich
durch eine qualitative Diskussion der Messungen und Kombination mit
geologisch Bekanntem versucht wurde, zu neuen Vorstellungen zu kommen,
ein Verfahren, das in keiner Weise befriedigte. Es fehlten für die damals sehr aufwendigen Modellrechnungen die Zeit und das Personal. So
muß auch hier wiederholt werden, daß die wissenschaftliche Verwertung
der Daten zum Schaden der Reichsaufnahme in einem denkbar unglücklichen
Verhältnis zur Datenproduktion stand. Beim Neuaufbau einer geophysikalischen Abteilung bei der Bundesanstalt für Bodenforschung in Hannover hat der Berichterstatter daraus die Konsequenzen gezogen und
die physikalisch-mathematische Kapazität, verglichen mit der Zeit
der Reichsaufnahme, wesentlich verstärkt.

Ein spezieller Gewinn für die Geophysik waren die direkt oder indirekt mit der Reichsaufnahme in Verbindung stehenden Verbesserungen
der Pendelmessungen (± 1-2 mGal) und des Schleusener-Thyssen-Gravi-
meters (± o,2-o,3 mGal), die Neukonstruktion der Askania-Werke auf
dem Gebiet der transportablen Gravimeter (GRAF, 1938), die Versuche
mit einer Reflexionsapparatur mit Verstärkern und Kohlegeophonen
(Siemens-Apparatur B. Marsch), vor allem die Konstruktion einer Re-
flexions- und Refraktions-Apparatur durch Trappe u. Zettel (Seismos,
später Prakla) mit einem für die damalige Zeit sehr kleinen und hand-
lichen Tauchspulgeophon - mit dieser technischen Entwicklung (s. R.
KÖHLER, 1974, in diesem Band) ist in Deutschland die Basis für die
moderne Reflexionsseismik gelegt worden; das Gründungsdatum der Prakla
fällt in diese Zeit. Die Nomogramme für die Geländekorrektion (SCHLEU-
SENER, 194o) waren bis in die heutige Zeit ein wichtiges Hilfsmittel
bei der Gravimetrie. Das Taschenbuch der angewandten Geophysik (REICH
u. v. ZWERGER, 1943) faßte den damaligen Kenntnisstand sehr gut zusammen und war lange Zeit mit das beste deutsche Lehrbuch für angewandte Geophysik.

Von Geoelektrik, die auch im Rahmen der Reichsaufnahme eingesetzt
worden war, ist wegen ihrer im wesentlichen lokalen Messungen bisher
nicht die Rede gewesen. Die Arbeiten von Hummel neben solchen fran-
zösischer und russischer Autoren, veranlaßten die Aufstellung eines
Teams von Mathematikern im Rahmen der Reichsaufnahme, das unter Ebert
einen Kurvenatlas zur Auswertung von Gleichstrommessungen mit der
Schlumberger-Anordnung errechnete. Hallenbach hatte engen Kontakt
mit dieser Gruppe und führte zusammen mit seinen Mitarbeitern nach
1945 die damals begonnene Entwicklung planmäßig weiter, so daß die
Bundesrepublik heute in dieser Sparte führend ist. B. Marsch (Sie-
mens) hatte eine Apparatur für Gleichstrommessungen entwickelt. Sie
war der Ansatzpunkt für alle weiteren instrumentellen Entwicklungen
auf diesem Sektor, die dazu führten, daß die heute in Deutschland
gebauten Apparaturen Spitzenerzeugnisse sind.

Errulat vom Deutschen Hydrographischen Institut und Reich waren Freunde seit alter Zeit. So mag der Aufschwung der Geophysik während der
Reichsaufnahme auch Errulat ermutigt haben, eine Gruppierung von För-
stersonden zu schaffen, mit der es möglich schien, vom fahrenden
Schiff aus das magnetische Totalfeld mit hoher Genauigkeit zu vermessen. Die fertige Apparatur, ein Gegenstück zur ersten aeromagnetischen
Sonde der USA, ist 1945 von den Besatzungsbehörden beschlagnahmt und
abtransportiert worden.

b) Wirtschaftlich

Insgesamt war die Reichsaufnahme und das Reichsbohrprogramm ein großer
wirtschaftlicher Erfolg für den Staat, allein schon, wenn man nur die
Rückzahlungen der Erdölgesellschaften aus den mit Reichsbohrdarlehen
aufgefundenen Ölfeldern, die stark gestiegenen Förderzinsen und die
dem Fiskus zufließenden Steuern addierte. Genaue Zahlenangaben sind
leider nicht mehr auffindbar. Nach 1945 haben einige Länder, darunter
z.B. Australien, bis zu einem gewissen Grade die Grundgedanken dieses
Rohstoffprogramms übernommen, und manche Maßnahmen unserer derzeitigen
Regierung haben Ähnlichkeit mit dem damaligen Konzept, das von Fach-
leuten entwickelt worden war.

Davon ausgehend, daß die Salzstrukturen, Aufwölbungen etc. die erdöl-
höffigen Bereiche sind, war das geophysikalische Ergebnis der Reichsaufnahme bald die Grundlage auch für die Vergabe und Abgrenzung von
Erdölkonzessionen. Das Ziel war dabei, Strukturen nicht beliebig zu
durchschneiden, sondern die Konzessionsgrenzen so zu legen, daß eine
ungestörte optimale Ausbeutung im Falle der Fündigkeit gewährleistet
war. Auch die Haftgebiete im Umkreis von Reichsbohrungen für spätere
Rückzahlungen im Falle der Fündigkeit wurden auf Grund geophysikalischer Ergebnisse festgelegt.

Die Ergebnisse von Geophysik und Bohrungen wurden in vertraulichen
Austauschsitzungen der Industrie bekanntgegeben. Diese Überwindung
früherer Geheimniskrämerei wirkte außerordentlich stimulierend auf
die Aufschlußentwicklung. Der Gedanke der Austauschsitzungen ist auch
nach 1945 weiter als richtig erkannt worden.

Selbstverständlich gab es auch manche anderen Gelegenheiten, wo im
öffentlichen Interesse auf die Ergebnisse der Reichsaufnahme zurückgegriffen worden ist. So wurde, um nur zwei Beispiele zu nennen, zur
Bauplanung für das Volkswagenwerk vom Verfasser an Hand von Drehwaagemessungen dienstlich Stellung genommen (Salzstock-Nähe!). Da die Planung der Auffahrrampe für eine Hochbrücke über die Elbe über einen
Salzstock verlief, mußten für wichtige Bauentscheidungen die seismi-

schen und gravimetrischen Ergebnisse der Reichsaufnahme benutzt und
z.T. ergänzt werden.

Von 1937 bis 1942 wurden, fußend auf Ergebnissen sowohl des Erdölbohr-
programms als auch der Geophysikalischen Reichsaufnahme, Aufschluß-
bohrungen auf Eisenerze im Raume nördlich von Braunschweig durchgeführt. Man entdeckte dabei eine riesige Lagerstätte mit ca. 1,5 Mil-
liarden Tonnen Eisenerz (SEITZ, 1950). Wegen des Krieges und seiner
Folgen wurde damals ein Abbau nicht begonnen. Im Verlaufe dieser Erzprospektion wurde eine Bohrung angesetzt, um das Westende der Eisen-
erzmulde zu finden und gleichzeitig den Randbereich eines Salzstockes
auf seine Erdölhöffigkeit hin zu untersuchen. Er war mit Drehwaagemessungen der Reichsaufnahme aufgefunden und auch mit Refraktionsseismik untersucht worden. Anhand der Auswertungen (Closs, Rössle)
wurde ein Bohrbereich festgelegt. Die Bohrung fand kein Erz mehr und
ergab so den Westrand des Eisenerzlagers, sie wurde gleichzeitig erdölfündig und erschloß eine neue Erdölprovinz in Niedersachsen. Es
liegt hier der einzigartige Fall vor, daß Erdölbohrungen Erzanzeichen
ergaben und eine der Folgebohrungen auf Erz erdölfündig wurde. In allen Stadien der Prospektion war die Geophysik maßgebend beteiligt.

4. Zusammenbruch 1945 und Wiederaufbau auf der Grundlage der Erfahrungen mit der Reichsaufnahme

Die wichtigsten Bestände der Archive der Reichsaufnahme transportierte
der Berichterstatter in einem LKW vor der Schlacht um Berlin nach
Schleswig-Holstein. Um sie vor allen Kriegsgefahren zu schützen, wurden sie in der Nähe eines einsamen Bauerngehöftes unter Ziegelsteinen
vergraben und erst dann der englischen Militärregierung in Celle ge-
meldet, als ein Bevollmächtigter der Besatzungsarmee zur Errichtung
eines geologischen Dienstes ernannt war. Mit seiner Hilfe wurde das
ganze Archiv geschlossen nach Celle verfrachtet.

Die Seismos hatte sich aus dem bombengefährdeten Gebiet von Hannover
in den Harz zurückgezogen und hatte ihren wesentlichen Besitz an Geräten und Unterlagen gerettet. Der Teil des Feldinstrumentariums der
Prakla, der in westdeutschen Arbeitsgebieten eingesetzt war, entging
der Zerstörung oder dem Abtransport dank der Initiative der verantwortlichen Truppenleiter. Von den leitenden Herren kam Brockamp in
russische Kriegsgefangenschaft, Trappe wurde erschossen, andere Ge-
schäftsführer sind verschollen. Zettel, der Leiter der wissenschaftlichen Laboratorien in der früheren, an der Peripherie Berlins gelegenen Zentrale der Prakla und einige ehemalige Mitarbeiter sammelten
unter großen Entbehrungen und Risiken das noch brauchbare Instrumentarium in einem Depot in Hannover. Kurz bevor neue Arbeiten für eine
deutsche Erdölgesellschaft beginnen sollten, beschlagnahmte die Militärregierung alles. Den gemeinsamen Bemühungen von Bentz, Zettel und
dem Verfasser, der sich als Bürge für einen ordnungsgemäßen Einsatz
in der englischen Zone zur Verfügung stellte, gelang die Freigabe.
Es dauerte dann nicht mehr lange, bis die geophysikalischen Arbeiten
wieder begannen, in Celle und Hannover, bei der Erdölindustrie, den
geophysikalischen Firmen und dem damaligen Reichsamt für Bodenforschung. Es entstanden beim Reichsamt die geophysikalische Karte (1948)
und die geotektonische Karte von Nordwestdeutschland (1949). Die Erdölindustrie, vielfach fußend auf den Ergebnissen des Reichsbohrpro-
grammes und denen der geophysikalischen Reichsaufnahme, steigerte
mehr und mehr die seismische Aktivität. Mit Hilfe der Besatzungsbehörden wurden für das Amt für Bodenforschung (vormals Reichsamt) in

Hannover zwei neue amerikanische Reflexionsapparaturen angekauft und
je eine der Prakla und der Seismos zur Verfügung gestellt. Dies beschleunigte die Entwicklung moderner seismischer Geräte durch Prakla
und Seismos. Der erste Einsatz der amerikanischen Geräte erfolgte in
gegenseitigem Einvernehmen und fruchtbarer Zusammenarbeit von Erdölindustrie, Prakla und Seismos und Amt für Bodenforschung im Emsland.
Dort hatten die letzten Arbeiten der Reichsaufnahme interessante und
ölführende Strukturen aufgefunden. Neue Erdölstrukturen wurden entdeckt, und die Erdölproduktion im Emsland stieg rapide an. In den
Moorgebieten des Emslandes mit der schlechten Energieübertragung er-
dachte H.-R. Gees (Prakla, mündl. Mitt.) so gut wie gleichzeitig mit
Geophysikern in den USA das Flächenschießen, das bekanntlich eine
wesentliche Verbesserung des signal-to-noise-Verhältnisses bewirkt.
Die Erstellung von Gravimeterkarten wurde vom Amt für Bodenforschung
- meist mit finanzieller Hilfe der Erdölgesellschaften - A. Schleusener und später der Seismos in Auftrag gegeben für alle Gebiete, in
denen die Ergebnisse der Reichsaufnahme noch nicht endgültig zusammengefaßt worden waren, hauptsächlich für das Alpenvorland. In der
Folgezeit kam es zur Zusammenarbeit in der Gravimetrie mit Kollegen
der Geodäsie, mit dem Ergebnis, daß Gerke in Zusammenarbeit mit dem
Geol. Landesamt Hannover und der Seismos 1957 die Schwerekarte von
Westdeutschland vorlegen konnte. Mit der Beobachtung der Sprengung
Helgoland und deren Planung unter Berücksichtigung der Ergebnisse
der Reichsaufnahme begann die Ära der Krustenuntersuchungen. - Hier
sei die Historie abgebrochen, obwohl man Nachwirkungen der Reichsaufnahme auch noch auf anderen Gebieten und bis in die heutigen Tage
finden könnte.

5. Schlußwort

Man ist versucht, etwas wie eine Moral von dieser Geschichte zu for-
mulieren, aber schon beim ersten Versuch zeigt sich, daß es vielerlei
Schlußfolgerungen gibt je nach dem Standort, den Interessen und dem
Blickpunkt des darüber Nachdenkenden. Daher nur ein kurzes Schlußwort:

Nach der Katastrophe des Zweiten Weltkrieges war in Deutschland vieles, ja fast alles zerschlagen, auch auf dem Gebiet der angewandten
Geophysik. Aber die feste Überzeugung bei allen maßgebenden Personen
und Instanzen von Staat, Wissenschaft und Wirtschaft, daß ein Indu-
strieland, insbesondere wenn es aus den Ruinen wieder neu erstehen .
will, diesen Forschungszweig nicht entbehren könne, war eine direkte
Folge der positiven Erfahrungen aus der Zeit der Reichsaufnahme. Man
wartete gar nicht erst ausländische Einflüsse ab, sondern begann sofort mit der Aufbauarbeit in der Geophysik. Wird diese Einstellung
zur Geophysik mit der in der wirtschaftlichen Krisenzeit der zwanziger
Jahre verglichen, so kann mit Fug und Recht der Beginn der Reichsaufnahme 1934 als die eigentliche Geburtsstunde der angewandten Geophysik
in Deutschland betrachtet werden.

Wie jede historische Begebenheit zeigt auch diese ein Wechselspiel
vieler Kräfte. In der Reichsaufnahme gab es keine großen Männer, kein
Genie. Barsch war wohl einer der Hauptakteure. Damals bei der Gründung
der Reichsaufnahme war er ein Mann in der Mitte der Fünfziger. Er war
weder eine außergewöhnliche Kapazität als Geologe noch als Bergmann
oder Geophysiker, er war aber eine Persönlichkeit, hatte einen klaren
Blick für das Notwendige und Mögliche, einen weiten geistigen Horizont,
besaß Wagemut und Zivilcourage. Er hatte Respekt vor der Leistung von
Kollegen und verstand es, sie ebenso wie seine Mitarbeiter in seinen

Bann zu ziehen. Die Notgemeinschaft der Wissenschaften erwies sich
auch damals, wie heute die Deutsche Forschungsgemeinschaft, als bahnbrechend. Die ausgewogenen Verflechtungen, das gegenseitige Verständnis und Vertrauen der Agierenden bei Regierung, Behörden, Hochschulen
und in der Industrie, ein so gut wie vollständiges Fehlen von Intrigen,
echtes Engagement von Jung und Alt, eine gesunde Mischung aus autori-
tärer Führung und weitgehender Mitbestimmung, ein hartes Sichbehaupten
der führenden Wissenschaftler unter manchmal sehr schwierigen Bedingungen - diese nicht alltägliche Gleichphasigkeit von Intelligenz,
Wissen, Willen und Geschick ist mit ihrer Aufsummierung in besonderem
Maße kennzeichnend für jenen wichtigen Abschnitt der Geschichte der
angewandten Geophysik in Deutschland.

*Einige wichtige Hinweise bezüglich der gravimetrischen Arbeiten verdanke ich
Herrn Prof. Dr. Alfred Schleusener.*

Literatur

ANSEL, E.: Das Impulsfeld der praktischen Seismik in graphischer Be-
handlung. Gerlands Beitr. Geophys., Erg. H. 1, 117-136 (193o).
BARNITZKE, J.E.: Bestimmung der Bodendichte durch Gravimetermessungen.
Beitr. angew. Geophys. 1o, 85-95 (1942).
BARSCH, O.: Über den Verlauf künstlicher elastischer Bodenwellen und
die Berechnung der Tiefen der Unstetigkeitsflächen. Preuß. Geol.
L.A. 49, 327-338 (1928).
BARSCH, O.: Die planmäßige geophysikalische Erforschung Deutschlands
als Grundlage weiterer erdöl-geologischer Aufschlußarbeiten. Oel
und Kohle 1, 79-81 (1933).
BARSCH, O.: Der Aufbau der Geophysikalischen Reichsaufnahme, Vortrag
Welterdöl Kongr. Paris 1937. Oel und Kohle 13, 641-644 (1937a).
BARSCH, O.: Über die Entstehung der Salzaufbrüche und der Möglichkeit
der Erdölführung. Oel und Kohle 711-715 (1937b).
BARSCH, O.: Aufgaben der angewandten Geophysik in Großdeutschland
und im östlichen europäischen Raum. Reichsamt für Bodenforsch.
63, 682-78o (1942).
BARSCH, O., REICH, H.: Seismische Arbeiten in Norddeutschland. Beitr.
physik. Erforschung der Erdrinde, H. 3, Berlin 193o.
BERROTH, A.: Über die Theorie verschiedener Bifilargravimeter. Z.
Geophys. 8, 331-37o (1932).
BENTZ, A.: Geophysik und Erdölerschließung in Norddeutschland. Erdöl
und Kohle 9, 728-78o (1956).
BORN, A.: Beziehungen zwischen Schwerezustand und geologischer Struk-
tur Deutschlands. Aus: KOSSMAT, Beitr. Problem Massenverteilung
im Erdkörper I. Leipzig 1925.
BREYER, F.: Zusammenstellung der Auszähldiagramme in der Gravimetrie.
Beitr. angew. Geophys. 7, 317-336 (1939).
BROCKAMP, B.: Zum Bau des tieferen Untergrundes in Nordost-Deutsch-
land. Jahrb. Reichsst. Bodenforsch. 61, 157-185 (194o).
BURMEISTER, F.: Erdmagnetische Landesaufnahme von Bayern. Veröff.
Erdphys. Warte, H. 5, 1928.
CLOSS, H.: Ergebnisse regionaler Schweremessungen im Oberrheintal
und Bemerkungen zur gravimetrischen Struktur Süddeutschlands.
Oel und Kohle 13, 1o65-1o73 (1937).
CLOSS, H.: Geophysik und tektonische Richtungen im weiteren Unter-
elbegebiet. Jahrb. Reichst. Bodenforsch. 62, 117-154 (1941).
CLOSS, H.: Beispiele von Kurven des Schweregradienten unter Berück-
sichtigung der Flankenverhältnisse an ausgewählten norddeutschen
Salzstocktypen. Oel und Kohle 39, 141-148 (1943).

CLOSS, H.: Nachruf O. Barsch. Geol. Jahrb. 66, 29-38 (1952).
CLOSS, H., WOLFF, W.: Die Entwicklung der Geophysikalischen Reichsaufnahme Deutschlands bis Ende 1938. Oel und Kohle 15, 275-284 (1939).
FULDA, E., ZECHSTEIN: Handbuch vergl. Stratigraphie Deutschl. (Hrsg. Preuß. Geol. L.A.). Verlag Bornträger 1935.
GERKE, K.: Die Karte der Bouguer-Isanomalen 1: 1 ooo ooo von Westdeutschland. Dtsch. Geod. Komm. Bayer. Akad. Wiss., Reihe B, Nr. 46, Teil 1, 1957.
GRAF, A.: Ein neuer statischer Schweremesser zur Messung und Registrierung lokaler und zeitlicher Schwereänderungen. Z. Geophys. 14, 152-172 (1938).
HAALCK, H.: Die magnetischen Verfahren der angewandten Geophysik. Berlin: Gebr. Bornträger 1927.
HAALCK, H.: Die gravimetrischen Verfahren der angewandten Geophysik. Berlin: Gebr. Bornträger 1929.
HAALCK, H.: Der statische (barometrische) Schweremesser für Messungen auf festem Lande und auf See. Beitr. angew. Geophys. 7, 285-316, 392-448 (1939).
HAALCK, H.: Die gravimetrischen Aufschlußverfahren. In: Lehrbuch der angewandten Geophysik. Berlin: Gebr. Bornträger 1953.
HAALCK, H., HEINE, W., HUMMEL, J.N., JUNG, K., MARTIN, H., MEISSER, O., REICH, H.: Angewandte Geophysik, Red. G. ANGENHEISTER, Wien-Harms, Handbuch Experimentalphysik 25/3, 193o.
JAKOSKY, J.J.: Exploration Geophysics. Los Angeles: Trija Publ. Co. 195o.
JUNG, K.: Gravimetrische Methoden der angewandten Geophysik, Wien-Harms, Handbuch Experimentalphysik 25/3, S. 49-2o8, 193o.
KÖHLER, R.: Anfänge der Reflexionsseismik in Deutschland. Dieser Band, 99-113, 1974.
KOENIGSBERGER, J.: Zur geophysikalischen gravimetrischen Landesuntersuchung und über die Tiefenlage der störenden Massen. Z. prakt. Geol. 35, 65-7o (1927).
KOENIGSBERGER, J.: Zur Deutung der Karten magnetischer Isanomalen und Profile. Gerlands Beitr. Geophys. 19, 241-291 (1928).
KOSSMAT, F.: Vornahme von Schweremessungen. Protok. Versammlung Direkt. Geol. Landesämter Deutschlands und Deutsch-Österreichs, 1921.
KOSSMAT, F.: Schwereanomalien und geologischer Bau des Untergrundes im norddeutschen Flachland. Veröff. Preuß. Geod. Inst., N.F. 1o6, 89-1oo (1931).
KÜHN, B.: Zur Frage der Organisation physikalischer Landes-Untergrundaufnahme. Z. prakt. Geol. 35, 161-164 (1927).
MINTROP, L.: DRP 3o4317; Erforschung von Gebirgsschichten und nutzbaren Lagerstätten nach dem seismischen Verfahren, 1917.
NIPPOLDT, A.: Verwertung magnetischer Messungen zur Mutung. Berlin 193o.
REICH, H.: Erdmagnetismus und glaziales Diluvium. Jahrb. Preuß. Geol. L.A. 46, 249-291 (1925).
REICH, H.: Die magnetischen Anomalien Norddeutschlands und ihre wahrscheinlichen geologischen Ursachen. Z. dtsch. Geol. Ges. 79, 325-339 (1927).
REICH, H.: Über Felderfahrungen mit einem temperatur-kompensierten Magnetsystem in einer Schmidt'schen Feldwaage. Z. angew. Geophys. Erg.H. 3, 253-258 (1933).
REICH, H.: Der Untergrund von Schleswig-Holstein nach den Ergebnissen seismischer Refraktionsmessungen. Pumpen- und Brunnenbau 763-769 (1937).
REICH, H.: Streuschießen oder Linienschießen? Oel und Kohle 39, 593-6o3 (1943).
REICH, H.: Seismische Probleme im Alpenvorland. Verh. Geol. Bundesanst. Wien, 55-66 (1945).

REICH, H.: Die geophysikalische Erforschung Nordwestdeutschlands
1932-1947, ein Überblick. Erdöl und Tektonik, Amt f. Bodenforsch.
Hannover-Celle, 21-28, 1949.
REICH, H., CLOSS, H., SCHOENE, H.: Über magnetische und gravimetri-
sche Untersuchungen am Kaiserstuhl. Beitr. angew. Geophys. 8,
45-77 (1939).
REICH, H., ZWERGER, R.v.: Taschenbuch der Angewandten Geophysik,
mit Beiträgen von HALLENBACH, F, HUMMEL, J.N., ISRAEL, H., LUTZ,
W., RAMSPECK, A., REICH, H., RÖSSIGER, M., SCHOENE, H.-J., SELLIEN,
K., TUCHEL, G., ZWERGER, R.v., 4o7 S. Leipzig: Akad. Verl. Ges.
1943.
Reichsamt für Bodenforschung: Geophysikalische Karte von Nordwest-
Deutschland 1:5oo ooo, Magnetik, Gravimetrik, Seismik. Red. REICH,
H. 1948.
Reichsamt für Bodenforschung: Geotektonische Karte von Nordwest-
Deutschland 1:1oo ooo, mit Erl., 235 S., Red. BENTZ, A. Celle:
1949.
RÖSSLE, P.: Fehlergrenzen bei seismischen Laufzeitplänen. Beitr.
angew. Geophys. 8, 187-194 (194o).
SCHANDER, J.: Über Schwerewirkungen von Salzstöcken. Oel und Kohle
15, 756-759 (1939).
SCHLEUSENER, A.: Messungen mit transportablen statischen Schweremes-
sern. Z. Geophys. 1o, 369-377 (1934).
SCHLEUSENER, A.: Entwicklung der Messungen mit dem Thyssengravimeter
in den Jahren 135-1937. II. Congrès Mondiale du Pétrole, Paris,
Sect. Geol., Geoph., Forage, 671-681, 1937.
SCHLEUSENER, A.: Nomogramme für Geländeverbesserung von Gravimeter-
vermessungen der angew. Geophysik. Beitr. angew. Geophys. 8, 415
-43o (194o).
SCHLEUSENER, A., CLOSS, H.: Schwerekarten von Zentraleuropa nach
Gravimetermessungen. Congr. Géol. Intern., Comptes rend. 19.
session Alger 1952, Fasc. 9, 85-1o2, 1954.
SCHMIDT, O.v.: Brechungsgesetz oder senkrechter Strahl? Z. Geophys.
8, 376-396 (1932).
SCHÜH, F.: Magnetische Messungen im südwestl. Mecklenburg als Methode
geologischer Forschung. Mitt. Meckl. Geol. L.A. 32, 18 S. (192o).
SCHUH, F.: Die geologische Bedeutung der Schaffung einer Isanomalen
Karte der magnetischen Vertikalintensität von Deutschland. Z.
Geophys. 6, 235-248 (193o).
SCHUH, F.: Isanomalen-Karte der magnetischen Vertikalintensität von
Mecklenburg und ihre Bedeutung für die geologische Erforschung
des Landes mit besonderer Berücksichtigung der Frage, ob und wo
neue Bodenschätze erschlossen werden können. Karte 1:2oo ooo, Erl.
76 S., Meckl. Geol. L.A., 1934.
SCHWEYDAR, W.: Die Bedeutung der Drehwaage von Eötvös für die geolo-
gische Forschung nebst Mitteilung der Ergebnisse einiger Messungen.
Z. prakt. Geol. 26, 157-162 (1918).
SCHWEYDAR, W., REICH, H.: Künstliche elastische Bodenwellen als Hilfs-
mittel geologischer Forschung. Gerlands Beitr. Geophys. 17, 121
-127 (1927).
SEITZ, O.: Das Eisenerz im Korallenoolith der Gifhorner Mulde bei
Braunschweig und Bemerkungen über den Oberen Dogger und die Heer-
sumer Schichten. Geol. Jahrb. 64, 1-73 (195o).
WOLFF, W.: Über Drehwaagemessungen am Salzhorst von Gifhorn. Oel und
Kohle 35, 75o-756 (1939).
ZWERGER, R.v.: Schwerestörungen zwischen Aller und Steinhuder Meer-
Linie. Oel und Kohle 14, 943-953 (1938).
ZWERGER, R.v.: Bau des Untergrundes des östl. Eiderstedt aufgrund
der Schwerestörungen im Bereich der Meßtischblätter Tönning,
Simonsberg und Husum, Beitr. angew. Geophys. 8, 85-133 (1939).
ZWERGER, R.v.: Der tiefere Untergrund des westlichen Peribaltikums
(posthum). Abh. Geol. L.A. Berlin, N.F., 2oo (1948).

Die geophysikalische Warte Gross Raum der Universität Königsberg/Pr. – Ein Rückblick

F. Errulat

Der Verfasser, in Heinrichswalde bei Tilsit 1889 geboren, war ab 1921 Mitarbeiter, dann Leiter der Warte bis 1936, gleichzeitig 193o a.o. Professor an der Albertina in Königsberg, danach Leiter des Erdmagnetischen Observatoriums in Wingst der Deutschen Seewarte Hamburg, zur gleichen Zeit a.pl. Professor an der dortigen Universität.

Das Manuskript dieses Beitrages wurde in seinem Nachlaß gefunden und mit geringen Änderungen übernommen.

Inmitten der Fritzener Forst nördlich von Königsberg, etwa 8o6 m westlich des Bahnhofs Groß Raum und nahe der Försterei gleichen Namens, befand sich bis zum Ende des Zweiten Weltkrieges ein dem Geologischen Institut der Universität angeschlossenes Außeninstitut, die Geophysikalische Warte. Ihre Gründung ging zurück auf eine von Georg Gerland (Straßburg) um die Jahrhundertwende vorgeschlagene staatliche Organisation des deutschen Erdbebendienstes, die auch eine registrierende Station im Samland vorsah. Es war damals die Zeit, in der die Erdbebenforschung, die bis dahin im wesentlichen geographisch-geologisch eingestellt war, durch physikalische Arbeitsmethoden, instrumentelle wie theoretische, ergänzt wurde und dadurch ihr modernes Gepräge bekam.

Der Altmeister der deutschen Seismologie, Emil Wiechert, dessen Forscherlaufbahn in Königsberg begonnen hatte (geboren in Tilsit 1861, gestorben als ordentlicher Professor der Geophysik in Göttingen 1928), schlug vor, die zu gründende Station mit der Universität zu verbinden, und es wurde wohl daran gedacht, sie dem Physikalischen Institut unter P. Volkmann anzugliedern, gegebenenfalls, um ihr eine breitere wissenschaftliche Basis zu sichern, mit Unterstellung unter ein Kuratorium interessierter Fachvertreter. Der Initiative des damaligen Ordinarius für Geologie, A. Tornquist, gelang es 191o, für die seit 19o5 geplante Station vom Preußischen Kultusministerium die notwendigen Mittel zu erhalten. Dann verzögerte sich der Bau durch die Suche nach einem geeigneten Platz. Während die Physiker dazu neigten, die Station nahe dem Bereiche der Stadt, etwa im Tiergarten anzulegen, schlug Tornquist nach mehreren Probemessungen mittels eines leichten Wiechertschen Federseismographen den Platz bei der Försterei Groß Raum vor. 1911 stellte dann das Preußische Landwirtschaftsministerium das nötige Gelände zur Verfügung, eine kleine Erhebung mit geringer Bedeckung von Lehm und Geschiebemergel über anstehender Kreide. Die Ortswahl war, seismisch gesehen, günstig, auch für die spätere Weiterentwicklung der Anlage; sie führte aber, als tägliche Bedienung der Instrumente nötig wurde, zu starker personeller Belastung.

Hier wurde nun in einem doppelwandigen Holzhause (Nr. 4 auf dem Lageplan, Abb. 1) auf einem Betonsockel vorerst ein Horizontalseismograph nach Wiechert aufmontiert: eine Eisenmasse von 985 kg, als "umgekehrtes Pendel", bei dem sich die schwere Masse oberhalb des Schwingungs- oder Drehpunktes befindet, durch leichte Federn in labilem Gleichgewicht gehalten und am Umkippen gehindert wird. Die durch Erdbebenwellen verursachten Bewegungen des Bodens relativ zu dieser sogenann-

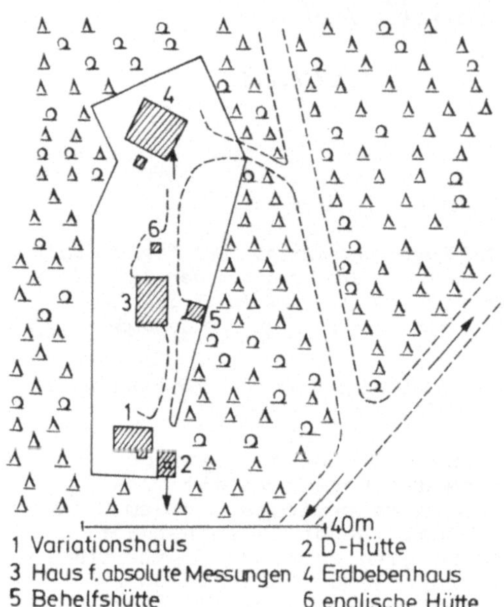

Abb. 1. Lageplan der geo-
physikalischen Warte
Groß Raum

ten "stationären Masse" wurden durch Hebelsysteme stark vergrößert
und auf berußten Papierstreifen aufgezeichnet. Wie erwähnt, hatte die
Wahl des Platzes sich seismisch als günstig erwiesen, denn die durch
die Königsberg-Cranzer Eisenbahn bedingten Erschütterungen machten
sich hier nicht mehr bemerkbar. Andererseits trat die natürliche
mikroseismische Bodenunruhe zuweilen sehr stark auf, so daß sie dann
die feinen ersten Einsätze schwacher oder sehr ferner Erdbeben störend
überdeckte. Diese Erscheinung ist daher später Gegenstand eingehender
Untersuchungen geworden.

Die Betreuung der Station, die ihre Arbeiten 1912 aufnahm, erfolgte
bis zum Ersten Weltkrieg durch W. Klien. Ihm oblag es, die Instrumen-
tenkonstanten des Pendels, d.h. die Dauer der Eigenschwingungen, Dämpfung, Vergrößerung, zu überwachen, durch telefonischen Uhrvergleich
mit der Sternwarte für die Zuverlässigkeit der Zeitmarken auf den
Seismogrammen zu sorgen und die Auswertung der Seismogramme vorzuneh-
men. 1914 rückte er ins Feld und fiel in der Winterschlacht bei Tha-
lussen in Masuren. Wegen der Gefährdung der Station durch den Kriegs-
beginn wurde der Seismograph abmontiert und sichergestellt, eine Maß-
nahme, die wohl begründet war, sich dann aber als unnötig erwies.
Dadurch kamen die Arbeiten in Groß Raum für etwa sieben Jahre zum
Erliegen.

Im Jahre 1915 folgte Tornquist einem Ruf an die Technische Hochschule
in Graz. Er verstarb dort bei einem Bombenangriff 1944.

Sein Nachfolger - und letzter Direktor des Geologischen Instituts -
wurde K. Andrée (1915-1945), der sich sogleich für den Wiederaufbau
der Station energisch einsetzte. 1920 konnte H. Reich, damals Assistent am Geologischen Institut, mit der Arbeit beginnen. Zugleich
erfolgte auch die Vervollständigung der Station durch einen großen
Vertikalseismographen nach Wiechert: eine 1300 kg schwere Masse an
zylindrischen Federn so aufgehängt, daß sie jede vertikale Bewegung

Abb. 2. Teilansicht der geophysikalischen Warte Groß Raum

des Bodens registrierte. Bereits 1921 verließ Reich Königsberg. Seine
Beschäftigung mit der Seismik hatte ihn zu Untersuchungen über den
Zusammenhang zwischen der Hauptphase von Beben mit der Tektonik angeregt, wie dann die geologische Anwendung geophysikalischer Methoden
sein Hauptarbeitsgebiet blieb und ihn auf eine erfolgreiche Forscherlaufbahn führte. An seine Stelle trat bis 1936 der Verfasser dieses
Beitrages. Er vollendete nach dem Abschluß eines Berichtes über die
Fernwirkung der Munitionsexplosion von Rothenstein den Aufbau und
die Justierung der Instrumente und begann wieder die Herausgabe lau-
fender Erdbebenberichte, durch die Groß Raum in das internationale
System gleichartiger Observatorien eingefügt wurde. 1925 stand die
Warte mit 66 Instituten im Schriftenaustausch, 1928 wurden an 17
deutsche und über 1oo ausländische Institute die Groß Raumer Beobachtungsergebnisse versandt.

Im Jahre 1921 wurde, besonders durch eine Anregung Nippoldts, eine
neue aktuelle Aufgabe an das Institut herangetragen: die Untersuchung
der erdmagnetischen Anomalien in Ostpreußen. Schon 1859 hatte Lamont
festgestellt, daß im System seiner norddeutschen erdmagnetischen Messungen die Stationen Königsberg, Bromberg und Dirschau abnorme Werte
zeigten. Ein zuverlässiges Bild der normalen Werte und ihrer regionalen Abweichungen ergab erst die magnetische Vermessung des Königreiches Preußen durch Eschenhagen und Edler von 1898-1903, deren Ergebnisse in einem grundlegenden Werk von Adolf Schmidt (SCHMIDT, 1914)
dargestellt wurden. Die eigenartige Tatsache, daß die in ihrer Intensität auf den Osten beschränkten Anomalien in einem Gebiet mit anscheinend wenig gestörtem Untergrunde liegen, während der geologisch
unruhigere Westen sich erdmagnetisch wesentlich ruhiger zeigt, forderte zur eingehenden Untersuchung der Störungsgebiete heraus. 1905
bis 1913 wurden daher gelegentlich der trigonometrischen Landesaufnahme auf Anregung von Edler vorerst Deklinationsmessungen bei einem
wesentlich engeren Punktnetz gemacht. Eine hierauf beruhende Karte
von Schmidt gab dann den ersten Überblick über die Lage der Störungs-
zonen in Ostpreußen. Da für deren Beurteilung sich besonders die vertikale Komponente des erdmagnetischen Feldes eignet, unternahm Nippoldt 1921 eine Spezialaufnahme der Kraftkomponenten in einer starken
und gut abgegrenzten Störungszone bei Wickbold, südöstlich von Königsberg.

Kurz darauf traf die Station ein schwerer Rückschlag. Im Frühjahr
1923 plünderten Einbrecher auf der Suche nach damals wertvollen Metallen - es war gerade die Inflationszeit - die Station derartig aus,
daß die Seismographen für längere Zeit völlig unbrauchbar wurden. Die
dadurch erzwungene Ruhezeit bis zum Beginn des Wiederaufbaus der Instrumente, für den sowohl staatliche Mittel als auch großzügig Spenden
von privaten Kreisen zur Verfügung gestellt wurden, erlaubte es, dem
erdmagnetischen Problem nachzugehen. Der Direktor des erdmagnetischen
Observatoriums in Potsdam stellte ein nach seinen Angaben gebautes
Reisemagnetometer zur Verfügung; später kamen noch einige moderne
Instrumente für den Feldgebrauch hinzu (Schmidtsche Feldwaagen), so
daß die von Nippoldt begonnene Arbeit systematisch fortgesetzt werden
konnte. 1923 nahm der Verfasser das westliche, 1924 Teichert das östliche Samland auf. Waren diese ersten Messungen (Nippoldt, Teichert,
Errulat) auf Beziehungen zur diluvialen Bedeckung hin gedeutet worden,
so zeigten die folgenden, daß eine solche Annahme nicht aufrecht erhalten werden konnte. Besonders REICH (1928) hatte inzwischen auf.
Grund umfangreicher Messungen in verschiedenen Bezirken Norddeutschlands gefunden, daß nur tiefer gelegene Magnetit-führende Massive
als Ursache anzusprechen seien. Diese Auffassung wurde durch die nun
folgenden Messungen auch für Ostpreußen bestätigt.

Die finanzielle Hilfe des Königsberger Universitätsbundes ermöglichte
dem Verfasser 1925 Messungen im Raume Pillkallen-Stallupönen, eine
private Stiftung Messungen im Gebiet der Freien Stadt Danzig (1925-
1926). In der näheren Umgebung von Königsberg führte B. Tiedemann
1927 eine Vermessung mit bedeutend engerem Stationsnetz durch.

Eine wesentliche Ergänzung erfuhren diese Arbeiten durch die Vermessung des etwa 20 km langen Störungsgebietes bei Pr. Eylau (1930), die
O. Baseler an über 300 Punkten vornahm und die zu dem Schluß führte,
daß hier wahrscheinlich ein basischer Eruptivkörper in einer Tiefe
von 3 bis 4 km liegen müsse.

Die Bedeutung der erdmagnetischen Anomalien für die Beurteilung des
tieferen ostpreußischen Untergrundes auf das eventuelle Vorkommen
von Erzlagerstätten führte dazu, in Groß Raum eine örtliche Zentralstelle als Basis für die folgenden Untersuchungen zu errichten. So

entstanden dann in den Jahren 193o bis 1934 auf dem erweiterten Gelände der Erdbebenstation mehrere kleine eisenfreie Gebäude (Abb. 1,2);
vorerst eines für die fortlaufende Registrierung der zeitlichen Variationen des erdmagnetischen Feldes, später ein weiteres für Anschlußmessungen und für die notwendigen Vergleiche mit den im Observatorium
Niemegk bei Potsdam beobachteten absoluten Werten, die dadurch auch
bei dem ostpreußischen System zugrundegelegt wurden. Die hierzu notwendigen Instrumente wurden mit staatlichen Mitteln erworben bzw.
durch das Potsdamer Institut zur Verfügung gestellt.

Der Erweiterung des Arbeitsbereiches folgte 193o die Umbenennung der
Station in "Geophysikalische Warte der Albertus-Universität". Die
Königsberger Arbeits- und Unterrichtsräume und die geophysikalische
Bibliothek wurdem vom Geologischen Institut räumlich getrennt und in
eine Wohnung am Heumarkt, später noch vergrößert zum Paradeplatz, ver-
legt, wo sie bis zum Kriegsende verblieben.

Verfolgen wir weiter die magnetischen Untersuchungen. Im Jahre 1928
war es der Preußischen Geologischen Landesanstalt gelungen, Mittel
für weitere Aufnahmen des ostpreußischen Störungsgebietes zu erhalten.
Es wurde vereinbart, daß das Gebiet etwa nördlich der Linie Goldap -
Bartenstein - Marienburg im Anschluß an die Arbeiten des Verfassers
durch diesen selbst, das südlich davon gelegene Gebiet durch Beauftragte der Landesanstalt aufgenommen werden sollte. Unsere Messungen
endeten dann mit dem Anschluß an die Danziger Aufnahme. Diese Messungen, an denen sich auch ältere Studierende mit anerkennenswertem Eifer
beteiligten, umfaßten etwa 7oo Punkte in Abständen von 3 bis 6 km.
Der darauf erstattete Bericht (ERRULAT, 1941) ergab dann ein Karten-
bild, das eindeutig die Bindung der erdmagnetischen Störungen an tek-
tonischen Linien zeigten, die im wesentlichen von Nordwest nach Südost,
z.T. auch von Südwest nach Nordost verlaufen. Tiefenabschätzungen ergaben, daß die Oberfläche der störenden Massen, örtlich verschieden,
bei 1,5 bis 3 km Tiefe zu erwarten ist; jedenfalls kann mit Tiefen
geringer als 1 km nicht gerechnet werden. Unter Berücksichtigung des
Ausmaßes der Störungen ist also basisches, stark magnetisches Kristallin als Ursache anzunehmen. Im Auftrage des Reichsamtes für Bodenforschung gab Brockamp 194o einen Bericht, der mit dem oben genannten im wesentlichen übereinstimmt.

Die zahlreichen in jenen Jahren in ganz Deutschland vorgenommenen
Spezialaufnahmen im Dienste der Lagerstättenforschung bedurften drin-
gend, besonders wegen der stetigen säkularen Änderung des magnetischen
Feldes, einer neuen gemeinsamen Basis, wie sie für 19o1 von Adolf
Schmidt in den Karten für Preußen gegeben worden war. Auf Anregung
von Nippoldt, Reich und Burmeister stellte die Deutsche Forschungsgemeinschaft für 1934 und 1935 die Mittel zu einer magnetischen Reichsvermessung I. Ordnung zur Verfügung, an welcher die Warte mit der Vermessung der Ostgebiete bis zur Linie Kolberg - Glogau beteiligt wurde.
Infolge des Krieges konnten die rechnerischen Ergebnisse erst 1948,
die kartographische Darstellung sogar erst 1956 veröffentlicht werden
(BOCK, BURMEISTER u. ERRULAT, 1923).

Die Arbeiten in Groß Raum blieben jedoch nicht auf regionale Aufnahmen beschränkt. Die kurzseitigen Feldänderungen, erkennbar in den
fortlaufenden Registrierungen, luden zum Vergleich mit solchen an
anderen Observatorien ein und wurden Gegenstand mehrerer Arbeiten
(Erwin Wiechert, 1933; H. Podszus, 1937-39). Eine Untersuchung über
Schätzungsfehler bei Feldwaagenablesungen führte WIENERT (1939) aus.

Mit der Wiederherstellung der durch den Einbruch stillgelegten Erdbebenstation konnten die Berichtstätigkeit sowie die Untersuchung
spezieller seismischer Probleme wieder aufgenommen werden. Nach dem

Verfasser wandte sich auch W. Kohlbach 1933 der eingangs erwähnten
mikroseismischen Bodenunruhe zu unter Berücksichtigung von Großwetter-
lage und der Brandung an der norwegischen Steilküste; auch die Unruhe
kürzester Periode wurde untersucht (S. Weber, 1933). Aus den Laufzeiten gewisser Früheinsätze herdnaher Beben versuchte P. Lupp Rückschlüsse auf Unstetigkeiten im Untergrunde zu ziehen. Eine besonders
bemerkenswerte Arbeit lieferte MENZEL (1939) über die Dispersion von
seismischen Oberflächenwellen, der die Registrierungen von Kopenhagen
und Groß Raum zugrunde lagen und die auf Schichtdicken im Untergrunde
von etwa 27 und 4o km schließen ließ.

Meteorologische Probleme traten damals noch gegenüber den seismischen
und erdmagnetischen zurück. Arbeiten von E. Böhm (1932) über örtliche
Nachtfröste und von H. Naitsch (1933) über die Höhenwinde über Königsberg stützten sich auf Beobachtungen der Wetterwarte in Devau. Die
Meteorologie kam erst richtig zur Geltung, als P. Raethjen sich 1931
für dieses Fach habilitierte und damit die Betreuung der einschlägigen
Arbeiten übernahm, sowie durch P. Thran, der 1935 statisch aufsteigende
trockene Luftmassen untersuchte. Leider verließ Raethjen schon 1934
Königsberg, einem Rufe an die Universität Hamburg folgend, so daß im
Lehrbetrieb wieder eine empfindliche Lücke entstand, die erst 1936
durch Erteilung eines Lehrauftrages an W. Schwerdtfeger geschlossen
werden konnte.

Im Herbst 1936 verließ auch der Verfasser Königsberg und wechselte
zur Deutschen Seewarte in Hamburg und zur dortigen Universität über.
Um die laufenden Arbeiten in Groß Raum nicht stocken zu lassen, übernahm vorübergehend Menzel die Erledigung der seismischen, Wienert die
der erdmagnetischen Aufgaben. Als dann 1938 auch Schwerdtfeger Königsberg verließ, nachdem er noch die Anregung zu mehreren meteorologischen Untersuchungen gegeben hatte, die z.T. erst unter seinem Nachfolger beendet wurden (G. Mann, F. Kortüm, M. Schwettlick), ergab
sich die Notwendigkeit, für Groß Raum und für die Vertretung der gesamten Geophysik klare und stabile Bedingungen zu schaffen. Im November 1938 übernahm H. Lettau, damals Privatdozent in Leipzig, ein ge-
borener Königsberger, die Leitung der Warte und die Dozentur für Geophysik und Meteorologie, ein junger Forscher, der sich durch die Entwicklung eines Doppelpendels zur Beobachtung von Lotschwankungen sowie
durch eine Reihe anerkannter geophysikalischer und meteorologischer
Arbeiten bereits einen Namen gemacht hatte.

Mit seinem Doppelpendel versuchte Lettau, Beobachtungen in und nahe
Königsberg anzustellen. Das hochempfindliche Instrument wurde ver-
suchsweise im Karzer der alten Universität auf der Dominsel (Kneiphof)
aufgestellt; jedoch erwies sich der Platz wegen der zu großen örtlichen Unruhe durch den Straßenverkehr als ungeeignet. Mit den Wasser-
standsschwankungen des Pregel ergaben sich Lotschwankungen in der Größe
von Bogenminuten. Im Frühjahr 1939 sollte das Pendel in einem Beton-
bunker bei Quednau-Fräuleinhof seinen Platz finden. Bevor die Vorbereitungen hierfür abgeschlossen waren, machte der Kriegsausbruch allen
Versuchen ein Ende. Ebenso wurden damit die von Lettau verfolgten
Pläne zunichte, ein größeres geophysikalisches Observatorium im zen-
tralen Samland, etwa auf den Galtgarben, zu errichten. Auch für die
Sternwarte waren Pläne zur Verlegung dorthin erörtert worden, Pläne,
die auch beim Rektor der Universität Interesse fanden, die aber wegen
der hohen Kosten auch bei weiterer Friedenszeit nur auf lange Sicht
hin hätten durchgeführt werden können.

Mit dem Amtsantritt von Lettau trat die Meteorologie merklich in den
Vordergrund, ebenso die lokale Klimatologie und Bioklimatologie. Es
wurden Messungen der Sonnenstrahlung, der Ultraviolettstrahlung in

und um Königsberg und Messungen des Temperaturverlaufs senkrecht zur
Küste ausgeführt. Der Landes-Fremdenverkehrsverband gründete eine
Kurortklima-Kreisstelle, die in einem der Arbeitsräume der Warte am
Paradeplatz untergebracht und von Frau Lettau betreut wurde. Ein Netz
von ca. 6 Stationen in der Provinz (Schwarzort, Kahlberg, Lötzen,
Niedersee, Hohenstein, Kernsdorfer Höhe) sollte das nötige Beobach-
tungsmaterial liefern. Lettau selbst konnte in der kurzen Zeit seines
Aufenthaltes in Königsberg noch theoretische Arbeiten durchführen,
die vor allem Austauschvorgänge in der Atmosphäre betrafen. Seine
Einberufung in den Wetterdienst der Wehrmacht machte seinen Arbeiten
bald ein Ende, so daß die Warte wiederum verwaist war.

Die Stelle des Leiters der Warte wurde nicht wieder besetzt, wenngleich die Bedienung der Registrierinstrumente fast bis Kriegsende
weiterlief; sie wurde besorgt durch den seit 192o bei der Warte tätigen Institutsgehilfen W. Hildebrandt, dessen getreuer Arbeit hier
auch mit Dank gedacht sei. Man hatte noch kurz vor dem Ende trotz
Widerspruchs in unmittelbarer Nähe des Observatoriums ein Munitions-
depot angelegt, so daß vernünftige Registrierungen nicht mehr zu erwarten waren. Am 2o. Januar 1945 ist Hildebrandt zum letzten Mal in
Groß Raum tätig gewesen. Am 28. hatten die sowjetischen Truppen schon
die Linie Königsberg - Cranz erreicht, so daß Groß Raum nicht mehr
zugänglich war. Hildebrandt konnte nach der Kapitulation die Warte
im Mai noch einmal aufsuchen. Er fand das Erdbebenhaus zerstört, die
anderen kleinen Gebäude standen noch. Das war das Ende der Geophysikalischen Warte im Samland.

Der Direktor des Geologischen Instituts, Professor Andrée, der sich
bis zuletzt um die Weiterentwicklung fürsorglich bemüht hatte, verstarb 1959 als Emeritus in Göttingen.

Von den früheren Angehörigen der Warte fielen im Zweiten Weltkriege
O. Baseler, E. Boehm, G. Mann, R. Meincke, H. Podszus.

Literatur

BOCK, R., BURMEISTER, F., ERRULAT, F.: Magnetische Reichsvermessung
     1935. Teil I (Tabellen). Abh. Nr. 6 Geophys. Institut Potsdam.
     Berlin: Akademie Verlag 1948. Teil II: Dtsch. Hydrograph. Z.,
     Ergänzungsheft Reihe B, Nr. 2, 1956.
ERRULAT, F.: Die erdmagnetische Aufnahme des westlichen Samlandes.
     Geol. Arch. 3, 213-25o (1923).
ERRULAT, F.: Erdmagnetische Messungen im Gebiet der Freien Stadt
     Danzig. Mitt. Geophys. Warte Univ. Königsberg, 1929.
ERRULAT, F.: Profilaufnahmen an einer erdmagnetischen Störung in Ost-
     preußen. Gerlands Beitr. Geophys. 25, 53-58 (193o).
ERRULAT, F.: Erdmagnetische Karten für das nördliche Ostpreußen.
     Ann. Hydrograph. 69, 173-178 (1941).
MENZEL, H.: Dispersion von seismischen Oberflächenwellen nach Regi-
     strierungen in Kopenhagen und Groß Raum. Gerlands Beitr. Geophys.
     54, 348-369 (1939).
NIPPOLDT, A.: Erforschung der erdmagnetischen Anomalie südlich von
     Königsberg i. Pr. Geol. Arch. 3, 114-137 (1924).
REICH, H.: Zur Frage der regionalen magnetischen Anomalien Deutsch-
     lands, insbesondere derjenigen Norddeutschlands. Z. Geophys. 4,
     84-1o2 (1928).
SCHMIDT, A.: Die magnetische Vermessung I. Ordnung des Königsreichs
     Preußen 1898 bis 19o3 nach Beobachtungen von M. Eschenhagen und
     J. Edler. Veröff. d. Kgl. Preuß. Meteorol. Inst. Nr. 276, Berlin
     1914.

SCHMIDT, A.: Die magnetische Deklination in West- und Ostpreußen.
   Veröff. d. Preuß. Meteorol. Inst. Nr. 318, Berlin 1922.
TEICHERT, C.: Erdmagnetische Messungen im östlichen Samland. Schrif-
   ten d. phys.-ökonom. Ges. Königsberg i. Pr. $\underline{65}$, 66-95 (1926).
WIENERT, K.: Fehleruntersuchungen an erdmagnetischen Feldwaagen.
   Dissertation Königsberg/Pr. und Arch. dtsch. Seewarte $\underline{59}$, 1-29
   (1939).

Hundert Jahre Erdmagnetischer Dienst in Norddeutschland

D. Voppel

1. Einleitung

Der Erdmagnetische Dienst ist eine Einrichtung, die der Anwendung und
der Wissenschaft fortlaufend Daten über die räumliche und zeitliche
Struktur des erdmagnetischen Feldes liefert. Der Erdmagnetische Dienst
in Norddeutschland hat in seiner hundertjährigen Geschichte eine Anzahl Impulse aus Wissenschaft und Anwendung bekommen, die im ersten
Abschnitt geschildert werden. Die stetig wiederkehrenden Aufgaben,
die sich natürlich mit den Ansprüchen an den Dienst gewandelt haben,
sind Gegenstand des zweiten Abschnittes.

Dieser Darstellung wurde der Vorzug vor einer Beschreibung des chro-
nologischen Ablaufs der Geschichte gegeben, weil so vielleicht einige
Zusammenhänge klarer erkennbar werden. Die Zeittafel am Schluß soll
die zeitliche Einordnung des Beschriebenen erleichtern.

2. Impulse für die Tätigkeit des Erdmagnetischen Dienstes

Zwei verschiedene Impulse haben im vorigen Jahrhundert Menschen veranlaßt, erdmagnetische Beobachtungen viele Jahre hindurch anzustellen:
das wissenschaftliche Interesse - man denke dabei an Carl Friedrich
Gauß und Johann Lamont und den Göttinger magnetischen Verein - und
die Nutzanwendung des Magnetismus der Erde.

Vor 1oo Jahren war die einzige bekannte Anwendung des Erdmagnetfeldes
die Nutzung der magnetischen Kompaßrichtung für die Navigation. So
nimmt es nicht wunder, daß die in den siebziger Jahren des neunzehnten Jahrhunderts aufstrebende Handels- und Kriegsschiffahrt nach wissenschaftlichen Grundlagen für die Anwendung der Navigationsgeräte
suchte. Gesteuert wurde nach dem Magnetkompaß, für dessen korrekte
Anwendung die geographische Verteilung der Deklination (Mißweisung)
und deren Säkularvariation gebraucht wurde. Angaben waren weiterhin
erforderlich über die Richtkraft des Kompasses, also über die Horizontalintensität, deren Kenntnis für die Richtungsbestimmung in hohen
Breiten von besonderer Bedeutung ist. Verlangt wurden ferner Angaben
über die Anomalien des Magnetfeldes, da sie zu Navigationsfehlern
führen können. Die zunehmende Verwendung von Eisen und Stahl im Schiff-
bau und die Einführung des Dynamos zur Stromerzeugung auf Schiffen
ließ die Frage nach der Deviation des Kompasses an Bedeutung gewinnen
und damit auch der Breiten- und Zeitabhängigkeit der Deviationskoeffi-
zienten.

Die Kaiserliche Admiralität beauftragte deshalb Carl Börgen mit dem
Aufbau und der Leitung eines Marineobservatoriums in Wilhelmshaven,
das Untersuchungen über Hydrographie und Meteorologie ausführen sowie
den Zeitdienst und den Erdmagnetischen Dienst wahrnehmen sollte. Da
Börgen aber Anfang des Jahres 1874 zu einer Forschungsreise mit dem
Forschungsschiff "Gazelle" zur Kerguelen-Insel aufgebrochen war, um
dort den Venus-Durchgang zu beobachten und erdmagnetische Messungen

140

anzustellen, wurden die ersten Baulichkeiten unter der Leitung seines
Vertreters Kptl. Hoffmann errichtet. Eine seiner ersten Aufgaben war
es, die Baumaterialien auf Eisenfreiheit zu untersuchen. Auch bei der
Deutschen Seewarte (gegründet 1868 als Norddeutsche Seewarte von Wilhelm von Freeden) arbeitete man schon vor 1938 auf erdmagnetischem
Gebiet im Dienste der Schiffahrt. Es sei vor allem an die Arbeiten
Georg von Neumayers erinnert. Diese Aktivität ist hier außer Betracht
geblieben, da die Seewarte bis 1938 kein erdmagnetisches Observatorium
unterhielt (Deutsches Hydrographisches Institut, 1968a).

Erst im Jahr 1878 wurde der Bau des Marineobservatoriums vollendet.
Für die Beobachtungen der erdmagnetischen Variationen der Deklination,
Horizontalintensität und der Vertikalintensität stand ein Lamontsches
System zur Verfügung, das täglich zwischen 8 und 22 Uhr zu jeder geraden Stunde visuell über Fernrohre abgelesen werden mußte. Bei erdmagnetischen Stürmen wurden die Ablesungen sogar alle 5 Minuten vorgenommen, bis sich die Magnetnadeln wieder beruhigt hatten. Man sieht
daran, welche Arbeitsleistung damals hinter einem Jahresmittelwert
steckte: Ablesung von etwa 3ooo Einzelwerten zu genau vorgeschrie-
benen Terminen. Die Absolutmessungen wurden mit einem Theodoliten von
Carl Bamberg (später Askania-Werke) und einem Gerät von Lamont ausgeführt.

Die wissenschaftlichen Impulse und die der Anwendung haben in der
Folgezeit die Arbeiten des Erdmagnetischen Dienstes gesteuert.

Das erste Internationale Polarjahr 1882/83 brachte die Einführung
der fotografischen Registrierung der erdmagnetischen Variationen.
Die Instrumente stammten aus England, wo bereits 1858 fotografisches
Registrierpapier erfunden worden ist. Der Durchbruch auf diesem Gebiet ist allerdings erst 1882 zu verzeichnen gewesen, als das Brom-
silberpapier - wieder in England - auf den Markt kam (BÖRGEN, 1886).

Die Wilhelmshavener Geräte waren zunächst vom Astrophysikalischen
Observatorium in Potsdam ausgeliehen, später übernommen worden, da
man dort noch nicht die Möglichkeit hatte, mit erdmagnetischen Arbeiten zu beginnen. Das geschah erst 1889.

Die magnetischen Geräte, die bei Polarexpeditionen eingesetzt wurden,
mußten vor und nach den Reisen im damals einzigen erdmagnetischen
Observatorium Wilhelmshaven angeschlossen werden, das somit die Funktion einer Hauptstation hatte. Die Polarkommission unterstützte das
Observatorium kräftig durch sachliche und personelle Mittel. Max
Eschenhagen, der später (ab 1889) erster Observator in Potsdam war,
wurde von der Polarkommission eingestellt und führte die Beobachtungen
in Wilhelmshaven durch. Er machte sich um die weitere Entwicklung des
Observatoriums außerordentlich verdient. Auf ESCHENHAGEN (1896) geht
übrigens die Bezeichnung "Gamma" (γ) für $1o^{-5}$ Gauß zurück, die sich
somit auch fast 1oo Jahre gehalten hat. Für die Jahre 1882/1883 wurde
von Börgen das erste erdmagnetische Jahrbuch für Wilhelmshaven mit
Stundenwerten der Deklination und Horizontalintensität herausgegeben,
das im wesentlichen von Eschenhagen bearbeitet worden war (BÖRGEN,
1886).

Auf die Bedürfnisse des Erdmagnetischen Dienstes war die Entwicklung
des Doppelkompasses von Friedrich BIDLINGMAIER (19o7) zugeschnitten.
Er hatte das Instrument zur Messung der Horizontalintensität auf dem
Schiff während der Südpolarexpedition des Forschungsschiffes "Gauß"
19o1-19o3 entwickelt und ein Versuchsmodell erprobt. Zwei auf Pinnen
gelagerte Kompaßrosen drehen sich um eine gemeinsame vertikale Achse
und stellen sich so zueinander ein, daß die Drehmomente aus der Hori-

zontalintensität des Erdfeldes und aus der gegenseitigen Abstoßung
der gleichnamigen Pole der Rosen einander gleich sind. Wenn die magnetischen Momente der Rosen einander gleich sind, ist die Horizontalintensität proportional zum Kosinus des halben Spreizwinkels. Der
Proportionalitätsfaktor ist abhängig vom Abstand der Rosensysteme und
ihren Momenten. Die Genauigkeit des Instruments liegt zwischen 1o und
1oo nT. Eine Ausführung der Askania-Werke aus den Jahren um 193o wird
heute noch auf dem sowjetischen unmagnetischen Forschungsschoner
"Sarja" (Morgenröte) vorwiegend für Anschlußmessungen benutzt. Nachdem in Deutschland FANSELAU u. GROTEWAHL (193o) einen Doppelkompaß
zur Messung an Bord von Schiffen eingesetzt hatten, wurde an der Deutschen Seewarte unter der Leitung von Friedrich ERRULAT (1949) ein
Doppelkompaß mit fotografischer Registrierung zum Einsatz in einer
unmagnetischen Tauchkugel konstruiert. Heute werden noch Klein-Doppel-
kompasse zur Vermessung von Kompaß-Standorten auf Schiffen hergestellt.

Das Internationale Polarjahr 1932/1933, eine neue wissenschaftliche
Initiative zur Erforschung der geophysikalischen Vorgänge in polaren
Gebieten, regte die erdmagnetische Tätigkeit in Wilhelmshaven wieder
an, nachdem im Jahre 1919 die Absolutmessungen eingestellt und die
Registrierungen unterbrochen worden sind. Die Pläne Bidlingmaiers
- von 19o9 bis 1912 Leiter der erdmagnetischen Abteilung des Observatoriums -, in rascher Folge die bis dahin unteröffentlichten Stun-
denmittel der Jahre 1896 bis 19o9 herauszugeben, wurden nicht verwirklicht. Das hing einerseits mit einem kriegs- und nachkriegsbeding-
ten Mangel an Zeit und Mitteln zusammen. Andererseits hatte sich die
Stadt Wilhelmshaven ausgedehnt, was zunehmende künstliche Störungen
des Erdmagnetfeldes zur Folge hatte. Man glaubte daher, den Betrieb
einstellen zu müssen (BIDLINGMAIER, 1913). Absolutbeobachtungen und
Registrierungen wurden zwar noch bis 1919 weitergeführt, jedoch nicht
ausgewertet. Der größte Teil des Beobachtungsmaterials wurde vernich-
tet. Diese Entwicklung ist aus der heutigen Sicht kaum zu verstehen.
Es dürften deshalb neben der Zunahme der künstlichen Störungen noch
weitere Gründe dafür maßgeblich gewesen sein:

- der Erste Weltkrieg mit seinen unmittelbaren Folgen, die sich in
  erster Linie auf den militärischen Bereich auswirkten, zu dem das
  Marineobservatorium zu zählen war, und

- die Personallage am Observatorium, die dazu führte, daß im entscheidenden Moment niemand da war, der die wissenschaftlichen Belange
  hätte vertreten können.

Später stellte sich heraus, daß die künstlichen Störungen in der Zeit
um 192o noch verhältnismäßig gering waren (BECKER, 1936). Man konnte
sogar in den Jahren 1931 bis 1936 am alten Standort den Beobachtungs-
betrieb wieder aufnehmen.

Dafür waren bereits im Jahre 1928 auf Betreiben von Kurt Hessen, der
als Assistent noch mit Bidlingmaier zusammengearbeitet hatte, neue
Variometer aus der Werkstatt von Gustav Schulze, Potsdam, beschafft
worden. Mit diesen Variometern wird noch heute im Erdmagnetischen
Observatorium Wingst registriert. Sie haben einen Grad der Stabilität
erreicht, der kaum noch Wünsche offen läßt. Das ist eine Frucht der in
erdmagnetischen Observatorien erwünschten und aus Mangel an Mitteln
oft auch erzwungenen Konservativität.

Einer Initiative von der Anwendungsseite wiederum ist es zu verdanken,
daß im Jahr 1936 Friedrich Errulat von der Deutschen Seewarte beauf-
tragt wurde, Instrumente für erdmagnetische Messungen auf See zu entwickeln, die in Tauch und Schleppkörpern eingesetzt werden können.
Es wurden der Doppelkompaß, Instrumente mit rotierenden Spulen, das

Magnetron und nach dem Zweiten Weltkrieg die Förstersonde benutzt
(ERRULAT, 1948). Diese Versuche kamen zu einem gewissen Abschluß, als
das Prinzip der Kernpräzessionsmessung für erdmagnetische Zwecke nutz-
bar gemacht worden ist. Die Protonenpräzessionsmagnetometer erlauben
höhere Meßgeschwindigkeiten und höhere Meßgenauigkeit auf See, gestatten allerdings nur, die Totalintensität zu messen. Mit dem Protonenmagnetometer sind in neuerer Zeit vom Deutschen Hydrographischen
Institut die Nordsee, die Romanche-Bruchzone im Zentralatlantik, der
Island-Färöer-Rücken, der Island-Jan Mayen-Rücken und andere Gebiete
im Nordatlantik magnetisch vermessen worden.

Gleichzeitig mit dem Neubeginn der Seemessungen wurde der erdmagnetische Beobachtungsdienst vom Observatorium Wilhelmshaven an die Deutsche Seewarte, Hamburg, übertragen, die 1938 das Erdmagnetische Observatorium Wingst zwischen Stade und Cuxhaven errichtete und mit den
Instrumenten aus Wilhelmshaven ausrüstete. Mit dem Aufbau und der weiteren Entwicklung des Observatoriums Wingst sind die Namen Paul Meier,
Friedrich Errulat und Otto Meyer eng verbunden: P. Meier war Leiter
des Marineobservatoriums Wilhelmshaven von 1932 bis 1935, Errulat
Leiter des Erdmagnetischen Dienstes bei der Deutschen Seewarte und
beim Deutschen Hydrographischen Institut (D.H.I.) von 1937 bis 1954,
O. Meyer war von 1938 bis 1954 Observator in Wingst, dann bis 1973
Leiter des Erdmagnetischen Dienstes beim D.H.I.

Nachdem Julius Bartels (1938) zur Charakterisierung der erdmagnetischen Unruhe durch solare Partikelstrahlung die dreistündliche Kennziffer K eingeführt hatte, bezog er nach dem Zweiten Weltkrieg das
Observatorium Wingst in den Kreis der heute 13 Observatorien ein,
deren K-Werte er für die Berechnung der planetarischen Kennziffer Kp
benötigte. Ein früherer Versuch Bidlingmaiers (1913), eine Meßzahl
für die erdmagnetische Unruhe einzuführen, hat sich international
nicht durchsetzen können. Errulat und O. Meyer gehörten nach dem Zweiten Weltkrieg mit zu den Gründern der Arbeitsgemeinschaft Ionosphäre
der deutschen Geophysikalischen Institute, die den Austausch von geophysikalischen Daten für die Erkennung und Erforschung von solar-terrestrischen Beziehungen besorgt.

Zum Internationalen Geophysikalischen Jahr 1957/58 (IGJ) reifte ein
Problem heran, das die Fachkollegen beschäftigte, seit Magnetogramme
zwischen den Stationen Niemegk und Wingst regelmäßig ausgetauscht
werden (seit 1949). Bei Bay-Störungen ist das Vorzeichen des Ausschlags
der Vertikalkomponente in Wingst und Niemegk umgekehrt, während die
Ausschläge der horizontalen Komponenten an beiden Stationen sehr ähnlich sind. Die Ursache wurde in der Wirkung von Induktionsströmen in
der Erde gesucht (MEYER, 1951). Neben anderen Gruppen untersuchte auch
die erdmagnetische Gruppe des D.H.I. die Ortsabhängigkeit der Variationen in Norddeutschland. Aus Messungen mit engem Punktabstand wurde
gefolgert, daß ein großer Anteil der Induktionsströme der norddeutschen Leitfähigkeitsanomalie oberflächennahe in den jungen Sedimenten
fließen muß (ZERBST, 1962; VOPPEL, 1962). Auch der Magnetogramm-Aus-
tausch Niemegk-Wingst hat eine Parallele in der Geschichte: ESCHEN-
HAGEN (1896) machte von Potsdam aus mit Emil Stück, seinem Nachfolger
in Wilhelmshaven, Simultanbeobachtungen erdmagnetischer Variationen.
Da sich die Beobachtungen aber nur auf die H-Komponente bezogen haben,
blieb die erwähnte Inhomogenität der Z-Variationen diesen Beobachtern
verborgen.

Erstmals vom verankerten Schiff aus wurden erdmagnetische Variationen
1965 und 1969 am Schnittpunkt des magnetischen mit dem geographischen
Äquator (30° westl. Länge) gemessen. Es ließen sich Rückschlüsse auf
Induktionsströme im Ozean ziehen und die Lage des äquatorialen Elec-

trojet bestimmen. Die erdmagnetischen Arbeiten waren Teilprogramme
zweier Atlantischer Expeditionen des Forschungsschiffes "Meteor",
die von BROCKS (1966) koordiniert wurden.

3. Wiederkehrende Aufgaben und Wandlung der Schwerpunkte im Erdmagnetischen Dienst

Daß mehrere Beobachtergenerationen sich in der erdmagnetischen Meß-
praxis mit den gleichen Problemen befassen müssen, liegt in der hohen
geforderten und tatsächlich bisher kaum erreichten Meßgenauigkeit und
natürlich in der langfristigen Veränderlichkeit des natürlichen Feldes
begründet.

Bereits zu Beginn der Tätigkeit in Wilhelmshaven stellte man fest,
daß der Theodolit von C. Bamberg und das alte Lamontsche Gerät verschiedene Meßwerte lieferten. Das Problem hatte man damals an vielen
Stationen. Der Holländer VAN RIJCKEVORSEL (189o) bereiste einige Observatorien in Europa, machte zum ersten Male Vergleichsmessungen und
stellte dabei Differenzen zwischen den Stationsniveaus bis zu 71 nT
fest. Er kam zu dem Schluß: *"... I think ....., that it is an absolute delusion
to think that we are in possession of absolute instruments."* Dieser Satz hat
seine Gültigkeit bis in die heutige Zeit. Daß das Problem an Aktuali-
tät noch kaum verloren hat, zeigt das Bestehen einer Arbeitsgruppe der
Internationalen Assoziation für Geomagnetismus und Aeronomie (IAGA)
für "Comparison of Magnetic Standards".

BIDLINGMAIER (1911, 1913) konnte für die Jahresgänge der Basiswerte
der Horizontalvariometer keine stichhaltige Erklärung finden. Deshalb
versuchte BECKER (1936) die Ursache dafür aufzuspüren. Das gelang
nicht, weil die neu aufgestellten Variometer eine zu starke elastische
Nachwirkung zeigten, die alle anderen Effekte überdeckte. Erst 1954
konnte O. Meyer zeigen, daß die Luftfeuchtigkeit einen wesentlichen
Einfluß auf Quarz-Horizontal-Magnetometer auf auf fast alle Typen von
klassischen Variometern hat (MEYER u. VOPPEL, 1959).

Eine Aufgabe, die in regelmäßigen Abständen von erdmagnetischen Observatorien zu lösen ist, ist die Landesvermessung, die dazu dient, die
geographische Verteilung der erdmagnetischen Elemente und ihrer Säkularvariationen zu ermitteln. Die Notwendigkeit einer solchen Vermessung ist naturgemäß den Geldgebern nicht leicht klarzumachen. Das geht
aus einer Schilderung von ESCHENHAGEN (189o) hervor, der 1887/88 an
4o Punkten in Norddeutschland messen wollte:

> "Die Notwendigkeit mit einer neuen Landesaufnahme in dieser Weise
> zu beginnen, wurde seitens des Kaiserlichen Marine-Observatoriums
> zu Wilhelmshaven, der zur Zeit einzigen erdmagnetischen Station in
> Deutschland, welche mit registrierenden Variometern ausgerüstet
> ist, in einer Eingabe an die vorgesetzte Behörde, das Hydrographi-
> sche Amt der Admiralität zu Berlin, dargelegt, in dem besonders
> hervorgehoben wurde, in welcher Weise bereits benachbarte Nationen
> Neuvermessungen begonnen haben. Nach Befürwortung des Antrags sei-
> tens des Herrn Chefs des Hydrographischen Amtes, Konteradmiral
> Paschen, wurden im Juli 1888 ... die Mittel ... bereitgestellt."

Der Appell an die Pflichten einer großen Nation hatte hier offenbar
genützt.

An der Preußischen Landesaufnahme um 19o1 (SCHMIDT, 1914) war wiederum
Eschenhagen von Potsdam aus beteiligt. 1934/35 wurde die erste Reichsvermessung von BOCK, BURMEISTER u. ERRULAT (1948, 1956) durchgeführt.

Die Erkenntnis von ESCHENHAGEN (189o), daß bei der Vermessung eines
Gebietes von der Größe Deutschlands ein Observatorium für die Reduktion der Zeitvariationen zu wenig ist, hat mit dazu beigetragen, daß
die Registrierungen in Wilhelmshaven über die Dauer des Polarjahres
1932/33 hinaus weitergeführt wurden. In der Bundesrepublik Deutschland ist von den Observatorien Fürstenfeldbruck und Wingst aus 1964/65
an Säkularpunkten gemessen worden. Die Säkularvariation von 1935 bis
1965 kann man in guter Näherung für ein Gebiet wie Nordwestdeutschland durch eine lineare Funktion in den Koordinaten darstellen. Betrachtet man die Abweichung der Meßwerte von diesem Normalfeld für
die Totalintensität, so stellt man eine Streuung der Werte mit einer
mittleren Abweichung von 31 nT fest. Da heute die Totalintensität das
Element ist, das durch den Einsatz der Protonenmagnetometer die gering-
sten instrumentellen Fehler aufweist, muß man den größten Teil der
Streuung auf Fehler der Messungen von 1935 zurückführen, als noch der
Erdinduktor das Standardinstrument für die Bestimmung der Inklination
und damit der Vertikalintensität war. Erst wenn die Messungen für zwei
aufeinanderfolgende Epochen vergleichbar hohe Genauigkeiten aufweisen,
lassen sich Schlüsse auf regionale Unterschiede der Säkularvariationen
ziehen. Da liegt eine der Zukunftsaufgaben für die erdmagnetischen
Observatorien.

Obwohl die Säkularvariation weitere Kenntnisse über das Erdinnere zu
vermitteln verspricht, wenn die Verbesserung der Meßgenauigkeit sowohl
an Observatorien als auch an Feldstationen wirksam geworden ist, haben
sich die Schwerpunkte der erdmagnetischen Forschung ohne Zweifel in
den 1oo Jahren seit Bestehen des Erdmagnetischen Dienstes in Norddeutschland zu den Phänomenen der schnelleren Änderungen verschoben.
Dementsprechend hat sich die Funktion der Observatorien gewandelt. Die
Observatorien sind Basisstation zur Vermessung von Variationsanomalien,
sie geben regelmäßig Werte zur solaren Wellen- und Partikelstrahlung,
ihre Messungen werden zur Vorhersage der Güte des Funkverkehrs herangezogen. Die klassische Aufgabe des Erdmagnetischen Dienstes in Norddeutschland, nämlich der Schiffahrt die notwendigen Informationen
über das erdmagnetische Feld zu liefern, darf daneben allerdings nicht
vernachlässigt werden, da trotz weiter Verbreitung des Kreiselkompasses
nach wie vor alle Schiffe verpflichtet sind, einen Magnetkompaß als
Ersatzsystem mitzuführen. Eine sichere Vorhersage der Säkularvariation
ist nur möglich, wenn die erdmagnetischen Observatorien kontinuierlich
weiterarbeiten und ihre Werte vollständig und schnell veröffentlichen
können.

4. Schlußbetrachtung

Bedürfnisse der Anwendung haben den Erdmagnetischen Dienst in Norddeutschland ins Leben gerufen. Die Wissenschaft hat wesentlich dazu
beigetragen, daß er nach Rückschlägen wieder leistungsfähig wurde.
Die wechselvolle Geschichte des Erdmagnetischen Dienstes in Norddeutschland bietet demjenigen reichhaltiges Material, der in der Geschichte nicht nur Information, sondern auch Entscheidungshilfe für
die Gegenwart und Zukunft sucht.

*Herrn Prof. Walter Horn vom Deutschen Hydrographischen Institut danke ich für
wertvolle Hinweise.*

Zeittafel zur Geschichte des Erdmagnetischen Dienstes in Norddeutschland

1874	Gründung und Beginn des Aufbaus des Marineobservatoriums Wilhelmshaven
1878	Fertigstellung und Beginn der regelmäßigen erdmagnetischen Beobachtungen
1882	Beginn der fotografischen Registrierungen
1882 - 1895	Bericht in Jahrbüchern
1910 - 1911	Bericht in Jahrbüchern
1912	(1. Halbjahr) Kurzbericht
1912	Ende der Bearbeitung der magnetischen Beobachtungen
1919 - 1930	Unterbrechung der erdmagnetischen Tätigkeit am Marineobservatorium
1931 - 1936	Wiederaufnahme der erdmagnetischen Beobachtungen in Wilhelmshaven
1931 - 1932	Bericht in Jahrbüchern
1936	Übernahme der erdmagnetischen Aufgaben des Marineobservatoriums durch die Deutsche Seewarte Hamburg; Entwicklung von Instrumenten für magnetische Seemessungen
1938	Aufnahme der Beobachtungen im Erdmagnetischen Observatorium Wingst
1939 - 1942	Kurzberichte über Beobachtungen in Wingst
ab 1943	Veröffentlichung der Ergebnisse in Jahrbüchern
1946	Übernahme des Erdmagnetischen Dienstes durch das Deutsche Hydrographische Institut
ab 1952	Veröffentlichung der täglichen Magnetogramme in Magnetogrammheften

Quellen: BECKER (1936), MEIER (1937), Deutsche Seewarte (1937 - 1939),
Deutsches Hydrographisches Institut (1946 - 1973, 1968a).

Literatur

BARTELS, J.: Potsdamer erdmagnetische Kennziffern. Z. Geophys. 14,
    68-78 (1938).
BECKER, F.: Ergebnisse der magnetischen Beobachtungen im Jahre 1931.
    Veröff. d. Marineobservatoriums in Wilhelmshaven, Neue Folge H. 5,
    Berlin 1936.
BIDLINGMAIER, F.: Der Doppelkompaß als Hilfsmittel der praktischen
    Navigation. Ann. Hydrogr. Mar. Meteorol. 35, 198-213 (19o7).
BIDLINGMAIER, F.: Ergebnisse der magnetischen Beobachtungen im Jahr
    191o. Veröff. d. Kaiserl. Observatoriums in Wilhelmshaven, Neue
    Folge H. 1, Berlin 1911.
BIDLINGMAIER, F.: Ergebnisse der magnetischen Beobachtungen im Jahr
    1911 mit besonderen Untersuchungen über die erdmagnetische Aktivi-
    tät. Veröff. d. Kaiserl. Observatoriums in Wilhelmshaven, Neue
    Folge H. 2, Berlin 1913.
BOCK, R., BURMEISTER, F., ERRULAT, F.: Magnetische Reichsvermessung
    1935, Teil I. Geophys. Inst. Potsdam, Abh. Nr. 6. Berlin: Akademie-
    Verlag 1948.
BOCK, R., BURMEISTER, F., ERRULAT, F.: Magnetische Reichsvermessung
    1935, Teil II. Deut. Hydrograph. Z., Ergänzungsheft Reihe B Nr. 2,
    1956.
BÖRGEN, C.: Beobachtungen aus dem Magnetischen Observatorium der
    Kaiserlichen Marine in Wilhelmshaven während der Polarexpeditionen
    1882 und 1883. In: Deutsches Polarwerk, II. Bd., Internationale
    Polarforsch. 1882/83, Berlin 1886.
BROCKS, K.: IQSY-Expedition "Meteor". Deutsche Forschungsgemeinschaft,
    Forschungsberichte Nr. 11, Wiesbaden 1966.
Deutsches Hydrographisches Institut: Jahresberichte; Jahresbericht
    Nr. 1, 1946, Hamburg 1947; bis Nr. 23, 1968, Hamburg 1969; Jahres-
    bericht 1969, Hamburg 197o; Jahresbericht 197o/71, Hamburg 1972.
Deutsches Hydrographisches Institut: Das Deutsche Hydrographische
    Institut und seine historischen Wurzeln. Hamburg 1968.
Deutsche Seewarte: Jahresberichte über die Tätigkeit der Deutschen
    Seewarte. 62. Jahresbericht, Jahr 1936, Hamburg 1937; 63. Jahres-
    bericht, Jahr 1937, Hamburg 1938; 64. Jahresbericht, Jahr 1938,
    Hamburg 1939.
ERRULAT, F.: Erdmagnetismus I. In: Naturforschung und Medizin in
    Deutschland 1939-1946 (FIAT-Bericht) Bd. 17, Geophysik I, 27-38
    (BARTELS, J., Hrsg.). Wiesbaden 1948.
ERRULAT, F.: Messungen der Horizontalintensität des erdmagnetischen
    Feldes auf der Ostsee in den Jahren 1938 und 1939, ausgeführt mit
    dem Doppelkompaß als Tauchgerät. Deut. Hydrograph. Z. 2, 1-21 (1949).
ESCHENHAGEN, M.: Bestimmung der erdmagnetischen Elemente an 4o Sta-
    tionen im nordwestlichen Deutschland. Berlin 189o.
ESCHENHAGEN, M.: Über Simultan-Beobachtungen erdmagnetischer Varia-
    tionen. Terr. Magn. 1, 55-61 (1896).
FANSELAU, G., GROTEWAHL, M.: Vorläufiger Bericht über den von der
    Carnegie Institution gestifteten Bidlingmaier'schen Doppelkompaß.
    Terr. Magn. 35, 225-226 (193o).
MEIER, P.: Ergebnisse der magnetischen Beobachtungen im Jahre 1932
    in Wilhelmshaven. Archiv d. Deutschen Seewarte und des Marine-
    observatoriums 57, Nr. 6, Hamburg 1937.
MEYER, O.: Über eine besondere Art von erdmagnetischen Baystörungen.
    Deut. Hydrograph. Z. 4, 61-65 (1951).
MEYER, O., VOPPEL, D.: Der Einfluß der Luftfeuchtigkeit auf Messungen
    mit dem Quarz-Horizontal-Magnetometer. Jahrbuch Nr. 1o, Ergebnisse
    der erdmagnetischen Beobachtungen im Observatorium Wingst in den
    Jahren 1955 und 1956. Deutsches Hydrographisches Institut, Hamburg
    1959.

VAN RIJCKEVORSEL: An attempt to compare the instruments for absolute
    magnetic measurements. Amsterdam 189o.
SCHMIDT, A.: Die magnetische Vermessung I. Ordnung des Königreiches
    Preußen 1898-19o3 nach den Beobachtungen von M. Eschenhagen und
    J. Edler. Veröff. Preuß. Meteor. Inst. Nr. 276, zugleich Abh.
    Nr. 4, Berlin 1914.
VOPPEL, D.: Ergebnisse der Geländemessungen des D.H.I. unter der Lei-
    tung von Dr. O. Meyer, Hamburg. In: Protokoll über das Symposium
    "Erdmagnetische Tiefensondierung" in Kassel am 1. u. 2. Febr. 1962,
    6-9 (SCHEUBE, H.G., Hrsg.). Braunschweig 1962.
ZERBST, E.: Modell zur Deutung der unterschiedlichen Registrierungen
    von ΔZ in Niemegk und Wingst. In: Protokoll über das Symposium
    "Erdmagnetische Tiefensondierung" in Kassel am 1. und 2. Febr.
    1962, 3o-33 (SCHEUBE, H.G., Hrsg.). Braunschweig 1962.

Hermann Fritz und sein Wirken für die Polarlichtforschung

W. Schröder

1. Einleitung

In der internationalen Literatur zum Problemkreis des Polarlichts
werden die Arbeiten von Hermann Fritz, die vor einem Jahrhundert erschienen sind, häufig zitiert, vgl. z.B.: AKASOFU (1964); AKASOFU,
CHAPMAN u. MEINEL (1966); ELVEY (1964); STRINGER u. BELON (1967).
Überraschenderweise liegen jedoch über das Leben und Wirken von Hermann Fritz keine Darstellungen vor. Im Nachfolgenden soll versucht
werden, auf Grund der verfügbaren Arbeiten von Fritz sowie seiner
bislang unveröffentlichten Briefe einen Überblick über sein Leben
und sein Wirken für die Polarlichtforschung zu geben.

2. Kurzbiographie

Hermann Fritz (Abb. 1) wurde am 3. September 183o in Bingen am Rhein
geboren. Nach Absolvierung des Studiums an der Technischen Hochschule
Darmstadt war er vom Wintersemester 1859 an Hilfslehrer für techni-

Abb. 1. Hermann Fritz.
(Die Erstveröffentlichung
geschieht mit freundlicher
Genehmigung der Bibliothek
der ETH Zürich)

sches Zeichnen am Eidgenössischen Polytechnikum (jetzt: Technische
Hochschule) in Zürich. 1872 wurde er dort Titular-Professor und las
über allgemeine Maschinenlehre. In diesem Zusammenhang schrieb er
Bücher und Zeitschriftenaufsätze über: Ausnutzung der Brennstoffe
(1876), Handbuch der landwirtschaftlichen Maschinen (1880) und Gegenseitige Beziehungen der physikalischen und chemischen Eigenschaften
der chemischen Elemente und Verbindungen (1892).

Neben diesen überwiegend technisch orientierten Arbeiten wandte sich
Fritz Fragen der solar-terrestrischen Physik zu. Dabei geriet er in
den Einflußbereich des wegen seiner Verdienste um die Erforschung des
Sonnenfleckenzyklus bekannten Astronomen Rudolf Wolf, ebenfalls Professor am Polytechnikum und Direktor der Eidgenössischen Sternwarte
in Zürich. Mit ihm blieb Fritz durch viele Jahre in wissenschaftlicher Arbeit verbunden. Fritz starb am 16. August 1893 an den Folgen
eines Schlaganfalles.

3. Polarlichtforschung vor Hermann Fritz

Die Anfänge der Geschichte der Polarlichtforschung wurden von HELL-
MANN (1922) beschrieben. Hinsichtlich der Natur der Polarlichter
wurden im Verlauf der Dezennien vielfältige - oftmals völlig entgegengesetzte - Meinungen vertreten.

Die erste wissenschaftliche Monographie stammt von MAIRAN (1733).
Den Zusammenhang zwischen Polarlicht und gleichzeitig stattfindenden
unregelmäßigen Variationen der Magnetnadel fanden Celsius und Hiorter
bereits im Jahre 1741. Rund hundert Jahre später (1845) machte Lamont
auf periodische Veränderungen in der regelmäßigen täglichen Bewegung
der magnetischen Horizontnadel aufmerksam. E. Sabine erkannte 1851,
daß zwischen diesen Veränderungen und dem Aussehen der Sonnenober-
fläche ein enger Zusammenhang bestand.

Wolf entdeckte 1852 (WOLF, 1865), daß Jahre, die viele Nordlichter
zeigten, häufig mit sonnenfleckenreichen Jahren zusammenfallen. Wolfs
Ergebnisse basierten dabei auf von ihm gesammelten Daten, die er in
einem Katalog veröffentlicht hatte, der nahezu 6300 Angaben über beobachtete Polarlichter enthielt. An diesem Punkt setzte die Arbeit
und Wirksamkeit von Hermann Fritz ein.

4. Das "Verzeichnis beobachteter Polarlichter"

Die erste Aufgabe, die sich Fritz und Wolf stellten, war die Sammlung
weiterer Polarlichtbeobachtungen. Aus dieser Zeit stammt der beige-
fügte Brief (Abb. 2) vom 25. Mai 1864. Die im Brief enthaltene Tabelle
hat Wolf in einer Veröffentlichung (WOLF, 1864b, S. 129) benutzt.

Als Ergebnis der Zusammenarbeit von Fritz und Wolf entstand das "Ver-
zeichnis beobachteter Polarlichter, zusammengestellt von FRITZ" (1873).
Außer den persönlich gesammelten Beobachtungen war eine wichtige
Quelle der Katalog von LOVERING (1868), der wertvolle amerikanische
Beobachtungen enthielt. Insgesamt sind etwa 300 Literaturquellen auf
den Seiten 5-13 des Verzeichnisses angegeben.

Fritz teilte die Nordlichtbeobachtungen in fünf Gruppen nach Längen
und Breiten ein. Nach diesen Gruppen wurden die Jahressummen geglie-
dert. Zum Schluß des Verzeichnisses wurden auch einige Beobachtungen
von Südlichtern aufgeführt. Das Verzeichnis wurde auf Kosten der Kaiserlichen Akademie der Wissenschaften gedruckt. Es diente als Grund-

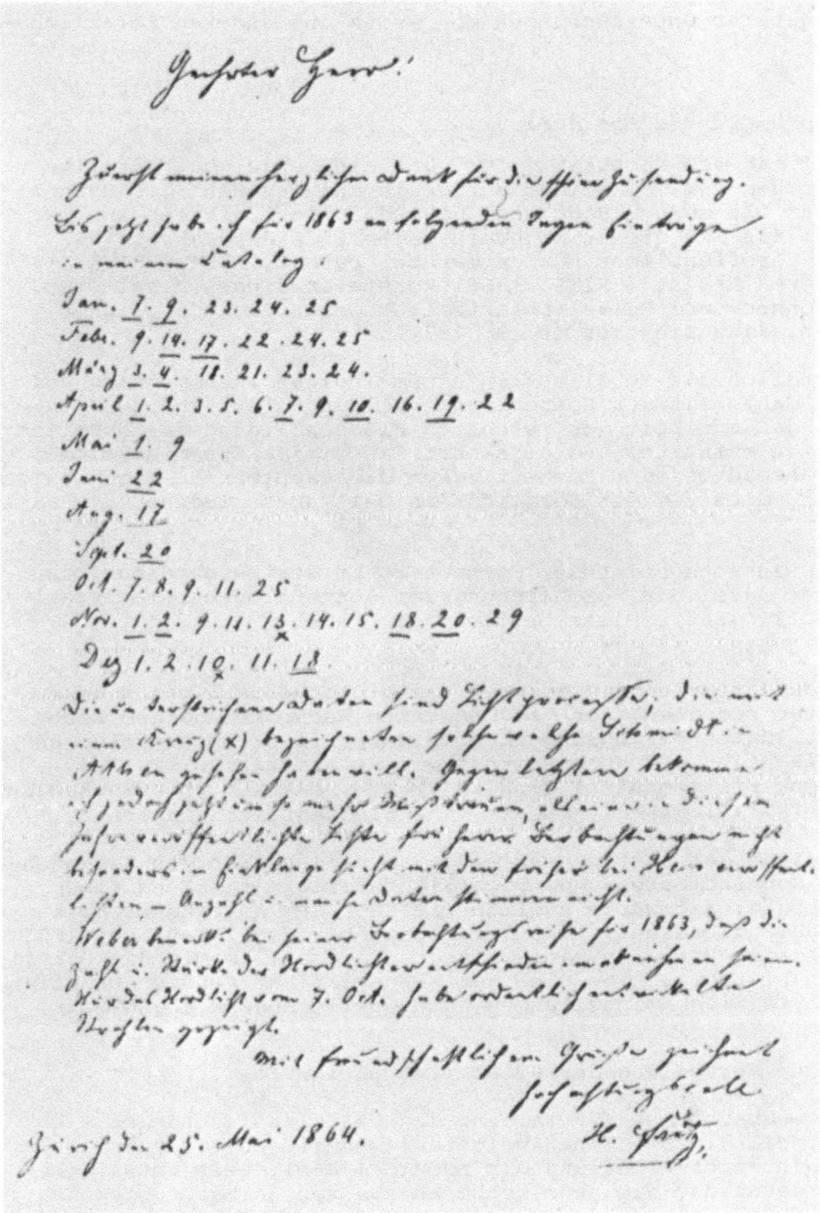

Geehrter Herr!

Jan. 7. 9. 23. 24. 25
Febr. 9. 14. 17. 22. 24. 25
März 3. 4. 11. 21. 23. 24.
April 1. 2. 3. 5. 6. 7. 9. 10. 16. 19. 22
Mai 1. 9
Juni 22
Aug. 17
Sept. 20
Oct. 7. 8. 9. 11. 25
Nov. 1. 2. 9. 11. 13. 14. 15. 18. 20. 29
Dez. 1. 2. 10. 11. 13.

Zürich den 25. Mai 1864.

H. Fritz.

Abb. 2. Brief von Hermann Fritz vom 25. Mai 1864 an Rudolf Wolf, enthaltend Polarlichtdaten aus dem Jahre 1863. (Die Erstveröffentlichung geschieht mit freundlicher Genehmigung der Bürgerbibliothek Bern)

lage vieler weiterer Untersuchungen von Fritz und anderen Polarlicht-
forschern.

5. Polarlicht und Sonnenaktivität

Fritz verdankt man den Nachweis dafür, daß eine enge, quantitative
Beziehung zwischen der Polarlichthäufigkeit und der Zahl der Sonnenflecken besteht. In seinem Buch über das Polarlicht gibt er an (FRITZ,
1881, S. 196), daß ihm dieser Nachweis gegen Ende des Jahres 1862
gelungen sei. Veröffentlicht hat er darüber bereits 1864 (FRITZ, 1864).
In einer weiteren Arbeit (FRITZ, 1865) konnte er diesen parallelen
Gang in der Sonnen- und Polarlichtaktivität wesentlich deutlicher
herausarbeiten; dazu schreibt er (S. 257-258):

> "... daß endlich das Nordlicht in einem innigen Zusammenhang und
> parallelen Gange mit der Sonnenfleckenbildung steht und zwar in
> der Weise, daß zur Zeit der reichsten Fleckenbildung das Nordlicht
> am häufigsten auftritt, und umgekehrt die Minima zusammenstimmen
> und daß, während bei den Sonnenflecken die Hauptmaxima sich weniger
> auszeichnen, dies bei den Nordlichtern weit entschiedener der Fall
> ist."

Wolf war 1865 ein entscheidender Forschritt in der Beschreibung der
Sonnenaktivität durch die Formulierung der Sonnenfleckenrelativzahl
R gelungen (WOLF, 1865). Diese bestimmt sich aus

$$R = k \, (\log + f),$$

worin g die Sonnenfleckengruppenzahl, f die Fleckenzahl und k einen
Reduktionsfaktor bedeuten, der vom benutzten Fernrohr und dem Beobachter abhängt. Unter Verwendung älterer Sonnenfleckenbeobachtungen
konnte Wolf die Reihe der Monatsmittel der Relativzahlen bis 1749
zurückverfolgen. Fritz stützte sich in seinen weiteren Untersuchungen
(FRITZ, 1878, 1881, 1893) auf diese Sonnenfleckenrelativzahlen.

Über die Priorität des ersten bestimmten Nachweises für den Zusammenhang zwischen Sonnenflecken- und Polarlichthäufigkeit gab es eine
Auseinandersetzung; sie wurde nämlich vielfach dem Amerikaner E. Loomis (1811 - 1889) zuerkannt. In seinem Buch über das Polarlicht (FRITZ,
1881) verwahrt sich Fritz in einer Fußnote dagegen, Loomis die Priorität zuzuerkennen. Loomis habe sich auf seine (Fritz') erste Abhandlung
gestützt und briefliche Mitteilungen ohne Quellenangabe abgedruckt.

6. Geographische Verteilung der Polarlichthäufigkeit

Hinweise zur geographischen Verteilung des Polarlichtes finden sich
bereits bei MUNCKE (1825). Einen weiteren, wenngleich nur sehr rohen
Entwurf zur Polarlichtverteilung gab LOOMIS (1860). Sein Entwurf beschränkt sich dabei auf die sehr grobe Angabe von Beobachtungszonen
mit 80 und 40 Erscheinungen pro Jahr.

Die entscheidenden Untersuchungen über die geographische Verteilung
des Polarlichtes verdankt man Fritz. Er führte den Begriff der Isochasmen ein, das sind die Ortskurven aller Punkte der Erdoberfläche,
für welche das Auftreten eines Polarlichtes gleich häufig zu erwarten
ist. 1874 veröffentlichte Fritz eine Karte (FRITZ, 1874), die die
geographische Verbreitung des Polarlichtes auf der Nordhalbkugel erkennen läßt. In dieser Publikation sowie in seinem Buch "Das Polarlicht" (FRITZ, 1881) veröffentlichte Fritz Tabellen, die die mittlere
Häufigkeit von Polarlichtern für ausgewählte Orte der Nordhalbkugel
enthalten.

Von einer Ausdehnung der Untersuchungen zur Häufigkeitsverteilung
der Polarlichter auf die Südhalbkugel sah Fritz im Hinblick auf die
Inhomogenität der verfügbaren Daten ab. Erst Boller konnte 1898 einen
umfassenden Katalog von Polarlichtdaten mit einer Karte für die Südhalbkugel vorlegen (BOLLER, 1889).

7. Weitere Studien über das Polarlicht

Von anhaltender Bedeutung war Fritz' schon mehrfach zitiertes Buch
"Das Polarlicht" (1881). Es enthält eine zusammenfassende Darstellung
des damaligen Wissens mit einer zweifarbigen Karte der Isochasmen für
die Nordhalbkugel. Dieses Buch enthielt auch schon ein besonderes Kapitel über "Die Höhe des Polarlichts über der Erdoberfläche". In neu-
eren Darstellungen zur Geophysik wird oftmals der Eindruck vermittelt,
als seien erst ab etwa 1930 entsprechende Höhenbestimmungen des Polarlichtes nachzuweisen. In Wirklichkeit hat bereits GALLE (1872) Untersuchungen zur Bestimmung der Höhe des Polarlichtes vom 4. Februar
1872 durchgeführt. Unmittelbar nach Erscheinen der Monographie von
Fritz bestimmte JESSE (1883, 1884) die Höhe von Polarlichtern, für
den am 2. Oktober 1882 beobachteten Polarlichtbogen fand er eine Höhe
von 122,2 ± 4,5 km. Er befaßte sich auch mit der Höhenbestimmung der
Polarlichtstrahlen und gab eine zusammenfassende Darstellung der bis
1884 bekannten Höhenbestimmungen.

8. Schlußbemerkung

Fritz' bleibende Bedeutung für die Geophysik beruht zweifellos auf
seinem Wirken für die Polarlichtforschung, insbesondere auf dem von
ihm geführten Nachweis des parallelen Ganges im Auftreten der Sonnenflecken und Polarlichter sowie der Beschreibung der geographischen
Verteilung der Polarlichthäufigkeit mit Hilfe der von ihm eingeführten Isochasmen. Daneben hat sich Fritz aber auch mit anderen meteorologischen und geophysikalisch orientierten Fragen beschäftigt. Dies
zeigt die folgende Bemerkung aus seinem Brief vom 7. Mai 1877, in dem
er schreibt:

> "Speziell ist mein Forschungsgebiet: das Polarlicht, der Hagel und
> die elektrischen Erscheinungen, soweit als das Verhalten zu den
> Sonnenflecken in Betracht fällt. Bei dem Durchforschen des Mate-
> rials gelangt man zu allerlei Ideen; wodurch eine Reihe kleinerer
> Arbeiten entstanden ist, die teilweise Veröffentlichung fanden.
> Am meisten ist davon skizziert in dem Neujahrsblatte der Zürcher
> Naturforsch. Gesellschaft unter dem Titel 'Aus der kosmischen
> Physik'."

(Brief von Hermann Fritz: Handschriftenabteilung, Berlin, Staatsbibliothek Preußischer Kulturbesitz, früher Preußische Staatsbibliothek).
Die in diesem Brief von Fritz erwähnte Publikation erschien im Jahre
1875 (FRITZ, 1875). Aus dem Bereich dieser geo- und astrophysikalischen Arbeiten sollen noch die beiden Bücher über die Sonne (FRITZ,
1885) und über die wichtigsten periodischen Erscheinungen der Meteo-
rolgie und Kosmologie (FRITZ, 1889) erwähnt werden.

*Für Hinweise bin ich besonders Herrn Prof. Dr. H. Ertel sowie Prof. Dr. S. Chapman,
K. Ledersteger und M. Waldmeier dankbar. Der Burgerbibliothek Bern, der Handschriftenabteilung der Staatsbibliothek Preußischer Kulturbesitz, früher Preußische
Staatsbibliothek, der Bibliothek der ETH Zürich sowie Österreichischen Akademie
der Wissenschaften bin ich ebenfalls für ihre Hilfe dankbar.*

Literatur

AKASOFU, S.-I.: The latitudinal shift of the auroral belt. J. Atmospheric Terrest. Phys. 26, 1167-1174 (1964).

AKASOFU, S.-I., CHAPMAN, S., MEINEL, A.B.: The Aurora. In: Hdb. d. Physik (Hrsg. S. FLÜGGE), 59/1, 1-158. Berlin-Heidelberg-New York: Springer 1966.

BOLLER, W.: Das Südlicht. Gerlands Beitr. Geophys. 3, 56 (1898).

ELVEY, C.T.: Auroral Morphology. Planet. Space Sci. 12, 783-797 (1964).

FRITZ, H.: In: Mittheilungen über die Sonnenflecken (Hrsg. R. WOLF). Vierteljahr. Naturforsch. Ges. Zürich 8, 97-126 (1863).

FRITZ, H.: In: Mittheilungen über die Sonnenflecken (Hrsg. R. WOLF) Vierteljahr. Naturforsch. Ges. Zürich 9, 111-139 (1864).

FRITZ, H.: In: Mittheilungen über die Sonnenflecken (Hrsg. R. WOLF). Vierteljahr. Naturforsch. Ges. Zürich 1o, 229-286 (1865).

FRITZ, H.: Verzeichnis beobachteter Polarlichter, 265 S. Wien 1873.

FRITZ, H.: Die geographische Verbreitung des Polarlichtes. Petermanns Geogr. Mitt. 2o, 347-358 (1874).

FRITZ, H.: Aus der Kosmischen Physik. Neujahrsbl. Naturforsch. Ges. 28 S., Zürich 1875.

FRITZ, H.: Die Beziehungen der Sonnenflecken zu den magnetischen und meteorologischen Erscheinungen der Erde (Preisschrift). Haarlem 1878.

FRITZ, H.: Das Polarlicht, 348 S. Leipzig 1881.

FRITZ, H.: Beitrag zu der Periodicität des Polarlichtes. Z. Österr. Ges. Meteorol. 15, 73-76 (1882a).

FRITZ, H.: Die geographische Verbreitung des Polarlichtes in den Vereinigten Staaten von Nord-Amerika. Petermanns Geogr. Mitt. 28, 376-38o (1882b).

FRITZ, H.: Über das Polarlicht. Z. Österr. Ges. Meteorol. 18, 321-334 (1883).

FRITZ, H.: Die Sonne, 32 S. Basel 1885.

FRITZ, H.: Resultate der Polarlicht-Beobachtung, 1882-83. Meteorol. Z. 4, 149-159 (1887).

FRITZ, H.: Die wichtigsten periodischen Erscheinungen der Meteorologie und Kosmologie, 427 S. Leipzig 1889.

FRITZ, H.: Die Perioden solarer und terrestrischer Erscheinungen. Vierteljahr. Naturforsch. Ges. Zürich 38, 77-1o7 (1893).

GALLE, J.G.: Über Höhenbestimmung der Nordlichtstrahlen durch Beobachtungen ihres Convergenz-Punktes oder der Nordlicht-Krone. Wschr. Astron. Meteorol. Geogr. N.F. 15, 113-118 (1872).

HELLMANN, G.: Die Entwicklung unserer Kenntnisse vom Nordlicht. Veröff. Preuß. Meteorol. Inst. Berlin, Nr. 315, 47-58 (1922).

JESSE, O.: Die Höhe und Lage des Nordlichtbogens vom 2. October 1882. Z. Österr. Ges. Meteorol. 18, 238-239 (1883).

JESSE, O.: Über die Bestimmung der Höhe und Lage der Polarlichter. Z. Österr. Ges. Meteorol. 19, 4o5-4o8 (1884).

MAIRAN, J.J.: Traité physique et historique de l'aurore boréale. Paris 1733.

MUNCKE, G.W.: Nordlicht in Gehler's Physikalischem Wörterbuch, 1825.

LOOMIS, E.: The auroral borealis or polar light, its phenomena and laws. Amer. J. Sci. Arts. 3o, 89 (186o).

LOVERING, J.: On the Periodicity of the Aurora Borealis. Mem. Amer. Acad. New Ser. 1o (1868).

STRINGER, W.J., BELON, A.E.: The morphology of the IQSY auroral oval. 1. Interpretation of isoauroral diagrams. J. Geophys. Res. 72, 4415-4421 (1967).

WOLF, R.: Einige in der Winterthurer-Chronik verzeichnete Nordlichterscheinungen. Vierteljahr. Naturforsch. Ges. Zürich 9, 3o2-3o3 (1864a).

WOLF, R.: Mittheilungen über die Sonnenflecken. Vierteljahr. Naturforsch. Ges. Zürich 9, 111-139 (1864b).

WOLF, R.: Mittheilungen über die Sonnenflecken. Vierteljahr. Naturforsch. Ges. Zürich, 1o, 349-384 (1865).

Erste luftelektrische Messungen in der freien Atmosphäre

R. Mühleisen und H. J. Fischer

1. Einleitung

Es war ein weiter Weg von den ersten Beobachtungen eines luftelektrischen Feldes durch LEMONNIER (1752) bis zur Hypothese von WILSON
(192o) vom globalen Stromkreis und von der Bedeutung der Gewitter als
Generatoren. Diese Anschauungen konnten sich nur durch die Ergebnisse
von Messungen in der freien Atmosphäre entwickeln. Alle Anstrengungen,
die Bodenmeßwerte zu deuten, führten zu keinen Erfolgen.

Der Stand der Erkenntnisse etwa ums Jahr 1800 war: es existiert bei
Schönwetter ein von oben zum Erdboden gerichtetes Feld der Stärke um
1oo V/m mit einer großen Streuung. Bei Niederschlag kommen beide
Feldrichtungen und wesentlich höhere Werte vor, die ihr Maximum bei
Gewitter haben. Schon sehr früh wurde ein Tagesgang und ein Jahresgang der luftelektrischen Feldstärke am Boden entdeckt, was die Hypothesen zur Erklärung des luftelektrischen Feldes stark befruchtete.

Bereits ums Jahr 18oo versuchte Volta, eine Ursache für die Luftelektrizität anzugeben. Er meinte, verdunstendes Wasser verlasse den Erdboden mit positiver Ladung und lasse die Erdoberfläche negativ geladen
zurück. W. Thomson, der spätere Lord Kelvin, welcher als erster den
atmosphärisch-elektrischen Zustand als elektrisches Feld erkennt,
läßt es mangels Meßwerten aus der freien Atmosphäre offen, ob die
elektrischen Kraftlinien von der negativen Erdoberfläche nach außen
ins Unendliche gehen oder auf positiven Ladungen in der Erdatmosphäre
endigen. Im ersteren Falle würde die Feldstärke nur sehr wenig mit
der Höhe abnehmen, nämlich nur etwa um 1/3o bei einer Erhebung von
1oo km. Die zweite Annahme kommt der damals noch unbekannten Wirklichkeit schon nahe, allerdings ohne eine zutreffende Erklärung darzustellen.

Am Ende des neunzehnten Jahrhunderts herrschte die Meinung, daß die
Erde aus unbekanntem Grund eine negative Ladung erhalten hat. EXNER
(1887) bemüht sich, die zeitlichen Variationen des luftelektrischen
Feldes zu erklären, indem er annimmt, daß das verdunstende Wasser
einen Teil der negativen Erdladung mitnimmt, wodurch das Bodenfeld
geschwächt und so zeitlich geändert wird. Als dann im selben Jahr
LINNS (1887) die Leitfähigkeit der Luft nachweist - eine Erscheinung,
die schon COULOMB (1785) entdeckt hatte, die aber in Vergessenheit
geraten war -, waren einige Hypothesen, welche mit einem rein statischen Felde gerechnet hatten, nicht mehr haltbar. Während Elster und
Geitel (1899) die Luftleitfähigkeit mit Luftionen in Verbindung bringen, versuchen EBERT u. LUTZ (19o8), die positive Raumladung in der
Luft und deren Aufrechterhaltung durch die unterschiedlichen Beweglichkeiten positiver und negativer Kleinionen zu erklären: Beim Austritt der Ionen aus Bodenporen durch Exhalation sollen mehr negative
als positive Ionen am Boden hängen bleiben. Die positiven Ionen in
der Überzahl in Luft schaffen das beobachtete Feld immer von neuem,
halten es so aufrecht. Hier wird zum ersten Male ein Generator eingeführt, welcher bei starken Aufwinden in Schauern und Gewittern sogar

die hohen Feldstärken erzeugen sollte. Diese Hypothese wird aber von
SIMPSON u. SCRASE (1937) scharf angegriffen.

Während diese und andere Hypothesen verteidigt und verworfen wurden,
wuchs der dringende Wunsch nach Untersuchungen in höheren Regionen
der freien Atmosphäre. Bergbegeisterte Forscher erklommen mit Ruck-
sack und elektrostatischen Meßgeräten, meist Blättchen- oder Faden-
elektrometer, hohe Berge. LEMONNIER (1752) soll bereits 1752 bei der
Besteigung des Col du Grêant (34oo m) den Tagesgang der Feldstärke
mit einem Minimum um 4 Uhr und einem Maximum um 16 - 2o Uhr gefunden
haben, allerdings ohne zu wissen, daß es sich um einen Weltzeitgang
handelte. Aber die meisten Bergsteiger bringen verwirrende Meßresul-
tate mit - hohe und niedere Luftleitfähigkeiten, kleine und große
Feldstärken, je nachdem, ob sie sich auf Fels oder Eis, an hervorragenden Bergspitzen oder weniger exponierten Stellen aufgehalten
haben. Der Wunsch nach Beobachtungen in der freien Atmosphäre wurde
damit immer dringender.

2. Aerologische Feldmessungen

In der freien Atmosphäre wird das Feld im allgemeinen dadurch gemessen, daß in einem bestimmten vertikalen Abstand zwei Meßfühler, die
sogenannten Kollektoren, angebracht werden. Aufgabe dieser Kollektoren
ist es, die sich an den Meßpunkten unter dem Einfluß des Feldes zunächst bildenden Influenzladungen möglichst schnell an die Umgebung
abzugeben. Dadurch stellen sich die Meßfühler auf das ursprüngliche
Potential an dieser Stelle ein, und das Feld läßt sich aus Potentialdifferenz dividiert durch den Meßfühlerabstand errechnen, vorausgesetzt, daß die Messung so hochohmig erfolgt (> $1o^{12}$ Ω), daß die stationären Feldverhältnisse nicht gestört werden. Dieses Prinzip wurde
seit den ersten Messungen verwendet; die Art der Meßgeräte-Träger
unterlag natürlich im Laufe der Zeit vielen Wandlungen.

a) Messungen mit bemannten Freiballonen

Die ersten Forscher, die sich mit der Bestimmung des Feldes in der
freien Atmosphäre befaßten, dürften die beiden bekannten Physiker
Biot und Gay-Lussac gewesen sein, die am 24.8.18o4 mit einem Freiballon in 28oo m Höhe ein von unten nach oben gerichtetes, dem
Schönwetterfeld also entgegengerichtetes Feld nachwiesen. Aber erst
rund 6o Jahre später begann eine Periode intensiver Forschung mit
einem Ballonaufstieg am 17.7.1862 von Glaisher über Wolverhampton
(Mittelengland). Er begann mit seinen Messungen in 412o m Höhe, fand
dort das Feld nach unten gerichtet und stellte eine stetige Abnahme
der Amplitude mit der Höhe fest, bis es in 7o1o m "unmeßbar klein"
wurde. In den folgenden Jahren konzentrierten sich die Untersuchungen
auf die Klärung der Frage, ob man mit einer Abnahme oder Zunahme der
Feldstärke mit der Höhe rechnen muß. Messungen von Exner und Lecher
im Jahre 1885 und M. Tuma im Jahre 1892 fanden ein Anwachsen der Feldstärke in den unteren Kilometern, während Andrê, Börnstein, Baschein
und Cadet in den neunziger Jahren eine Abnahme feststellten. Da wir
heute die variablen Verhältnisse des Feldes in der freien Atmosphäre
unter den verschiedenen meteorologischen Bedingungen kennen, sind wir
berechtigt anzunehmen, daß die gewonnenen Resultate trotz ihrer scheinbaren Widersprüche durchaus echt gewesen sind. Die Messungen wurden
mit bemerkenswerter Präzision und kritischer Prüfung durchgeführt,
und es wurde bereits damals auf mögliche meteorologische Einflüsse,

Fahrt des Militärballons „Dohle" vom 21. August 1900.

Hauptmann v. Sigsfeld (Meteorol. Beobachter), Leutnant De le Roi (Führer).
Assistent Linke (Beob. d. elektr. Potentialgefälles).

Zeit	Höhe in Meter	Tempe-ratur	Feuchtigkeit absol.	relat.	Potentialgefälle Volt/Meter	Bemerkungen
8a 0Min.	Am Boden				pos. aber unmess-bar gross	Bewölkung: 6^1 Cum. SSW. Nimb S. Regentropfen.
12		19.6	13.6	81		
18						Abfahrt von Schöneberg.
26	etwa 200	16.1	9.9	73		Erste horizontale Dunstschicht noch etwas über der Garnisonkirche.
40	etwa 280	17.0	8.6	59		Oberer Rand der zweiten Dunstschicht.
45					neg. unmessbar gross	
9a 0	560	15.5	9.1	68	neg. unmessbar gross	Unterhalb der obersten Dunstschicht. Ueber uns Stratocumuli 7^1 ESE. Regen.
8	586	15.2	9.9	76	+ 90 Volt/Meter	Ueber den Rieselfeldern.
10	ca. 500				+ 63	Dunst. Ballon fällt.
25					neg. unmessbar gross	
27	600	15.2	11.6	90		Regen auf Ballon. Fahrtrichtung: NE.
50	640	15.0	9.7	75		
10a						Allmähliches Aufklaren.
6						Es kommt Sonne.
10—15					+ 100 bis + 60	Ueber der Dunstschicht. Das Gefälle nimmt schnell ab. -- Steigen des Ballons.
11	700	15.6	10.0	75		
17	750	17.0	10.5	72		
20	ca. 850				+ 55	Ueber uns Stratocum. 8^1.
24	980	16.0	10.1	73	+ 55	Sonne halb bedeckt.
28	ca. 1050				+ 40	Isolation gut.
31	1100	15.0	9.9	76	+ 42	
35	1165	14.0	9.6	80	+ 22	Ueber Eberswalde.
36	1160				+ 17.5	
54	1152	14.6	9.4	74	+ 17.5	Ueber uns Wolken, doch andauernd Sonnenschein.
11a 17	1500				+ 19.5	Am Rande des Grimnitzer Sees.
24	ca. 1300				+ 40	Ueber den See hinüber. Etwas gefallen.
26	ca. 1400				+ 26	
27	1447	12.0	8.4	79	+ 17.5	Sonne.
54	1700	9.0	7.6	88		Es wird verpackt.
12a 0	1420	12.0	8.1	76		6 km westlich vom grossen Uckersee.
1p 18						Landung bei Prenzlau. Schlussmessung unmöglich.
etwa 4p						Gewitter aus NW.

Abb. 1. Fahrtenbericht des ersten Freiballonaufstiegs von Linke mit Eintragungen von stark schwankenden Feldwerten bei Niederschlag und stetiger Feldabnahme oberhalb der Grundschicht (LINKE, 1904)

wie etwa die Existenz von Wolkenladungen oder Niederschlagsladungen im Beobachtungsraum hingewiesen.

Ballonfahrten von LINKE (1904) zwischen dem 21.8.1900 und 2.8.1903 (Abb. 1) und von EVERLING u. WIGAND (1921) im Jahre 1913 brachten den entscheidenden Durchbruch und führten zu auch heute noch voll gültigen Ergebnissen des Feldverlaufs bis zur Höhe von 9 km. Sie ergaben als eindeutiges Resultat, daß das Feld in der luftelektrisch ungestörten, d.h. wolken- und niederschlagsfreien Atmosphäre monoton mit der Höhe abnimmt. Außerdem wurde erkannt, daß innerhalb von nichtaktiven Wolken eine deutliche Feldüberhöhung gegenüber dem wolkenfreien Raum in der Umgebung existiert. Schließlich konnte bewiesen werden, daß die Ursache für das luftelektrische Feld in positiven Ladungen innerhalb der Atmosphäre liegt, deren Konzentration mit der Höhe abnimmt, und daß sich im Schönwetterfall etwa 80% der Ladungen in den unteren 2 - 3 km befinden.

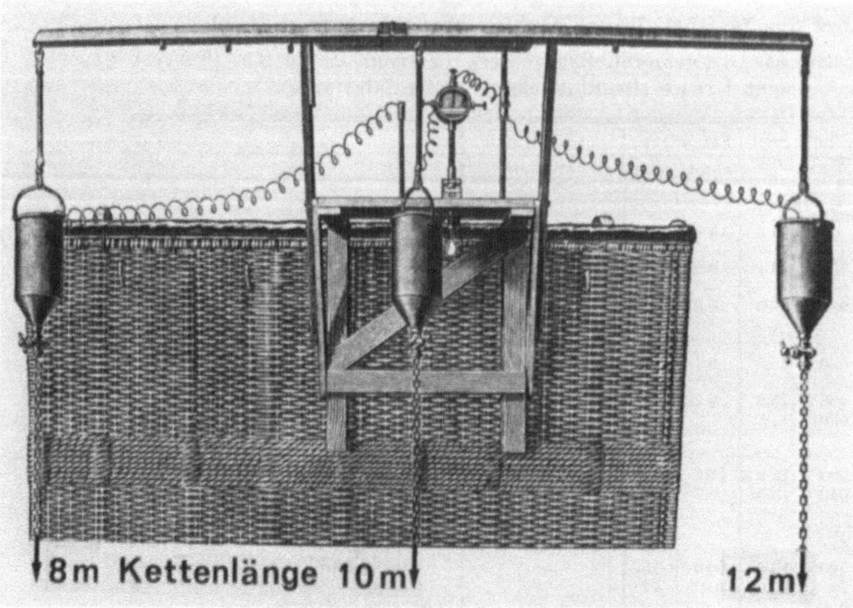

Abb. 2. Korb des von Linke benutzten Freiballons mit drei Tropfkollektoren, 8 m, 1o m und 12 m unter der Gondel und einem Exnerschen Elektroskop. Mit dieser Anordnung konnte der Potentialgradient bestimmt und die Eigenladung des Ballons eliminiert werden (LINKE, 1904)

Daß über Verlauf und Absolutwert des Feldes so exakte Ergebnisse gewonnen wurden, ist nicht zuletzt auf die kritische Prüfung der Verfahren und die saubere Ausführung der Meßapparaturen zurückzuführen. So hat Linke umfangreiche Überlegungen und Berechnungen zum Problem der Feldverzerrung in der Umgebung von Ballonen durchgeführt und der Anbringung und Ausführung der Kollektoren besondere Beachtung geschenkt. Er verwendete drei Tropfkollektoren mit Wasser-Spiritusfüllung, bei denen die Tropfstelle, also der Punkt, an dem der Potentialausgleich an die Umgebung erfolgte, sich jeweils am Ende einer Kette befand. Die Kettenlängen betrugen 8, 1o und 12 m. Der mittlere Kollektor mit 1o m Länge lag am Gehäuse eines Exnerschen Elektroskops (Abb. 2). Dadurch, daß die beiden anderen Kollektoren abwechselnd mit dem isolierten Meßteil des Elektroskops verbunden wurden, erfolgte die Messung des Potentialgradienten in zwei verschiedenen Abständen vom Ballon, und es war so möglich, ein von Eigenladungen des Ballons herrührendes Feld zu eliminieren. Linke hat wohl auch als erster versucht, bei einer Fahrt den radioaktiven Kollektor zu verwenden, um zu einem praktisch zu handhabenden Meßfühler mit kleiner Einstellzeit zu gelangen. Er stand diesem Meßmittel jedoch kritisch gegenüber, da er bezweifelte, daß der genaue Punkt des Potentialabgriffs innerhalb des ionisierten Kollektorgebietes eindeutig zu fixieren sei. Erst in neuester Zeit konnte dieses Problem befriedigend geklärt werden. Bei vielen Meßfahrten wurden nicht nur die luftelektrische Feldstärke, sondern parallel dazu die Luftleitfähigkeit, die UV-Strahlung, die kosmische Strahlung und bereits Atmospherics studiert. Von dem Interesse, das diesen Untersuchungen entgegengebracht wurde, zeugt der Umstand, daß an den Fahrten so bedeutende Wissenschaftler wie Graf Arco, Gerdien, Kolhörster, Nernst, Süring und Wiechert teilgenommen haben. Und schließlich sollte vermerkt werden, daß diese Pionier-

fahrten mit großem persönlichem Einsatz verbunden waren und die tragi-
sche Fahrt am 1.2.19o2 erwähnt werden, bei der ein bemannter Ballon
in eine Windströmung von über 2oo km/h geriet und bei der Landung
Linkes Begleiter, Hauptmann von Sigsfeld, den Tod fand.

b) Luftschiff und Segelflugzeug als Meßgeräteräger

Schon früh wurde versucht, auf steuerbare Flugkörper überzugehen.
Bereits 191o führte DIECKMANN (1911) Feldmessungen mit dem Luftschiff
LZ VII über dem Bodensee durch, die 1928 von WIGAND (1928) wiederholt
wurden. Wigand war es auch, der in diesem Zusammenhang ausgedehnte
Untersuchungen über die Aufladung von Flugkörpern infolge der unipolar
geladenen Motorabgase angestellt hat. Dieser störende Einfluß bei
Motorflugzeugen hat bis heute dieses Meßmittel für zweifelsfreie Un-
tersuchungen der Feldstärke etwas in den Hintergrund treten lassen.
Anders liegen die Verhältnisse beim Segelflugzeug, das erstmalig
ROSSMANN (195o) Anfang der vierziger Jahre zu Messungen einsetzte.
Wir verdanken dieser Meßtechnik wichtige Ergebnisse über die elektri-
schen Verhältnisse in der Umgebung und im Inneren von Wolken und Nie-
derschlagsgebieten (Abb. 3).

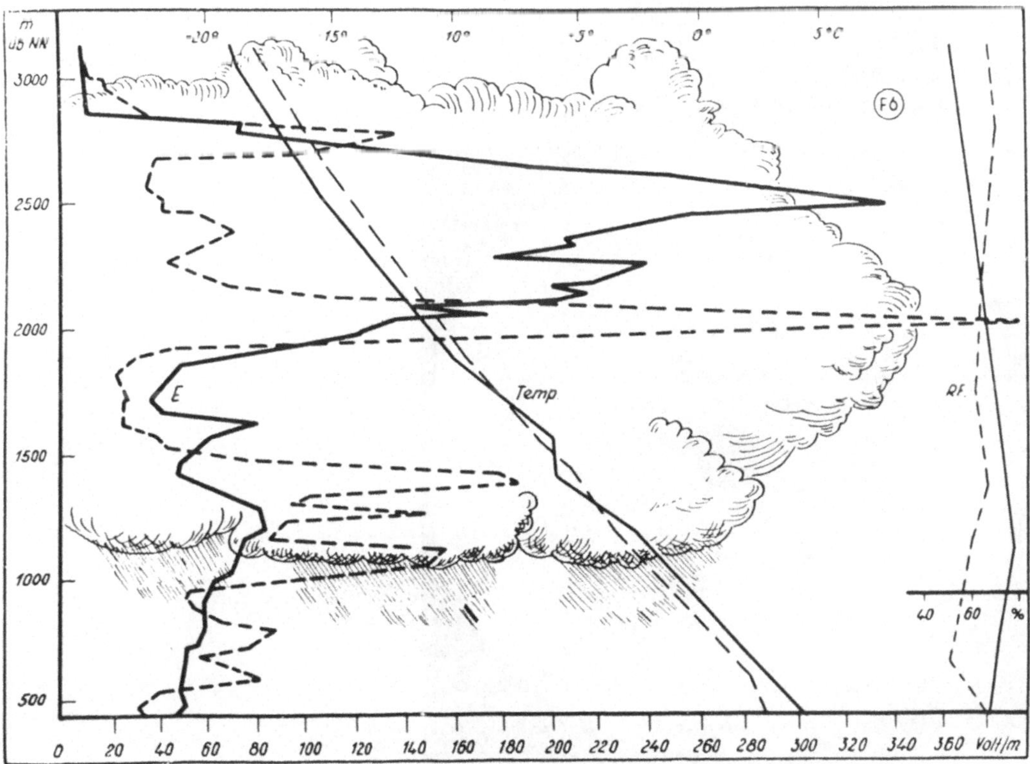

Abb. 3. Feldverlauf innerhalb einer Regenwolke, gemessen von Rossmann
mit dem Segelflugzeug 1941 (ROSSMANN, 195o)

Abb. 4 a u. b. Der Alti-Elektrograph von Simpson und Scrase zeichnete auf Indikatorpapier Vorzeichen und Intensität des Koronastroms zwischen 2 Spitzen in 20 m Abstand beim Durchflug von aktiven Wolken auf (SIMPSON u. SCRASE, 1937)

a

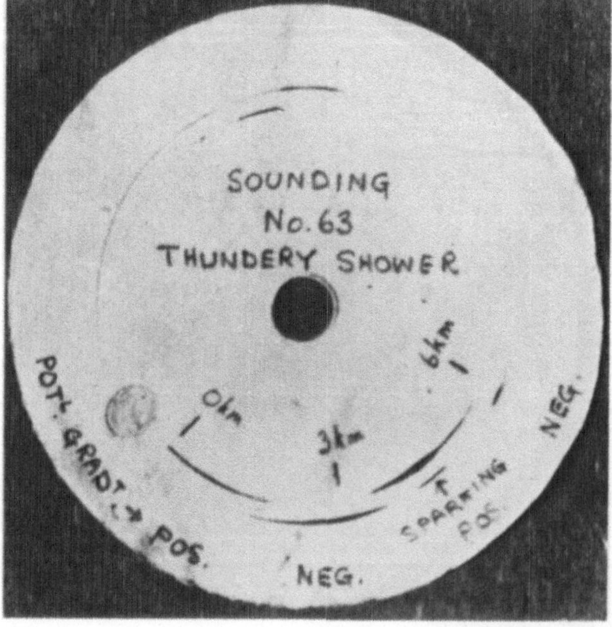

b

c) Sonden mit selbsttätiger Registrierung

Als erster hat IDRAC (1928) ein Gerät entwickelt, mit dem er im Mai
und Juni 1926 sechs Ballonaufstiege bis max. 2o km Höhe durchführte.
Dabei wurde die Potentialdifferenz zwischen zwei Dochten als Kollektoren, die mit salpetersaurem Blei getränkt waren, abgegriffen, einer
Elektrometerröhre zugeführt und deren Anodenstrom photographisch registriert. Eine Weiterentwicklung wurde von W. Mecklenburg 1932-1939
als Abwurfsonde aus Motorflugzeugen verwendet (MECKLENBURG u. LAUTNER,
194o). Hier wurden erstmals mit Erfolg radioaktive Kollektoren benutzt.

Entscheidend trug die Sondentechnik zur Klärung der Verhältnisse im
Cumulonimbus bei, wie die Arbeiten von SIMPSON u. SCRASE (1937) mit
dem Alti-Elektrographen zeigen. Diese Sonde registriert auf einer
Scheibe mit Indikatorpapier die Polarität und mit Einschränkungen
auch die Stärke des Koronastroms, der zwischen zwei Spitzen im Abstand
von 2o m fließt (Abb. 4a, b). Mit diesem Gerät wurden erstmals 1934
zumindest qualitativ die Feldverteilungen innerhalb und in der Umgebung von Cumulonimben gemessen, die es erlaubten, Rückschlüsse auf die
Ladungsverteilung in der Gewitterwolke zu ziehen (Abb. 5). Damit gelang es, ein Modell des elektrischen Aufbaus des Gewittergenerators
in einer bis heute gültigen Form zu schaffen. Der experimentelle Nach-

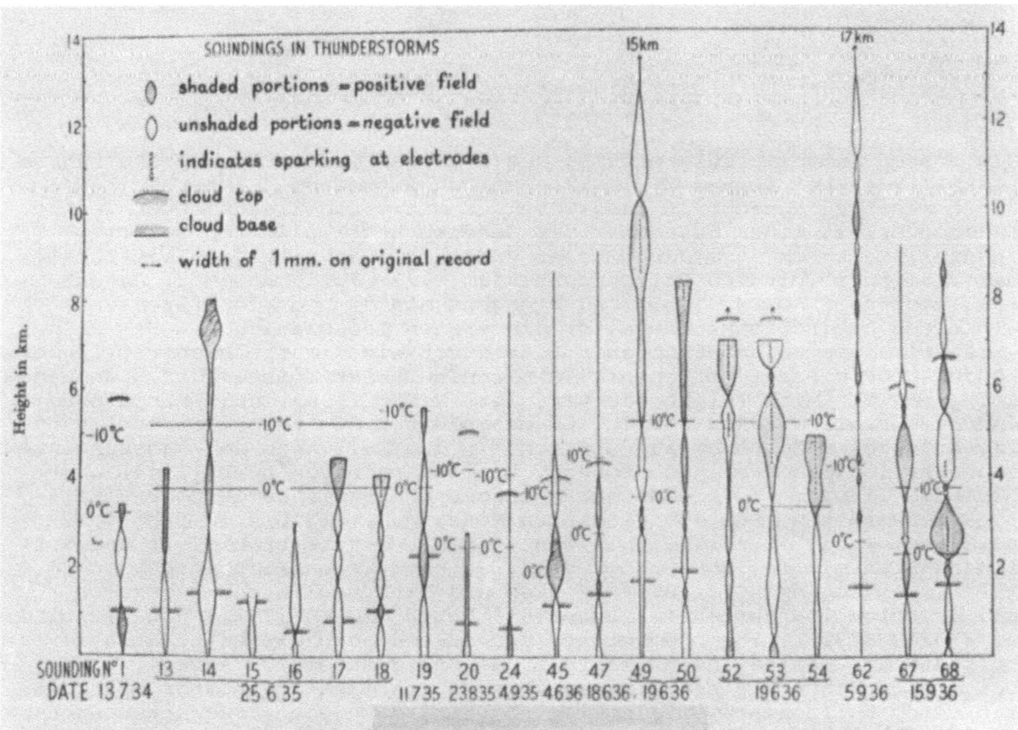

Abb. 5. Aus den Sondierungen mit dem Alti-Elektrographen leiteten
Simpson und Scrase die Verteilung der elektrischen Ladungen in Ge-
witterzellen ab, wie sie auch heute noch gültig ist: positive Ladung
im oberen und negative Ladung im unteren Teil eines Cumulonimbus
(SIMPSON u. SCRASE, 1937)

weis, daß im oberen Teil überwiegend positive, im unteren Teil vor
allem negative Ladungen vorherrschen, bedeutete eine entscheidende
Stütze der Wilsonschen Hypothese, die für die Aufrechterhaltung des
weltweiten luftelektrischen Feldes eine solche Ladungstrennung in den
Gewittergeneratoren fordert.

d) Radiosonden

Der erste Schritt zur Telemetrie mit dem Einsatz von luftelektrischen
Radiosonden wurde von KOENIGSFELD u. PIRAUX (1951) am 15.2.1951 getan.
In den nächsten Jahren, insbesondere während des Internationalen Geo-
physikalischen Jahres, wurde die Feldmessung mit Radiosonden weltweit
in Angriff genommen (USA 1956, Schweiz 1957, Deutschland, Indien,
Japan, Schweden 1958). Heute liegen die Ergebnisse von vielen Tausend
Aufstiegsmessungen vor. Durch sie kennen wir die charakteristischen
Eigenschaften der elektrischen Feldstärke in Funktion der Höhe bis in
die mittlere Stratosphäre nicht nur für die luftelektrisch ungestörte
Atmosphäre, sondern auch differenziert für die einzelnen speziellen
meteorologischen Situationen. Schließlich gelang es in den letzten
anderthalb Jahrzehnten, aus der Integration des Feldes über die Höhe
die elektrische Spannung zwischen der Ionosphäre und der Erdoberfläche
zu ermitteln und damit einen wichtigen Parameter im globalen luftelektrischen Stromkreis zu bestimmen.

3. Messungen der Luftleitfähigkeit und anderer Parameter

Die ersten Luftleitfähigkeitsmessungen in der freien Atmosphäre führte
LINKE (19o4) bei seinen Freiballonfahrten mit einem "Elster-Geitel"-
schen Zerstreuungsapparat aus, wobei er mit einem Elektrometer den
Ladungsverlust eines gegenüber dem Gehäuse hochisolierten Zerstreu-
ungszylinders von 5 cm Durchmesser und 1o cm Länge in der Zeiteinheit
maß. Bei zwei weiteren Ballonfahrten am 1./2. Juli und am 2. August
19o3 machten GERDIEN (19o3) und Wiechert mit dem von letzterem entwickelten Aspirationskondensator die ersten Ionenzählungen. Bei diesem
Gerät wird die zu untersuchende Luft durch einen aufgeladenen Zylinder-
kondensator gesaugt und ebenfalls mit einem Elektrometer der Spannungsabfall an der Mittelelektrode verfolgt. RIEKE (19o3) und in späteren
Jahren vor allem SWANN (1914a, b) behandelten die theoretischen Grundlagen dieser Meßmethode ausführlich. In die Zeit nach der Jahrhundertwende fallen außerdem noch Ionendichtemessungen von LUTZ (19o4) und
LÜDELING (19o3), die als Meßgeräteträger ebenfalls bemannte Freibal-
lone verwendeten. Bei den genannten Messungen, die bis in 6ooo m Höhe
reichten, wurde im allgemeinen eine Zunahme der Leitfähigkeit und der
Ionenzahlen mit der Höhe beobachtet, wobei gelegentlich aber auch lokale Erniedrigungen - z.B. in Wolken und Dunstschichten - vorkamen.
Bei 4 Freiballonfahrten im Jahre 1913 haben WIGAND (1914) und EVERLING
u. WIGAND (1921) neben dem elektrischen Feld auch die Luftleitfähigkeit und die Ionendichten bis zu 9 km Höhe gemessen. Sie benutzten
bei diesen Fahrten einen Gerdienschen Aspirationskondensator erstmals
mit einem Wulfschen Zweifadenelektrometer, das gegen Erschütterungen
wesentlich unempfindlicher als ein Blattelektrometer ist und dadurch
präzisere Messungen erlaubte.

Bei Hochdruckwetter fanden die beiden Forscher einen starken Anstieg
der Leitfähigkeit mit der Höhe; so entsprach zum Beispiel der bei der
vierten Fahrt in 8865 m gemessene Wert dem achtzigfachen des entsprechenden Bodenwertes. WIGAND (1921) vermutet ein weiteres starkes

Ansteigen mit der Höhe, da einmal die Beweglichkeit der für die Leitfähigkeit verantwortlichen Ionen umgekehrt zur Luftdichte wächst und zum anderen die als Ionisator maßgebende Höhenstrahlung bereits in den oberen Schichten der Troposphäre beschleunigt an Intensität zunimmt.

Durch die gleichzeitige Messung des elektrischen Feldes und der Leitfähigkeit waren EVERLING u. WIGAND (1921) in der Lage, die Dichte des vertikal durch die Atmosphäre fließenden Stromes zu berechnen. Sie finden, wie auch GERDIEN (1905) bei seiner Ballonfahrt am 11.5.1905, Schwankungen, die teilweise durch meteorologische Einflüsse bedingt sind. Die Absolutwerte zwischen o,7 und 2,2 pA/m^2 liegen durchaus im Rahmen heutiger Ergebnisse.

Vom Flugzeug aus maßen WIGAND u. KOPPE (1921) bei zwei Flügen am 23. und 24. Juli 1919 bis zu einer Höhe von 5,8 km mit einem Ebertschen Ionenzähler erfolgreich den Ionengehalt der Luft. Wegen der bald darauf erfolgten Stillegung des deutschen Flugwesens konnten sie jdoch weitergehende Meßflüge zur Bestimmung von Momentanwerten des Ionengehaltes und der Leitfähigkeit durch direkte Strommessung nicht mehr durchführen.

Einen weiteren wesentlichen Beitrag zur Leitfähigkeitsbestimmung in der Höhe lieferten GISH u. SHERMAN (1936) mit dem Flug des bemannten Freiballons Explorer II am 11. November 1936 über Rapid City/Süd-Dakota bis zur Gipfelhöhe von 22 km. Zur Messung verwendeten sie einen selbstregistrierenden Gerdien-Kondensator, bei dem der Strom auf die Mittelelektrode direkt verstärkt und über eine Feder auf einer sich drehenden Scheibe registriert wurde. Aus den Leitfähigkeitswerten dieses Aufstieges leitet GISH (1944) die empirische Formel

$$1/\Lambda = \gamma = \left[\, 2,94 \exp\,(-\,4,52\,h) + 1,387 \exp\,(-\,o,375\,h) \right.$$
$$\left. +\, o,369 \exp\,(-\,o,121\,h)\,\right] \cdot 1o^{13}\Omega m$$

ab, die heute noch bis zu etwa 5o km Höhe Gültigkeit hat. In dieser Formel, die für den 5o. Breitengrad gilt, ist die Höhe h in km einzusetzen, und γ ist der spezifische Widerstand.

4. Schlußbetrachtung

Ähnlich wie in der Geschichte des Erdmagnetismus war die Luftelektrizität anfangs eine Domäne der Physik. Als man die luftelektrischen Untersuchungen auf die freie Atmosphäre ausdehnte, sind für die Naturwissenschaften entscheidende Ergebnisse gewonnen worden. So ging beispielsweise die Entdeckung der mit der Höhe zunehmenden Leitfähigkeit der Luft Hand in Hand mit der Entdeckung der kosmischen Strahlung durch Hess und Kolhörster in den Jahren 1911-1913. Bald danach hat sich die Erforschung der Ultrastrahlung völlig unabhängig von der Luftelektrizität weiterentwickelt mit wichtigen Beiträgen von Regener, Pfotzer und Ehmert.

Andererseits stützte WILSON im Jahre 192o seine Hypothese von dem globalen Charakter der luftelektrischen Phänomene auf die Erkenntnisse von Nachbardisziplinen. Seine Theorie geht nämlich unter anderem von der Annahme elektrisch gut leitender Schichten in der Hochatmosphäre, nämlich in der Ionosphäre, aus, welche den Ausgleich der von den Gewittern produzierten Ladungen über die ganze Erde übernimmt. Diese

Annahme wurde kurz darauf im Jahre 1924 durch die Reflexion von Radiowellen bestätigt.

Heute steht die Luftelektrizität wieder in engem Kontakt mit anderen
Arbeitsgebieten, zum Beispiel der Aerosolphysik, der Luftverunreini-
gung bis in große Höhen, der Erforschung der elektrischen Felder in
der Magnetosphäre und natürlich der Meteorologie. Dabei spielt die
Messung und Telemetrie luftelektrischer Parameter der freien Atmosphäre nach wie vor eine entscheidende Rolle. Rückblickend kann dabei
heute festgestellt werden, daß an der Erarbeitung erster exakter Ergebnisse gerade deutsche Geophysiker entscheidenden Anteil gehabt
haben.

Literatur

COULOMB, C.A.: Mem. de l'Acad. Paris 616, 1785.
DIECKMANN, M.: Messungen des elektrischen Potentialgefällen in der
    Nachbarschaft eines Zeppelin-Luftschiffes. Z. Flugtechnik u. Motor-
    luftschiffahrt 2, 1-5 (1911).
EBERT, H., LUTZ, C.W.: Der Freiballon im elektrischen Feld der Erde.
    Beitr. Physik frei. Atmosph. 2, 183-2o4 (19o8).
EVERLING, E., WIGAND, A.: Spannungsgefälle und vertikaler Leitungs-
    strom in der freien Atmosphäre nach Messungen bei Hochfahrten im
    Freiballon. Ann. Phys. 66, 261-282 (1921).
EXNER, F.: Wien. Sitz. Ber. Akad. Wiss. Wien 96, 419 (1887).
GERDIEN, H.: Die absol. Mess. d. elektr. Leitf. und der spezif. Ionen-
    geschwindigkeit i. d. Atm. Physik. Z. 4, 632 (19o3), auch in Gött.
    Nachr. 258 (19o5).
GISH, O.H.: Evaluation and interpretation of the columnar resistance
    of the atmosphre. Terr. Magn. 49, 159-168 (1944).
GISH, O.H., SHERMAN, K.L.: Electrical conductivity of air to an alti-
    tude of 22 kilometers. Nat. Geogr. Soc., Stratosphere Ser. 2, 94
    - 116. Washington 1936.
IDRAC, P.: Recherches sur le champ électrique de l'atmosphère aux
    grandes altitudes à Trappes. Mém. Off. nat. météorol. France.
    Paris 1928.
KOENIGSFELD, L., PIRAUX, Ph.: Un nouvel électromètre portatif pour
    la mésure des charges électrostatiques par système électronique.
    Son apllication à la mésure du potentiel atmosphérique et à la
    radiosonde. Mem. Inst. Roy. Met. Belg. 45, 2-25 (1951).
LEMONNIER, L.G.: Mém. Acad. Sci. 2, 223 (1752).
LINKE, F.: Luftelektrische Messungen bei 12 Ballonfahrten. Abh. K.
    Ges. Wiss. Göttingen, Neue Folge, Math.-Phys. Kl. 3 (19o4).
LINSS, W.: Meteorol. Z. 4, 345 (1887).
LÜDELING, G.: Ill. aeron. Mitt. 7, 321 (19o3).
LUTZ, K.: Diss. München, Techn. Hochschule 19o4.
MECKLENBURG, W., LAUTNER, P.: Zur Messung des Potentialgradienten
    und der Raumladung in der freien Atmosphäre. Z. Physik 115, 9-1o
    (194o).
RIEKE, E.: Neuere Anschauungen der Komm. f. luftelektr. Forschung.
    München 19o3.
ROSSMANN, F.: Luftelektrische Messungen mittels Segelflugzeugen.
    Ber. Dtsch. Wetterd. US-Zone, No. 15, 195o.
SIMPSON, G., SCRASE, F.J.: The distribution of elektricity in thunder-
    clouds. Proc. Roy. Soc. (Lond.) A 9o6, 161, 3o9-352 (1937).
SWANN, W.F.G.: Measurements of atmosph. conductivity. Terr. Magn. 19,
    23 (1914a).
SWANN, W.F.G.: The theory of electrical dispersion into the free
    atmosphere, with a discussion of the theory of the Gerdien con-

        ductivity apparatus, and of the theory of the collection of radio-
        active deposit by a charged conductor. Terr. Magn. 19, 81 (1914b).
WIGAND, A.: Measurements of the electrical conductivity in the free
        atmosphere up to 9 ooo m in height. Terr. Magn. 19, 93-1o1 (1914).
WIGAND, A.: Die elektrische Leitfähigkeit in der freien Atmosphäre
        nach Messungen bei Hochfahrten im Freiballon. Ann. Physik, 4. Folge
        66, 81-1o9 (1921).
WIGAND, A.: Messungen des luftelektrischen Potentialgefälles vom
        Luftschiff aus. Ann. Physik 85, 333-361 (1928).
WIGAND, A., KOPPE, H.: Messungen des Ionengehaltes der Luft in Flug-
        zeugen. Mitt. Naturforsch. Ges. Halle a.d.S. 6, 3-14 (1921).
WILSON, C.T.R.: Phil. Trans. Roy. Soc. (Lond.) Ser. A 221, 73 (192o).

Erich Regener als Wegbereiter der extraterrestrischen Physik

H. K. Paetzold, G. Pfotzer und E. Schopper

1. Ein neues Hilfsmittel für die Stratosphärenforschung

Am 8. Juli 1942 fand eine denkwürdige Besprechung in der Heeresanstalt
Peenemünde (HAP) über die "Entwicklung einer Apparatur zur atmosphärischen Höhenvermessung für A4" statt, an der Prof. Erich Regener mit
seinen Mitarbeiter Dr. E. Schopper und Dr. A. Ehmert, Exponenten verschiedener Abteilungen der Heeresanstalt, und als Vorsitzender Dr.
Wernher von Braun, teilnahmen (HVP, 1942). In dieser Sitzung schlug
die Geburtsstunde der heute als "Extraterrestrische Physik" bezeichneten Forschungsmethode, bei der man für den Transport von Meßappara-
ten in große Höhen und in den Weltraum Träger benutzt, die durch den
Schub ausströmender Materie angetrieben werden.

Es wurde damals vereinbart, mit dem Aggregat A4, der später V-2 genannten Rakete, eine von Regener und Mitarbeitern zu bauende wissenschaftliche Nutzlast auf 5o km hochzuschießen und dann zur Durchführung von Messungen an einem Fallschirm niedergehen zu lassen. Regener
sah damit ein Ziel in greifbare Nähe gerückt, auf das seine Arbeit
seit langem ausgerichtet war: Zustandsgrößen der Atmosphäre und von
der Atmosphäre abgeschirmte Strahlungen in Höhen zu messen, die mit
Ballonen nicht mehr erreichbar sind. Mit dem Vordringen der Alliierten
Streitkräfte gegen Kriegsende wurde diesem friedlichen Bemühen leider
der letzte Erfolg versagt.

Die Planung und Vorbereitung des Unternehmens unterschied sich nur
wenig vom Ablauf der Durchführung eines heutigen Raketenexperiments.
Es war alles getan, was Wissenschaftler tun müssen, bevor ihre Experimente dem eigenen Zugriff entzogen werden und die Rakete zum Start-
platz transportiert wird.

Darin und mehr noch in der allgemeinen Entwicklungsrichtung von Regeners Arbeiten ist es begründet, in ihm den Wegbereiter der extraterre-
strischen Forschungsmethode zu sehen. Aber nicht nur dieser Schritt
zu neuen Forschungsmethoden, sondern die Bedeutung seiner Arbeiten für
die Physik der Stratosphäre allgemein rechtfertigen es, ihm auch ein
Kapitel in der Geschichte der Geophysik zu widmen. "Auch" will besagen,
daß Regeners wissenschaftliche Interessen so weit gespannt waren, daß
ihm die Einordnung in nur einen bestimmten Bereich der Physik nicht
gerecht werden könnte.

2. Regeners Weg bis zur Erforschung geophysikalischer Phänomene

Am Anfang von Regeners wissenschaftlicher Entwicklung standen tatsächlich keine Experimente, die direkt auf geophysikalische Fragen ausgerichtet waren. Trotzdem hat gerade seine Doktorarbeit, die von Emil
Warburg angeregt und 19o5 abgeschlossen wurde, eine Prägung hinter-
lassen, die ihn nach mehr als 3o Jahren zum gleichen Gegenstand zu-
rückführte, diesmal aber als Problem der hohen Atmosphäre. Die Doktorarbeit "Über die chemische Wirkung kurzwelliger Strahlung auf gasför-

mige Körper" befaßt sich in der Hauptsache mit der Erzeugung und Zerstörung des Ozons in einer Gasentladung in molekularen Sauerstoff. Es sollte die Hypothese von Warburg geprüft werden, wonach das in der Gasentladung erzeugte ultraviolette Licht in einem gewissen Spektralbereich nicht nur den Sauerstoff "ozonisiert", sondern in einem anderen auch "desozonisiert" (REGENER, 19o5a; 19o6). Die Richtigkeit dieser Hypothese wurde bestätigt und das sich einstellende Gleichgewicht zwischen O_2 und O_3 bestimmt. Ferner wurde der ozonisierende und desozonisierende Wellenlängenbereich durch die Durchlässigkeit von Quarz bzw. Glas für ultraviolettes Licht eingegrenzt.

Zum Lebenslauf entnimmt man der Dissertation: <u>Erich</u> Rudolph Alexander Regener, geb. am 12. November 1881 zu Schleusenau bei Bromberg, immatrikuliert ab 19oo an der Universität Berlin, Beschäftigung "hauptsächlich mit dem Studium der Chemie und besonders mit dem der Physik". Als akademische Lehrer findet man u.a. die Namen Drude, Landolt, Lummer, Paulsen, Planck, Pringsheim und Warburg.

Schon kurz nach der Promotion offenbarte sich der später immer wieder hervortretende Zug Regeners, die Grenzen des Bekannten auf verschiedenen Gebieten abzutasten, um sie mit den ihm eigenen Fähigkeiten und Möglichkeiten weiter hinauszuschieben. Dies geschah erstmalig mit einem 19o5 von ihm verfaßten Artikel über die Fortschritte der Physik im Jahre 19o4 (REGENER, 19o5b). Breiten Raum nehmen darin die neuen Entdeckungen im Bereich der Radioaktivität ein, was bereits darauf hinweist, daß ihm die Ergiebigkeit dieses neuen Forschungsgebietes bewußt wurde.

Es folgten dann auch eine Reihe von Originalarbeiten und Berichten aus dem Gebiete der Radioaktivität und schließlich Bestimmungen des elektrischen Elementarquantums nach verschiedenen Methoden. Der Anreiz hierzu kam zunächst aus dem Methodischen (Zählung von Alphateilchen nach der Szintillationsmethode und Messung der von diesen akkumulierten Ladung), doch spielte später die Fahndung nach und schließlich endültige Ausschließung der Existenz von "Subelektronen", die von EHRENHAFT (191o) in Wien als experimentell gestützt angesehen wurde, eine wesentliche Rolle. Die fundamentale Bedeutung dieser Frage fordert seine durch eigene sorgfältige Experimente begründete Kritik an der Subelektronenhypothese 15 Jahre lang immer wieder heraus (REGENER, 1911, 1926).

1914 wurde Regener, bis dahin Privatdozent an der Universität in Berlin, als Nachfolger von Geheimrat Börnstein auf den Lehrstuhl für Physik an der Landwirtschaftlichen Hochschule Berlin berufen. Aus dieser Zeit erinnert eine kurze, Elster und Geitel gewidmete Veröffentlichung über "Rauchversuche zur Veranschaulichung der Wirkung von Sonnenstrahlen auf die Atmosphäre", daß er sich bemüht hat, den Studenten die Ursachen der atmosphärischen Konvektion über Grenzbereichen von Wasser und Land in einer für ihn typischen Weise durch eine einprägsame Demonstration verständlich zu machen (REGENER, 1915). Das Gewicht seiner Forschungsarbeit ruhte jedoch auf der Radioaktivität, bis er 1917 als "Feld-Röntgenmechaniker" Dienst tun mußte. Veröffentlichungen in dieser Phase aus der Praxis der Röntgendurchleuchtung, z.B. über die Perspektive von Röntgenbildern (REGENER, 1917a), über die Verbesserung der Schärfe von Röntgenbildern (REGENER, 1917c) oder über eine Methode und Apparatur zur stereoskopischen Röntgendurchleuchtung (REGENER, 1917b), in den Münchener Medizinischen Wochenschriften sind Beispiele für den bei Regener besonders ausgeprägten Wesenszug, ein neues Arbeitsgebiet unbefangen anzugehen und, wo ein Problem erkennbar wurde, Ideen für eine Verbesserung ohne Umschweife praktisch auszuprobieren.

192o wurde Regener auf den Lehrstuhl für Physik an der Technischen
Hochschule Stuttgart berufen, wo er sich um die Einrichtung eines
Studienganges mit Physik als Spezialfach und dem Abschluß mit dem
Diplom-Ingenieur-Examen und der möglichen Promotion zum Doktor-Ing.
und die Einrichtung eines Lehrstuhls für theoretische Physik bemühte
(REGENER, 1923). Seine wissenschaftlichen Arbeiten und die seiner Mitarbeiter befassen sich z.T. noch mit der Ausräumung der denkbaren Feh-
lerquellen bei der Bestimmung der elektrischen Elementarladung, z.T.
verraten sie das Bestreben, auch technisch interessante Probleme anzugehen, wie z.B. die Nutzung des sog. Johnson-Rahbeck-Effektes zur
Erzeugung hoher Spannungen, die Gleichrichterwirkung des darauf beru-
henden elektrostatischen Relais, Einwirkung eines Magnetfeldes auf
Elektronenröhren, Funkenverzögerung bei Gasentladungen usw.

3. Die kosmische Strahlung als geophysikalisches Phänomen

In der zweiten Hälfte der zwanziger Jahre geriet ein Phänomen in Regeners Blickfeld, dem er bald seine ganze Aufmerksamkeit zuwendete:
die von V.F. Hess 1912 entdeckte durchdringende Höhenstrahlung, die
damals auch Hess'sche Strahlung oder Ultrastrahlung genannt wurde
(HESS, 1912) und heute allgemein als kosmische Strahlung bezeichnet
wird. Die daraus hervorgegangenen Arbeiten Regeners und seiner Mitarbeiter befassen sich experimentell mit der Strahlung als geophysikalisches Phänomen, ihrer Ausbreitung in der Atmosphäre, ihrer Durch-
dringung durch mächtige Materieschichten. Der Anreiz zur Erforschung
der Strahlung ging von der hohen Durchdringungsfähigkeit aus, die man
nach dem damaligen Erkenntnisstand nur einer äußerst kurzwelligen
Gammastrahlung zuschreiben konnte.

Die damit gegebene hohe Quantenenergie ließ auf neue unbekannte Ent-
stehungsprozesse schließen, z.B. dachte man an den Aufbau von Materie
aus Ätherenergie, an die Umwandlung von Materie in Strahlung, an Zusammenhänge mit der Energieerzeugung in den Sternen, Spekulationen,
die alle auf der von Einstein postulierten Äquivalenz von Masse und
Energie beruhten. Die experimentellen Grundlagen waren jedoch erst zu
erarbeiten. Die erste Veröffentlichung Regeners zu diesem Problem
(REGENER, 1928), gewissermaßen wieder eine Abtastung der Möglichkeiten, weist auf die Schwierigkeiten hin: "Die Beobachtung der Hess'schen
Strahlung ist durch eine Reihe störender Ursachen erschwert. Als solche
kommen in Betracht: eine radioaktive Eigenstrahlung der Gefäßwände,
eine vom Emanationsgehalt der Luft herrührende, ferner vom Radiumge-
halt des Erdbodens stammende sogenannte Bodenstrahlung. Will man die
Hess'sche Höhenstrahlung beobachten, so muß man die Anteile der übrigen Strahlen bestimmen bzw. beseitigen. Die Eigenstrahlung des Gefäßes
bestimmt man durch Versenkung in größere Wassertiefen. Die Bodenstrahlung vermeidet man durch Erhebung in die freie Atmosphäre." Diese Auf-
zählung kennzeichnet das später durchgeführte Programm. Ferner schreibt
er dann in seiner 1929 erschienenen ersten eigenen Arbeit über "Messungen über das kurzwellige Ende der durchdringenden Höhenstrahlung", daß
die Messungen der Absorbierbarkeit dieser Strahlung z.Zt. das einzige
Mittel zur Erforschung ihrer Natur zu sein scheinen. Frühere Absorp-
tionsmessungen von STEINKE (1928) und MILLIKAN u. CAMERON (1928) bis
5o bzw. 6o m Wassertiefe führten auf 2 bzw. 3 Strahlungskomponenten
mit exponentieller Schwächung. Millikan und Cameron fanden jedoch
zwischen 5o und 6o m keine weitere Abnahme der Ionisationsstärke mehr,
augenscheinlich also nur eine Reichweite bis 5o m unter der Wasseroberfläche. Regener versuchte daher unter Ausschließung erkannter Feh-
lermöglichkeiten, die Frage zu überprüfen, ob in größeren Tiefen doch
noch eine durchdringendere Komponente nachweisbar ist. Das gelang ihm
tatsächlich mit einer automatisch arbeitenden Ionisationskammer, die

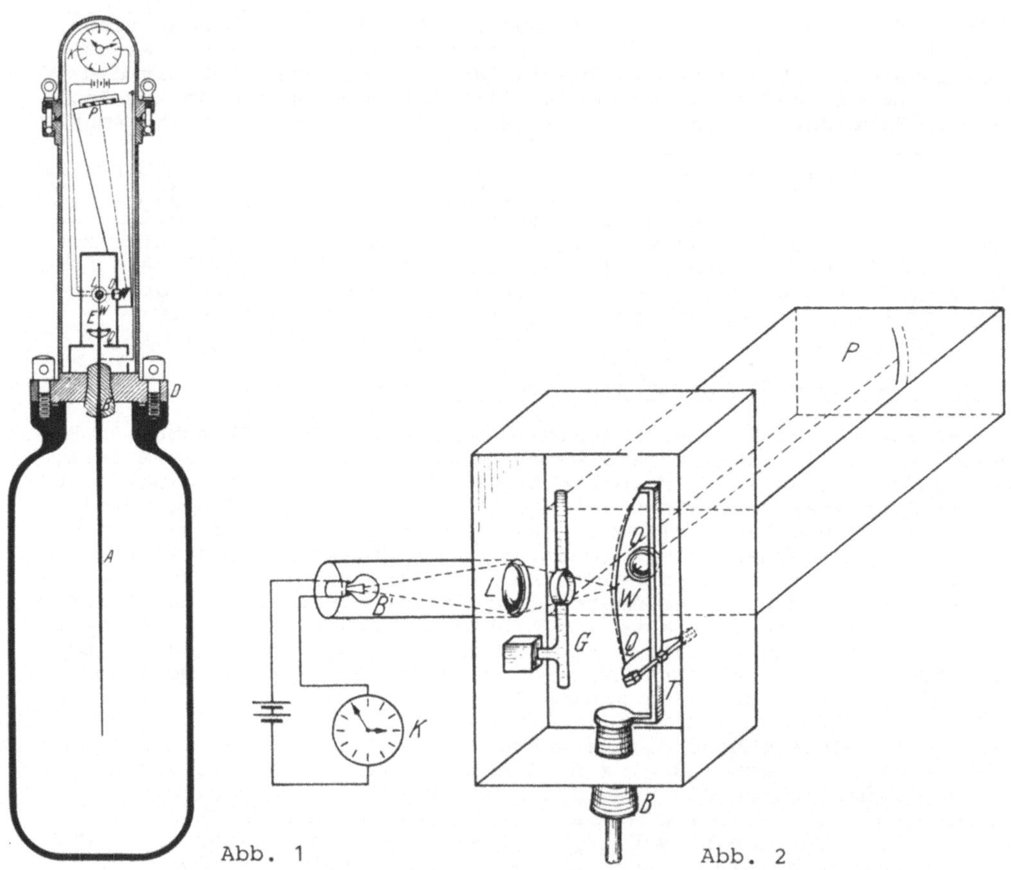

Abb. 1   Abb. 2

Abb. 1. Aufbau der Hochdruck-Ionisationskammer mit Registrierelektrometer. A zentrale Elektrode, B Bernsteinkonus, D Deckel, E Elektrometersystem mit Wollaston-Draht, L Beleuchtungslinse, O Objektiv, P photographische Platte, K Kontaktuhr (REGENER, 1932a)

Abb. 2. Schema der photographischen Registriereinrichtung. G Gegenelektrode, B' Beleuchtungslampe. Sonst Bezeichnungen wie bei Abb. 1 (REGENER, 1932a)

stufenweise bis 235 m Tiefe im Bodensee versenkt werden konnte. Abb. 1 (REGENER, 1932a) zeigt das Scheme der Ionisationskammer, einer Stahlbombe mit 33,5 l Inhalt und einer CO_2-Füllung mit weitgehend abgeklungener Eigenradioaktivität unter 29,4 Atm. Den schematischen Aufbau des Registrierelektrometers zeigt Abb. 2 (REGENER, 1932a). Der etwa 8 cm lange Wollastondraht W, von 2 µm bis 3 µm Dicke als anzeigendes Element des Einfadenelektrometers, wurde durch eine Quarzschleife Q gespannt und durch die Wirkung der Gegenelektrode in einer Ebene geführt. Das Elektrometer und damit die zentrale Elektrode wurden auf 600 V gegen das Gehäuse aufgeladen und der durch die Ionisation des Kammergases bewirkte Spannungsabfall in äquidistanten Zeitabständen registriert. Dies geschah durch Einschaltung der Lichtquelle B, die mit der Linse L auf den Faden und dessen Stellung durch das Objektiv O auf eine photographische Platte abgebildet wurde. Die praktische,

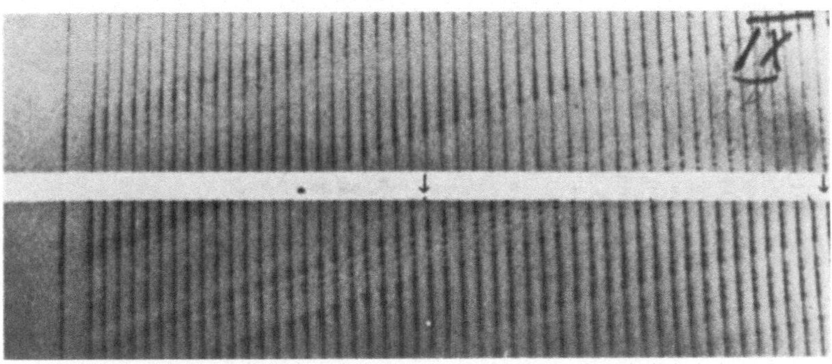

Registrierplatte aus 47,8 m Wassertiefe (Originalgröße)

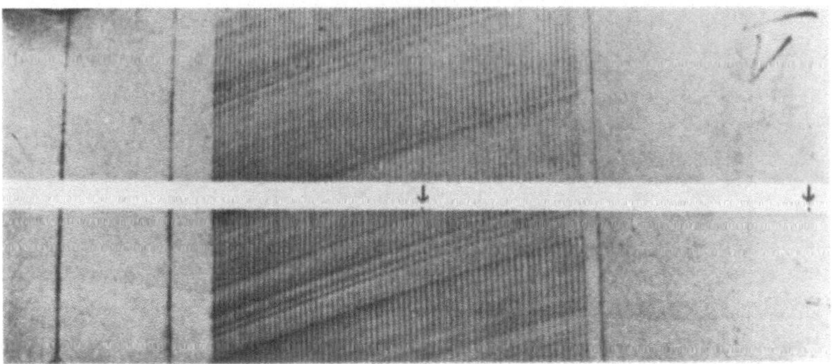

Registrierplatte aus 167,8 m Wassertiefe (Originalgröße)

Abb. 3. In zwei verschiedenen Tiefen gewonnene Registrierplatten
(natürliche Größe 8o x 33 mm). Die ungewöhnlich großen Abstände beziehen sich auf Zeiten, in denen der Apparat sich noch nicht oder
nicht mehr in der angegebenen Schwebtiefe befand (REGENER, 1932a)

an die räumlichen Verhältnisse angepaßte Ausführung mit gebrochenem
Strahlengang ist in Abb. 1 angedeutet. Der Abstand der Fadenbilder
ist ein Maß für den Ionisationsstrom bzw. die Ionisierungsstärke.
Damit in verschiedenen Wassertiefen gewonnene Registrierungen zeigt
Abb. 3 (REGENER, 1932a). Wie Abb. 4 (REGENER, 1933a) zeigt, wurde die
möglicherweise mit der Wassertiefe variierende radioaktive Umgebungs-
strahlung durch einen 1 m dicken Wassermantel mit konstanter Eigen-
aktivität abgeschirmt. Dieser umgab die innerhalb eines großen, mit
Schwimmern versehenen Kessels befindliche Registrierkammer. Der Kessel
wurde gemäß Abb. 5 (REGENER, 1933a) durch einen 25o kg schweren Anker
in einer durch die Länge der Ankertrosse vorgegebenen Tiefe schwebend
gehalten und stieg nach Liften des Ankers zur Oberfläche auf, wenn
die Kammer neu aufgeladen und Platten gewechselt werden sollten. Die
mit dieser Anordnung in verschiedenen Wassertiefen erzielte Absorptionskurve zeigt Abb. 6 (REGENER, 1933a).

Während die Registrierungen im Bodensee im Gang waren, konstruierte
Regener nach dem dort angewandten Meßprinzip ein Gerät zur automatischen Messung der Ionisierungsstärke in der Stratosphäre mit dem Ziel,

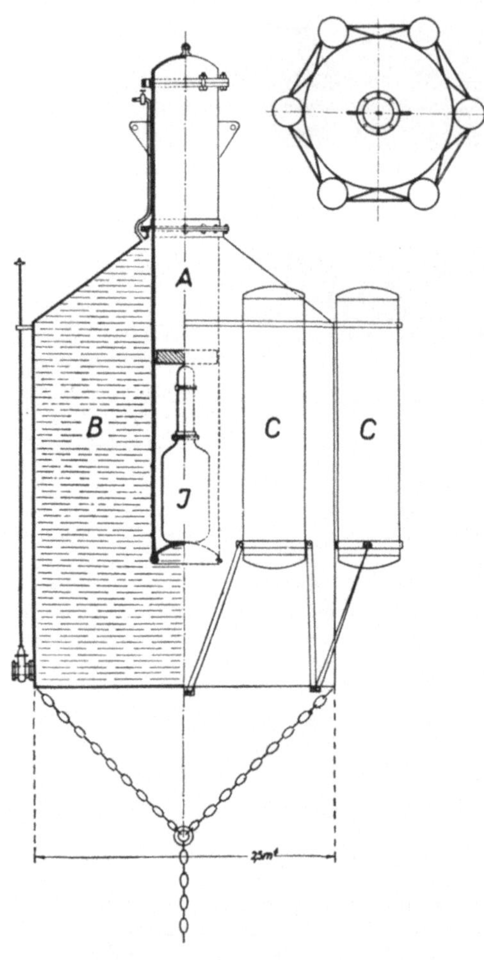

Abb. 4. Schema der Apparatur mit Schutzkessel. *J* Ionisationskammer, *B* Wassertank, *C* Schwimmer (REGENER, 1933a)

die Wirkung der kosmischen Strahlung über die bisher erreichten Höhen hinaus zu verfolgen. Das Elektrometer wurde nur direkt innerhalb der kugelförmigen Ionisationskammer montiert. Der Unterschied in den Dimensionen war jedoch beträchtlich, wie der Vergleich der Abb. 7 (REGENER, 1933a) und Abb. 8 (REGENER, 1933a) zeigt. Bei den Ballonflügen befand sich das Gerät in mehrfach geänderten Gehäusen, deren Formgebung eine Stabilisierung bezweckte, um zu starke Vibrationen des Elektrometerfadens zu verhindern; sie war aus leichten, mit Cellophan- und Aluminiumfolie beklebten Holzstäbchen gebaut. Die reflektierenden und lichtdurchlässigen Flächen waren so abgeglichen, daß unter Ausnutzung der Treibhauswirkung nur geringe Schwankungen der Gerätetemperatur auftraten.

Anfangs wurden luftdichte Kammern mit einem Volumen von 2 l und Luft unter rund 5 atm Druck bei 0° C als Füllgas verwandt. Daraus ließ sich die Ionisierungsstärke, d.h. die Anzahl der Ionenpaare, die in 1 cm³ Luft von 0° C unter einem Druck von 1 atm in der betreffenden Höhe gebildet worden wären und auch die in der Volumeneinheit der freien Atmosphäre tatsächlich erzeugten, ausrechnen. Letztere wurden später in "offenen" Ionisationskammern in guter Übereinstimmung mit

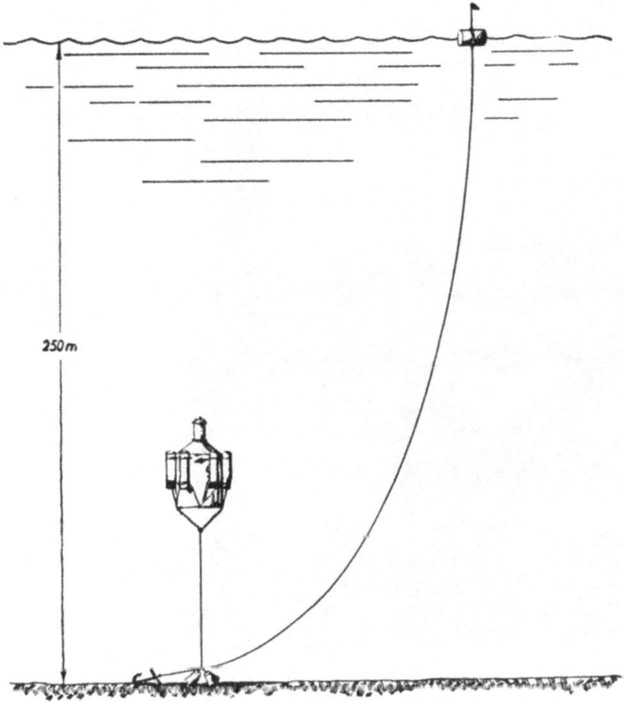

Abb. 5. Verankerung des Kessels am Seegrund. Durch die Länge des Halteseils wurden die Schwebetiefen eingestellt. Durch Aufwinden der an der Boje befestigten Ankertrosse wurde der Kessel an die Oberfläche geholt (REGENER, 1933a)

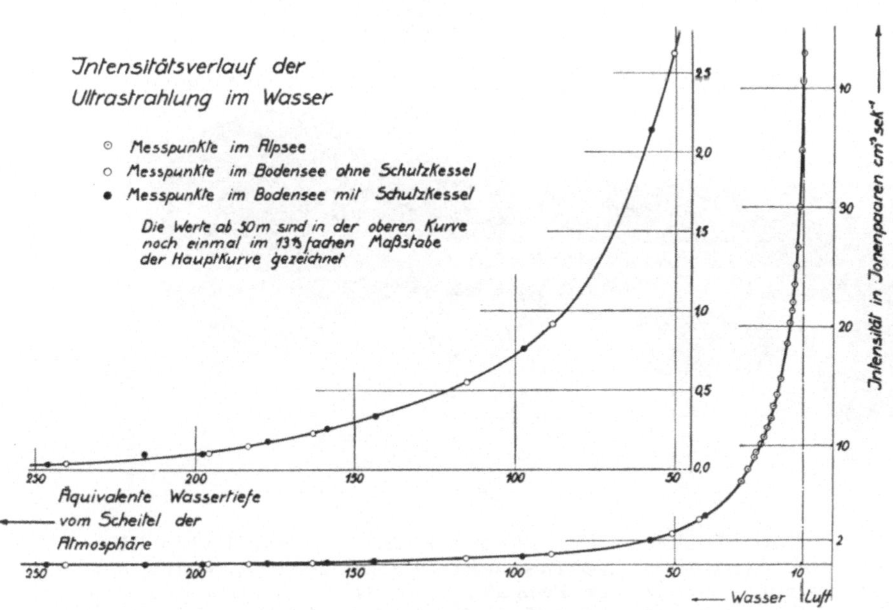

Abb. 6. Die Ionisierungsstärke der kosmischen Strahlung in verschiedenen Tiefen unter der Wasseroberfläche des Bodensees. Die Angaben beziehen sich auf 1 cm^3 Luft NTP (REGENER, 1933a)

174

Abb. 7. Der zum Plattenwechsel aufgetauchte und am Ausleger des For-
schungsbootes Undula fixierte Kessel. Regener am Kessel (REGENER,
1933a)

Abb. 8. Das Ballonelektrometer. K Kontaktuhr für die Fadenbeleuchtung,
T Kästchen zur Aufnahme von 2 Taschenlampenbatterien, M durch ein
Aneroid-Barometer gesteuerter Kontakt, der in 9 km Höhe die Umschal-
tung der Kontaktzeiten von 2o auf 4 Minuten Dauer bewirkt. Durchmesser
der kugelförmigen Ionisationskammer 16 cm, Länge des ganzen Gerätes
ca. 55 cm (REGENER, 1933a)

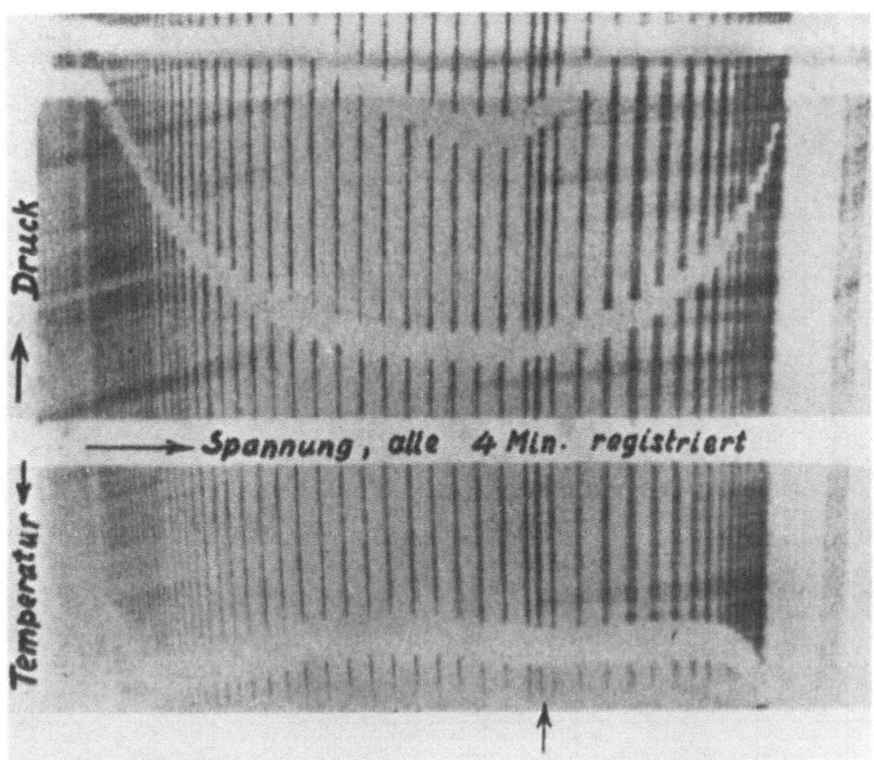

Abb. 9. Registrierung während des Auf- und Absticges einer offenen
Ionisationskammer am 31.7.1934. Die Druckmessungen wurden hier mit
einem Barographen für den ganzen Bereich (untere Druckkurve) und zusätzlich mit einem sog. "Spätanlaufbarographen" (obere Kurve) für
die niederen Drucke vorgenommen (REGENER u. AUER, 1934)

den umgerechneten Werten direkt gemessen. Bei jedem Kontakt konnten
der Außendruck als Maß für die über dem Apparat befindliche Luft-
schicht und die Gerätetemperatur aus der Abschattung des Fadenbildes
durch vor der photographischen Platte befindliche Lineale bestimmt
werden. Diese bewegten sich, von einem Bimetallstreifen und von Ane-
roid-Barometern mechanisch gesteuert, gegen ein festes Bezugslineal
in der Mitte, so daß aus der Länge des Fadenbildes zwischen den Ab-
schattungen Druck und Temperatur abgelesen werden konnte. Abb. 9
(REGENER u. AUER, 1934) zeigt als Beispiel eine solche Registrierung.
Auf diese Geräte wurde mit einer gewissen Ausführlichkeit eingegangen,
weil sie in ihrer Einfachheit und Eleganz einen besonders guten Einblick in die Regenersche Art zu experimentieren vermitteln.

Die Ballonelektrometer wurden von zwei, später gebaute Apparaturen
von bis zu vier Gummiballonen in Erweiterung des von HERGESELL (1904)
angegebenen Tandemverfahrens in die Stratosphäre getragen, bis einer
der Ballone platzte, worauf der Apparat bei geeigneter Füllung der
Ballone mit nahezu der gleichen Geschwindigkeit wie beim Aufstieg ab-
wärts schwebte. Da die verbleibenden Ballone über der Landestelle ca.
50 m hoch über dem Boden stehenblieben und somit weithin sichtbar
waren, wurden fast alle Geräte wieder aufgefunden. Nach einigen Vor-
versuchen erreichte ein Ballonelektrometer am 12. August 1932 eine

Gipfelhöhe von 24 km (entsprechend einem Luftdruck von 29 mb), d.h.
es befanden sich nur noch 3% der Lufthülle über dem Apparat (REGENER,
1932b). Dabei wurde eine mit 18 Punkten belegte Kurve für die Höhenabhängigkeit der Ionisierungsstärke der kosmischen Strahlung gewonnen,
die gegen den Rand der Atmosphäre augenscheinlich einem konstanten
Wert von rd. 3oo J zustrebte (1 J $\hat{=}$ 1 Ionenpaar cm^{-3} sec^{-1} in Luft
NTP). Dies war damals ein beachtlicher Erfolg.

Kolhörster hatte 1913 mit einem Freiballon in einer offenen Gondel
die Kurve der Ionisierungsstärke bis 9,3 km Höhe (Luftdruck 32o mb)
messen können (KOLHÖRSTER, 1913). Dem war am 27. Mai 1931 ein Strato-
sphärenaufstieg von Piccard und Kipfer in einer ballongetragenen
luftdichten Aluminiumkabine bis nahe an 16 km Höhe gefolgt. Dabei
wurde allerdings nur ein einziger Meßpunkt in dieser Höhe (entsprechend einem Luftdruck von 1o4 mb) gewonnen (PICCARD, STAHEL u. KIPFER,
1932), weil die Aeronauten fast während des ganzen Fluges durch die
Abdichtung eines lebensgefährlichen Lecks der Kabine beansprucht waren
(PICCARD, 1933). Erst bei einem weiteren Versuch, bei dem PICCARD u.
COSYNS (1932) am 18.8.1932, also 6 Tage nach Regeners erfolgreicher
Messung, wieder die gleiche Höhe erreichten, konnten auch sie eine bis
16 km Höhe zusammenhängende Kurve messen. In Abb. 1o (REGENER, 1933b)
sind einige Messungen mit geschlossenen Ionisationskammern, in Abb. 11
(REGENER u. AUER, 1934) solche mit offenen Kammern zusammengestellt.

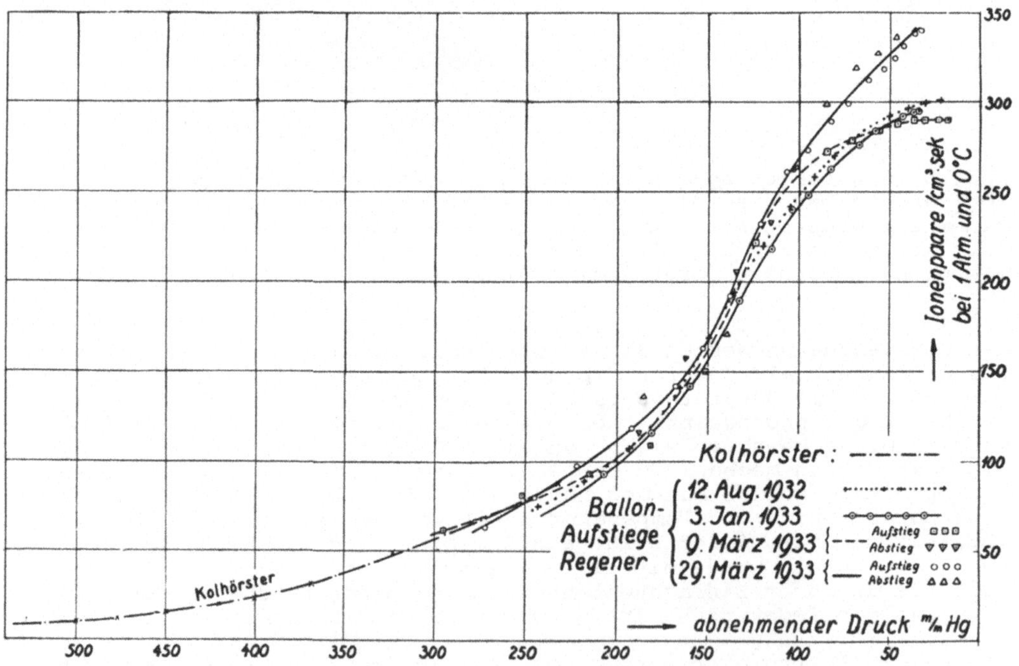

Intensität der Ultrastrahlung bei vier Aufstiegen

Abb. 1o. Ergebnisse einiger Ballonaufstiege zur Messung der Ionisierungsstärke. Zur Überhöhung am 31.3.33 bemerkte Regener, daß sie möglicherweise auf einen Zusammenhang mit dem Meridiandurchgang einer
besonders aktiven Sonnenfleckengruppe am gleichen Tag hindeute. An
den Tagen der übrigen Aufstiege wurde keine besondere Aktivität ge-
meldet (REGENER, 1933b)

Aus den Messungen der Ionisierungsstärke als Funktion der Höhe hat
REGENER (1933c) den in einer vertikalen Luft- und Wassersäule von
1 cm^2 Querschnitt durch Ionisierung dissipierten Energiestrom zu
$3,5 \cdot 1o^{-3}$ erg cm^{-2} sec^{-1} abgeschätzt (dieser Wert bezieht sich auf
47° geomagn. Breite). Ferner wurde von LENZ (1934) aus der Ionisierungsstärke und der im Labor gemessenen Abhängigkeit des Rekombina-
tionskoeffizienten vom Druck (LENZ, 1932) die durch kosmische Strahlung verursachte Ionendichte in der unteren Stratosphäre ausgerechnet.
Sie erreicht danach zwischen 15 und 25 km Höhe einen nahezu konstanten
Wert von rd. $1o^4$ Ionen/cm^3. Die Erklärung des Schwächungsverlaufes der
Ionisierungsstärke vom Gipfel der Atmosphäre (REGENER, 1933a) bis zu
25o m Tiefe unter Wasser durch die Absorption von fünf Photonenkompo-
nenten mit verschiedener Quantenenergie erinnert daran, daß die wahre
Natur der Primärstrahlung damals noch ebenso unbekannt war wie die
Erzeugung neuer Elementarteilchen durch nukleare Wechselwirkungen.
Der Einsatz von Geiger-Müller-Zählrohren, besonders in Koinzidenz-
schaltung, erbrachte jedoch bald weitere Fortschritte. So wurden von
Regener und Mitarbeitern sowohl Ballonaufstiege mit einem Zählrohr
(REGENER u. PFOTZER, 1934) zur Messung des omnidirektionalen Teilchen-
flusses als auch mit Koinzidenzordnungen zur Messung des vertikalen
Teilchenflusses (REGENER u. PFOTZER, 1935; PFOTZER, 1935, 1936), der

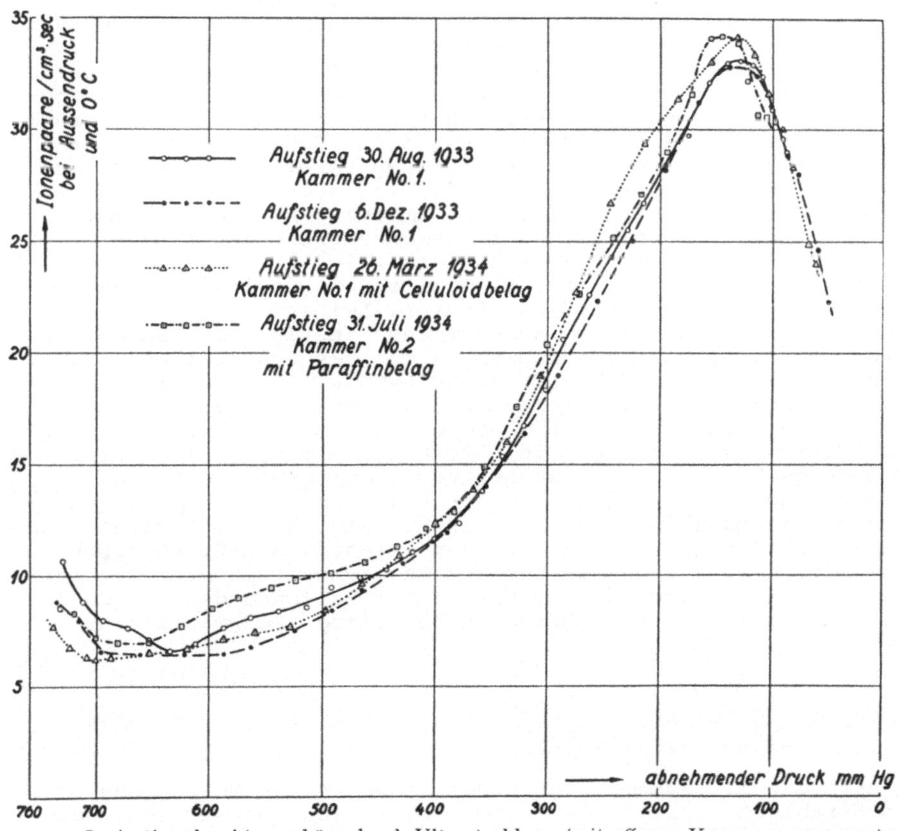

Abb. 11. Die Ionenerzeugung in der freien Atmosphäre, gemessen mit
1o5 l großen offenen Ionisationskammern (REGENER u. AUER, 1934)

Höhenabhängigkeit der Häufigkeit von in Blei ausgelösten Elektronen-
schauern (REGENER u. EHMERT, 1939) und von Teilchen, die 9 cm Blei
durchdringen konnten (EHMERT, 194o) ausgeführt. Aus dem Vergleich der
Zählrate des einzelnen Zählrohres mit der Ionisierungsstärke konnte
eine mittlere spezifische Ionisation der verschiedenen Teilchen in
Normalluft von 1o3 Ionenpaaren/cm^3 bestimmt werden. Mit den Koinzi-
denzmessungen wurde das durch Sekundärstrahlung erzeugte Intensitäts-
maximum in der Umgebung des 1oo mb-Niveaues nachgewiesen.

Aus der Messung der Elektronenschauer und der harten Komponente folgte
die verschiedene Höhenabhängigkeit der elektronischen und müonischen
Sekundärkomponenten. Die Erzeugung dieser Komponenten durch die Wech-
selwirkung der Nukleonen in der Primärstrahlung mit den Nukleonen der
Atomkerne blieb jedoch ein großes Rätsel bis zur Entdeckung der elektrisch geladenen (OCCHIALINI u. POWELL, 1948) und der neutralen Pionen
(BJORKLUND u. Mitarb., 195o).

Von Regeners Mitarbeiter E. Schopper wurde seit 1935 versucht, mit
photographischen Schichten in Ballonaufstiegen den Höhenverlauf der
Nukleonenkomponente durch ihre Spuren nach der Methode von BLAU u.
WAMBACHER (1932, 1934) zu messen. Kernzertrümmerungen durch kosmische
Strahlung in Gebirgshöhen waren von BLAU u. WAMBACHER (1937) nachgewiesen worden. Da ihre Häufigkeit mit der Höhe zunehmen mußte, wurden
in enger Zusammenarbeit von E. Schopper mit der I.G.-Farbenindustrie
Agfa entwickelte Spezialplatten (sogenannte K-Platten) an einem Ballon-
gespann hängend mehrere Stunden lang zwischen 14 und 18 km Höhe exponiert. Diese Untersuchungen galten der Höhenabhängigkeit der Neutro-
nenkomponente, die sich in der photographischen Schicht durch Spuren
von Anstoßprotonen aus einer darüber gelegten Paraffinschicht manife-
stierten (SCHOPPER, 1937). Außerdem wurde eine große Zahl von Spuren
energiereicher Teilchen und von Kernzertrümmerungen, zum Teil mit
zahlreichen Trümmerteilchen, gefunden. Bemerkenswert war eine Spur,
die auf ein Alphateilchen mit einer Energie > 1o^9 eV schließen ließ
(SCHOPPER, E.M. u. E., 1939). In diesem Zusammenhang verdient auch
die Tatsache Erwähnung, daß Prof. J. Eggert, Leiter der Entwicklung
bei Agfa, die Anregungen aus dem Regenerschen Institut (E. Schopper)
aufnahm und trägerlose Emulsionsschichten für das Institut und Frau
Wambacher herstellen ließ (SCHOPPER u. WAMBACHER, 1938). Auf diese
Weise konnten mehrere übereinandergelegte Schichten exponiert, getrennt und die Teilchenspur durch mehrere Schichten hindurch verfolgt
werden. Das waren erste Anfänge einer Methode, die mit weiterentwickel-
ten Emulsionen nach dem Zweiten Weltkrieg zu den großen Erfolgen der
Komponentenanalyse in der kosmischen Strahlung und der Elementarteil-
chenphysik in England und in den USA geführt hat. Solche Schichtungen
nannte man später "stacks". Soviel zu den wesentlichen Ergebnissen
über die kosmische Strahlung als geophysikalisches Phänomen, die im
Regenerschen Institut durch die Messungen mit Ballonsonden bis zu der
damals mit Gummiballonen erreichbaren Höhe von rd. 3o km erzielt
wurden.

4. Bestimmung der Höhenabhängigkeit des atmosphärischen Ozons mit einem ballongetragenen Spektrographen

Angeregt durch die mit automatischen Ballonsonden zur Messung der
kosmischen Strahlung erzielten Erfolge wandte sich Regener sehr bald
auch der Erforschung der hohen Atmosphäre selbst mit dieser Methode,
zunächst mit der Untersuchung des atmosphärischen Ozons, zu. Die Prägung durch seine eigene Doktorarbeit hatte schon 1929 durch Vergabe
einer Doktorarbeit "Über das Auftreten von Ionen beim Zerfall von
Ozon und die Ionisation der Stratosphäre" (HELLMANN, 1929) wieder

durchgeschlagen. Dabei sollte untersucht werden, ob etwa die nächt-
liche Erhaltung der "Heavyside-Schicht", also der unteren Ionosphäre,
durch den Zerfall von tagsüber gebildetem Ozon erklärt werden könnte.
(Das Ergebnis war, daß beim Zerfall keine Ionen gebildet wurden.) Die
Ballonaufstiege zur Untersuchung der Ozonschicht wurden durch eine
Arbeit von GOETZ, MEETHAM u. DOBSON (1934) angeregt, die auf Grund
von Streulichtmessungen vom Boden aus mit 22 km Höhe eine wesentlich
tiefere Lage des Maximums der Ozonschicht abgeleitet hatten, als vor-
dem angenommen worden war. Da diese Höhe mit Ballonsonden bequem überschritten werden konnte, sah Regener eine Möglichkeit, dieses Ergebnis
auf eine grundsätzlich einfache, aber hinsichtlich der Einzelheiten

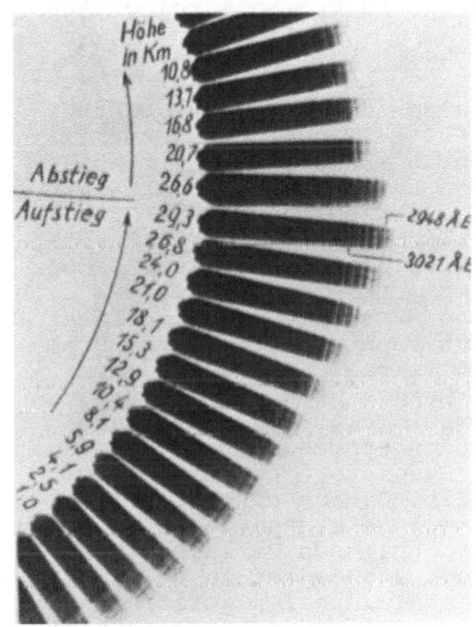

Abb. 12. Mit dem ballongetragenen
Ultraviolett-Spektrographen in verschiedenen Höhen aufgenommene Spektren des Sonnenlichtes (REGENER, E.,
u. REGENER, V.H., 1934)

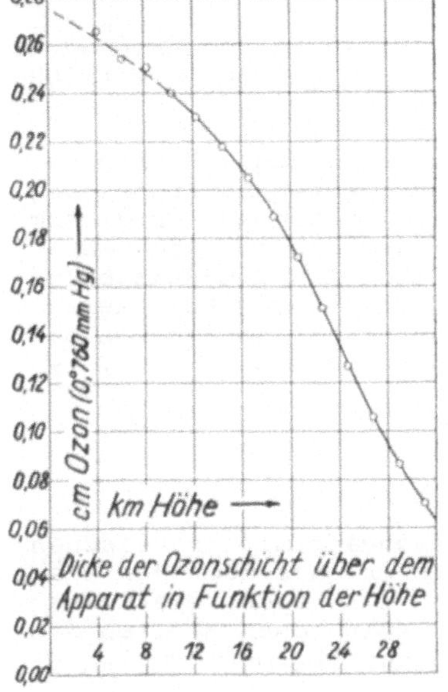

Abb. 13. Aus den Spektren in Abb. 12
abgeleiteter Ozonbetrag über verschiedenen Höhenniveaus. Der Ozonbetrag bezeichnet die Schichtdicke, die das über
dem Apparat befindliche Ozon bei Kompression auf 76o mmHg bei 0°C annehmen
würde (REGENER, E., u. REGENER, V.H.,
1934)

genauere Methode zu überprüfen. Regener und sein Sohn V.H. Regener
konstruierten dafür einen leichten Quarzspektrographen, mit dem das
ultraviolette Ende des Sonnenspektrums in Abhängigkeit von der Höhe
aufgenommen werden konnte. Die ganze Apparatur wog nur 2,7 kg und erreichte am 31.7.1934 eine Gipfelhöhe von 31 km. Dabei wurden alle
4 Minuten ein Spektrum, beim Aufstieg 16, beim Abstieg 24, also insgesamt 3o Spektren, gewonnen. Aus dem Vergleich der Intensitäten in
zwei Spektralbereichen starker und schwacher Absorption durch das Ozon
konnte in den verschiedenen Höhenstufen der über dem Apparat befindliche Ozonbetrag bestimmt werden. Diese erste direkte Messung der Ozon-
schichtung (REGENER, E. u. V.H., 1934) wird in der Fachwelt als "mile-
stone in early ozone studies" (CRAIG, 1965) anerkannt. Einen Ausschnitt
aus der Spektralplatte und das hieraus gewonnene Ergebnis zeigen Abb.
12 und 13.

5. Messungen der Höhenabhängigkeit des Sauerstoffanteils der Luft

Zwischen Dezember 1935 und Herbst 1936 führte REGENER (1939) eine
Reihe von Ballonaufstiegen zur Entnahme von Luftproben zwischen 14
und 28 km Höhe durch. Sie sollten die Frage klären, ob in der Stratosphäre oberhalb 15 km Höhe schon eine merkliche Entmischung der Komponenten, insbesondere ein Sauerstoffdefizit, nachweisbar ist. Dabei
wurden bis zu drei evakuierte Glasgefäße mit einem Ansatz, in dem sich
Kupferspäne befanden, in verschiedenen Höhen 2 Minuten lang geöffnet
und wieder geschlossen. Das Öffnen und Schließen erfolgte durch Drehung eines Glashahnes mit einer gespannten Spiralfeder, wobei der
Vorgang durch Aneroid-Barometer ausgelöst wurde. Nach der Bergung
wurde die Luft auf ein kleines Volumen komprimiert, das Kupfer erhitzt, bis der Sauerstoff durch die Oxydation verbraucht war, und aus
der dann gemessenen Druckerniedrigung der Sauerstoffgehalt bestimmt.
Das Ergebnis ist in Abb. 14 zusammengestellt. Danach erschien eine
geringfügige, wenn auch etwas von der Wetterlage abhängige Entmischung
zwischen 14 und 28 km Höhe im Einklang mit ähnlichen Versuchen von
Paneth bezüglich des atmosphärischen Heliums angedeutet zu sein. Die
Systematik ist dadurch erkennbar, daß bei individuellen Aufstiegen der
in größerer Höhe bestimmte Sauerstoffanteil stets um o,5 bis 1% kleiner als der in den tieferen Schichten gefunden war. Da bei einem
Diffusionsgleichgewicht in der Stratosphäre zwischen der Tropopause
und 28 km Höhe ein Sauerstoffdefizit von 33% zu erwarten gewesen wäre,
war zu schließen, daß eine turbulente Durchmischung bis zu wesentlich
größeren Höhen vorliegen mußte.

Erst die nach dem Zweiten Weltkrieg mit Raketen durchgeführten
Messungen haben die Höhenerstreckung der turbulenten Durchmischung,
d.h. die Turbopause, bei 1o5 km Höhe feststellen können. In diesem
Zusammenhang ist noch zu bemerken, daß Gay-Lussac schon 18o4 während seines berühmten Fluges mit dem Freiballon eine konstante Zusammensetzung der Luft bis 7ooo m und der französische Physiker
Cailletet 1894 auch schon auf Grund einer automatischen Probenahme
mit einem Gefäß an einem unbemannten Ballon den gleichen Sachverhalt bis 15 km Höhe bestätigt fand.

6. Messung des Wasserdampfgehaltes in der Stratosphäre

Drei Jahre später untersuchte Regener im Zusammenhang mit praktischen
Fragen eines eventuellen stratosphärischen Luftverkehrs auch den Wasserdampfgehalt bis 22 km Höhe. Die Frage nach einer hohen relativen
Feuchtigkeit in der Stratosphäre wurde durch das in hohen Breiten gelegentliche Auftreten von irisierenden sogenannten Perlmutterwolken

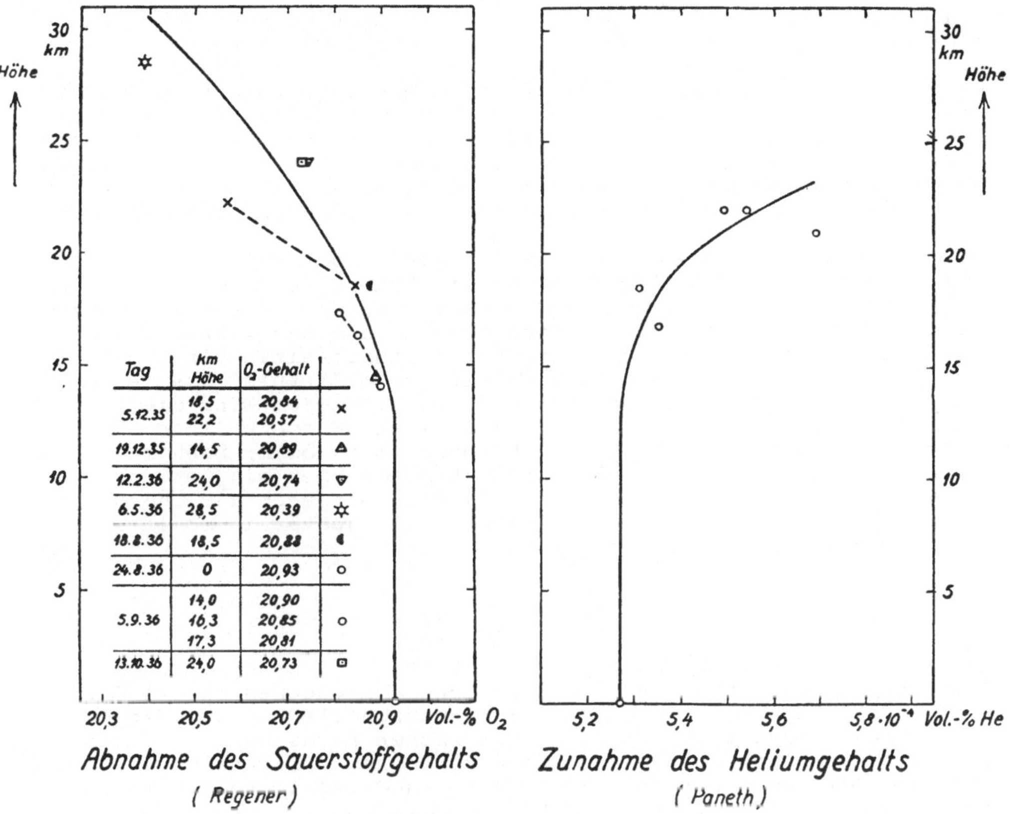

Abb. 14. Links: Der von Regener an verschiedenen Tagen bestimmte
Sauerstoffanteil der Luft in verschiedenen Höhen. Rechts: Zum Vergleich von Paneth gemessene Höhenabhängigkeit des Heliumgehaltes

in Höhen zwischen 2o und 3o km aufgeworfen. Die Bestimmung der relativen Feuchte geschah durch eine Absolutmessung der in einem bestimmten Luftvolumen und vorherrschenden Temperaturen enthaltenen Wasser-
menge (REGENER, 1939; RAU, 1945). Zu diesem Zweck wurden in verschiedenen Höhen bis zu 2oo l auf konstante Temperatur vorgewärmte Luft
durch Phosphorpentoxyd enthaltende Absorptionsgefäße gepumpt und das
absorbierte Wasser durch Differenzwägung nach der Bergung der Apparate
bestimmt. Mit der in der betreffenden Höhe gemessenen Außentemperatur
konnte dann die relative, auf Eis bezogene Feuchte ermittelt werden.
Einige Ergebnisse solcher Messungen sind in Tabelle 1 dargestellt.
Sie zeigten, daß in der Stratosphäre im allgemeinen keine Übersätti-
gung zu befürchten ist.

7. Die Experimente mit Kunststoffballonen

Im Zuge der vorstehend geschilderten Arbeiten hat Regener sich uner-
müdlich bemüht, die Technik der Aufstiege und die Instrumentierung
zu verbessern. Davon zeugt ein Artikel über Erfahrungen und Ergebnisse
mit Registrierballonen und Registrierapparaten in der Stratosphäre
(REGENER, 1935; 194o/41). Im Bestreben, die durch die Eigenschaften

des Ballongummis gesetzten Grenzen für die erreichbaren Höhen weiter
nach oben zu schieben, begann er bereits 1934, mit unten offenen Cello-
phanballonen zu experimentieren. Das waren jedoch für diesen Zweck
verfrühte Versuche, weil dieses und auch ähnliche Fabrikate für die
notwendig großen Stratosphärenballone nicht reißfest genug waren.
Die Grundidee erwies sich jedoch später als äußerst fruchtbar, nachdem vom Jahre 1947 an Polyäthylen- und andere Plastikfolien verfügbar
wurden. Seitdem haben tausende von Stratosphärenballonen automatische
Apparaturen und auch bemannte Kabinen in die Stratosphäre getragen.

Als Nebenprodukt der Bemühungen um das Vordringen in größere Höhen
beschrieb REGENER (194o/41) Versuche mit "schnellsteigenden" Ballonen
aus Cuprophan. Diesen konnten im Gegensatz zu den dehnbaren Gummiballonen aerodynamisch günstige Formen gegeben und Stabilisierungsflächen
angeklebt werden. Damit wurden Steiggeschwindigkeiten bis 53o m/min
erreicht. Diese Entwicklung beruhte auf dem Bedürfnis, die meteorologische Höhensondierung abzukürzen und bei stärkerem Wind die Abtrift
kleinzuhalten. Auch wurden solche Ballone als Fesselballone für Wind-
und Temperaturmessungen in geringen Höhen (bis 5oo m) benutzt. In
diesem Zusammenhang wurden auch Drahtthermographen mit geringer Trägheit und hystereselose Barographen als Bourdonröhren aus Quarzglas
entwickelt. Dies waren bereits Sensoren, die später in modifizierter
Form in die Nutzlast für die V-2 eingebaut wurden.

8. Die Forschungsstelle für Physik der Stratosphäre

Die bis 1937 so erfolgreiche Arbeit Regeners erfuhr eine schmerzliche
Zäsur, als er auf Grund des damaligen Beamtengesetzes in den Warte-
stand versetzt, d.h. seines Amtes als Hochschullehrer und Direktor
des physikalischen Instituts der Technischen Hochschule Stuttgart enthoben wurde. Es ist aber kennzeichnend für seine Tatkraft und seinen
Charakter, daß er das Wagnis unternahm, in Friedrichshafen am 1.1.
1938 eine private Forschungsstelle für Physik der Stratosphäre zu
gründen, in die ihm zunächst drei seiner Schüler folgten. Glücklicherweise konnte die private Forschungsstelle dank der Fürsprache von
Freunden und Kollegen schon am 3o.5.1938 in die Kaiser-Wilhelm-Gesell-
schaft eingegliedert werden. Die weitere Arbeit entwickelte sich dann
bald im Rahmen einer "Gemeinschaftsgruppe Stratosphärenforschung" der
Deutschen Akademie der Luftfahrtforschung, der außer Regener die Herren Georgii als Vorsitzender, Diekmann und Weickmann angehörten. In
der Einleitung zur 4. Wissenschaftssitzung der ordentlichen Akademie-
mitglieder am 1.6.1939 wurde die Gemeinschaftsgruppe von dem damaligen
Kanzler der Akademie, Ministerialdirektor Dr. Baeumker, vorgestellt
und ihre Aufgabe definiert: "... sie beschäftigt sich mit einem Gebiet,
das von ganz besonderer Bedeutung für die Weiterentwicklung der Technik ist. Allerdings sollen durch die Art, wie zunächst vorgegangen
wird, erst einmal die Grundlagen geklärt werden, die mit dem Flugwesen
in der Stratosphäre selbst verbunden sind."

9. Hygrometrie, Kondensation, Sublimation, Gefrieren von Wasser

Zu diesem Aufgabenbereich hatte Regener ja schon vor der Gründung der
"Gemeinschaftsgruppe" durch seine genauen Messungen des Sauerstoffan-
teils der Luft einen wesentlichen Beitrag leisten können. Hinzu kam
ein Auftrag "Hygrometrie und Kondensstreifen", d.h. das Problem des
Wasserdampfgehaltes der Luft in größeren Höhen, das für die Fragen
des Betriebs von Flugzeugmotoren, der Entstehung von Kondensstreifen,
der Vereisung und besonders von allgemeinem meteorologischem Interesse war. In diesem Rahmen wurden die schon erwähnten genauen, in der

Durchführung aber noch umständlichen Messungen des absoluten Wasserdampfgehaltes durchgeführt. Für praktisch kontinuierliche Feuchtebe-
stimmungen wurde ein automatisch arbeitendes Taupunkthygrometer entwickelt, das sich bei Meßflügen mit Flugzeugen bewährt hat. "Die
Lichtabsorption des Tauniederschlages steuerte dabei durch eine photoelektrische Anordnung das Wechselspiel der Heizung und Kühlung des
Tauspiegels und die Fixierung des jeweiligen Taupunktes" (SCHOPPER,
1941). Der genannte Auftrag implizierte auch die Untersuchung der
Kondensation und Sublimation des Wasserdampfes bei tiefen Temperaturen und die Rolle der Kondensations- und Gefrierkerne (REGENER, 1941;
RAU, 1944, 1949).

Dabei gelang es durch Inaktivierung der Gefrierkerne, Wasser in Tropfen bis -72°C zu unterkühlen. Bei dieser Temperatur erfolgte die Eis-
keimbildung im Gegensatz zum Gefriereinsatz bei höheren Temperaturen
stets an mehreren Stellen des unterkühlten Wassertropfens gleichzeitig,
wobei Würfel und Oktaeder, also kubisches Eis, beobachtet wurden. Dieser Sachverhalt wurde als Keimbildung in der homogenen Phase, d.h.
des von Fremdkörpern (Gefrierkernen) freien Tropfens gedeutet. Die
Sublimation aus der Dampfphase auf eine unter -72°C gekühlte Unterlage erfolgte auch stets in der regulären Kristallform.

Bei späteren Untersuchungen verschiedener Autoren wurde die kubi-
sche Eisphase bei tiefen Temperaturen grundsätzlich bestätigt.
Danach ist die reguläre Kristallform mit Sicherheit zwischen $-14o^{\circ}$C
und $-12o^{\circ}$C stabil. Kubisches Eis in einem offenbar metastabilen
Zustand und vermischt mit hexagonalen Kristallen wurde bis $-6o^{\circ}$C
beobachtet. Anscheinend spielen die speziellen Versuchsbedingungen
für das Auftreten des metastabilen Zustands eine noch ungeklärte
Rolle (siehe ZIEGLER, 1962).

Die Untersuchung von Zustandsgrößen und Phänomenen in der hohen Atmosphäre, für die automatische und - für die damaligen Verhältnisse -
mit minimalem Energieverbrauch registrierende Apparaturen entwickelt
wurden, blieben auf den Bereich der mit Gummiballonen erreichbaren
Höhen, d.h. unter rd. 3o km Höhe, beschränkt.

1o. Die Preßgaskanone

"Ein weiteres Thema von grundsätzlich wissenschaftlicher Bedeutung
war die Erreichung größerer Höhen in der Stratosphäre, um aus diesen
physikalische, astrophysikalische und meteorologisch wichtige Daten
herunterzuholen. Hierfür wurde einerseits die Herstellung von großen
leichten Ballonen aus Kunstfolien betrieben, andererseits der schon
vor längerer Zeit von mir (Regener) gefaßte Plan verfolgt, von einem
großen Registrierballon in 25 - 3o km Höhe Meteorographen und Spektrographen mit Druckluft emporzuschießen." So schrieb Regener in einem
1945 von ihm und Dr. Merckle gezeichneten Bericht (MERCKLE u. REGENER,
1945). Vor allem sollte die atmosphärische Ozonschicht, deren wesentliche Erstreckung bis 45 km Höhe angenommen wurde, durchstoßen werden.
Die 1938 aufgenommenen Laborversuche verliefen ermutigend. Mit annähernd 2oo atm Druckluft konnten bei 5o - 1oo g Apparategewicht,
35 mm Kaliber und 2 - 6 m Rohrlänge Geschwindigkeiten von 45o m/sec
erreicht werden. Im Verlauf weiterer Versuchsreihen mit Wasserstoff
bis 6oo Atm. wurden schließlich bei den in Frage kommenden Apparate-
gewichten Geschwindigkeiten von 1ooo m/sec und mehr erreicht, so daß
das Problem für das Emporschießen eines Spektrographen aus 3o km Höhe
über die Ozonschicht hinaus, d.h. bis zu 5o - 6o km Höhe, grundsätzlich gelöst erschien. Ein dafür von Schopper entwickelter und fertig
gebauter kleiner Spektrograph kam aber bis Kriegsende nicht mehr zum
Einsatz.

11. Die Raketennutzlast

Neben diesen in der Forschungsstelle für Physik der Stratosphäre durchgeführten Versuchen war jedoch 1942 die Alternative herangereift, von
der eingangs die Rede war. General Dr. Dornberger, der Chef des Ent-
wicklungsstabes der Heeresversuchsanstalt Peenemünde (HAP) schreibt
in seinem Buch "V2 - der Schuß ins Weltall" (DORNBERGER, 1952), daß
er und die Herren seines Stabes schon lange vor dem Zweiten Weltkrieg
an die Anwendung der Raketentechnik für Forschungszwecke gedacht hatten. Es ist auch bekannt, daß Wernher von Braun nie das Ziel einer
schließlichen Weltraumfahrt aus dem Auge verlor. Zunächst stand jedoch
nur eine Rakete zur Diskussion, die eine Höhe über 5o km erreichen
würde. Dornberger erwähnt auch, daß man sehr bald mit Professor Regener Verbindung aufgenommen hatte, um ihm die Fortsetzung seiner bisherigen Stratosphärenforschung in größere Höhen zu ermöglichen. REGE-
NER (1954) selbst bestätigt die Initiative von v. Braun, die der Forschungsstelle für Physik der Stratosphäre den Anschluß an diese neuen
Möglichkeiten und ihn der Verwirklichung seiner Pläne näher brachte.

So kam es schließlich zu der Besprechung am 8. Juli 1942, über die
u.a. im Protokoll zu lesen ist:

"Das A4 bietet die Möglichkeit, atmosphärische Höhenvermessungen
nach neuartigen Methoden auszuführen. Die baldmögliche Durchführung
derartiger Untersuchungen liegt nicht nur im Interesse der Forschungsstelle für Physik der Stratosphäre, Friedrichshafen, sondern
im Hinblick auf die Gewinnung einwandfreier Berechnungsunterlagen
für Flugbahnenberechnungen, Erwärmungsfragen, Schußtafeln usw. auch
im Interesse der Heeresanstalt Peenemünde.

Die Forschungsstelle für Physik der Stratosphäre erhält von der
HAP einen Entwicklungsauftrag "Entwicklung einer Apparatur zur
Höhenvermessung für A4". Die Forschungsstelle entwickelt im Rahmen
dieses Auftrages eine Apparatur, die aus folgenden Elementen besteht:

1. Quarzbarograph
2. Drahtthermograph
3. UV-Spektrograph
4. Luftentnahmevorrichtung ..."

--- "Die Durchführung der Messungen ist in der Weise beabsichtigt,
daß im Gipfelpunkt der Flugbahn ... durch FT-Betätigung vom Boden
aus die Apparatur aus dem Fallschirmbehälter ausgestoßen wird. Das
Aggregat kommt dann ohne Fallschirm zu Boden und wird beim Aufschlag
zerstört, während die Meßapparatur mit sehr geringer Sinkgeschwin-
digkeit (ca. 3 m/sec) auf dem Wasser niedergeht und schwimmt. Die
Standortverfolgung sowie das Einpeilen der Einschlagstelle für die
Apparatur erfolgt durch Empfang des Treppensenders durch die vorhandene Wolman Bodenanlage." ---

"Zur Durchführung vorgenannten Arbeiten benötigt Herr Professor
Regener noch einen Spezialisten für die Entwicklung des Spektrographen und einen Feinmechaniker bzw. Uhrmacher. Für die Entwicklung wurde bereits Dr. Paetzold (z.Zt. Gefr. bei einem Ersatztrup-
penteil) namhaft gemacht."

Von den verschiedenen Entwicklungsphasen liegen ausführliche Berichte
von Regener und seinen damaligen Mitarbeitern Paetzold und Schopper
vor, in denen allerdings von der Mitführung eines Luftentnahmegefäßes
nicht mehr die Rede ist. Für die Messung des Druckes wurde neben dem

Quarzbarographen für den Bereich von 76o bis O mm Hg ein "Spätanlauf-
barograph" genanntes Dosenmanometer für den Bereich von 6 bis O mm Hg
entwickelt. Das druckempfindliche Element des letzteren bestand aus
einer nur o,o5 mm starken Kupfer-Beryllium-Membran, die am Rand auf
eine starke Auflage aus Messing aufgelötet war. Da der Zwischenraum
evakuiert war, wurde die Membran bei hohem Druck an die Auflage ange-
drückt, deren Profil der Durchbiegung der Membran angepaßt war und
diese entlastete. Sie hob sich erst bei einem Druck von 1o mm Hg von
der Unterlage ab. Die Ausschläge beider Barographen wurden über Feder-
gelenke auf ein Lichtzeigersystem übertragen. Zur Messung der Lufttemperatur dienten ein Ausdehnungsthermometer, ein Widerstandsther-
mometer und Thermoelemente für den Unterschall- bzw. Überschallbereich
mit entsprechender Strömungsführung. Das Ausdehnungsthermometer bestand aus einer Drehwaage, die durch die unterschiedliche Wärmeausdehnung von Lamellenbändern aus einem Spezialstahl einerseits und aus
Invar andererseits gesteuert wurde. Sämtliche Meßwerte wurden über
Lichtzeiger photographisch auf Filmtrommeln registriert. Abgesehen
von dem diffizilen mechanischen Aufbau und den Anzeige- und Registrier-
problemen mußten eingehende Untersuchungen der aerodynamischen Einflüsse auf die Druck- und Temperaturmessungen im Windkanal des Instituts für Gasdynamik der Deutschen Versuchsanstalt für Luftfahrt (DVL)
durchgeführt werden. Es würde zu weit führen, noch näher auf Einzelheiten einzugehen, doch sollte erwähnt werden, daß die gleichen Probleme bei den späteren amerikanischen Raketenstarts in ähnlicher Weise
erkannt und gelöst wurden.

Der von Paetzold entwickelte Spektrograph war eine stabile, den zu
erwartenden Beschleunigungen entsprechende und den zur Verfügung stehenden kurzen Meßzeiten angepaßte Version des früher von V.H. und E.
Regener gebauten Ballonspektrographen. Am 4. Januar 1945 wurden die
Geräte nach Karlshagen (HAP) von Schopper, Paetzold und dem Mechaniker
Rossner "einbaufertig verschaltet und geeicht" überbracht. Am 18.1.45
waren "Einbau und Justierung der Instrumente der Forschungsstelle mit
Funktionserprobung beendet" --- "Die Instrumente wurden in die Tonne
eingebaut und einer Gesamterprobung unterzogen, die aufgenommenen Registrierungen ergaben einwandfreie Funktion der Geräte. Instrumenten-
seitig ist somit die Tonne startklar. Die Instrumente wurden anschließend wieder ausgebaut und in Karlshagen verschlossen deponiert. Die
Startbereitschaft der Tonne erfordert noch einige Montagearbeiten."

Diese Zitate stammen aus dem von Paetzold, Regener und Schopper unter-
schriebenen Abschlußbericht vom 25. Januar 1945. Der Bericht enthält
noch Angaben über den geplanten Ablauf des Meßprogramms nach dem Start
und die Planung für den Nachbau weiterer fünf Instrumentierungen. Danach überstürzten sich die Kriegsereignisse, so daß es zum "Regener-
Schuß" nicht mehr gekommen ist. Über den Verbleib der in Karlshagen
deponierten Instrumente ist nichts bekannt. Sollte irgendwo ein Spektrograph mit einem eingebauten Quarz-Anastigmat (Steinheil) Nr. 274818
gefunden werden, so beweist eine heute noch vorliegende Quittung, daß
dieser Eigentum der Forschungsstelle für Physik der Stratosphäre,
Friedrichshafen/Bodensee, war.

In Amerika begann bald nach dem zweiten Weltkrieg die Ära der Höhen-
forschung mit Raketen. Sie wurden mit dem gleichen Vehikel eingelei-
tet, das nach Regeners Konzept die startfertige Nutzlast emportragen
sollte. Angesichts dieser Entwicklung mögen ihn widerstreitende Ge-
fühle bei dem Gedanken an seine aussichtsreichen Vorarbeiten bewegt
haben. Die Zeit war jedoch nicht dazu angetan, und es entsprach auch
nicht Regeners Persönlichkeit, sich in fruchtlosen Ressentiments zu
verlieren. Der Wiederaufbau des stark beschädigten Physikalischen Instituts der Technischen Hochschule Stuttgart, in das er wieder als

Ordinarius und Direktor eingezogen war, die Wiedereinrichtung eines
geordneten Lehrbetriebes und schließlich die Leitung der gegen Kriegsende von Friedrichshafen nach Weissenau bei Ravensburg verlagerten
Forschungsstelle zwangen zum Einsatz für Gegenwart und Zukunft.

Uns bleibt festzuhalten, daß Erich Regener als erster den Weg zu einer
wissenschaftlichen Nutzung der neuen Technik beschritten hat.

*Ein Abdruck der wichtigsten Dokumente und Berichte über die für die "Regner-Tonne"
durchgeführten Arbeiten mit Kommentaren von H.K. Paetzold und E. Schopper erscheint
demnächst in den "Mittlg. a.d. Max-Planck-Institut für Aeronomie". Allgemeinere
Würdigungen Regeners als Persönlichkeit und Forscher finden sich in einer zahlreichen Literatur (BOTHE, 1951; BRAUNBEK, 1951; EHMERT, 1955; EHMERT u. SCHOPPER,
1956; HAHN, 1951; PAETZOLD, 1955; MÜHLEISEN, PAETZOLD u. RAU, 1955).*

Literatur

BJORKLUND, R., CRANDALL, W.E., MOYER, B.J., YORK, H.F.: High energy
photons from proton-nucleon collisions. Phys. Rev. 77, 213-218
(1950).

BLAU, M., WAMBACHER, H.: Über Verwuche durch Neutronen ausgelöste
Protonen photographisch nachzuweisen. Sitz. Ber. Wien IIa, Nr. 141,
617 (1932).

BLAU, M., WAMBACHER, H.: Physikalische und chemische Untersuchungen
zur Methode des photographischen Nachweises von H-Strahlen. Sitz.
Ber. Wien IIa, Nr. 143, 285 (1934).

BLAU, M., WAMBACHER, H.: Disintegration processes by cosmic rays with
the simultaneous emission of several heavy particles. Nature 14o,
585 (1937).

BOTHE, W.: Erich Regener 7o Jahre. Z. Naturforsch. 6a, 565-567 (1951).

BRAUNBECK, W.: Erich Regener 7o Jahre. Phys. Bl. 7, 516-517 (1951).

CRAIG, R.A.: The upper atmosphere. Meteorology and Physics, Internatl.
Geophys. Series, Vol. 8, 193. New York-London: Academic Press 1965.

DORNBERGER, W.: V2 - der Schuß ins Weltall. Esslingen: Bechtle 1952.

EHMERT, A.: Über die harte Komponente der kosmischen Strahlung in der
Stratosphäre. Physik. Z. 115, 326-338 (194o).

EHMERT, A.: Erich Regener †. Phys. Bl. 11, 174-176 (1955).

EHMERT, A., SCHOPPER, E.: In Memoriam Erich Regener. Naturwissenschaften 43, 69-71 (1956).

EHRENHAFT, F.: Über eine neue Methode zur Messung von Elektrizitäts-
mengen an Einzelteilchen, deren Ladungen die Ladung des Elektrons
erheblich unterschreiten und auch von dessen Vielfachen abzuweichen
scheinen. Physik. Z. 12, 619-63o (191o).

GOETZ, E.W.P., MEETHAM, A.R., DOBSON, G.M.B.: The vertical distribution
of ozone in the atmosphere. Proc. Roy. Soc. A 145, 416-446 (1934).

HAHN, O.: Erich Regener und die Max-Planck-Gesellschaft. Z. Naturforsch. 6a, 568 (1951).

HELLMANN, H.: Über das Auftreten von Ionen beim Zerfall von Ozon und
die Ionisation der Stratosphäre. Ann. d. Phys. 2, 7o8-732 (1929).

HERGESELL, H.: Ballon-Aufstiege über dem freien Meere zur Erfassung
der Temperatur- und Feuchtigkeitsverhältnisse sowie der Luftströ-
mungen bis zu sehr großen Höhen der Atmosphäre. Beitr. z. Phys.
d. fr. Atm. 1, 2oo-2o4 (19o4).

HESS, V.F.: Über Beobachtungen der druchdringenden Strahlung bei sieben Freiballonfahrten. Physk. Z. 13, 1o84-1o91 (1912).

HVP 1942, Sitzungsprotokoll vom 11.7.1942, HVP, Abt. T/L, Az. 72P 1o45,
B.b.-Nr. o127o/42 g, gez. v. Braun.

KOLHÖRSTER, W.: Messungen der durchdringenden Strahlung im Freiballon
in größeren Höhen. Physk. Z. 14, 1153-1156 (1913).
LENZ, E.: Die Wiedervereinigung von Ionen in Luft bei niederen Drucken.
Z. Physik 76, 66o-678 (1932).
LENZ, E.: Die von der Ultrastrahlung erzeugte elektrische Leitfähig-
keit der unteren Atmosphäre. Hochfreq. Techn. u. Elektroakustik
43, 47-51 (1934).
MERCKLE, E., REGENER, E.: Versuche über das Emporschießen von meteo-
rologischen Geräten mit Druckluft. Manuskript 1945 in Gesammelte
Schriften "Stratosphäre 1939-1946" im Max-Planck-Institut für
Aeronomie, 3411 Lindau/Harz.
MILLIKAN, R.A., CAMERON, G.H.: New precision in cosmic ray measure-
ments yielding extension of spectrum and indication of bands. Phys.
Rev. 31, 921-93o (1928).
MÜHLEISEN, R., PAETZOLD, H.K., RAU, W.: Erich Regener 1881-1955. Geo-
fisica Pura E Applicata 3o, 237-238 (1955).
OCCHIALINI, G.P.S., POWELL, C.F.: Observations of the production of
mesons by cosmic radiation. Nature 162, 168-173 (1948).
PAETZOLD, H.K.: Erich Regener zum Gedächtnis. Die Sterne 31, 128-131
(1955).
PFOTZER, G.: Messungen der Ultrastrahlung in der Stratosphäre mit
einer Dreifachkoinzidenzapparatur. Z. techn. Phys. 16, 4oo-4o1
(1935).
PFOTZER, G.: Dreifachkoinzidenzen der Ultrastrahlung aus vertikaler
Richtung in der Stratosphäre. - I. Meßmethode und Ergebnisse.
Z. Physik 1o2, 23-4o (1936). II. Analyse der gemessenen Kurve.
Z. Physik 1o2, 41-58 (1936).
PICCARD, A.: Two balloon ascents to ten-mile altitudes presage new
mode of aerial travel. Natl. Geogr. Mag. 63, 353-384 (1933).
PICCARD, A., COSYNS, M.: Étude du rayonnement cosmique en grande
altitude. Compt. Rend. Acad. Sci. 195, 6o4-6o6 (1932).
PICCARD, A., STAHEL, E., KIPFER, P.: Messung der Ultrastrahlung in
16ooo m Höhe. Naturwissenschaften 2o, 592-593 (1932).
RAU, W.: Gefriervorgänge des Wassers bei tiefen Temperaturen. Schriften d. Dtsch. Akad. d. Luftfahrtforsch. 8, 65-84 (1944).
RAU, W.: Messung der Luftfeuchtigkeit im großen Höhen nach der Absorp-
tionsmethode. Manuskript 1945 in Gesammelte Schriften "Stratosphäre
1939-1946" im Max-Planck-Institut für Aeronomie, 3411 Lindau/Harz.
RAU, W.: Unterkühlbarkeit des Wassers und atmosphärische Eiskeimbil-
dung. Wetter u. Klima, H. 3/4, 81-92 (1949).
REGENER, E.: Über die chemische Wirkung kurzwelliger Strahlung auf
gasförmige Körper. Dissertation, Friedrich-Wilhelms-Universität
zu Berlin, 12.8.19o5a.
REGENER, E.: Die Fortschritte der Physik im Jahre 19o4. Pharmaz. Z.
Berlin 5o, 577-578 (19o5b).
REGENER, E.: Über die chemische Wirkung kurzwelliger Strahlung auf
gasförmige Körper. Ann. d. Phys. 2o, 1o33-1o46 (19o6).
REGENER, E.: Über Ladungsbestimmungen an Nebelteilchen. Physk. Z. 12,
135-141 (1911).
REGENER, E.: Rauchversuche zur Veranschaulichung der Wirkung der Son-
nenstrahlung auf die Atmosphäre. In "Arb. a.d. Gebieten d. Phys.,
Math., Chem.", Julius Elster u. Hans Geitel gewidmet. Braunschweig:
Friedr. Vieweg u. Sohn 1915.
REGENER, E.: Über die Perspektive der Röntgenbilder. Fortschr. a.d.
Gebiet d. Röntgenstrahlen 25, 215-221 (1917a).
REGENER, E.: Ein einfacher Apparat zur stereoskopischen Röntgendurch-
leuchtung. Münchener Med. Wschr. 36, 1181-1183 (1917) und Patent-
schrift Nr. 3o7291 vom 1.8.1917b.
REGENER, E.: Über die Schärfe der Röntgenbilder und ihre Verbesserung.
Münchener Med. Wschr. 47, 1518-152o (1917c).

REGENER, E.: Die Ausbildung für Physik an der Technischen Hochschule
    Stuttgart. Das Industrieblatt 28, 1o9-11o (1923).
REGENER, E.: Zur Subelektronenfrage; zugleich Bemerkung zu der Arbeit
    von Herrn F. Durau. Z. Physik 39, 247-25o (1926).
REGENER, E.: Über neuere Versuche über die sogenannte durchdringende
    Höhenstrahlung in der Erdatmosphäre. Naturwiss. Monatshefte f.d.
    biolog., chem., geogr. u. geolog. Unterricht 25, H. 4, 24o (1928).
REGENER, E.: Messungen über das kurzwellige Ende der durchdringenden
    Höhenstrahlung. Naturwissenschaften 17, 183-185 (1929).
REGENER, E.: Über das Spektrum der Ultrastrahlung. - I. Die Messungen
    im Herbst 1928. Z. Physik 74, 433-454 (1932a).
REGENER, E.: Messung der Ultrastrahlung in der Stratosphäre. Natur-
    wissenschaften 2o, 695-699 (1932b).
REGENER, E.: Die Absorptionskurve der Ultrastrahlung und ihre Deutung.
    Physik. Z. 34, 3o6-323 (1933a).
REGENER, E.: Weitere Messungen der Ultrastrahlung in der Stratosphäre.
    Physk. Z. 34, 82o-823 (1933b).
REGENER, E.: Der Energiestrom der Ultrastrahlung. Z. Physik 8o, 666-
    669 (1933c).
REGENER, E.: Erfahrungen und Ergebnisse mit Registrierballonen und
    Registrierapparaten in der Stratosphäre. Beitr. z. Phys. d. fr.
    Atm. 22, 249-26o (1935).
REGENER, E.: Aufbau und Zusammensetzung der Stratosphäre. Schriften
    d. Dtsch. Akad. d. Luftfahrtforsch., H. 46, 5-39 (1939).
REGENER, E.: Über Ballone mit großer Steiggeschwindigkeit, Thermo-
    graphen von geringer Trägheit, Quarzbarographen und über Kondensa-
    tion und Sublimation von Wasserdampf bei tiefen Temperaturen. Jahr-
    buch 194o/41 d. Dtsch. Akad. d. Luftfahrtforsch., S. 352-358.
REGENER, E.: Versuche über die Kondensation und Sublimation des Was-
    serdampfes bei tiefen Temperaturen. Schriften d. Dtsch. Akad. d.
    Luftfahrtforsch., H. 37, 17-24 (1941).
REGENER, E.: Deutsch-Französische Zusammenarbeit bei der Erforschung
    der hohen Atmosphäre mit Hilfe von Raketen. Mittlg. a.d. Max-Planck-
    Gesellschaft, H. 3, 145-148 (1954).
REGENER, E., AUER, R.: Weitere Messungen der Ultrastrahlung in der
    oberen Atmosphäre mit offenen Ionisationskammern. Physk. Z. 35,
    784-788 (1934).
REGENER, E., EHMERT, A.: Über die Schauer der kosmischen Ultrastrah-
    lung in der Stratosphäre. Z. Physik 111, 5o1-5o7 (1939).
REGENER, E., PFOTZER, G.: Messungen der Ultrastrahlung in der oberen
    Atmosphäre mit dem Zählrohr. Physk. Z. 35, 779-784 (1934).
REGENER, E., PFOTZER, G.: Vertical intensity of cosmic rays by three-
    fold coincidences in the stratosphere. Nature 136, 718 (1935).
REGENER, E., REGENER, V.H.: Aufnahme des ultravioletten Sonnenspek-
    trums in der Stratosphäre und vertikale Ozonverteilung. Physik.
    Z. 35, 788-793 (1934).
SCHOPPER, E.: Nachweis von Neutronen der Ultrastrahlung in photogra-
    phischer Emulsion. Naturwissenschaften 25, 557-558 (1937).
SCHOPPER, E.: Über ein direkt anzeigendes Gerät zur Messung der Luft-
    feuchtigkeit nach der Taupunktmethode. Tagung d. "Gemeinschafts-
    gruppe Stratosphärenforschung" d. Dtsch. Akad. d. Luftfahrtforsch.
    in Friedrichshafen, 1941.
SCHOPPER, E., WAMBACHER, H.: Briefwechsel, 1938.
SCHOPPER, E.M., SCHOPPER, E.: Energiereiche Kernprozesse in der Ultra-
    strahlung. Physik. Z. 4o, 22-26 (1939).
STEINKE, E.: Neue Untersuchungen über die durchdringende Hess'sche
    Strahlung. Z. Physik 48, 647-689 (1928).
ZIEGLER, G.: Strukturuntersuchungen an Eis bei tiefen Temperaturen.
    Dissertation, Technische Hochschule Stuttgart 1962.

Die Entdeckungsgeschichte der Radiowellenausbreitung in den ersten fünfzig Jahren mit besonderer Berücksichtigung der deutschen Arbeit

B. Beckmann

1. Einleitung: Die Maxwellsche Theorie als Vorgeschichte

Die von J.C. Maxwell in den Jahren 1861 bis 1864 aufgestellte Theorie
des elektromagnetischen Feldes, die er in dem zweibändigen Werk "A
Treatise of Electricity and Magnetism" veröffentlicht hat (MAXWELL,
1873), ist die physikalische Grundlage der Ausbreitung der Radiowellen. Sie erfaßt die elektromagnetischen Erscheinungen im Vakuum und
in ruhenden Körpern und schließt damit die von ihm begründete elektromagnetische Lichttheorie ein.

Daß zwischen Elektrizität und Magnetismus Zusammenhänge bestehen, war
seit Oersted (182o) bekannt. Diese waren dann vor allem von Ampère
und Faraday erforscht worden und hatten schon in mathematisch formulierten Gesetzen ihren Ausdruck gefunden. Diese Gesetze waren aber
zunächst nur für Ströme aufgestellt worden, die durch geschlossene
elektrische Leiter fließen. Nachdem Faraday den Einfluß des Zwischen-
mediums auf die elektrischen und magnetischen Kräfte erkannt hatte
und die elektrischen und magnetischen Kraftlinien zur Deutung seiner
Ergebnisse eingeführt hatte, verlegte er das Wesentliche des elektromagnetischen Geschehens in den Raum bzw. das Zwischenmedium. Maxwell
gelang es nun unter weitgehender Zugrundelegung Faradayscher Vorstellungen, seine Theorie aufzustellen, die im Gegensatz zur älteren Fern-
wirkungstheorie als Nahwirkungstheorie oder besser Feldtheorie bezeichnet wird, da bei ihr der Feldbegriff im Vordergrund steht. Eine
elektrische Ladung bewirkt nach der Maxwellschen Theorie eine physikalische Zustandsänderung des umgebenden Raumes, die durch das zeitlich veränderliche elektrische Feld der Ladung beschrieben wird. Maxwell ergänzte damit den elektrischen Leitungsstrom durch einen zunächst
hypothetischen Verschiebungsstrom zum quellenfreien Gesamtstrom.

Die Einführung dieses Verschiebungsstromes stellt den entscheidenden
Schritt dar, mit dem Maxwell über die ältere Theorie hinausging. Die
Maxwellsche Theorie kennt daher nur geschlossene Ströme, da der Verschiebungsstrom den Leitungsstrom auch durch Isolatoren, z.B. das
Dielektrikum eines Kondensators hindurch fortsetzt. Indem Maxwell nun
den Geltungsbereich der älteren Gesetze erweiterte und ihre Beschrän-
kung auf geschlossene Leiter fallen ließ, gelangte er zur Aufstellung
seiner Gleichungen, die das Kernstück seiner Theorie bilden und die
Grundgesetze des elektromagnetischen Feldes darstellen.

Er leitete aus der Hypothese der magnetischen Äquivalenz des Verschiebungsstromes mit einem Leitungsstrom die Existenz elektromagnetischer
Wellen ab, die sich mit einer Geschwindigkeit fortpflanzen, deren
Größe zunächst noch unbestimmt blieb. Da aber die Größe dieser charakteristischen Konstanten c von R. Kohlrausch und W. Weber im Jahre
1856 als Verhältnis der einmal im elektrostatischen und ein anderes
Mal im elektromagnetischen Maßsystem gemessenen Ladungsmenge bestimmt
und in Übereinstimmung mit der Lichtgeschwindigkeit $3 \cdot 10^8$ m/sec
gefunden worden war, faßte Maxwell den Gedanken von der Identität
elektromagnetischer Wellen und Lichtwellen.

190

2. Die Hertzschen Entdeckungen

Die glänzende Bestätigung fand die Maxwellsche Theorie in den Versuchen, die Heinrich Hertz im Jahre 1888 durchführte. Er konnte dabei zum erstenmal elektrische Wellen herstellen, mit denen es ihm gelang, einige der wichtigsten Phänomene der Lichtausbreitung, wie Reflexion, Polarisation und Brechung, zu demonstrieren. Die Ergebnisse seiner Untersuchungen hat er 1892 in seinem Werk "Über die Ausbreitung der elektrischen Kraft" veröffentlicht (HERTZ, 1892). Er stellte elektrische Schwingungen von etwa $5 \cdot 10^8$ sec^{-1} her, die einer Wellenlänge von 60 cm entsprechen. Als Schwingungskreis verwendete er einen in der Mitte durch eine Funkenstrecke unterbrochenen Stab. In der Unterbrechungsstelle dieses Hertzschen Oszillators wurden mit Hilfe eines Induktionsapparates Funken erzeugt, die diesen sogenannten "offenen" Schwingungskreis zu stark gedämpften Schwingungen anregten. Hertz konnte u.a. zeigen, daß seine so erzeugten "linear" polarisierten elektromagnetischen Wellen beim Durchgang durch ein aus Metallstäben bestehendes Gitter dann am stärksten geschwächt werden, wenn ihr elektrischer Vektor zu den Stäben parallel steht. Diese Erscheinung findet durch die Interferenz der einfallenden Welle und der von den Gitterstäben ausgehenden Störwelle ihre Erklärung. Ein solches Gitter ist in seiner Wirkung mit einem Nicolschen Prisma in der Optik vergleichbar. Hertz schloß aus diesem Gitterversuch auf die Transversalität der von ihm entdeckten elektromagnetischen Wellen, die zum Ausgangspunkt der drahtlosen Telegraphie und der Radiotechnik wurden. Zu seinen Ehren hat man für die Bezeichnung der Einheit der Frequenz das "Hertz" gewählt. Außerdem spricht man noch heute vom Hertzschen Sende- oder Empfangsdipol.

Der Hertzsche Vektor ist eine Vektorfunktion, die von Hertz zur Berechnung des elektromagnetischen Feldes eines Hertzschen Dipols eingeführt wurde. Mit Hilfe dieser Funktion lassen sich die Maxwellschen Gleichungen für Isolatoren lösen, also die elektrische und magnetische Feldstärke berechnen. Das Moment des Dipols ergibt sich, indem man sich eine Ladung ortsfest im Nullpunkt denkt und eine entgegengesetzte gleiche Ladung in unmittelbarer Nähe periodisch bewegt. Damit erhält man den im Dipol fließenden Strom. Da die elektromagnetischen Wellen von eng begrenzten Zentren ausgehen, die im Vergleich zu den überbrückten Entfernungen als klein anzusehen sind, können ebene Wellen erst in größerer Entfernung vom Ursprung der Wirklichkeit entsprechen. Die Hertzsche Lösung der Maxwellschen Gleichungen entspricht deshalb einer Kugelwelle. Die Komponenten der elektrischen und magnetischen Feldstärke erhält er in Kugelkoordinaten. Die Flächen gleicher Phase sind Kugelflächen. Die Amplituden der Feldstärken bestehen aus mehreren Gliedern, die umgekehrt proportional mit der ersten, zweiten und dritten Potenz der Entfernung abnehmen. Im Nahwirkungsbereich, wo die Entfernung groß gegen die Länge des Dipols, aber klein gegen die Wellenlänge ist, sind allein die Glieder höherer Ordnung maßgebend. Die elektrische Feldstärke nimmt hier mit der dritten, die magnetische Feldstärke mit der zweiten Potenz der Entfernung ab. Die Phasen der elektrischen und magnetischen Feldstärke sind hier gegeneinander um 90° verschoben. Im zweiten Bereich, dem sogenannten Strahlungsgebiet, ist die Entfernung groß gegen die Wellenlänge, so daß man hier die Glieder mit den höheren Potenzen der Entfernung fortlassen kann. Es verbleibt für die elektrische und magnetische Feldstärke eine Amplitudenabnahme umgekehrt proportional der Entfernung. Auf der Kugelfläche treten die magnetischen Kraftlinien nur in Richtung der Breitenkreise auf. Die elektrischen Komponenten lassen sich dagegen in zwei Komponenten zerlegen, von denen die eine in Richtung der Längengrade, die andere in radialer Richtung wirkt. Abb. 1a zeigt den räumlichen Aufbau des elektromagentischen Feldes.

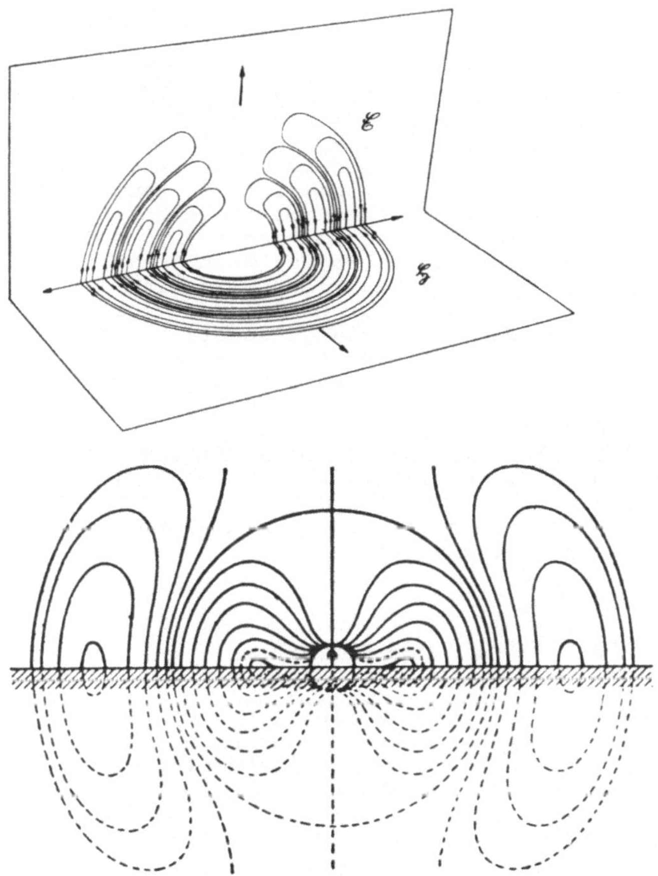

Abb. 1. (a) Räumlicher Aufbau des elektromagnetischen Feldes.
E elektrische, H magnetische Feldstärke. (b) Das elektrische Feld
einer Antenne bei unendlicher Leitfähigkeit des Erdbodens. Gestri-
chelt = fiktives Feld im Erdboden (Aus BECKMANN, B.: Die Ausbreitung
der elektromagnetischen Wellen, 2. Aufl. Leipzig: Akad. Verlagsges.
1948)

Wie bereits erwähnt, besteht in der Nahzone eine Phasenverschiebung
der elektrischen und magnetischen Feldvektoren um 9o°. Physikalisch
bedeutet dies, daß die Energie in der einen Periodenhälfte aus dem
Dipol heraus, in der nächsten Periodenhälfte wieder in den Dipol zu-
rückgeführt wird. Der Energiestrom ist deshalb in diesem Bereich watt-
los, wenn man den Strahlungsverlust vernachlässigt. Im Strahlungsgebiet, wo die Phasen beider Feldvektoren gleich sind, findet dagegen
eine Energieströmung nach außen hin statt. Man rechnet den Beginn des
Strahlungsgebietes etwa in einer Entfernung gleich der vierfachen
Wellenlänge.

Auf diese Weise hat Hertz das elektromagnetische Feld um einen schwingenden Dipol für verschiedene Phasen des im Dipol fließenden Stromes
berechnet. Die elektrischen Kraftlinien bilden sich aus, wenn die
Enden des Dipols auf Spannung kommen, während für die Ausbildung der

magnetischen Kraftlinien der Augenblick des größten Stromes, d.h. der
zusammenbrechenden Spannung maßgebend ist. Daher auch die Phasenverschiebung von 9o° im Nahfeld. Der Richtungssinn dieser Kraftlinien
kehrt sich entsprechend den mit der betreffenden Frequenz aufeinanderfolgenden Umladungen des Dipols um. Die abgeschnürten elektrischen
Kraftlinien sind in sich geschlossen. Sie stellen wie das magnetische
Feld ein Wirbelfeld dar. Die magnetische Feldstärke bildet Kreise in
Ebenen, die senkrecht zur Dipolachse stehen, wobei ihre Richtung sich
jeweils mit der Stromrichtung ändert. In der Äquatorialebene ist keine
radiale Komponente der elektrischen Feldstärke vorhanden. Die elektrischen Kraftlinien stehen senkrecht auf dieser Ebene. Bringt man in
diese Ebene eine dünne, unendlich gut leitende Fläche, so wird die
Ausbreitung in keiner Weise gestört, da die auf beiden Seiten als
Enden der Kraftlinien auftretenden Ladungen entgegengesetzt sind und
sich gegenseitig neutralisieren. Füllt man die untere Seite ganz mit
einem Leiter aus, so fällt dieser Teil des Feldes aus. Es treten dafür
an der Oberfläche Ladungen auf. Nimmt man eine unendlich gut leitende
Ebene an, so kann man heute im Funkverkehr benutzte Sendeantennen,
deren unterer Teil geerdet ist, ebenfalls als Dipol auffassen. Man
kann zeigen, daß die für den Dipol angeleiteten Gleichungen auch in
diesem Fall gelten, wenn man die Dipollänge als doppelte wirksame
Höhe der Antenne einsetzt. Abb. 1b zeigt das elektrische Feld einer
Antenne bei unendlicher Leitfähigkeit des Erdbodens.

3. Die ersten Jahre der drahtlosen Telegraphie

Nach der Entdeckung der elektromagnetischen Wellen durch Hertz begannen Überlegungen, diese Wellen für eine drahtlose Nachrichtenübermitt-
lung auszunutzen. Als erster unterbreitete ein Münchener Ingenieur
namens Huber Hertz einen entsprechenden Vorschlag, der aber kein Ge-
hör fand. Hertz hielt offenbar die damaligen Sende- und Empfangsein-
richtungen, die er im Labor benutzt hatte, noch für unzureichend für
diesen Zweck. Erst nach der Erfindung des Fritters (Branly, 1891) als
Empfänger und nachdem sich die von Popow für luftelektrische Messungen benutzte Antenne 1895 zur Verwendung in der drahtlosen Telegraphie
anbot konnte Marconi die Hertzsche Sende- und Empfangseinrichtung
soweit verbessern, daß er 1897 mit Unterstützung der englischen Post-
verwaltung zwischen Lavernock Point in der Nähe von Cardiff und der
5 km entfernten kleinen Insel Flatholm die erste Funkverbindung herstellen und die Reichweitenversuche bis auf 21 km steigern konnte.
Nachdem Braun 1898 die Kopplung zwischem dem offenen und geschlossenen
Schwingungskreis eingeführt hatte, stellte in diesem Jahr deutscherseits Zenneck, damals Assistent von Braun, erste Funkverbindungen von
Cuxhaven nach dem Feuerschiff Elbe und später nach Helgoland her.
Abb. 2 zeigt die Versuchsstation auf Helgoland. 19oo wurde von England die Großfunkstelle Poldhu, und von Deutschland die erste Funk-
telegraphenanlage zwischen Borkum und dem Feuerschiff Borkum-Riff für
den allgemeinen Verkehr in Betrieb genommen. 19o1 gelang Marconi erstmalig die Überbrückung des Atlantiks (Handwörterbuch, 197o).

Seit den ersten Empfangsversuchen interessierte man sich für die Größe
und das Verhalten der Empfangsfeldstärke. 19o2 veröffentlichte Marconi
den bei seinen Versuchen festgestellten "Tageslicht-Effekt", nämlich
die auftretende Lautstärkeabnahme von der Nacht zum Tag, und hatte so,
ohne es zu wissen, bereits die ionosphärische Tagesdämpfung bemerkt
(MARCONI, 19o2). Im Hinblick auf die zeitliche Veränderung der Feldstärken wiesen schon KENNELLY (19o2) und HEAVISIDE (19o2) auf den
möglichen Einfluß einer leitenden Schicht der Atmosphäre auf die Ra-

Abb. 2. Versuchsstation auf Helgoland. Von links nach rechts: Dr.
Koepsel, Prof. Braun, Prof. Zenneck (Aus KURYLO, F.: Ferdinand Braun.
München: Heinz Moos 1965)

diowellenausbreitung hin. Man war aber auch der Meinung, daß die Überwindung der Erdkrümmung durch eine Führung der Wellen an der Erdoberfläche zustande kam und daß nach den Beobachtungen die Reichweite
dieser Bodenwelle mit der Wellenlänge zunahm. Deshalb bewegte sich
damals die technische Entwicklung in dieser Richtung. So setzte sich
nach den von Hertz auf Dezimeterwellen durchgeführten Laborversuchen
die Entdeckungsgeschichte der Radiowellenausbreitung zunächst auf
Mittel-, Lang- und Längstwellen fort.

19o3 wurde die "Gesellschaft für drahtlose Telegraphie mbH System
Telefunken" gegründet. 19o6 begann diese in Nauen bei Berlin eine
Versuchsfunkstelle zu bauen. 19o7 eröffnete die erste Küstenfunkstelle
der deutschen Reichspost Norddeich den Funkverkehr mit Schiffen. In
den Jahren 1911 bis 1916 wurde aus der Versuchsfunkstelle Nauen eine
Betriebsfunkstelle, die mit der deutscherseits in Sayville bei New York
eingerichteten Gegenstelle und weiteren Gegenstellen in den damaligen
deutschen Kolonien den Verkehr aufnahm. Der Ausbau der Sendeanlagen
in Nauen und der neuen Empfangsstelle Geltow wurde weiter fortgesetzt.
1918 konnte die Großfunkstelle Nauen Funkverbindungen um den ganzen
Erdball herstellen. Die erste brauchbare Telephonieverständigung über
27o km (Esbjerg - Lindby) stellte Poulsen 19o7 mit dem Lichtbogensen-
der bei 12oo m Wellenlänge her, aber die eigentliche Zeit der Funk-
telephonie begann 1913 mit dem Röhrensender. 19o7 fand der erste Internationale Kongreß für drahtlose Telegraphie in Berlin statt. Letztere
war bei ihrer stürmischen Entwicklung zu einer neuen Spezialwissen-
schaft geworden. Um die weiteren Untersuchungen, insbesondere der
Radiowellenausbreitung auf weltweiter Grundlage leichter durchführen
und verbessern zu können, wurde 1913 die "Commission Internationale
de Télégraphie sans Fil Scientifique" mit Sitz in Brüssel gegründet,
die heutige URSI (Union Radio Scientifique Internationale).

4. Die systematischen Untersuchungen der Mittel-, Lang- und Längstwellenausbreitung

Schon Messungen von DUDDEL u. TAYLOR (1905) hatten ergeben, daß die Empfangsamplitude bei Ausbreitung über festen Boden rascher als umgekehrt proportional der Entfernung abnimmt. Umfangreichere und genauere Feldstärkemessungen wurden bald nach Inbetriebnahme der ersten drahtlosen Stationen von AUSTIN (1910 a, b, 1911, 1912, 1924, 1927, 1930) seit 1910 durchgeführt. Auf Grund des Beobachtungsmaterials, das Austin bei Messungen mit Schiffsstationen z.T. auf ausgedehnten Reisen mit Unterstützung der amerikanischen Marine gewonnen hatte und bei denen er u.a. auch die deutschen Stationen Nauen (12 500 m Wellenlänge) und Eilvese (9800 m), 1913 in Betrieb genommen, beobachtet hatte, stellte er eine halbempirische Formel für die Feldstärke auf, die aus drei Faktoren besteht. Der erste Faktor gibt die Feldstärke unter Annahme verlustloser Abstrahlung gemäß der Berechnung des Strahlungsvorgangs von Hertz an. Der zweite Faktor berücksichtigt empirisch die Kugelgestalt der Erde. Der dritte Faktor ist eine Exponentialfunktion, die empirisch die zusätzliche Dämpfung der Wellen angibt, wobei der Dämpfungsfaktor im Exponenten mit wachsender Entfernung zunimmt und mit wachsender Wellenlänge abnimmt. Eine ähnliche Formel wurde 1915 von FULLER (1915b, 1916) auf Grund von Feldstärkemessungen aufgestellt. In Italien haben VALLAURI (1920), in Frankreich GUIRRE (1920), in England ROUND, ECKERSLEY, TREMELLEN u. LUNNON (1925) weitere Beiträge zur Feldstärkebeobachtung geliefert. In Deutschland war es zuerst BÄUMLER (1924a, 1925a, 1926a, b) im 1919 gegründeten Telegraphentechnischen Reichsamt, der über längere Zeit die Feldstärken amerikanischer Großsender gemessen hat. Die Ergebnisse erschienen in den Jahren 1924 bis 1926. Auch eine gemeinsame Arbeit mit Zenneck (BÄUMLER u. ZENNECK, 1926) liegt vor, in der der Effekt der Küstenbrechung nach Versuchen in der Nähe von Cuxhaven beschrieben wird. Ferner führte Bäumler Strahlungsmessungen an einer über einen Talkessel am Herzogstand in den Alpen aufgehängten Längstwellenantenne als Vorarbeiten für eine Funkverbindung mit Japan durch.

Aus der großen Zahl der Beobachtungen schien hervorzugehen, daß die Ausbreitung von der Beschaffenheit des Erdbodens abhängt, insbesondere, daß sich große Trockenheit nachteilig, große Feuchtigkeit dagegen günstig auf den Ausbreitungsvorgang auswirkt. So fand man teilweise erhebliche Abweichungen von den Formeln von Austin und Fuller, insbesondere aber nachts. Einerseits schwankten hier die Feldstärken stark, andererseits lagen sie viel höher als die am Tage gemessenen und erreichten zuweilen eine Größe, wie man sie nach der Austinschen Formel ohne Berücksichtigung des Dämpfungsterms erhielt. Schon 1912 hatten KIEBITZ (1912) sowie ZENNECK u. RUKOP (1925, S. 317) beobachtet, daß bei einer Sonnenfinsternis die Stärke der Zeichen mit zunehmender Verfinsterung zunahm und bei zunehmender Helligkeit wieder abnahm. Ebenfalls schon 1911 (ZENNECK u. RUKOP, 1925, S. 315) wird berichtet, daß Polarlichter auf den Verkehr einer Station auf Spitzbergen und einer solchen bei Hammerfest einen bedeutenden Einfluß ausgeübt haben. ESPENSCHIED, ANDERSON u. BAILY (1925) studierten in England bei ihren Registrierungen eines Senders in der Nähe von New York eingehender die schon von Marconi 1911 beobachteten Sonnenauf- und -untergangsminima auf Lang- und Längstwellen. Auf Grund aller dieser Beobachtungen dachte man neben dem Einfluß des Erdbodens auf die Wellenausbreitung zusätzlich an die Einwirkung einer in der oberen Atmosphäre befindlichen leitenden Schicht. ZENNECK u. RUKOP (1925, S. 317) stellen in ihrem Buch "Die drahtlose Telegraphie" fest, daß die oberen Schichten der Atmosphäre möglicherweise etwa dasselbe Leitvermögen haben könnten wie der Erdboden und berichten über mögliche Erklärungen der beobach-

teten Erscheinungen auf der Grundlage von Absorption und Reflexion an
dieser Schicht. Schon 1919 machte WATSON (1918) den Versuch, den Koeffizienten im Exponenten der Austinschen Formel umgekehrt proportional
der Höhe einer solchen Schicht und proportional der Summe aus den Pro-
dukten der Leitfähigkeit und der Permeabilität des Erdbodens und der
leitenden Schicht zu setzen. Die Idee war die Annahme einer Führung
der Wellen zwischen der Erde und der leitenden Schicht. Ein Vergleich
von Messungen mit dieser Formel von Watson zeigte bessere Übereinstimmung als mit der Formel von Austin.

Über den Einfluß der elektrischen Konstanten des Erdbodens liegen seit
den ersten Feldstärkemessungen im Jahre 1905 zahlreiche Untersuchungen
vor (DUDDELL u. TAYLOR, 1905; REICH, 1913; AUSTIN, 1912; HARBICH, 1923;
BÄUMLER, 1924b, 1925b; BROWN u. GILLETT, 1924). Parallel mit den experimentellen Ergebnissen der Wellenausbreitung gingen theoretische
Studien zu ihrer Erklärung. Den Einfluß des Erdbodens auf eine ebene
Welle hatte ZENNECK (1907) berechnet. Als wichtigstes Ergebnis stellte
er eine Neigung der elektrischen Kraftlinien in Richtung der fortschreitenden Welle fest, die von der Leitfähigkeit abhängt. Die Neigung der Kraftlinien bedingt ein Eindringen der Energie in die Erde,
d.h. einen Verlust und eine Erhöhung der Phasengeschwindigkeit der
Welle, die beide mit dem Widerstand der Erde und mit abnehmender Wel
lenlänge zunehmen. Die Theorie von Zenneck war also in der Lage, die
damaligen Beobachtungsergebnisse bezüglich der Reichweiten als Funktion der Wellenlänge bis zu einem gewissen Grade zu erklären. Die in
den Jahren von 1909 bis 1926 durchgeführten Rechnungen von SOMMERFELD
(1909, 1911, 1926) ergaben das Vorhandensein von zwei Arten von Wellen, die er Raum- und Oberflächenwelle nennt. Unter Raumwelle versteht
er den Anteil der Strahlung, der in größerem Abstand vom Erdboden
nicht mehr von den Bodenkonstanten abhängt. Beide Arten sind stets
gemeinsam vorhanden und physikalisch nicht zu trennen. Ferner stellt
er fest, daß der Charakter der Wellen und ihre Reichweite durch eine
"numerische" Entfernung beschrieben werden kann, in die die Material-
konstanten (Leitfähigkeit und Dielektrizitätskonstante) von Luft und
vom Erdboden eingehen. Bei gleicher absoluter Entfernung wächst die
numerische Entfernung mit abnehmender Wellenlänge und Leitfähigkeit
des Bodens. Bei großer Leitfähigkeit, z.B. Seewasser, überwiegt weitgehend die Raumwelle, so daß es berechtigt ist, in den empirischen
Ausbreitungsformeln die Feldstärke umgekehrt proportional der Entfernung zu setzen.

Weitere Fortschritte in den theoretischen Arbeiten hat die Einbezie-
hung der Überwindung der Erdkrümmung gebracht. Nachdem sich heraus-
gestellt hatte, daß die in der drahtlosen Telegraphie benutzten Wellen weit in den Schatten - den Sender als Lichtquelle gedacht - eindringen, beschäftigten sich in den Jahren 1903 bis 1919 zahlreiche
Forscher mit diesem Beugungsproblem. Man kam zuerst zu voneinander
abweichenden Resultaten. 1918 und 1919 erzielten WATSON (1918), LA-
PORTE (1918) und VAN DER POL (1919, 1920) eine einheitliche Theorie.
VAN DER POL u. BREMMER (1937) griffen dieses Problem wieder auf, um
insbesondere bei der Ultrakurzwellenausbreitung aufgetretene Streit-
fragen zu klären. Ähnlichkeit besteht insbesondere zu den Lichter-
scheinungen, die zum Regenbogen führen. Das Verhältnis des Erdumfan-
ges zur mittleren Wellenlänge der Radiowellen ist von derselben Größenordnung wie das Verhältnis des Umfanges der Regentropfen zur Wellenlänge des sichtbaren Lichtes. In beiden Fällen wird nur ein Teil der
Strahlung um die Kugel gebeugt. Beim Regenbogen entstehen aus einem
einfallenden Lichtstrahl infolge der Reflexionen an der Innenseite
der Oberfläche des Wassertropfens verschiedene Strahlen. Bei der Erde
spielen die eindringenden Strahlen, da sie stark absorbiert werden,
keine Rolle für das Feld am Empfangsort. Neben der direkten hat man

es hier nur mit am Erdboden reflektierter Strahlung zu tun. Unter
diesen Gesichtspunkten entstanden die berühmten Feldstärkekurven der
Bodenwellenausbreitung von van der Pol und Bremmer, die heute noch
nach einer Empfehlung des Comité Consultatif International des Radiocommunications (CCIR) benutzt werden, das 1927 von der Internationalen
Fernmeldeunion gegründet war.

5. Die Entdeckung der Kurzwellenausbreitung über die Kennelly-Heaviside-Schicht (K.H.S.)

Das Vorhandensein einer leitenden Schicht in etwa 1oo km Höhe hatten
bereits STEWART (1878) und SCHUSTER (19o7) aus den tagesperiodischen
Variationen des Erdmagnetismus geschlossen. In der Geschichte der
Radiowellenausbreitung wiesen als erste 19o2 Kennelly und Heaviside
auf den Einfluß einer leitenden Schicht der Atmosphäre hin. Man dachte
auch schon sehr früh an die Wellen- und Korpuskularstrahlung der Sonne
als Ursache dieser ionisierten Schicht. Der ultraviolette Teil des
Spektrums bewirkte bei Tage eine Ionisation höherer Luftschichten, die
teilweise auch bei Nacht bestehen bleibt (ECCLES, 1912; FLEMING, 1915;
LASSEN, 1926). Auch die von der Sonne emittierten Korpuskularstrahlen
können zur Ionisation beitragen (FLEMING, 1915; SWANN, 1919). Auch an
die ionisierende Wirkung der aus dem Weltraum kommenden Höhenstrahlung
wurde gedacht (KOHLHÖRSTER, 1926). Eccles legte schon 1912 seinen Überlegungen genauere Angaben über den ionisierten Zustand der oberen Atmosphäre zugrunde. Er stellte bei seinen theoretischen Studien fest,
daß durch das Vorhandensein von Ionen die Dielektrizitätskonstante
und damit auch der Brechungsindex verringert, die Fortpflanzungsgeschwindigkeit also vergrößert wird. Bei zunehmender Ionendichte mit
wachsender Höhe tritt dann eine Krümmung der optisch betrachteten
Wellenstrahlen zur Erde hin ein, die bei langen Wellen stärker ist
als bei kürzeren. Auch hat schon Eccles die Vermutung ausgesprochen,
daß sich unter der permanenten höheren Schicht, deren Maximum bei
etwa 1oo km angenommen wurde, eine zweite befindet, die nur am Tage
vorhanden ist und die eine Absorption hervorruft, wodurch die niedri-
geren Feldstärken am Tage zu erklären sind.

Über die nächtlichen Schwunderscheinungen (fadings), die sich dadurch
auszeichneten, daß die Feldstärke innerhalb weniger Minuten, manchmal
sogar innerhalb einiger Sekunden Schwankungen zwischen den höchsten
Werten bis zu unmeßbar kleinen erleidet, liegen zahlreiche Beobachtungen in Abhängigkeit von der Wellenlänge, Entfernung und auch meteorologischen Faktoren vor. Die Ursache wurde von einigen Forschern in
einer schwankenden Absorption oder anderen Änderungen der K.H.S. sowie in meteorologischen Einflüssen gesehen. Es können auch Interferen-
zen auftreten, wobei die interferierenden Wellen an der K.H.S. reflektiert werden (DE FOREST, 1912; FULLER, 1915a; DELLINGER, WHITTEMORE
u. KRUSE, 1924; KIEBITZ, 1923; BÄUMLER, 1924a, 1925, 1926a, b; APPLE-
TON u. BARNETT, 1925a, b; ROUND u. Mitarb., 1925). Eine andere Erklärung der Schwunderscheinungen beruht auf Änderungen des Polarisations-
zustandes (ECKERSLEY, 1921; SMITH-ROSE, 1925). Man stellte fest, daß
bei Tage der elekrische Vektor meistens senkrecht auf den Erdboden
steht (AUSTIN, 1921; ROUND u. Mitarb., 1925), daß bei Nacht dagegen
bei Wellen unter 3oo m die horizontale Komponente merklich wird. Daß
diese elliptische Polarisation durch den Einfluß des erdmagnetischen
Feldes auf die durch das Wechselfeld der Welle erzeugten Schwingungen
der Elektronen in der K.H.S. entsteht, haben 1925 anscheinend zuerst
Appleton und Barnett geäußert. Die Elektronen schwingen nicht mehr
linear, sondern in Ellipsen und Kreisen im Magnetfeld, wodurch der

Polarisationszustand der Welle entsprechend verändert wird. Infolge
dauernd vorhandener geringer Ionisationsschwankungen ändert sich das
Achsenverhältnis der Ellipse ständig, was sich als Polarisations-
schwund äußert. NICHOLS u. SCHELLENG (1925) wiesen darauf hin, daß
für die Resonanzwellenlänge der Elektronen von etwa 213 m die Amplituden unendlich groß werden müßten, was wegen der größeren Zahl der
Zusammenstöße mit neutralen Teilchen eine erhöhte Absorption zur Folge
hätte. Sie führten hierauf die geringere Reichweite der Wellen von
einigen hundert Metern Länge zurück. Ist die Fortpflanzungsrichtung
senkrecht zum Magnetfeld, d.h. west-östlich, entstehen zwei linear
polarisierte Wellen. Der Richtempfang ist dem Einfluß des Polarisa-
tionszustandes unterworfen. Bei elliptisch polarisierten Wellen ist
mit der Rahmenantenne ein Richtempfang durch Einstellung eines scharfen Empfangsminimums nicht mehr möglich. Die Fehlweisungen wurden
besonders bei Sonnenauf- und -untergang beobachtet (HOLLINGWORTH,
1921; ECKERSLEY, 1921; SMITH-ROSE, 1924; AUSTIN, 1925; SMITH-ROSE,
1926; BÄUMLER, 1926a).

Das Interesse an diesen überwiegend theoretischen Studien wurde besonders auch dadurch angeregt, daß es Anfang der zwanziger Jahre den
Funkamateuren mit den ihnen auf der Londoner Radiokonferenz 1912 zu-
gewiesenen "kurzen" Wellen unter 3oo m überraschenderweise gelang,
viel größere Entfernungen zu überbrücken, als man ursprünglich angenommen hatte. Nachdem 1918 die Elektronenröhre ihren Siegenzug ange-
treten hatte, konnten amerikanische Amateure den amerikanischen Kontinent von der Ost- zur Westküste bis zu einer Entfernung von 5ooo km
überbrücken, was früher nur im Relaisverkehr möglich war. Ein amerikanischer Amateur, der zu diesem Zweck 1921 nach Europa gekommen war,
konnte mit seiner neuesten Empfangseinrichtung amerikanische Amateur-
sender in Europa aufnehmen. Diese Versuche gaben Veranlassung, immer
kürzere Wellen unter 1oo m zu verwenden. 1923 gelang der erste Wechselverkehr über längere Zeit zwischen Frankreich und USA, und kurz
darauf zwischen England und USA. 1924 konnten amerikanische Amateure
schon im Wechselverkehr mit Argentinien und Neuseeland arbeiten. In
Deutschland konnte man sich an diesen Reichweitenrekorden nicht beteiligen, da die Amateurtätigkeit erst sehr viel später genehmigt wurde.

Diese neue Erscheinung wurde nunmehr eingehender studiert (MARCONI,
1924; BUREAU, 1925; APPLETON, 1926; TAYLOR, 1926). Man fand, daß nur
bei Wellen bis hinunter zu 75 m die Feldstärke am Tage kleiner ist als
nachts. Bei kürzeren Wellen nehmen die Tageswerte zu, während im Bereich 3o m bis 1o m nachts wesentlich niedrigere Feldstärken gefunden
wurden. RUKOP (1926a) kommt im wesentlichen zu denselben Ergebnissen.
Bei 18 m Überseeverbindungen beobachtete er am Tage guten Empfang;
nachts war manchmal nichts, manchmal die normale Lautstärke zu hören.

Systematische Untersuchungen aus den Jahren 1925 und 1926 von REINARTZ
(1925), TAYLOR (1925) und HULBURT (1926) sowie HEISING, SCHELLENG u.
SOUTHWORTH (1926) erbrachten des Rätsels Lösung, indem sie bei den
kurzen Wellen im Gegensatz zu den früheren Langwellen sog. "tote"
Zonen feststellten. Es ergab sich, daß im Wellenbereich 15 km bis
45 m bei bestimmten Entfernungen die Feldstärke auf verschwindend
kleine Werte absinkt und von einer gewissen größeren Entfernung ab
wieder große Werte annimmt. Während der innere Rand der toten Zonen
ziemlich unscharf und daher nur ungenau anzugeben ist, ist die Entfernung des äußeren Randes der toten Zone vom Sender, die als Sprungentfernung (skip-distance) bezeichnet wurde, wegen des fast sprung-
haften Anwachsens der Feldstärke verhältnismäßig genau zu bestimmen.
Der innere Rand ist gegeben durch das Abklingen der Bodenwelle. Der
äußere Rand hängt mit der Zurückbrechung der Wellenstrahlen in der
K.H.S. als Funktion der Wellenlänge zusammen. Bei der Wellenlänge von

15 m konnte z.B. das Ende der toten Zone nicht mehr ermittelt werden,
da die K.H.S. die Strahlen nicht mehr zur Erde zurückkrümmt. Die tote
Zone war "unendlich".

1926 erschienen die ersten theoretischen Arbeiten von TAYLOR u. HUL-
BURT (1926), BAKER u. RICE (1926a, b) sowie LASSEN (1926), die sich
mit der Zurückbrechung der Wellenstrahlen in einer ionisierten Schicht
befassen. Sie machen bestimmte Annahmen über die mit der Höhe bis zu
einem Maximum zunehmenden Elektronendichte und rechnen auf der Basis
der Dispersionsformel von Eccles den Strahlenverlauf aus. Dabei ergab
sich, daß die unter verschiedenen Einfallswinkeln in die Schicht eindringenden Strahlen erst von einem bestimmten Wert des Einfallswinkels,
der vom Ionisationsgrad abhängt, in der Schicht so stark gebrochen
werden, daß sie wieder zur Erde zurückkehren. Die experimentell ge-
fundene Sprungentfernung entsprach jeweils dieser kleinsten möglichen
Entfernung. Diese berechnete Minimalentfernung nimmt - in Übereinstimmung mit den Versuchen - mit abnehmender Wellenlänge zu. Die Rechnungen von Baker und Rice ergaben auch bereits, daß theoretisch zu einer
bestimmten Entfernung zwei Strahlen gehören, die als "low angle ray"
und "high angle ray" bezeichnet wurden. Aus Dämpfungsgründen wurden
beide jedoch nie in der Nähe der Grenzfrequenzen beobachtet, die den
äußeren Rand der toten Zone bestimmen. So waren schon eine ganze Reihe
von Eigenschaften der K.H.S., an deren Existenz niemand mehr zweifelte,
bekannt, als der eigentliche experimentelle Nachweis Mitte und Ende
der zwanziger Jahre gelang. Der Überseeverkehr, den die Transradio-
Gesellschaft im Auftrag der Deutschen Reichspost bisher auf den längeren Wellen durchgeführt hatte, arbeitete seit 1926 auch auf Kurzwelle im Bereich von etwa 15 bis 5o m. Seit dieser Zeit wurden von
MÖGEL (1934) regelmäßige Feldstärkebeobachtungen durchgeführt und die
Zusammenhänge des Kurzwellenempfanges mit der Sonnentätigkeit (MÖGEL,
1932a) und erdmagnetischen Störungen (MÖGEL, 193o, 1932b) studiert.

<u>6. Der experimentelle Nachweis der Kennelly-Heaviside-Schicht (K.H.S.)</u>

1925 zeigten APPLETON u. BARNETT (1925c) durch Phasenmessung der
Strahlung an zwei in Strahlungsrichtung entfernten Vertikalantennen,
daß tatsächlich am Empfangsort ein Teil der Wellen, nämlich die reflektierten Raumwellen, schräg von oben einfällt. Aus dem so gemessenen Einfallswinkel und der Entfernung Sender - Empfänger fanden sie
als reflektierende Höhe etwa 9o km für eine Wellenlänge von 3oo bis
4oo m. Sie entwickelten eine Methode, die eine exaktere Höhenmessung
gestattete. Es ist dies das Verfahren der Frequenzänderung, das heute
als Prinzip des "Chirp Sounders" wieder benutzt wird. Wird die Senderfrequenz in einer gewissen Zeit gleichmäßig um einen kleinen Betrag
geändert, ändert sich der Gangunterschied der Boden- und Raumwelle
am Empfangsort, und es kommt eine bestimmte Zahl von Maxima und Minima
zur Beobachtung. Für annähernd senkrechte Inzidenz (Sender und Empfänger unmittelbar benachbart) erhält man für Wellen, die nicht allzu
tief in die Schicht eindringen, die Zeitdifferenz der beiden Strahlen,
wenn man die Zahl der beobachteten Maxima durch die Frequenzänderung
dividiert. Für Wellenlängen zwischen 385 und 395 m ergab sich die
Höhe der reflektierenden Schicht zu 8o bis 9o km.

Ein anderes, von BREIT u. TUVE (1926) angegebenes Verfahren, das heute
noch überwiegend angewandt wird, entsprach der akustischen Echolotung
in der Navigation und ist später als Radarprinzip bekannt geworden.
Zur Bestimmung von Meerestiefen mißt man mit einem kurzen Schallimpuls
die Zeit, die dieser benötigt, um nach Reflexionen am Meeresboden wie-

der die Wasseroberfläche zu erreichen. Dasselbe Verfahren, auf elektromagnetische Signale übertragen, wurde von Breit und Tuve zur Höhenmessung der K.H.S. erstmals benutzt. Die aus der Laufzeit mit der
Lichtgeschwindigkeit errechneten Höhen sind "scheinbare" Höhen. Die
"wahre" Höhe muß aus der Signalgeschwindigkeit, die in einem ionisierten Medium mit einem Brechungsindex kleiner als eins annähernd der
sich kleiner als die Lichtgeschwindigkeit ergebenden Gruppengeschwindigkeit entspricht, bestimmt werden.

Das elektromagnetische Echolotungsverfahren arbeitet auf folgende
Weise: Ein Sender wird hundertprozentig mit sehr kurzen Impulsen moduliert, die wegen der auftretenden Laufzeiten mindestens gleich oder
kleiner als eine zehntel Millisekunde sein müssen. Man arbeitet bei
senkrechter Inzidenz, d.h. Sender und Empfänger sind unmittelbar benachbart aufgestellt. Es handelt sich hierbei um ein für die heutige
Technik einfaches Verfahren, dessen Durchführung aber für die damalige
Zeit schwierig war. Breit und Tuve benutzten für die Aufzeichnung des
direkten Signals ("Bodenwelle") und der Echos einen technischen Oszillographen, der aber wegen seiner Trägheit Nachteile hatte. Durch eine
Spaltblende ließ sich die Oszillographenaufzeichnung punktweise kontinuierlich zu einer Meßreihe zusammensetzen. RUKOP (1926b) benutzte
eine Bildtelegraphieanordnung zur Messung der K.H.S. Sendet man quer
zur Zeilenrichtung eine liegende Linie, so ergibt ein Empfang ohne
Echos nur diese Linie. Bei mehrfachen Reflexionen an der K.H.S. treten aber mehrere Linien auf. Diese Methode wurde für senkrechte Reflexion mit hoher Auflösung weiterentwickelt, wobei zur Aufzeichnung
eine umlaufende Glimmlampe mit umlaufender Optik benutzt wurde (RUKOP
u. WOLF, 1932). Der Gedanke einer automatischen Registrierung findet
sich gleichzeitig bei GILLILAND u. KENRICK (1932).

Die Braunsche Röhre wurde für die Echolotung zum erstenmal mit Erfolg
von GOUBAU u. ZENNECK (1931) eingesetzt, als von ihnen im Jahre 1930
in Deutschland die erste Echolotungsstation am Herzogstand bei Kochel
eingerichtet wurde. Um ein stehendes Bild zu erzeugen, was wegen der
geringen Lichtstärke der damaligen Röhren besonders wichtig war, wurde
die Empfangsanordnung mit der Impulsfolgefrequenz des Senders synchronisiert. Der Kathodenstrahl wurde durch ein magnetisches Drehfeld mit
der Frequenz von 500 Hz kreisförmig abgelenkt. Die Impulsablenkung
erfolgte in radialer Richtung und wiederholte sich dann 500mal in der
Sekunde an derselben Stelle. Dabei war die Lichtstärke für photographische Aufnahmen ausreichend. Der Abstand der Echos vom Primärsignal,
die als Zacken in radialer Richtung hervortraten, ergab die Laufzeiten
und dadurch die Höhen. Etwa die gleiche Methode verwendeten 1932 APPLEton u. BUILDER (1932) sowie SCHAFER u. GOODALL (1932).

1933 haben GOUBAU u. ZENNECK (1933) ihre Methode verbessert durch Einführung einer horizontalen Zeitablenkung, um eine kontinuierliche Registrierung zu ermöglichen. Bei dieser später allgemein üblichen Methode wurden die vom Empfänger aufgenommenen Impulse auf das senkrechte Plattenpaar einer Braunschen Röhre gegeben, während an den
horizontalen Platten eine mit der Impulsfrequenz des Senders synchronisierte Kippfrequenz liegt. Bei bekannter Ablenkfrequenz kann man
auch hier aus dem auf der Braunschen Röhre gemessenen Abstand zwischen
Bodensignal und Echozeichen auf Laufzeitdifferenzen und damit auf Reflexionshöhen schließen. Werden durch Blenden die Amplitudenspitzen
abgedeckt oder wird, wie es heute geschieht, die Echoamplitude zur
Hell-Dunkel-Steuerung auf den Wehneltzylinder der Braunschen Röhre
gegeben, besteht das photographische Bild aus einer unterbrochenen
Linie, und es kann auf einem senkrecht dazu vorbeigezogenen Film aufgezeichnet werden. Das Bodensignal erkennt man auf dem Film als eine
gerade durchgehende Linie in der Ablaufrichtung des Films. Die darüber

befindlichen Kurven zeigen den Höhenverlauf der Echos an, den man anhand der eingeblendeten Höhen und Zeitmarken auswerten kann.

Bei der Echolotung der K.H.S. werden prinzipiell zwei Verfahren angewandt. Bei dem einen wird die Senderfrequenz konstant gehalten. Die Veränderung der hierbei sichtbar werdenden Reflexionshöhen ist durch die zeitliche Variation des Ionisationszustandes bedingt. Später führte man noch ein anderes Verfahren ein, bei dem in kurzer Zeit die Frequenz innerhalb eines größeren Intervalls, beispielsweise 1 bis 1o MHz, geändert wird. So wurde es möglich, bei zeitlich konstantem Ionisationszustand den ionisierten Teil der Atmosphäre in seinem ganzen Höhenbereich abzutasten. Auf diese Weise kann man sich zu gegebenen Zeiten ein Bild ihres Aufbaus machen und insbesondere laufend die Grenzfrequenz registrieren. Derartige Messungen mit laufend veränderlicher Frequenz wurden zuerst 1931 von APPLETON (1931) und 1934 von GILLILAND (1933, 1934) durchgeführt.

Als erstes wichtiges Ergebnis der Echolotungsmethode wurde von APPLETON (1927) die Existenz zweier Schichten festgestellt. Er hatte gefunden, daß stundenlang Reflexionen in etwa 1oo km Höhe und zwischen 25o bis 4oo km Höhe zu sehen waren, während Werte zwischen 12o und 22o km völlig fehlten. Appleton bezeichnete die obere Schicht als F-Region, die untere als E-Region. Gleiche Ergebnisse fanden 1927 bald nach Appleton und Breit auch Tuve und Dahl. Man war sich klar darüber, daß nach den schon früher gefundenen Grenzwellengesetzen eine höhere Schicht nur feststellbar war, wenn sie eine größere Ladungsträgerdichte hatte als die darunterliegende. Die ebenfalls schon früher vorhergesagte Doppelbrechung wurde 1931 von APPLETON u. BUILDER (1932) durch die Echolotung nachgewiesen. Da die Aufspaltung der Reflexion damals bei den Registrierungen mit fester Frequenz bei Sonnenaufgang bzw. Sonnenuntergang beobachtet wurden, hatte man diese Erscheinung zunächst als Sonnenauf- und -untergangsphänomen bezeichnet. APPLETON (1927) hatte sich eingehend mit der komplizierten Theorie des Brechungsindex eines ionisierten Mediums unter der Einwirkung eines Magnetfeldes und bei Berücksichtigung des Einflusses der Zusammenstöße geladener Teilchen mit neutralen Gasmolekülen beschäftigt. Sie wird deshalb meistens mit seinem Namen verbunden, hat aber eine ganze Anzahl von Wissenschaftlern zu theoretischen Betrachtungen veranlaßt. HARTREE (1931) hat vorgeschlagen, auch den Lorentz-Polarisationsterm in die Betrachtungen einzubeziehen. Es zeigte sich jedoch, daß dieses nicht gerechtfertigt ist. Während bisher nur die Elektronen berücksichtigt waren, hat GOUBAU (1935) als erster den Einfluß schwerer Ionen behandelt. Beobachtungen von Goubau und Zenneck zeigten, daß die E-Schicht im Prinzip bei langen Wellen ($\lambda > 5$oo m) immer reflexionsfähig ist. Daß die Reflexionen am hellen Tage verschwinden und erst gegen Sonnenuntergang wieder auftreten, wurde richtig in der Weise gedeutet, daß es sich hier um eine systematische Absorptionserscheinung in einer nur am Tage sich bildenden Schicht unterhalb der E-Schicht handelt, die in vielen Beobachtungsreihen wiederkehrt und, wie schon früher ausgeführt, von prinzipieller Bedeutung für die Radiowellenausbreitung ist. Diesen Schluß zog bereits APPLETON (1927), als er festgestellt hatte, daß bei mittlerer Helligkeit im Frühjahr, Herbst und Winter und auch nachts im Sommer immer Mehrfachreflexionen auftreten, während sie bei großer Helligkeit, vor allem im Sommer bei Tage, ausbleiben. Es mußte sich bei der Schicht, die selbst nicht reflektiert, aber diese Absorption hervorruft, um einen Ausläufer der unteren E-Schicht nach unten hin handeln. Jedenfalls ist diese Absorption die tiefere Ursache für die enorme Schwankung der Feldstärke unterhalb der Grenzwellen für Funkverbindungen bei mittleren Wellen vom Tag zur Nacht und vom Sommer zum Winter, ferner für die bessere Übertragung bei kürzeren Wellen als bei mittleren Wellen.

Die Grenzwellen der *E*-Schicht und ihre Abhängigkeit vom Sonnenstand
gaben APPLETON u. NAISMITH (1932) an unter Benutzung des von ihnen
entwickelten Verfahrens der kontinuierlichen Frequenzvariation. Dabei
beobachteten sie, daß bei Erreichen der Grenzwelle der *E*-Schicht die
Reflexion zur höheren *F*-Schicht springt, wobei die scheinbare Reflexionshöhe größer ist als bei etwas kürzerer Welle. Dieses wird richtig
durch die geringere Gruppengeschwindigkeit des Signals in der *E*-Schicht
sehr nahe der Grenzwelle erklärt. Als Reflexionshöhen der *E*-Schicht
werden als normal 9o bis 13o km angegeben. Goubau und Zenneck fanden
bei langen Wellen etwa 9o km, bei kurzen kaum weniger als 11o km. Bei
Dunkelheit oder Annäherung an die Grenzwelle beobachtete man ein Ansteigen der Schichthöhen.

Die obere Schicht war bis 1932 noch nicht in kontinuierlicher Meßreihe
auf ihre Grenzwellen hin untersucht. Bei Festfrequenzaufnahmen interessierte man sich für den nächtlichen Ausfall der Reflexion infolge
Erreichens der Grenzwellenlänge (RUKOP, 1933; RUKOP u. WOLF, 1932).

Gilliland und Kenrick haben 1931 die bemerkenswerte Tatsache gefunden,
daß die Ladungsträgerdichte der *F*-Schicht im Sommer erst gegen Abend
zwischen 18.oo und 2o.oo h MEZ ihr Maximum erreicht. Paul beobachtete
1933 (RUKOP, 1933) bei Festfrequenzregistrierungen regelmäßig um etwa
18.oo h MEZ ein Aufgangsphänomen, d.h. es traten Reflexionen mit Doppelbrechung und herabsinkender Höhe auf. Das Untergangsphänomen trat
dann regelmäßig auf gegen 23.oo bis 24.oo h MEZ. Es wird die Hypothese
erwähnt, die ursprünglich von VEGARD (1923) und später von STÖRMER
(1931) im Zusammenhang mit Nordlichtern ausgesprochen wurde, daß nämlich die obere Atmosphäre, die sich tagsüber ausgedehnt hatte, abends
wieder kontrahierte. Appleton vertrat 1935 die Ansicht, daß eine Konzentration der Ladungen die zwangsläufige Folge hiervon wäre, die das
Abendmaximum hervorrufen könnte.

Aus gleichzeitigen Festfrequenzregistrierungen auf verschiedenen Frequenzen versuchte man zuerst, Angaben über die höchsten und niedrig-
sten Grenzwellen der *F*-Schicht zu gewinnen (RUKOP, 1933), solange man
noch nicht über das Verfahren der kontinuierlichen Frequenzänderung
(Durchdrehverfahren) verfügte. Aus diesen Daten ergab sich eine normale
Konzentrationsschwankung mit der Tages- und Jahreszeit von schätzungs-
weise 15:1. Die normalen Höhen der oberen Schicht werden praktisch
übereinstimmend angegeben. Die untere Reflexionsgrenze liegt für kurze
Wellen bei 22o km. Bei geringerer Konzentration oder in der Nähe der
Grenzwelle steigen die gemessenen Höhen auf Werte zwischen 5oo und
7oo km an. Diese experimentellen Ergebnisse in Verbindung mit den
theoretischen Berechnungen des Strahlenverlaufs bei der Radiowellenübertragung (FÖRSTERLING u. LASSEN, 1931) konnten weitgehend die Erklärung für das beobachtete Verhalten der Radiowellenausbreitung auf
Kurzwellen liefern. Für die transozeanische Übertragung wird die
flachste Abstrahlung tangential für am günstigsten gehalten, und zwar
wegen des kürzeren Strahlenweges und der selteneren Reflexionsverluste.
Andererseits kann dann für jede Schichtkonzentration die jeweils kür-
zeste und reflexionsfähige Welle verwendet werden. Hieraus ergeben
sich wechselnde Grenzwellen, und zwar nachts die längsten, bei Dämme-
rung kürzere und am Tage die kürzesten in Übereinstimmung von Theorie
und Praxis. Erstmalig für das Jahr 1927 veröffentlichten QUÄCK u.
MÖGEL (1928) den Feldstärkeverkauf im Monatsmittel für die von der
Transradio-Gesellschaft betriebenen Strecken. Die Diagramme zeigen
auch die Vorzugszeiten für das im Betrieb beobachtete Auftreten von
Mehrfachzeichen um die Erde, wobei Unterschiede für die beiden entgegengesetzten Großkreisrichtungen (direkte und indirekte Mehrfach-
echos genannt) vorliegen. 193o beobachtete MÖGEL (193o) das interessante Parallelgehen der Störungen des Kurzwellenverkehrs mit der

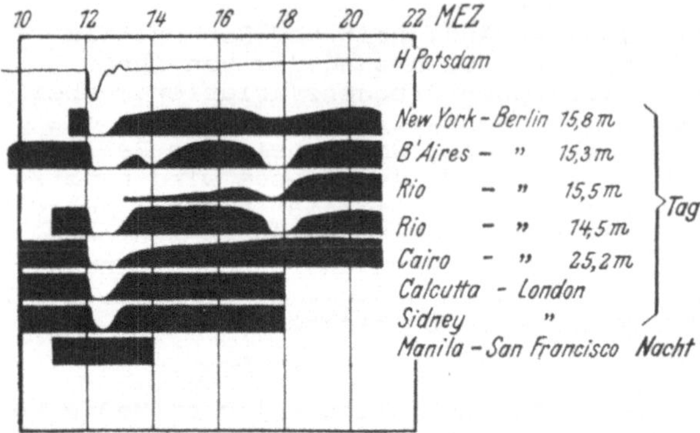

Abb. 3. Kurzstörung vom 1o. Oktober 1928. Verlauf der *H*-Komponente des erdmagnetischen Feldes in Potsdam und der Empfangsamplitude verschiedener Funklinien (Aus MÖGEL, 1932)

erdmagnetischen Aktivität (de Bilt-Zahlen). Dabei hatte er auch den sogenannten Kurzschwund in der Funkausbreitung und seine Beziehung zur Sonnenaktivität erkannt. Abb. 3 zeigt ein Beispiel für die von Mögel festgestellten Kurzstörungen vom 1o. Oktober 1928 im Vergleich zum Verlauf der erdmagnetischen Registrierung in Potsdam. Es ist das Verdienst von DELLINGER (1935, 1936, 1937), durch eingehende Untersuchungen in den Jahren 1935-1937 die Gesetzmäßigkeiten dieses Kurzschwundes und seine Ursache aufgedeckt zu haben. Heute ist er als Mögel-Dellinger-Effekt oder Sudden Ionospheric Disturbance (SID) bekannt. Um Funkausfälle zu vermeiden, teilt Mögel 1932 mit, daß seit dem Überschreiten des Sonnenfleckenmaximums im Jahre 1928 alle Grenzwellen sich nach längeren Wellen hin verschieben. Hier liegt eine Parallele zu der abnehmenden Sonnenaktivität. Nach der Übernahme von Transradio durch die Deutsche Reichspost im Jahre 1932 wurde die Feldstärkemessung laufend fortgesetzt (MÖGEL,1934).

7. Ionosphärenbeobachtungen im Internationalen Polarjahr 1932/33

Wie die Entwicklung der Echolotung gezeigt hat, diente die K.H.S. nicht nur als Reflektor für den Funkverkehr, sondern sie wurde auch gleichzeitig mit Hilfe der elektromagnetischen Wellen untersucht, da man aus den Grenzwellen auf die Ladungsträgerdichte schließen konnten und ihre Verteilung mit der Höhe sowie ihre zeitlichen Änderungen studieren konnte. Da sich ferner zeigte, daß die Störungen der Ionosphäre - diese Bezeichnung wurde für die K.H.S. 1933 von WATSON WATT (1933) eingeführt - eng mit der Sonnenaktivität verbunden sind, ebenso auch der Einsatz der günstigen Übertragungsfrequenzen, entwickelte sich eine enge Zusammenarbeit zwischen Nachrichtentechnikern, Geophysikern und Astronomen. Der Zeitpunkt für eine Vertiefung dieser Zusammenarbeit erschien besonders günstig, da für die Zeit vom August 1932 bis August 1933 seitens der Geophysik das 2. Internationale Polarjahr vorgesehen war. Zahlreiche Länder haben aus diesem Anlaß wissenschaftliche Expeditionen in die Polargegenden entsandt mit der Aufgabe, geophysikalische Beobachtungen aller Art an verabredeten Tagen durchzuführen. So beteiligte sich auch die 1924 gegründete Heinrich-Hertz-Gesellschaft zur Förderung des Funkwesens unter Leitung von Wagner und Leithäuser mit einer funkwissenschaftlichen Expedition nach Tromsö in Norwegen. Zu Beginn des Internationalen Polarjahres trafen sich erstmals in Deutschland, in Bad Nauheim, auf einer gemeinsamen Tagung der Heinrich-Hertz-Gesellschaft und der Gesellschaft für technische Physik, Funkwissenschaftler und Geophysiker. Erstere berichteten über die bisherigen Ergebnisse der Echolotung mit elektromagnetischen Wellen (RUKOP, 1933), von den letzteren gaben BARTELS (1933) einen Überblick über die Physik der hohen Atmosphäre und STÖRMER (1933) über die wichtigsten Ergebnisse der Nordlichtforschung.

Die Untersuchung der Vorgänge in der Ionosphäre, die in Verbindung mit Nordlichtern und erdmagnetischen Störungen auftraten, war das Ziel der Expedition. Das hierfür notwendige Programm umfaßte die Anwendung des Verfahrens der Echolotung, die Registrierung der Feldstärken und der Peilschwankungen europäischer Rundfunksender sowie die photoelektrische Messung und Registrierung der Nordlichthelligkeit. Die für die Ausrüstung der Expedition notwendigen Versuchsgeräte wurden 1932 von den für die Expedition ausersehenen Wissenschaftlern Kreielsheimer (HOLLMANN u. KREIELSHEIMER, 1933) und Stoffregen in der von Leithäuser geleiteten Abteilung für Hochfrequenztechnik des Heinrich-Hertz-Instituts entwickelt und gebaut. Da sich die Lieferung und Erprobung verschiedener Zubehörteile bis in den Spätherbst verzögerte, konnte die Expedition erst im Dezember 1932 ausreisen; dafür wurden, da es erforderlich war, eine vollständige Beobachtungsreihe auch über eine ganze Winterperiode zu besitzen, die Beobachtungen über das Internationale Polarjahr 1932/33 hinaus bis in das Jahr 1934 fortgesetzt.

Erste Ergebnisse der Expedition wurden von Wagner in einem Sitzungsbericht der Preußischen Akademie der Wissenschaften Ende 1933 mitgeteilt (WAGNER, 1933). Eine zusammenfassende, nach Rückkehr der Expedition durchgeführte Auswertung der Expeditionsergebnisse wurde von WAGNER (1934) und von WAGNER u. FRÄNZ (1935) in der Zeitschrift "Elektrische Nachrichtentechnik" (ENT) sowie von FRÄNZ (1936) in seiner Dissertation "Über die funktechnische Expedition der Gesellschaft zur Förderung des Funkwesens und deren Ergebnisse", Univ. Berlin 1936, gegeben. Im April 1934 trat Fränz an die Stelle von Kreielsheimer und betreute die Expedition bis zur Rückkehr im Herbst 1934. Über Apparate und Registrierverfahren der Expedition berichtete STOFFREGEN (1934) unmittelbar nach seiner Rückkehr.

Aus den Echolotungsmessungen konnte man entnehmen, daß die Ionosphäre über Tromsö die gleiche Gliederung hat wie in mittleren Breiten und daß das E- und F-Gebiet etwa dieselben Höhenbereiche haben. Die normale Ionisation ist über Tromsö geringer und zeigt einen täglichen und jährlichen Verlauf mit dem Sonnenstand wie in mittleren Breiten. Gleichzeitig mit erdmagnetischen Störungen traten regelmäßig große Abweichungen vom normalen Verhalten auf. Charakteristisch ist zum Beispiel die bei magnetischen Störungen plötzlich einsetzende Ionisierung des E-Gebietes. In dieses Gebiet fällt auch die Höhe, in der am häufigsten Nordlichter beobachtet werden. Weiter ist typisch, daß das F-Gebiet sehr empfindlich ist gegenüber geringen Frequenzunterschieden. Es treten zuweilen scheinbare Höhenunterschiede im Verhältnis 1:2 auf und zeitliche Verschiebungen der Auf- und Untergänge von mehr als 3o Minuten, während die hohe Ionisierung des E-Gebietes bei benachbarten Frequenzen gleichzeitig und in gleicher Höhe auftritt. Beides ist mit der von Appleton, Naismith und Builder (APPLETON u. BUILDER, 1932; APPLETON u. NAISMITH, 1932), die mit einer englischen Expedition an den Messungen in Tromsö beteiligt waren, schon früher gegebenen Erklärung dieser Ionisierung durch die Korpuskularstrahlung der Nordlichter gut vereinbar.

Auch die Peilschwankungen, die auf Änderungen der Polarisation zurückzuführen sind, zeigten an gestörten Tagen ein erheblich anderes Verhalten als an ungestörten. Ihr Einsetzen bei Sonnenuntergang verzögert

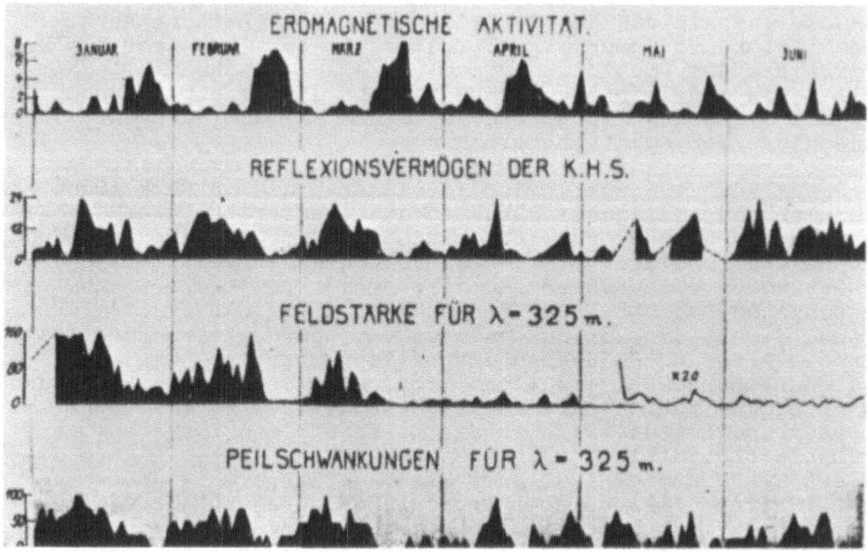

Abb. 4. Gegenüberstellung von funktechnischen Beobachtungen im ersten Halbjahr 1933 zum Verlauf der erdmagnetischen Aktivität (Aus WAGNER, 1934)

Abb. 5. Beobachtungszelt mit Rahmenantennen im Schneesturm. Links: W. Stoffregen (Aus WAGNER, 1934)

sich, oder sie bleiben völlig aus. In peilschwankungsfreien Zeiten,
insbesondere am Tage, ist die Polarisation linear, eventuell schwach
elliptisch. Die nachts aus der mittleren Lage der großen Achse der
Ellipse abgelesene Peilung stimmte etwa mit der am Tage gemessenen
Einfallsrichtung überein. Wenn bei der Echolotung die Echos völlig
aussetzen, sinkt auch die Feldstärke des Rundfunkempfangs. Abb. 4
zeigt eine Gegenüberstellung der funktechnischen Beobachtungen im
ersten Halbjahr 1933 im Vergleich zur erdmagnetischen Aktivität in
Tromsö. Man erkennt ihre gegenläufige Beziehung. Abb. 5 zeigt ein
Beobachtungszelt mit Rahmenantennen im Schneesturm. Nach Rückkehr von
der Expedition wurden von Fränz noch nachträgliche Vergleiche der in
Tromsö gemessenen Auf- und Untergangszeiten der Echolotung mit den
entsprechenden Registrierungen aus dem Jahre 1935 der vom Heinrich-
Hertz-Institut inzwischen eingerichteten Ionosphärenstation in Lindenberg bei Potsdam verglichen. Die 75 m Aufgänge zeigten in Lindenberg
- entsprechend dem zur gleichen Zeit höheren Sonnenstand - eine geringere Streuung, und die Auf- und Untergänge haben die gleichen Un-
symmetrie zum wahren Mittag.

8. Die weitere Entwicklung der Ionosphärenforschung und der Radiowellenausbreitung bis zum Ende des Zweiten Weltkrieges

Die Gliederung dieses Abschnitts nach deutschen Forschungsstellen
soll nur eine lose Richtschnur für die Ausführungen sein, da zwischen
den zitierten Stellen sachliche Querverbindungen bestanden und auch
auf ausländische Literatur hingewiesen wird.

a) Versuchsstation Herzogstand, z.T. gemeinsam mit der Deutschen
Versuchsanstalt für Luftfahrt (DLV) und der Fa. Telefunken

Die 1930 begonnenen Arbeiten wurden mit Unterstützung der Notgemeinschaft der Deutschen Wissenschaft und des Reichspostzentralamtes
München von Zenneck, Goubau und Dieminger (GOUBAU, 1933) fortgesetzt.
Der Sender hatte eine Impulsleistung bis zu maximal 6 kW. Es wurde
auf den Wellenlängen 40 m, 80 m, 150 m, 250 m, 500 m und 1000 m gearbeitet. Die Dauer der Impulse lag je nach der Wellenlänge zwischen
0,5 und 10^{-4} sec. Im tageszeitlichen Verlauf hatte man erkannt, daß
um die Mittagszeit die Wellen 40 m, 80 m und 150 m an der E-Schicht
reflektiert werden, während die längeren absorbiert werden. Gegen
Sonnenuntergang dringen der Reihe nach die Wellen 40 m, 80 m, 150 m
und später 250 m durch die E-Schicht und werden an der oberen Schicht
reflektiert. Nach Sonnenuntergang nimmt auch die Ionisation in der
F-Schicht ab, was sich aus dem Verschwinden der Reflexionen der 40 m-
und 80 m-Wellen schließen läßt. Der Verlauf der Ionisation zeigt bei
Sonnenaufgang eine Zunahme und bei Sonnenuntergang und während der
Nacht eine Abnahme. Es treten aber auch Abweichungen von diesem regelmäßigen Verlauf auf. Über eine löchrige Struktur der E-Schicht berichten DIEMINGER, GOUBAU u. ZENNECK (1934). DIEMINGER (1935) schildert
in seiner Dissertation den Zusammenhang zwischen dem Zustand der Ionosphäre und den Ausbreitungserscheinungen elektrischer Wellen. 1936
verließ er die Versuchsstation Herzogstand, um in der von Plendl geleiteten Abteilung F der Erprobungsstelle der Luftwaffe sich weiterhin mit Ionosphärenmessungen und Ausbreitungsfragen zu beschäftigen
(DIEMINGER u. PLENDL, 1938). Es war die Zeit, wo man auch in Deutschland damit begann, Durchdreh-Impulssender und Empfänger mit stetig
synchron veränderlicher Frequenz zu bauen. Um einen möglichst großen
Frequenzbereich bestreichen zu können und einen guten Gleichlauf mit

der Abstimmung des Empfängers zu erzielen, wurde das von Berkner und
Wells vorgeschlagene Überlagerungsverfahren angewandt. Es arbeitet
mit zwei Generatoren, von denen der eine bei konstanter Frequenz
(quarzstabilisiert) mit Impulsen getastet wird, während der andere
bei Dauerstrich in der Frequenz leicht veränderlich ist. Ausgestrahlt
wird die Differenz beider Frequenzen. Im Empfänger wird als Überlage-
rer der Sendergenerator mit der variablen Frequenz benutzt. Auf diese
Weise entsteht wieder die erstgenannte Frequenz, die nach Transpo-
nierung in den Mittelwellenbereich weiter verstärkt wurde. Der erste
Einsatz eines solchen Senders erfolgte auf der Station Herzogstand
1937 im Handbetrieb und seit 1938 vollautomatisch.

Nach dem Einsatz solcher Sender hatte man damit begonnen, die stündlich gewonnenen Druchdrehaufnahmen - heute Ionogramme genannt - regelmäßig auszuwerten und auch die kritischen Frequenzen (Grenzwellen) und
Reflexionshöhen der einzelnen Schichten als Monatsmittel darzustellen
(Gilliland, Kirby und Smith, National Bureau of Standards, GILLILAND
u. Mitarb., 1936, 1937; Harang, Tromsö, HARANG, 1936; Appleton und
Naismith, Slough, APPLETON u. Mitarb., 1939; Berkner und Wells,
Watheroo, BERKNER u. WELLS, 1938; Dessauer, Eyfrig, Hechtel, Petersen
und Zenneck, Versuchsstation Herzogstand, DESSAUER u. Mitarb., 1943).

Hierdurch kam man zu systematischen Feststellungen der Tages- und
Jahresgänge und der Abhängigkeit vom Sonnenfleckenzyklus. Man fand,
daß die F-Schicht sich im Sommer aufspaltet in eine niedrigere $F1$-
Schicht (Wendepunkt im Ionisationsgradienten), deren Grenzfrequenz
wie die der E-Schicht etwa einem Sonnenstandsgesetz folgt. Die höhere
und mächtige $F2$-Schicht zeigt dagegen ausgeprägte tägliche und jahreszeitliche Anomalien (niedrigere Mittelwerte der Grenzfrequenzen im
Sommer als im Winter und Abendmaximum im Sommer). Letztere ließen sich
nach BERKNER u. WELLS (1938) in einen gleichphasigen und einen gegen-
phasigen Anteil für die nördliche und südliche Erdhalbkugel aufteilen.
Dieses sprach dafür, daß die Anomalien der oberen Schicht nicht allein
durch die Gezeitenbewegung der Atmosphäre infolge Temperatureinwirkung
entstehen konnten. Als BURKARD (1941) über einen geomagnetischen Längeneffekt der F-Schicht-Ionisation berichtete, war es klar, daß hier
ein Einfluß des erdmagnetischen Feldes vorlag. Messungen bei Sonnen-
finsternissen zeigten eine Ionisationsabnahme der F-Schicht und der
darunterliegenden absorbierend wirkenden D-Schicht. Für die F-Schicht
war dieser Zusammenhang nicht immer eindeutig, insbesondere dann, wenn
die Reflexionsverhältnisse gestört waren (Hendersson, 1932, ASCHEN-
BRENNER u. Mitarb., 1936; Leithäuser und Beckmann, 1936, Leithäuser
und Menzel, 1936, LEITHÄUSER u. BECKMANN, 1936).

Etwa Mitte der dreißiger Jahre begann man auch mit Impulsmessungen
bei schrägem Einfallswinkel. Man wollte feststellen, welche Grenzfrequenzen, Reflexionshöhen, Ausbreitungswege für bestimmte Entfernungen
bei der Radiowellenausbreitung auftreten und wie sich diese zeitlich
verändern (MARTYN, 1935; FARMER u. RATCLIFFE, 1936). In Deutschland
wurden diese erstmalig von Zenneck und Goubau in Zusammenarbeit mit
der Deutschen Versuchsanstalt für Luftfahrt und der Telefunken-Gesell-
schaft für drahtlose Telegraphie und mit Unterstützung der Deutschen
Reichspost zwischen der Versuchsstation Herzogstand und der DVL in
Berlin- Adlershof durchgeführt (CRONE u. Mitarb., 1936). Es wurde in
beiden Richtungen auf der Wellenlänge 52 m gearbeitet. Sowohl auf dem
Herzogstand wie in Tollkrug bei Berlin (Telefunken-Station) arbeitete
gleichzeitig eine Senkrechtlotung. Die Deutsche Reichspost stellte
für die Synchronisierung von Sender und Empfänger eine besondere Leitung zur Verfügung. Dieses war notwendig, um die Zeitablenkung auf der
Braunschen Röhre der Empfangseinrichtung gleichzeitig mit der Impuls-
aussendung der Gegenseite starten zu können. So kam bei der Senkrecht-

lotung ein stehendes Bild zustande, eine Voraussetzung für die Auswertung der Laufzeiten. Man fand hierbei in der Nähe der Grenzfrequenz
die schon früher theoretisch gefolgerte "Fernstrahlung" (auch Pedersen-
Strahl genannt), die sich an der Grenzfrequenz bei abnehmender Laufzeit in Form eines Spornes auf dem Ionogramm mit der "Nahstrahlung"
vereinigt. Ein entgegengesetzter Sporn ergibt sich beim "Aufgang"
(Einsetzen der Reflexion bei Überschreiten der Grenzfrequenz). Bei
Schwankungen der Ionisation waren die Sporne gegenläufig zusammengesetzt (Aufgang - Untergang), was man als Übertragungsschleifen bezeichnete. Es wurden die Laufzeiten für beide Wege aus dem Ionogramm
bestimmt und daraus die scheinbaren Reflexionshöhen errechnet.

SMITH (1937) hatte die Gesetzmäßigkeit der Umrechnung der Senkrechtlotung auf schräge Winkel in Form der sog. Übertragungskurven gerechnet. Sie stellen die Beziehung zwischen scheinbarer Höhe h' und der
Frequenz f bei senkrechtem Einfall für bestimmte Entfernungen und
Übertragungsfrequenzen als Parameter dar. Legt man diese im gleichen
Maßstab transparent auf ein Senkrecht-Ionogramm, so geben die Schnitt-
punkte mit der senkrecht gemessenen $h'(f)$-Kurve jeweils die scheinbaren Höhen an, in der die zu dieser Kurve gehörende Übertragungs-
frequenz in der gegebenen Entfernung reflektiert wird. Abb. 6 zeigt
Übertragungskurven für verschiedene Frequenzen und Entfernungen (ge-
strichelt), angewandt auf eine im Senkrecht-Ionogramm beobachtete
Kurve für die E-Schicht und $F2$-Schicht (ausgezogen). Tangieren beide
Kurven, wie im Falle IV für die $F2$-Schicht und im Falle II für die
E-Schicht, so entspricht der zugehörige Frequenzwert der größten Fre-
quenz, die gerade noch an der betreffenden Schicht reflektiert wird.
Nicht berührende Übertragungskurven, z.B. V und VII, ergeben keine
Reflexion mehr.

EYFRIG (194o) hat in seiner Dissertation auf der Strecke Herzogstand
- Tollkrug bei Berlin diese Theorie mit den gemessenen Werten verglichen. Die Abweichung der gemessenen Werte von den berechneten betrug
hier - 2,5 bis 3%. Dabei wurde auch der Gedanke an eine Bewegung von
Ionisationswolken im F-Gebiet geäußert. Mit Hilfe der Übertragungskurven kann man mit einem einfachen graphischen Verfahren aus dem
Ionogramm die Sprungfrequenzen bzw. die Umrechnungsfaktoren der Grenzfrequenzen bei senkrechtem Einfall auf schräge Inzidenz für gegebene
Entfernungen gewinnen. Sie sind deshalb für die Radiowellenausbreitung
von besonderer Bedeutung.

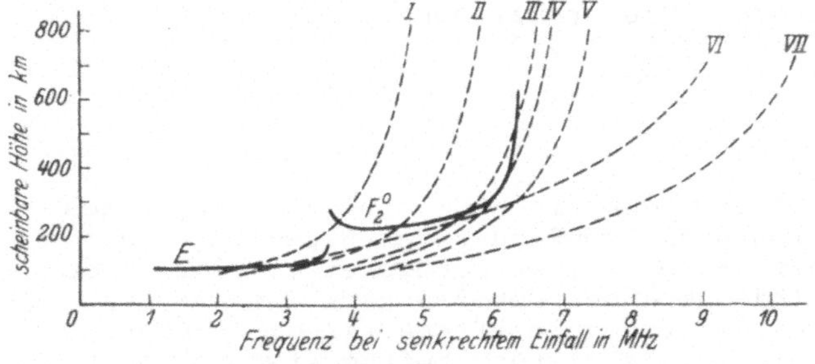

Abb. 6. Übertragungskurven für verschiedene Frequenzen und Entfernungen, angewendet auf eine bei senkrechten Einfall beobachtete Durchdrehaufnahme (ausgezogene Kurve). Kurven I bis V entsprechen verschiedenen Frequenzen und einer kurzen Entfernung, Kurven VI und VII verschiedenen Frequenzen und einer größeren Entfernung (Aus BECKMANN, B.:
Die Ausbreitung der elektromagnetischen Wellen, 2. Aufl. Leipzig:
Akad. Verlagsges. 1948)

Man beobachtete öfters bei den Impulsmessungen, insbesondere in den Abend- und Nachtstunden, im E-Gebiet eine plötzliche und große Steigerung der Ionisation, die von keinerlei erdmagnetischer Unruhe begleitet ist. Das F-Gebiet zeigt dabei keine Veränderungen. Trotz der hohen Ionisation handelt es sich hier um eine dünne, wenig absorbierende Schicht. Die erste Arbeit, in der die Frage eines jahres- und tageszeitlichen Ganges der Häufigkeit dieser anomalen E-Schicht in voller Klarheit behandelt wurde, ist die Münchener Dissertation von SCHULTHEISS (1936). Bei den zitierten Schrägwinkelimpulsmessungen von Eyfrig zwischen dem Herzogstand und Adlershof wurde sie ebenfalls beobachtet. Es wurde festgestellt, daß eine Übereinstimmung im Auftreten der anomalen E-Schicht an beiden Stationen eine Ausnahme ist. Weitere Arbeiten seien hier erwähnt von BERKNER u. WELLS (1937; Messungen in Huancayo und Watheroo) und von APPLETON, NAISMITH u. INGRAM (1937; Messungen in Tromsö aus dem Internationalen Polarjahr).

Die Statistiken lassen ein Häufigkeitsmaximum der anomalen E-Schicht, auch sporadische E_s-Schicht genannt, in den Sommermonaten erkennen. Gonnermann und Rawer (GONNERMANN, 1941) finden bei der Häufigkeitsauswertung der E_s-Schicht aus den Jahren 1938 und 1939 außerdem im Tagesgang neben einem großen Mittagsmaximum ein zweites Maximum in den Abendstunden. Zu einem ähnlichen Ergebnis kam DELLINGER (1939). Aus theoretischen Studien von RAWER (1939a, b) geht hervor, daß nur bei extrem dünnen Schichten (Halbwertbreite unter 1oo m) partielle Reflexionen in einem so breiten Frequenzbereich auftreten können, wie es tatsächlich beobachtet wird. Dessauer, Eyfrig, Hechtel und Petersen (DESSAUER u. Mitarb., 1942) stellen aus Durchdrehaufnahmen fest, in wieviel Prozent der Beobachtungszeit eine bestimmte Frequenz von der Grenzfrequenz der E_s-Schicht überschritten wird. BRAND u. ZENNECK (1942) gaben 1944 eine Übersicht über die Arbeiten, die sich mit der E_s-Schicht beschäftigen und schlugen vor, anstelle der Überschreitung einer bestimmten Frequenz die Gesamtenergie der ionisierenden Strahlung, gemessen durch die Elektronenproduktion, der Statistik zugrunde zu legen. Da ein solarer Einfluß zweifelhaft war, ist die Ursache der E_s-Schicht in der hohen Atmosphäre selbst gesucht worden. Eine mögliche Energiequelle schien die Rekombination der tagsüber dissoziierten Sauerstoffmoleküle zu sein (RAWER, 194o). Über den Zustand der Ionosphäre während des Nordlichtes am 25./26. Januar 1938 nach den Beobachtungen der Versuchsstation Herzogstand berichten 1938 Eyfrig, Goubau, Netzer und Zenneck (EYFRIG u. Mitarb., 1938). Es wurde zum erstenmal eine Durchdrehaufnahme einer Nordlichtschicht in der noch im Handbetrieb arbeitenden Apparatur aufgenommen. Die Grenzfrequenz der Nordlichtschicht betrug 4,5 MHz. Näheres hierüber siehe 8c und 8d.

b) Heinrich-Hertz-Institut

Unter der Leitung von Leithäuser wurden die Echolotungsmessungen des Heinrich-Hertz-Instituts Berlin nach Beendigung der Expedition aus Anlaß des Internationalen Polarjahres weiter fortgesetzt. 1935 wurde die Ionosphärenstation von Lindenberg bei Potsdam nach Pieskow am Scharmützelsee verlegt. Die eingesetzten Festfrequenzregistrierungen lagen zwischen 3 und 5 MHz. Die Impulsleistung betrug etwa 5oo Watt, die Impulsdauer etwa $1o^{-5}$ sec und die Impulsfolgefrequenz 5o Hz. Die Registrierung erfolgte mit einer Braunschen Röhre, deren Zeitlenkung durch ein von der Netzwechselspannung gesteuertes Kippgerät betrieben wurde.

LEITHÄUSER u. BECKMANN (1937) berichten über ungewöhnliche Zustände der Ionosphäre in der Zeit von Juli 1936 bis Mai 1937, die diesen Messungen zu entnehmen waren und die in direkter Beziehung zum Erd-

magnetismus, zu Nordlichtern in Tromsö und solarer Aktivität (Sonnen-
eruption) standen. Es wurde festgestellt, daß zu diesen Zeiten spontane Anhebungen der $F2$-Schichthöhe stattfinden, wobei bei stärkeren
Ereignissen diffuse Reflexionen, später Nordlichtschichten genannt,
oberhalb der F-Reflexionen zu sehen sind. Diese Vorgänge werden besonders abends und nachts beobachtet, in einem selteneren Fall auch
beginnend in den frühen Morgenstunden. Aus der teilweise zu beobach-
tenden Aufspaltung (Untergangsphänomen) wurde auf eine gleichzeitig
mit dem Hochziehen der Schicht verbundene Ionisationsabnahme geschlossen. Bei schwächeren Störungen wurde nur das Hochziehen der $F2$-Schicht
beobachtet. Wenn die bei stärkeren Störungen oberhalb der F-Reflexio-
nen auftretende Nordlicht-Schicht herabsinkend die F-Reflexion scheinbar durchdringt, traten die heftigsten erdmagnetischen Stöße auf.
Diese Einbrüche wiederholen sich abklingend an aufeinanderfolgenden
Tagen zu etwa gleicher Tageszeit. Die Arbeit zeigte, wie das polare
Geschehen auch seine ionosphärische Auswirkung in mittleren Breiten
hat. Über die Grenzfrequenzabnahme während erdmagnetischer Stürme
berichten 1937 auch in den USA Kirby, Gilliland, Smith und Reymer
(KIRBY u. Mitarb., 1937).

Ende des Jahres 1937 ging ein Teil der Funkabteilung des Instituts
für Schwingungsforschung (früher Heinrich-Hertz-Institut) in der neu-
gegründete Forschungsanstalt der Deutschen Reichspost auf, wobei neben
den wissenschaftlichen Kräften auch die Ionosphärenstation Pieskow
und ein bis auf 1932 zurückgehendes Beobachtungsmaterial übernommen
wurde.

c) Forschungsanstalt der Deutschen Reichspost (RPF), Amt für Wellenausbreitung München (AfW)

Bereits 1932 beschäftigten sich Bäumler und Mögel vom Reichspostzentralamt mit Echolotungsmessungen (BÄUMLER u. MÖGEL, 1932), wobei sie
zur Aufzeichnung der Echos einen Schleifenoszillographen benutzten.
Sie berichteten um diese Zeit über den Nachweis einer reflektierenden
Schicht. Ende 1937 wurden die vom Institut für Schwingungsforschung
übernommenen Echolotungsmessungen in der damals neugegründeten Forschungsanstalt der Deutschen Reichspost unter der Leitung von Vilbig
fortgesetzt. Die Ionosphärenstation Pieskow am Scharmützelsee wurde
1938 nach Legefeld bei Weimar verlegt. 1939 wurde eine weitere Station
in Kühlungsborn bei Rostock eingerichtet. Nach Gründung des Amtes für
Wellenausbreitung in München kam noch die Station Grafing bei München
hinzu. Die Entfernung von Kühlungsborn bis Grafing betrug etwa 65o km,
wobei Legefeld etwa in der Mitte lag; 1942 bis 1943 wurde noch eine
Station in Civitavecchia bei Rom eingerichtet. Dieses nordsüdlich
ausgerichtete Stationsnetz lag in der Nähe des 11. Längengrades. Es
wurde auf fast gleichen Festfrequenzen zwischen etwa 3 und 6 MHz betrieben. Die Sende-Impulsleistung war auf 1o kW erhöht worden. Vom
1.1.1943 bis 4.3.1945 wurden auch im Handbetrieb Durchdrehaufnahmen
im Frequenzbereich 2,5 bis 7 MHz gemacht, und zwar in Grafing stündlich, in Legefeld und Kühlungsborn 3 bis 4mal täglich zu festgesetz-
ten Zeiten.

Mit diesem Stationsnetz wurden die normalen und gestörten Zustände
der Ionosphäre weiterhin studiert mit dem Ziel, die Radiowellenausbreitung zu verbessern bzw. zu unterstützen im Hinblick auf den geeigneten Frequenzeinsatz und die Ermittlung anderer Parameter des
Funkbetriebs. Die große Nordlichtstörung der Ionosphäre am 25. Januar
1938 bot hierfür die erste Gelegenheit (VILBIG u. Mitarb., 1938) (s.
auch EYFRIG, 1938, in Abschn. 8a). Die scheinbar herabsinkende Nordlichtschicht und der Höhenanstieg der $F2$-Schicht bei abnehmender Grenz-

frequenz wurden festgestellt, kurz bevor das Nordlicht in unserer
Breite gesehen wurde, und zwar ungefähr gleichzeitig in Pieskow (Wellenlänge 86 m) und auf der Versuchsstation Herzogstand (Wellenlänge
59 m, s. Abschn. 8a). Nach der Durchschneidung der Nordlichtschicht-
Reflexion und der $F2$-Reflexion um etwa 19.3o h MEZ, die mit dem Sicht-
barwerden des Nordlichtes in unseren Breiten zusammenfiel, kam in
Pieskow eine verwaschen reflektierende Nordlicht-E-Schicht in etwas
größerer Höhe als die normale E-Schicht hinzu. In der folgenden Nacht
setzten zeitweise sämtliche Reflexionen aus. Ab und zu sah man eine
hochliegende F-Reflexion. Am 26.4. zeigte der weitere Tagesverlauf
der Reflexionen nichts Auffälliges. Dagegen konnte man in der darauf-
folgenden Nacht im Niveau der F-Schicht oberhalb der normalen F-Refle-
xionen heftig flackernde Streureflexionen bis 4 Uhr morgens feststellen, die offensichtlich als Nachwirkung der in der vorhergehenden
Nacht stattgefundenen Nordlichtstörung anzusehen war. Die Nordlichtstörung am 25. Januar 1938 war von einem heftigen erdmagnetischen
Sturm begleitet, der bereits mittags gegen 13.oo h MEZ begann, aber
erst abends etwa um 19.3o h MEZ bei der Ausbildung der Nordlicht-E-
Schicht maximale Amplituden erreichte. Es war die erste Nordlichtstörung der Ionosphäre, die in Deutschland bei direkt sichtbarem Polarlicht beobachtet wurde.

Man hielt dieses Ereignis für so bedeutungsvoll, daß es auf die Tages-
ordnung der turnusmäßigen Besprechungen mit Hochschullehrern vom 23.
bis 26. März 1938 im Reichspostzentralamt gesetzt wurde. In Vorträgen
von Zenneck und Beckmann wurden die Meßergebnisse der Versuchsstation
Herzogstand und der Forschungsanstalt der Deutschen Reichspost ausgetauscht und anschließend diskutiert.

Die Kurzwellenempfangsbeobachtungen (Feldstärkeaufzeichnungen) der
Übersee-Funkstelle Beelitz der Deutschen Reichspost zeigten, daß die-
jenigen Funklinien von der Nordlichtstörung am stärksten betroffen
waren, die die polnahen Gebiete passieren. Daß ein Breiteneffekt schon
innerhalb Deutschlands bei einer Nord-Süd-Entfernung von etwa 35o km
zu bemerken ist, zeigten Beckmann, Menzel und Vilbig (BECKMANN u. Mitarb., 1939b) an Hand gleichzeitiger Echoregistrierungen in Kühlungsborn und Legefeld. Bei Störungen im $F2$-Gebiet der Ionosphäre in Kühlungsborn war die Registrierung Legefeld noch normal. Es wurde daraus
der Schluß gezogen, daß es günstiger ist, Überseefunkstellen in Süd-
deutschland aufzubauen.

Beckmann, Menzel und Vilbig (BECKMANN u. Mitarb., 1939a) haben auch
die streuenden Reflexionen, die auf Inhomogenitäten in der Ionosphäre
zurückzuführen sind, näher studiert. Es wurden zeitweise außer den
relativ stabilen Echos, die von einzelnen wohldefinierten Schichten
herrühren, auch solche beobachtet, die in ihrer Amplitude sich rasch
ändern und aus einem großen Höhenbereich oberhalb der F-Schicht zu
kommen scheinen. In Registrierungen mit fester Frequenz ergeben sie
ein breites Band von Punkten oberhalb der F-Echos. Aus dem charakteristischen Verhalten der Breite dieses Bandes bei Auf- und Untergängen
wurde gefolgert, daß diese Erscheinung durch Ionisationswolken im Bereich zwischen 1oo und 2oo km entsteht, deren Trägerdichte nicht zur
Reflexion bei senkrechtem Einfall ausreicht, aber bei mehr oder weniger schrägem Einfall eine Ablenkung aus der ursprünglichen Richtung
bewirkt. Möglicherweise sind auch die Wolken so klein, daß Rayleigh-
sche Streuung auftritt. Die abgelenkten Strahlen treffen auf die F-
Schicht, werden dort reflektiert und können bei entsprechender Geometrie des Ausbreitungsweges zum Ausgangspunkt zurückkehren. Die Laufzeit ist dabei infolge des Umweges größer als bei der normalen F-Re-
flexion, und zwar um so mehr, je weiter seitlich die reflektierenden
Wolken stehen. Die Reflexion an der F-Schicht erfolgt dabei auch bei

der Senkrechtlotung nicht mehr senkrecht. Die Streuechos könen daher
auch noch bestehen bleiben, wenn die normale *F*-Reflexion bereits
durchgegangen ist. Dies wird um so länger der Fall sein, je schräger
die Strahlen auf die *F*-Schicht auffallen. Die Echos mit der längsten
Laufzeit werden also bei abnehmender Ionisierung am längsten zu beobachten sein. Auch im Funkverkehr spielt diese Streustrahlung neben
der Zick-Zack-Reflexion eine beträchtliche Rolle (BECKMANN u. Mitarb.,
1939c). Das Flacherwerden des Einfallswinkels auf die *F*-Schicht durch
Streuung oder Reflexion an seitlichen Ionisationswolken tritt natürlich ebenso wie bei der Senkrechtreflexion auch bei der Fernübertragung auf. Auch hier erfolgt noch eine Reflexion dieser Strahlung,
wenn die Trägerdichte der *F*-Schicht für eine Reflexion der direkten
Strahlung nicht mehr ausreicht. Damit wird ein Empfang innerhalb der
toten Zonen möglich.

ECKERSLEY (1937) und NETZER (1940) fanden ebenfalls einen Zusammenhang von abnormaler *E*-Ionisierung und Streueffekten im *F*-Gebiet.
BOOKER u. WELLS (1938) vertraten dagegen die Ansicht, daß die streuenden Wolken oberhalb der *F*-Schicht liegen. Auch HARANG (1939) beobachtete oberhalb der Grenzfrequenz der *F*-Schicht Streureflexionen in
bzw. über der *F*-Höhe, und zwar stellte er im Höhenverlauf dieser Streureflexionen bei erdmagnetischen Mikropulsationen einen entsprechenden
Gang fest. APPLETON u. NAISMITH (1939) folgerten aus Beobachtungen,
daß es sich hierbei um Ionisationszentren in oder unterhalb der *F*-
Schicht handeln muß.

Neben den Impulsmessungen der Ionosphäre wurden in dem AfW der RPF
auch Messungen des Schwundverlaufes (Feldstärkeregistrierungen), der
Einfallswinkel, der Polarisation und der Kreuzmodulation durchgeführt.
Über Beobachtungen von Auf- und Untergängen im Feldstärkeverlauf
(Passieren der toten Zone am Empfangsort) berichtet GROSSKOPF (1940).
Die magnetische Aufspaltung in zwei Komponenten, ihre entgegengesetzte
zirkulare Polarisation sowie das Hinzutreten der Fernstrahlung kurz
vor dem Durchgang der Welle sind aus dem Schwundverlauf in klassisch
schöner Weise zu erkennen. Die verschiedensten Formen von Auf- und
Untergängen und ihre Beeinflussung durch Streustrahlung wurden von
Beckmann, Menzel und Vilbig (BECKMANN u. Mitarb., 1940, 1941) beobachtet und analysiert. GROSSKOPF u. VOGT (1940a) führten im Kurzwellenbereich Phasen- und Amplitudenmessungen mit einem Kreuzdipol in
horizontaler Lage zur Ermittlung der Polarisation durch zu Zeiten von
Untergängen, wo besonders klare Verhältnisse herrschten. Sie konnten
bestätigen, daß nach dem Aussetzen der ordentlichen Komponente in
unseren Breiten die Polarisation rechtsdrehend ist (außerordentliche
Komponente). Die vorher unregelmäßig schwankende Phase ist hier dauernd rechtsdrehend 90° polarisiert. Die Polarisationsmessungen wurden
mit gekreuzten Rahmenantennen auch im Mittelwellenbereich durchgeführt (GROSSKOPF u. VOGT, 1940b). Hier wurde insbesondere der Einfluß der Bodenwelle auf den Polarisationszustand studiert. Ferner
wurde von GROSSKOPF u. VOGT (1940c) die Bodenleitfähigkeit durch Aus-
messung des Achsenverhältnisses der früher erwähnten Zenneckschen
Drehfeldellipse bestimmt. Außerdem haben GROSSKOPF (1938) und VILBIG
(1942) die Frage der gegenseitigen Modulationsbeeinflussung über die
Ionosphäre im Lang- und Mittelwellenbereich, den sogenannten Luxem-
burg-Effekt, studiert, für den BAILEY u. MARTYN (1934) eine Theorie
aufgestellt hatten. Mit Feldstärkemessungen zur Verbesserung der Rundfunkversorgung beschäftigten sich im Reichspostzentralamt vor allem
HARBIG (1934) und Bäumler (BÄUMLER u. PFITZER, 1935) in den dreißiger
Jahren. Die von den Fernmeldeverwaltungen weltweit durchgeführten
Feldstärkemessungen im Kurz-, Mittel- und Langwellenbereich wurden
1937 auf der vierten Tagung des Comité Consultatif International des
Radiocommunications in Bukarest verglichen und in den Tagungsdokumen-

ten zusammengestellt (Documents ..., 1937). Noch heute wird bei der
Feldstärkeabhängigkeit von Mittel- und Langwellen in Entfernungen
größer als 35oo km hierauf zurückgegriffen.

1939 haben Budden, Ratcliffe und Wilkes (BUDDEN u. Mitarb., 1939) aus
dem Interferenzfeld eines Langwellensenders auf die Reflexionshöhe
in diesem Wellenbereich geschlossen. Im Mittel ergab sich bei Tag
74 km, bei Nacht 92 km. Dabei wurde festgestellt, daß ein gestörter
Verlauf (Abnahme der Schichthöhe), der einen Feldstärkeanstieg bewirkte, mit dem Mögel-Dellinger-Effekt verknüpft war. Bailey, Austin und
Thomson (BAILEY u. Mitarb., 1935) fanden, daß an nach erdmagnetischen
Stürmen folgenden Tagen die Tagesfeldstärken ansteigen und die Nacht-
feldstärken absinken. Dieser Vorgang kann bis zu einer Woche andau-
ern, bis sich die Verhältnisse wieder normalisieren. Über ein Jahr
sich erstreckende Feldstärkemessungen von Sendern zwischen etwa 3ooo m
und 2o ooo m Wellenlänge wurden von Neubauer 1944 im AfW durchgeführt.
Sie zeigten neben der Entfernungsabhängigkeit ein verschiedenes Verhalten der Ausbreitungsbedingungen bei Wellen unter etwa 6ooo m und
über 12 ooo m mit einem breiten Übergangsgebiet. Bei europäischen
Langwellen traten Peilabweichungen bis zu 9o$^\circ$ auf, bei europäischen
Längstwellen bis etwa 15°.

Für eine Vorhersage der KW-Ausbreitungsbedingungen wurden von AfW
laufend die monatlichen Normalbedingungen ermittelt im Vergleich zu
den sich überlagernden Störungen (VILBIG u. Mitarb., 1943). Die laufende Überwachung des Ionosphärenzustandes erfolgte auf der Meßstelle
des AfW in Bernried. Durch Vergleich von Feldstärkeregistrierungen
mit den Senkrechtlotungen wurden dabei empirische Umrechnungsfaktoren
gewonnen, die z.T. erheblich über den theoretischen lagen und eine
Leistungsabhängigkeit im Streubereich erkennen ließen. Sie wurden zur
Ermittlung der monatlichen Einsatzzeiten der Betriebsfrequenzen pro-
gnostisch ausgewertet. Der Dämpfungseinfluß wurde ebenfalls auf Grund
von Feldstärkemessungen berücksichtigt. Die Funkstellen der DRP, der
Rundfunk (Kurzwelle) und andere zivile Funkdienste wurden fernschrift-
lich, telephonisch und in monatlichen Besprechungen beraten. Es bestand auch eine Zusammenarbeit mit der Zentralstelle für Funkberatung.
Kurzfristige Vorhersagen oder Warnungen bei Störungen wurden in un-
regelmäßiger Folge nach Bedarf, d.h. also im Falle von bevorstehenden
oder noch anhaltenden Störungen herausgegeben. Die laufenden Ausbrei-
tungsbeobachtungen lieferten die Unterlagen über positive Phasen
(übernormal gute Bedingungen) und Störungen, die die Grundlage für
eine Abschätzung der Entwicklung des Funkwetters bis zu 27 Tagen
(eine Sonnenrotation) ergaben und noch kurzfristige Korrekturen ermöglichten. Da für letztere nur die Erdmagnetik und photosphärische
Sonnenbeobachtungen zur Verfügung standen, wurde auch seit 1942 versucht, den Einfluß der Sonnenaktivität auf die Höhenstrahlung mit
auszunutzen. Es war damals noch nicht geklärt, ob die in Verbindung
mit der Sonnenaktivität beobachteten Effekte (mit Ausnahme des Forbush-
Effektes) Modulationseffekte oder einen solaren Anteil der Höhenstrahlung darstellen. Heute sind beide Möglichkeiten nachgewiesen.

d) Erprobungsstelle der Luftwaffe, Abteilung F, in Rechlin und Zentralstelle für Funkberatung (ZfF) in Vöslau bei Wien

In der Abteilung F der Erprobungsstelle der Luftwaffe, die unter der
Leitung von Plendl stand, wurde von Dieminger in den Jahren 1936/37
ein Festwellen-Impulssender entworfen, der dann in einer kleinen Serie
in den Werkstätten der Reichspostforschungsanstalt gebaut wurde. Über
die ersten Ergebnisse der hiermit durchgeführten Messungen berichten
DIEMINGER u. PLENDL (1938) auf dem 14. Deutschen Physiker- und Mathe-

matiker-Tag in Wiesbaden. Sie berichten 1938 ebenfalls über ein Nordlicht am 3o.9.37 und die hierbei aufgetretenen charakteristischen
ionosphärischen Veränderungen (DIEMINGER u. PLENDL, 1939), nämlich
das Hochziehen der F-Schicht bei gleichzeitiger Ionisationsabnahme
(Aufspaltung) und Erscheinen einer herabsinkenden verwaschenen Nordlichtschicht, die als schräge Reflexionen an einer etwa 35o km nördlich gelegenen Ionenfront in 45o km Höhe gedeutet wurde.

Nach Fertigstellung seiner Dissertation "Zur Frage der partiellen Reflexion und zur Berechnung der scheinbaren Höhe von Ionosphärenschichten" bei Zenneck in München (RAWER, 1939a, b) kam Rawer 1938 ebenfalls
zur Erprobungsstelle der Luftwaffe, Abteilung F, nach Berlin. Er hatte
in seiner Dissertation u.a. gezeigt, daß, wenn man den Charakter der
Kurve kennt, die die Verteilung der Elektronenkonzentration mit der
Höhe darstellt und Durchdrehaufnahmen besitzt, die die scheinbaren
Höhen in Abhängigkeit von der Frequenz geben, man die wahre Höhe des
Scheitels der Schicht in verhältnismäßig einfacher Weise aus den Durchdrehaufnahmen ermitteln kann. Ähnliches taten BOOKER u. SEATON (194o).

1938 wurde der erste Durchdrehsender gebaut, der 1939 im Probebetrieb
arbeitete. Aus der Abteilung F der Erprobungsstelle ging die Zentralstelle für Funkberatung (ZfF) hervor, die unter Leitung von Dieminger
1942 nach Bad Vöslau bei Wien verlegt wurde. Das Beobachtungsnetz der
ZfF umfaßte eine Nordsüdlinie (Tromsö - Syrakus) und eine Ostwestlinie
(Nicolajew - Meudon). Der Schnittpunkt lag bei Vöslau. Die Stationen
der ZfF wurden ab 194o alle mit Durchdrehsendern ausgerüstet. Die Zentralstelle für Funkberatung gab Wellenberatungen an die militärischen
Dienststellen heraus (PLENDL u. Mitarb., 1942). Gefordert wurde die
Angabe eines sicher brauchbaren Frequenzbereiches für die jeweilige
Entfernung und Tageszeit. Da die Grenzfrequenzen von Tag zu Tag streu-
en, wurde die ungünstigste Möglichkeit in Betracht gezogen, wobei we-
sentlich gestörte Tage fortgelassen wurden. Die Umrechnung von der
Senkrechtlotung auf die Übertragungsentfernung erfolgte nach der
Smithschen Methode. Dieminger und Rawer fanden 1943 bei ihren Impuls-
versuchen zwischen Bludenz (Vorarlberg) und Rühle bei Meppen diese
Theorie gut bestätigt. Aus den Grenzfrequenzwerten des europäischen
Stationsnetzes war zu ersehen, daß wohl im Mittel die Grenzfrequenzen
gegen den Äquator zunehmen, daß daneben aber eine ganze Reihe von Be-
sonderheiten besteht (DIEMINGER, 1944; EYFRIG, 1942). Besonders aus-
geprägt ist die Zunahme zum Äquator für die Abendkonzentration, wobei
sich das Maximum immer mehr in die frühen Abendstunden verschiebt.
In der Sommernacht dreht sich die Breitenabhängigkeit um, die Grenzfrequenzen nehmen polarwärts zu. In den Winternächten erhält man um
Mitternacht einen Anstieg der Grenzfrequenz vor allem in niedrigen
Breiten. Bemerkenswert ist auch, daß in Tromsö im Sommer der Tagesgang
fast ganz verschwindet und daß dort im Winter in den Mittagsstunden
eine merkliche Ionisierung in der $F2$-Schicht vorhanden ist, obwohl
am Erdboden die Sonne gar nicht mehr aufgeht. Man begann nach Art
der Wetterkarten "Ionisationskarten" mit Linien gleicher Grenzfrequenzen aufzuzeichnen (EYFRIG, 1944a; RAWER, 1944). In Deutschland
standen während des Krieges, abgesehen von dem ziemlich dichten europäischen Stationsnetz, nur extrapolierte Werte von Washington, Huancayo und Watheroo zur Verfügung. Dabei war es wegen des beträchtli-
chen Längenunterschiedes zweifelhaft, ob die Benutzung dieser Stationen überhaupt zulässig war. Ein solcher Längeneffekt konnte aber bereits aus dem spärlichen Vergleichsmaterial, das während des Krieges
zur Verfügung stand, abgelesen werden (BURKARD, 1942). Bei der Umrechnung der obigen Grenzfrequenzkurven auf die jeweilige Entfernung
wurde auch die normale E-Schicht in die Rechnung einbezogen und daraus
die sogenannte Abdeckkurve ermittelt. Die obere Umhüllende dieser beiden Grenzfrequenzkurven gab die höchste sicher brauchbare Frequenz

(EYFRIG, 1944b; THEISSEN, 1944). Die Grundlage für die Vorhersage
dieses normalen Verlaufes sind die Perioden, die im Zustand der Ionosphäre hervortreten: die tägliche, die jahreszeitliche und die elf-
jährige Sonnenfleckenperiode. Die Vorhersage der letzteren wurde 1944
von RAWER (1944) durch Einführung der Kennwertmethode verbessert.
Anstelle der Stundenwerte der Grenzfrequenzen wurde der vierundzwan-
zigstündige quadratische Mittelwert mit der Sonnenfleckenrelativzahl
korreliert bzw. extrapoliert für die Vorhersage.

Die untere Dämpfungsgrenze des vorhergesagten brauchbaren Frequenzbereiches wird aus dem durch die Gerätedaten gegebenen Maximaldekre-
ment nach der Theorie errechnet (RAWER, 1934). Die hierfür erforderliche Normgröße, die im wesentlichen Angaben über die Ionisierung
und Stoßzahl der D-Schicht enthält, wurde aus Feldstärkemessungen
des gerade vergangenen Halbmonats entnommen. Rawer erhielt so für
jeden Übertragungsmechanismus eine untere brauchbare Frequenzgrenze,
die unter Umständen noch durch die Abdeckung zu ersetzen war.

Für die regelmäßige halbmonatliche allgemeine Beratung mit Angaben
brauchbarer Wellenbereiche für verschiedene Entfernungen und Tages-
zeiten wurde das geschilderte Verfahren laufend durchgeführt. Außerdem erging eine Peilwarnung, d.h. der Zeitraum, in dem mit Nacht-
effekt zu rechnen sei, wurde angegeben. In Störungsfällen gab die
ZfF nach Möglichkeit Mitteilungen und Warnungen heraus. Beim Mögel-
Dellinger-Effekt war nur eine Mitteilung möglich. Als Ursache dieses
Effektes wurde allgemein solare Wellenstrahlung angenommen (WULF u.
DEMING, 1938; GROTRIAN, 1939; v. KLÜBER, 1943). Eine Rechnung für
die Wasserstofflinie 1215 Å, die in Eruptionsspektren auftritt, ergab
ein Maximum der Absorption dieser Linie in etwa 5o km Höhe (PENNDORF,
1941). Diese wurde als untere Grenze der D-Schicht angenommen. Günstiger waren die Möglichkeiten für die Vorhersage von Ionosphären-
stürmen, die weitaus die unangenehmsten Störungen des Funkverkehrs
hervorrufen. Man wußte, daß diese durch eine Korpuskularstrahlung
entstehen, die sich in etwa 2o bis 3o Stunden von der Sonne bis zur
Erde fortpflanzt, und daß bei einer optimalen Beobachtung ihres Starts
auf der Sonne eine Vorhersage für etwa einen Tag möglich wäre. Nun
waren wohl Fälle bekannt geworden, in denen die Korpuskeln gleichzeitig mit einer chromosphärischen Eruption, die ihrerseits auch von
einem Mögel-Dellinger-Effekt begleitet war, von der Sonne emittiert
wurden und rund 24 Stunden später einen Ionosphärensturm hervorrie-
fen. Jedoch waren diese Fälle nicht so regelmäßig, daß sich darauf
eine Prognose aufbauen ließ. Als die beste Grundlage der Prognose
von Störungen wurde die Voreilung der erdmagnetischen Störungen um
einige Stunden besonders im hohen Norden angesehen (LANGE-HESSE,
1943a, b). Nach BARTELS (1944) kann man aus den Tromsöer erdmagnetischen Messungen auf die Lage des Stromsystems, d.h. auf die Lage
der Störung nördlich oder südlich von Tromsö schließen. Der Breiteneffekt der Nordlichtstörungen wurde von DIEMINGER (1944) untersucht.
Für die Ionosphärenstationen Syrakus, Rechlin, Oslo, Tromsö ergab
sich ein Verhältnis der Häufigkeit für Nordlichtstörungen wie 1:2:3:12.

Bei der Bestimmung von Umrechnungsfaktoren gehen die wahre Schichthöhe und Dicke als Parameter ein. Es war aus diesen und anderen Gründen der Strahlungsgeometrie von Interesse, den Zusammenhang zwischen
scheinbarer und wahrer Schichthöhe zu kennen. Ausgehend von der Gruppengeschwindigkeit einer elektromagnetischen Welle erhielten Pekeris
und Rydbeck (RYDBECK, 194o) eine Abelsche Integralgleichung, für die
Pekeris nach geeigneter Substitution eine graphische Lösung angab.
Die Strahlenbetrachtung ist zulässig, solange sich der Brechungsindex
längs einer Strecke von der Größenordnung einer Wellenlänge nicht
merklich ändert. Für die Grenzfrequenz gibt die Strahlenbetrachtung

unendlich große Reflexionshöhen. Sie kennt auch keine partielle Reflexion, sondern ergibt entweder Totalreflexion oder Durchgang. Hier versagt offenbar die Näherungslösung. RAWER (1939a, b) und BECKER (1943) berechnen deshalb, ausgehend von den Maxwellschen Gleichungen und den daraus folgenden Wellengleichungen, unter gewissen Vereinfachungen Reflexions- und Durchlässigkeitskoeffizienten.

Für die richtige prognostische Anwendung der Strahlengeometrie auf die Übertragungswege ist besonders die Kenntnis der tatsächlich bei der Radiowellenübertragung auftretenden Einfallswinkel von Bedeutung. 1938 bis 194o fanden Impulsversuche zwischen USA und Deutschland statt in Zusammenarbeit der Telefunken-AG und den Bell Laboratories, New York. Gesendet wurde in New York, empfangen in Beelitz bei Berlin. Bei den sendeseitig benutzten Rhombusantennen wurde die Vertikalcharakteristik stetig geschwenkt. Nach der Identifizierung der Wege durch GONNERMANN (1944) waren 3x F-, 4x F- und 5x F-Wege zu beobachten (12,86 MHz), die bei 3oo km Schichthöhe den Einfallswinkeln 17°, 22° und 26° entsprechen. Nach den Messungen von SCHÜTTLÖFFEL u. VOGT (1939) konnte man 3 Winkelbereiche unterscheiden. Der am häufigsten auftretende liegt zwischen $22,4^{\circ}$ und $23,8^{\circ}$. Seltener kommen die Winkelbereiche $1o^{\circ}$ bis 12° und $7,4^{\circ}$ bis $1o^{\circ}$ vor (18 MHz). Die flacheren Winkel, die etwa $2x$ F entsprechen, kommen vermutlich häufiger in der Nähe der Grenzfrequenz vor oder können auch durch E-Reflexion bei 12,86 MHz abgedeckt sein. NEYER (1944) konnte mit derselben Apparatur noch Einfallswinkel bei 5° nachweisen. Erwähnt seien noch Messungen von Erdumlaufzeichen und Indirektzeichen, die von Hess, v. Schmidt und Schulze (HESS u. Mitarb., 1943; v. SCHMIDT, 1938) durch schnelle oszillographische Registrierungen durchgeführt wurden. Die Erdumlaufzeit wurde aus zahlreichen Messungen auffallend konstant zu o,13778 sec und unabhängig von der Frequenz, der Tages- und Jahreszeit gefunden.

9. Die UKW-, dm- und cm-Wellenausbreitung bis 1945

Die Ausbreitungsverhältnisse dieser Wellen sind wesentlich anders als die der langen und kurzen Wellen. Eine Bodenwelle ist wegen der bei hohen Frequenzen vorhandenen starken Dämpfung kaum zu beobachten. Gelegentliche ionosphärische Übertragung gibt es zwischen 1o und 5 m in mittleren Entfernungen über die sporadische E-Schicht vornehmlich im Sommer, in großen Entfernungen über die $F2$-Schicht im Winter, besonders im Sonnenfleckenmaximum, sowie durch Übertragung von Irregularitäten (s. Statistiken von HESS, 1938, 1941; FENDLER, 1937, 1938). Die regelmäßig beobachteten Ausbreitungsverhältnisse dieser Wellen sind bestimmt durch die direkte Strahlung und eventuell eine am Erdboden reflektierte. Bis etwa 1931 hatte man angenommen, daß die Reichweite der UKW durch den optischen Horizont begrenzt ist. SOHNEMANN (1931), Muyskens und Kraus (1933) fanden, daß auch über den Horizont hinaus von der Strahlung erhebliche Entfernungen durch Beugung zurückgelegt werden. Dabei erfolgt außerhalb der optischen Sicht die Abnahme der Feldstärke rascher als es der Freiraumausbreitung entspricht. Die Korrektur hierfür erfolgt durch einen Exponentialfaktor, der, wie bei den Mittel- und Langwellen, proportional der Entfernung und umgekehrt proportional der Wellenlänge ist. Über einen solchen Abschattungsfaktor für den Beugungseinfluß wurde schon im Abschnitt 4 (POINCARÉ, 1912; SOMMERFELD, 19o9, 1911, 1926; WATSON, 1918; VAN DER POL, 1919a, b, 192o) berichtet. Eingehendere Untersuchungen der Nahausbreitung der UKW wurden 1933 von ESAU u. KÖHLER (1933) durchgeführt. Da zwischen Sender und Empfänger Baumgruppen und Bodenerhebungen vorhanden waren, existierte keine direkte Strahlung, und es zeigten sich bei

Vergrößerung der Antennenhöhe keine Interferenzerscheinungen. Ferner ergaben diese Versuche, daß bei allen Geländearten mit Ausnahme von dichtem Wald die vertikale Polarisation der horizontalen überlegen war. Mit wachsender Senderhöhe verschwindet dieser Unterschied. Bei dichtem Wald ist die horizontale Polarisation günstiger, da die Baumstämme wie ein zwischen Sender und Empfänger gestellter Gitterreflektor wirken (s. Abschn. 2). Interferenzfelder treten auch in Städten auf, wo infolge der zahlreichen Reflexionen selbst hinter abschirmenden Gebäuden und in engen Straßen noch Empfang möglich ist. ENGLUND, CRAWFORD u. MUMFORD (1936, 1938) berichten 1938, daß ein Flugzeug längs der Verbindungslinie Sender-Empfänger periodische Veränderungen der Feldstärke hervorrufen kann. 1941 wurden von GROSSKOPF u. VOGT (1941) solche Schwebungen auch im Kurzwellenbereich beobachtet.

Um eine bessere Annäherung der berechneten Feldstärke mit der gemessenen zu erzielen, haben schon ENGLUND, CRAWFORD u. MUMFORD (1935) versucht, die Brechung der Wellen in der Troposphäre in die Beugungsformel einzubeziehen. Ausführliche Rechnungen der troposphärischen Brechung wurden in den Jahren 1936 bis 1938 von PLENDL u. ECKART (1937, 1938a, b) durchgeführt. In der Troposphäre ist der Brechungsindex im Gegensatz zur Ionosphäre reell, d.h. die Absorption kann hierbei vernachlässigt werden, und unabhängig von der Frequenz. Da seine Abweichung von 1 nicht groß ist, werden praktisch nur Strahlen gebrochen, die annähernd parallel zur Erdoberfläche verlaufen. Die dem Quadrat des Brechungsindex proportionale Dielektrizitätskonstante in einem Gasgemisch, wie es die Luft darstellt, ist proportional der Zahl der Moleküle und ihrer Polarisierbarkeit, letztere wiederum proportional dem permanenten Dipolmoment und umgekehrt proportional der absoluten Temperatur. Ihr Wert ändert sich mit der Dichte, d.h. mit dem Luftdruck. Neben den Gasbestandteilen der Luft ist auch Wasserdampf zu berücksichtigen. Er ist veränderlich mit dem Wasserdampfdruck, der dem Sättigungsdruck und der relativen Feuchte proportional ist. Durch eine geometrisch-optische Betrachtungsweise berechnen Eckart und Plendl für eine parabolische Abnahme der Dielektrizitätskonstante mit der Höhe die Strahlenbahnen. Es ergibt sich, daß der flachste Strahl weit in den geometrischen Schatten hineinreicht und der Einfluß der Brechung um so geringer wird, je steiler die Strahlen verlaufen. Von einem Winkel von $1,5^\circ$ an kann die Brechung vernachlässigt werden. In einem Vertikalstrahlungsdiagramm einer Antenne treten zahlreiche Interferenzstreifen auf, die durch das Zusammenwirken der direkten und der am Erdboden reflektierten Strahlung entstehen (v. HANDEL u. PFISTER, 1935). ECKART u. PLENDL (1937) haben den Einfluß der Brechung einbezogen. Das Diagramm wird hierdurch in Richtung des geometrischen Schattens verschoben. Die von ihnen angestellten Messungen stimmten gut mit diesem Verlauf überein. Ihre Rechnungen lieferten für lineare Annäherung einen vergrößerten "fiktiven" Erdradius, mit dem dann so gerechnet werden kann, als ob keine Brechung vorhanden wäre. Für mittelfeuchte Luft ist er gleich 4/3 des Erdradius in Übereinstimmung mit älteren amerikanischen Rechnungen.

Das Auftreten ausgeprägter Schwunderscheinungen und die sie erzeugenden meteorologischen Vorgänge wurden auch von der Forschungsanstalt für Wetterdienst näher untersucht (SCHOLZ u. EGERSDÖRFER, 1939). Es zeigte sich, daß die Schwundamplituden bei horizontaler Polarisation viel größer sind als bei vertikaler. Allgemein wurde festgestellt, daß die Feldstärkeschwankungen mit Störungen des Temperaturfeldes zusammenfallen. Beim Vorhandensein einer oder mehrerer Inversionen kann die Feldstärke sowohl über den Mittelwert ansteigen, als auch darunter absinken. Ob das eine oder andere eintritt, hängt von der Lage des Sende- und Empfangspunktes zu den brechenden Luftschichten ab. Englund, Crawford und Mumford haben 1938 nach dem Appletonschen

Frequenzänderungsverfahren die Höhen von durch Knickstellen im Tempe-
ratur- und Wasserdampfdruckverlauf gekennzeichneten Irregularitäten
der Troposphäre zwischen 2 und 3,5 km Höhe gelotet. Der Reflexions-
koeffizient war sehr gering (etwa o,oooo7).

Mitte der dreißiger Jahre interessierte man sich bereits für die Ausbreitung von Dezimeterwellen, da man begann, diese in der Praxis einzusetzen, z.B. im See- und Flugfunkverkehr. MARCONI (1933) hatte mit
λ = 57 cm Reichweiten bis zu 269 km erzielt, wobei die optische Sicht
etwa 116 km betrug. HERSHBERGER (1934) erreichte mit λ = 75 cm Entfernungen bis 162 km. TREVOR u. GEORGE (1935) kamen mit λ = 73 cm
auf Entfernungen bis zu etwa 2oo km (Senderleistung 3o Watt). Um diese
Grenze herum beobachteten sie größere und lang andauernde Schwunderscheinungen. Gegenüber den Lichtwellen, die für Navigationszwecke von
den Dezimeterwellen vielfach verdrängt wurden, besitzen die letzteren
den Vorzug, daß Regen und Nebel ihre Ausbreitung nicht wesentlich beeinflussen. Hier macht sich eine Absorption erst in der Nähe von
λ = 2 cm bemerkbar. Die Anwendung der Millimeterwellen wurde nach
Rechnungen von Fränz aus dem Jahre 194o als begrenzt angesehen, da
hier die Schwächung im Regen und Nebel schon ganz beträchtlich ist.
Ursache der Absorption sind nur Tropfen flüssigen Wassers, nicht aber
Wassordampf. An don Tropfen wird der fortschreitenden Welle Energie
entzogen durch Zerstreuung in Form von Beugungswellen und durch Wärme-
erzeugung im Innern des Tropfens. Aus den von MIE (19o8) durchgeführten Rechnungen ergab sich, daß es für die Gesamtschwächung der Wellen
in erster Näherung auf die Gesamtmenge des flüssigen Wassers ankommt,
solange die Bestandteile der Wolken und Nebel klein sind gegenüber
den in Frage kommenden Wellenlängen. Sonst ist die Verteilung auf die
verschiedenen Tropfengrößen zu berücksichtigen.

LEHFELD (1949) hat in den Jahren 194o bis 1945 umfangreiche Ausbrei-
tungsmessungen auf Wellenlängen zwischen 6 m und 75 cm durchgeführt
auf Strecken verschiedener Länge (5o bis 275 km) und verschieden guter
optischer Sicht. Sie verliefen im Flachland, über Mittelgebirge und
über See. Zentrale Empfangsstellen befanden sich auf dem Feldberg und
auf Rügen. Folgende Ergebnisse seien erwähnt: Schwunderscheinungen
treten immer vor Sonnenaufgang zusammenfallend mit dem Feuchtigkeits-
maximum auf. Der Schwund innerhalb der optischen Sicht trat gleichzeitig mit Überreichweiten auf, so daß gleiche Ursachen vermutet wurden. Die Wahrscheinlichkeit für Totalschwund nahm mit abnehmender
Wellenlänge zu. Die überwiegende Zahl der Schwunderscheinungen kam
durch Interferenz zustande und ist daher frequenz- und ortsabhängig.
Gemeinsamer Empfang mit zwei Empfängern in 2o m Entfernung beseitigte
den Totalschwund. Mit zunehmender Länge der Strecken nahmen die
Schwunderscheinungen zu. Kurze Flachlandstrecken, bei denen der Empfänger auch knapp hinter der optischen Sicht liegen kann, waren im
Mittel immer besser als lange Gebirgsstrecken mit guter optischer
Sicht. Bei Berg- und Talstrecken ergaben sich immer gute Verbindungen.
See- und Flachlandstrecken zeigten keine wesentlichen Unterschiede.
Bei Landstrecken war kein Unterschied zwischen horizontaler und vertikaler Polarisation festzustellen. Der Empfang hinter dem Horizont
nimmt mit abnehmender Wellenlänge ab. Der Pegel bei Überreichweiten
über Land und See wurde bisweilen in einer Größenordnung gefunden,
als ob freie Wellenausbreitung vorherrscht. Eine markante Schatten-
grenze fehlte in Übereinstimmung mit der Theorie von van der Pol und
v. Handel und Pfister. Vergleiche der Messungen mit meteorologischen
Daten lassen vermuten, daß der Wasserdampfgehalt der Luft die Ursache
für die genannten Erscheinungen ist (Inversionen). Brechung oder
Streuung an Nebeltröpfchen wurde in diesem Frequenzbereich in Übereinstimmung mit den Rechnungen von FRÄNZ (194o) nicht beobachtet.

1o. Schlußwort

1942 waren 5o Jahre vergangen, seitdem Hertz seine Entdeckung in seinem Werk "Über die Ausbreitung der elektromagnetischen Kraft" veröffentlicht hat. Die Geschichte der Weiterentwicklung dieser Entdeckung
zur weltumspannenden Radiotechnik erbrachte in stürmischer Folge sehr
viele neue Erkenntnisse auf dem Gebiet der Radiowellenausbreitung,
über die ich in diesem Aufsatz berichtet habe. Die dabei sich erge-
bende Zusammenarbeit zwischen Hochfrequenztechnikern, Geophysikern
und Astrophysikern hat sich als überaus fruchtbringend erwiesen. Wenn
ich nun meine Übersicht über das erste halbe Jahrhundert Radiowellenausbreitung mit dem Ende des Zweiten Weltkrieges 1945 abschließe, so
möchte ich noch hinzufügen, daß diese Zusammenarbeit heute noch an-
dauert und zu weiteren detaillierten Erkenntnissen der Ionosphäre und
Wellenausbreitung führte.

Literatur

APPLETON, E.V.: On the diurnal variation of ultra-short wave wireless
transmission. Prov. Cambridge Phil. Soc. 23, Part 2, 155 (1926).
APPLETON, E.V.: The existence of more than one ionized layer in the
upper atmosphere. Nature 12o, 33o (1927).
APPLETON, E.V.: Proc. U.R.S.I. Washington 1927.
APPLETON, E.V.: Nature 127, 197 (1931).
APPLETON, E.V., BARNETT, M.A.F.: Wireless signal variations. Electri-
cian 95, 678 (1925a).
APPLETON, E.V., BARNETT, M.A.F.: On some direct evidence for down-
ward atmospheric reflection of electric rays. Proc. Roy. Soc.
(London) A 1o9, 621 (1925b).
APPLETON, E.V., BARNETT, M.A.F.: Local reflection of wireless waves
from the upper atmosphere. Nature 115, 333 (1925c).
APPLETON, E.V., BUILDER, G.: Wireless echoes of short delay. Proc.
Phys. Soc. (London) 44, 76 (1932).
APPLETON, E.V., NAISMITH, R.: Some measurements of upper atmospheric
ionization. Proc. Roy. Soc. (London) A 137, 36 (1932).
APPLETON, E.V., NAISMITH, R.: Some further measurements of upper at-
mospheric ionization. Proc. Roy. Soc. (London) A 15o, 685 (1935).
APPLETON, E.V., NAISMITH, R.: Scattering of radio waves in polar re-
gions. Nature 143, 234 (1939).
APPLETON, E.V., NAISMITH, R., INGRAM, L.J.: British radio observations
during the second international polar year 1932-1933. Phil. Trans.
Roy. Soc. (London) A 236, 191 (1937).
APPLETON, E.V., NAISMITH, R., INGRAM, L.J.: The critical frequency
method of measuring upper-atmospheric ionization. Proc. Phys. Soc.
(London) 51, 81 (1939).
ASCHENBRENNER, H., GOUBAU, G., PETERSEN, J., ZENNECK, J.: Einfluß der
partiellen Sonnenfinsternis am 19. Juni 1936 auf die Ionosphäre.
Hochfrequenztechn. u. Elektroak. 48, 181 (1936).
AUSTIN, L.W.: Some quantitative experiments in long distance radio
telegraphy. Bull. B.o.S. 6, 53o (191oa); auch in J. Wash. Acad.
Sci. 1911.
AUSTIN, L.W.: The measurement of electrical oscillations in the re-
ceiving antenna. B.o.S. Scientific papers No. 157, Bull B.o.S. 7,
295 (191ob).
AUSTIN, L.W.: Über einige Versuche mit Radiotelegraphie auf große
Entfernungen. Jahrb. drahtl. Tel. 5, 75 (1912).
AUSTIN, L.W.: The wave front angel in radiotelegraphy. J. Wash. Acad.
Sci. 11, 5, 1o1 (1921).

AUSTIN, L.W.: Long distance radio receiving measurements at the Bureau
of Standards in 1923. Proc. I.R.E. 12, 389 (1924).
AUSTIN, L.W.: A suggestion for experiments on apparent radio direction
variations. Proc. I.R.E. 13, 3, 4o9 (1925).
AUSTIN, L.W.: Long wave radio measurements at the Bureau of Standards
in 1926 with some comparison of solar activity and radio phenomena.
Proc. I.R.E. 15, 825 (1927).
AUSTIN, L.W.: Long wave radio receiving measurements at the Bureau
of Standards in 1928. Proc. I.R.E. 18, 1o1 (193o).
BAILEY, V.A., MARTYN, D.F.: The interaction of radio waves. Nature
132, 218 (1934).
BAILEY, V.A., AUSTIN, L.W., THOMSON, H.M.: Transatlantic long wave
radio telephone transmission and related phenomena from 1923 to
1933. Bell Syst. Techn. J. 14, 68o (1935).
BAKER, W.G., RICE, C.W.: Refraction of short radio waves in the upper
atmosphere. J. A.I.E.E. 45, 535 (1926a); auch in Jahrb. drahtl.
Tel. 28, 197 (1926b).
BARTELS, J.: Elektrophysik der hohen Atmosphäre. Vortrag auf der Ta-
gung der Heinrich-Hertz-Gesellschaft in Bad Nauheim 21. Sept.
1932, Sonderheft der ENT Berlin. Berlin: J. Springer 1933.
BARTELS, J.: Nachstörung in $F2$ und erdmagnetische Nachstörung. Vorl.
Mitt. 1944.
BÄUMLER, M.: Neue Untersuchungen über die Ausbreitung der elektromag-
netischen Wellen. E.N.T. 1, 41 (1924a); auch in Proc. I.R.E. 13,
5 (1925a).
BÄUMLER, M.: Die Ausbreitung der elektromagnetischen Wellen in der
Großstadt. E.N.T. 1, 16o (1924b); auch in E.T.Z. 46, 973 (1925b).
BÄUMLER, M.: Die Strahlung der Luftleiteranlage am Herzogstand. E.N.T.
3, 467 (1926a).
BÄUMLER, M.: Die Ausbreitung der elektromagnetischen Wellen längs der
Erdoberfläche. E.T.Z. 47, 955 (1926b).
BÄUMLER, M., MÖGEL, H.: Ein deutscher Nachweis einer leitenden Schicht
in der oberen Atmosphäre durch Echomessungen. TFT 21, 141 (1932).
BÄUMLER, M., PFITZER, W.: Untersuchung der gegenseitigen Modulations-
beeinflussung elektrischer Wellen mit deutschen Rundfunksendern.
Hochfrequenztechn. u. Elektroak. 46, 181 (1935).
BÄUMLER, M., ZENNECK, J.: Versuche über die Ausbreitung der elektro-
magnetischen Wellen. E.N.T. 3, 139 (1926).
BECKER, W.: Der schiefe Einfall ebener elektromagnetischer Wellen in
der Ionosphäre. Hochfrequenztechn. u. Elektroak. 62, 137 (1943).
BECKMANN, B., MENZEL, W., VILBIG, F.: Über streuende Reflexionen der
Ionosphäre. TFT 28, 13o (1939a).
BECKMANN, B., MENZEL, W., VILBIG, F.: Über die Ausbreitung der Nord-
lichtstörungen in der Ionosphäre und den hierdurch entstehenden
Breiteneffekt. TFT 28, 425 (1939b).
BECKMANN, B., MENZEL, W., VILBIG, F.: Einige Bemerkungen zur Frage
der Grenzwellen. TFT 28, 223 (1939c).
BECKMANN, B., MENZEL, W., VILBIG, F.: Über die praktische Bedeutung
der Ionosphärenforschung für den Funkdienst. TFT 29, 1o6 (194o).
BECKMANN, B., MENZEL, W., VILBIG, F.: Grenzwellen und Streustrahlung
in der Funkausbreitung. TFT 3o, 43 (1941).
BERKNER, L.V., WELLS, H.W.: Abnormal ionization of the E-region of
the ionosphere. Terr. Magn. 42, 73 (1937).
BERKNER, L.V., WELLS, H.W.: Non-seasonal change of F2-region ion-den-
sity. Terr. Magn. 43, 15 (1938).
BOOKER, H.G., SEATON, S.L.: Relation between actual and virtual ionospheric height. Phys. Rev. 57, 87 (194o).
BOOKER, H.G., WELLS, H.W.: Scattering of radio waves by the F-region
of the ionosphere. Terr. Magn. 43, 249 (1938).

BRAND, J.O., ZENNECK, J.: Die Abhängigkeit der abnormalen E-Schicht
    der Ionosphäre von der Tages- und Jahreszeit. Schr. Dtsch. Akad.
    Luftfahrtforsch. 6, 1 (1942).
BREIT, G., TUVE, M.A.: A test of existence of the conducting layer.
    Phys. Rev. 28, 554 (1926).
BROWN, R., GILLETT, G.: Broadcasting distribution in city districts.
    Electrician 92, 624 (1924).
BUDDEN, K.G., RATCLIFFE, J.A., WILKES, M.V.: Further investigations
    of very long waves reflected from the ionosphere. Proc. Roy. Soc.
    (London) A 171, 188 (1939).
BUREAU, R., DELEAMBRE: Sur la propagation de ondes courtes. Compt.
    Rend. 18o, 2o28 (1925).
BURKARD, O.: Ein geomagnetischer Längeneffekt der F-Schicht-Ionisa-
    tion. Z. Geophys. 17, 51 (1941).
BURKARD, O.: Die jahreszeitlichen Höhen- und Ionisationsschwankungen
    der F2-Schicht. Hochfrequenztechn. u. Elektroak. 6o, 87 (1942).
CRONE, W., KRÜGER, K., GOUBAU, G., ZENNECK, J.: Echomessungen bei
    Fernübertragung. Hochfrequenztechn. u. Elektroak. 48, 1 (1936).
DELLINGER, J.H.: A new cosmic phenomenon. Science 82, 351, 548 (1935).
DELLINGER, J.H.: A new solar radio disturbance. Electronics 9, 25 (1936).
DELLINGER, J.H.: Sudden ionospheric disturbances. Terr. Magn. 42, 49
    (1937).
DELLINGER, J.H.: Some contributions of radio to other sciences. J.
    Franklin Inst. 228, 11 (1939).
DELLINGER, J.H., WHITTEMORE, L.E., KRUSE, S.: A study of radio signal
    fading. B.o.S. Scientific papers No. 476; auch in Jahrb. drahtl.
    Tel. 24, 144 (1924).
DESSAUER, G., EYFRIG, R., HECHTEL, R., PETERSEN, J.: Über das Auftre-
    ten der abnormalen E-Schicht in der Ionosphäre. Schr. Dtsch. Akad.
    Luftf.-Forsch. 6, 1 (1942).
DESSAUER, G., EYFRIG, R., HECHTEL, R., PETERSEN, J., ZENNECK, J.:
    Ionosphärenmessungen der Versuchsstation Herzogstand in den Jahren
    194o und 1941. Mitt. Dtsch. Akad. Luftf.-Forsch. 2, 165 (1943).
DIEMINGER, W.: Über den Zusammenhang zwischen dem Zustand der Iono-
    sphäre und den Ausbreitungsmessungen elektrischer Wellen. Hoch-
    frequenztechn. u. Elektroak. 46, 1o9 (1935).
DIEMINGER, W.: Meridianschnitt durch die Ionosphäre. Vortrag auf der
    Arbeitskreistagung "Sonnenphysik", 1944.
DIEMINGER, W., GOUBAU, G., ZENNECK, J.: Die Störungen der Ionosphäre.
    Hochfrequenztechn. u. Elektroak. 44, 2 (1934).
DIEMINGER, W., PLENDL, H.: Ergebnisse von Dauerregistrierungen der
    Ionosphäre. Z. techn. Physik 429 (1938).
DIEMINGER, W., PLENDL, H.: Fortlaufende Senkrechtlotungen der Iono-
    sphäre auf 367o kHz (81,7 m) im Jahre 1938. Abhandl. Nr. 4 Geo-
    physik. Inst. Potsdam, Berlin 1939.
Documents du Comité Consultatif International des Radiocommunications.
    Quatrième Réunion, Bucarest 1937. Tome I Berne. Bureau de d'Union
    Internationale des Télécommunications, 529-532, 1937.
DUDDELL, N., TAYLOR, A.H.: Measurements in wireless. Electrician 55,
    26o (19o5); auch in I.E.E. 35, 321 (19o5).
ECCLES, W.H.: On the diurnal variations of the electric waves round
    the bend of the earth. Proc. Roy. Soc. (London). 87, 79 (1912).
ECKART, G., PLENDL, H.: Ultra-short wave propagation along the curved
    earth's surface. Porc. I.R.E. 25, 346 (1937).
ECKERSLEY, T.L.: The effect of the Heaviside layer on the apparent
    direction of electromagnetic waves. Radio Rev. 2, 234 (1921).
ECKERSLEY, T.L.: Irregular ionic clouds in the E-layer of the iono-
    sphere. Nature 14o, 846 (1937).
ENGLUND, C.R., CRAWFORD, A.B., MUMFORD, W.M.: Further results of a
    study of ultra-short wave transmission phenomena. Bell System Techn.
    J. 14, 369 (1935).

ENGLUND, C.R., CRAWFORD, A.B., MUMFORD, W.M.: Selective fading on
    ultra-short-waves. Nature 137, 743 (1936).
ENGLUND, C.R., CRAWFORD, A.B., MUMFORD, W.M.: Ultra-short wave trans-
    mission and atmospheric irregularities. Bell System Techn. J. 17,
    489 (1938).
ESAU, A., KÖHLER, W.: Ausbreitungsversuche mit der 1,3 m-Welle. Hoch-
    frequenztechn. u. Elektroak. 41, 153 (1933).
ESPENSCHIED, L., ANDERSON, C.N., BAILEY, A.: Transatlantic radio tele-
    phon transmission. Elec. Commun. 4, 7 (1925).
EYFRIG, R.: Über Echomessungen bei Fernübertragung und ihre Beziehung
    zu Zenitreflexionen. Hochfrequenztechn. u. Elektroak. 56, 161 (1940).
EYFRIG, R.: Beiträge zur Erfassung der Breitenabhängigkeit der Elek-
    tronenkonzentration der $F2$-Schicht. Interner Ber. Versuchsstation
    Herzogstand 1942.
EYFRIG, R.: Eine neue Darstellungsform von Ionosphärenergebnissen.
    Vorl. Mitt. Versuchsstation Herzogstand, 1944a.
EYFRIG, R.: Die wissenschaftlichen Unterlagen für die Konstruktion
    eines Frequenzschiebers bezüglich der F-Schicht. Ber. Ferdinand-
    Braun-Institut, 1944b.
EYFRIG, R., GOUBAU, G., NETZER, Th., ZENNECK, J.: Der Zustand der
    Ionosphäre während des Nordlichtes am 25./26. Januar 1938 nach
    den Beobachtungen der Versuchsstation am Herzogstand. Hochfrequenz
    techn. u. Elektroak. 51, 149 (1938).
FARMER, F.T., RATCLIFFE, J.A.: Wireless waves reflected from the
    ionosphere at oblique incidence. Proc. Phys. Soc. (London) 48, 839
    (1936).
FENDLER, E.: Die Eigenschaften der 1o m-Welle im Überseeverkehr.
    Hochfrequenztechn. u. Elektroak. 49, 56, 171 (1937).
FENDLER, E.: Die Änderungen in den Übertragungsbedingungen einer
    Grenzwelle (1o m) in den Jahren 1935 bis 1937. Hochfrequenztechn.
    u. Elektroak. 52, 18 (1938).
FLEMING, J.A.: On the causes of ionisation of the atmosphere. Elec-
    trician 75, 348 (1915).
FOREST, L. de: Interferenz zwischen elektrischen Wellen von der glei-
    chen Antenne. Jahrb. drahtl. Tel. 6, 167 (1912).
FÖRSTERLING, K., LASSEN, H.: Die Ionisation der Atmosphäre und die
    Ausbreitung der kurzen elektrischen Wellen. Z. techn. Physik 12,
    453, 5o2 (1931).
FRÄNZ, K.: Über die funktechnische Expedition der Gesellschaft zur
    Förderung des Funkwesens nach Tromsö und deren Ergebnisse. Z.
    Physik 1o3, 671 (1936).
FRÄNZ, K.: Die Schwächung sehr kurzer elektrischer Wellen beim Durch-
    gang durch Wolken und Nebel. Hochfrequenztechn. u. Elektroak. 55,
    141 (1940).
FULLER, L.F.: Electrician 75, 154 (1915a).
FULLER, L.F.: Continuous waves in long distance radio telegraphy.
    Trans. A. I.E.E. 34, 567, 8o9 (1915b).
FULLER, L.F.: Sustained wave receiving data. Proc. I.R.E. 4, 3o5 (1916).
GILLILAND, T.R.: Note on a multi-frequency automatic recorder of iono-
    sphere heights. Bureau of Stand. J. Res. R.P. 6o8, B.o.S. J. Res.
    11, 561 (1933); Proc. I.R.E. 22, 236 (1934).
GILLILAND, T.R., KENRICK, G.W.: Proc. I.R.E. 2o, 54o (1932).
GILLILAND, T.R., KIRBY, S.S., SMITH, N., REYMER, S.E.: Ionospheric
    data. Terr. Magn. 41, 379 (1936).
GILLILAND, T.R., KIRBY, S.S., SMITH, N., REYMER, S.E.: Characteristics
    of the ionosphere and their application to radio transmission. Proc.
    I.R.E. 25, 823 (1937).
GONNERMANN, H.: Ber. über Beobachtungen der abnormalen E-Schicht in
    Rechlin in den Jahren 1938 und 1939. Int. Mitt. ZfF Nr. 9 (1941).

GONNERMANN, H.: Zur Frage der Bestimmung der Übertragungsarten bei
Fernübertragung von Impulsen aus Messungen der Einfallswinkel und
Wegdifferenzen der Einzelechos. Interner Ber. ZfF Nr. 33 (1944).

GOUBAU, G.: Echomessungen an den ionisierten Schichten der Atmosphäre.
ENT 1o, 72 (1933).

GOUBAU, G.: Dispersion an einem Elektronen-Ionen-Gemisch, das unter
dem Einfluß eines äußeren Magnetfeldes steht (Beitrag zur Disper-
sionstheorie der Ionosphäre). Hochfrequenztechn. u. Elektroak. 46,
37 (1935).

GOUBAU, G., ZENNECK, J.: Messung von Echos bei der Ausbreitung elektromagnetischer Wellen in der Atmosphäre. Hochfrequenztechn. u. Elektroak. 37, 2o7 (1931).

GOUBAU, G., ZENNECK, J.: Eine Methode zur selbsttätigen Aufzeichnung
der Echos aus der Ionosphäre. Hochfrequenztechn. u. Elektroak. 41,
77 (1933).

GROSSKOPF, J.: Die gegenseitige Modulationsbeeinflussung elektromagnetischer Wellen in der Ionosphäre. Hochfrequenztechn. u. Elektroak.
51, 18 (1938).

GROSSKOPF, J.: Über einige Beobachtungen bei Feldstärkeregistrierungen
im Kurzwellenbereich. TFT 29, 127 (194o).

GROSSKOPF, J., VOGT, K.: Polarisationsmessungen im Kurzwellenbereich.
TFT 29, 36o (194oa).

GROSSKOPF, J., VOGT, K.: Polarisationsmessungen im Mittelwellenbereich. TFT 29, 291 (194ob).

GROSSKOPF, J., VOGT, K.: Über die Messung der Bodenleitfähigkeit.
TFT 29, 164 (194oc).

GROSSKOPF, J., VOGT, K.: Über Beobachtungen des Doppler-Effektes im
Kurzwellenempfangsfeld. Hochfrequenztechn. u. Elektroak. 57, 143
(1941).

GROTRIAN, W.: Sonne und Ionosphäre. Naturwissenschaften 27, 555, 569
(1939).

GUIERRE, M.: Explorations Hertziennes entre Toulon et Tahiti. Bull.
Soc. Franç. Elect. 1o, 247 (192o).

HANDEL, P.v., PFISTER, W.: Untersuchungen über das Strahlungsfeld von
Ultrakurzwellenantennen. Hochfrequenztechn. u. Elektroak. 46, 8
(1935).

Handwörterbuch des elektrischen Fernmeldewesens. Herausgegeben im Auftrag des Bundesministeriums für das Post- und Fernmeldewesen,
Bundesdruckerei Berlin. Geschichte des Fernmeldewesens 2, 7oo-7o4
(197o).

HARANG, L.: Änderungen der Ionisation der höchsten Atmosphärenschich-
ten wöhrend der Nordlichter und erdmagnetische Störungen. Gerlands
Beitr. Geophys. 46, 438 (1936).

HARANG, L.: Pulsations in an ionized region at a height of 65o-8oo km
during the appearance of giant pulsations in the geomagnetic records.
Terr. Magn. 44, 17 (1939).

HARBICH, H.: Versuche zur Feststellung der geeignetsten Lage einer
Übersee-Funkempfangsstelle in Deutschland. Jahrb. draht. Tel. 21,
229 (1923).

HARBICH, H.: Die Rundfunkversorgung Deutschlands als technische Aufgabe. Elektrotechn. Z. 55, 685 (1934).

HARTREE, D.R.: Propagation of electromagnetic waves in a refracting
medium in a magnetic field. Proc. Cambridge Phil. Soc. 27, 143
(1931).

HEAVISIDE, O.: Encyclopaedia Britannica, 1o. Auf., Band 33, Dezember
19o2.

HEISING, R.A., SCHELLENG, J.C., SOUTHWORTH, G.C.: Some measurements
of short wave transmission. Proc. I.R.E. 14, 613 (1926).

HERSHBERGER, W.D.: Seventy-five-centimeter radio communication tests.
Proc. I.R.E. 22, 87o (1934).

HERTZ, H.: Über die Ausbreitung der elektrischen Kraft. Leipzig 1892.
HESS, H.A.: Untersuchung über die Ausbreitung der elektromagnetischen
    Wellen unter 11 m auf große Entfernungen. Funktechn. Mitt. 38
    (1938).
HESS, H.A.: Die abnormale E-Schicht der Ionosphäre und eine ungewöhn-
    liche Fernwirkung von Ultrakurzwellen. Elektrotechn. Z. 62, 4o1
    (1941).
HESS, H.A., SCHMIDT, O.v., SCHULZE, G.: Indirekte Zeichen und Erdum-
    läufe. Deutsche Luftfahrtforsch., Forsch.-Ber. Nr. 1898 (1943).
HOLLINGWORTH, J.: Directional measurements with the Royal Air Force.
    Radio Rev. 2, 282 (1921).
HOLLMANN, H.E., KREIELSHEIMER, K.: Selbsttätige Registrierung der
    Heaviside-Schicht. ENT 1o, 392 (1933).
HULBURT, E.O.: The Kennelly-Heaviside layer and radio wave propagation.
    J. Franklin Inst. 2o1, 567 (1926).
KENNELLY, A.E.: Electrical World and Engineer, 473 (19o2).
KIEBITZ, F.: Funkentelegraphische Beobachtungen während der Sonnen-
    finsternis am 17. April 1912. Physik. Z. 13, 89o (1912).
KIEBITZ, F.: Über die Ausbreitungsvorgänge und Empfangsstörungen in
    der Funkentelegraphie. Jahrb. drahtl. Tel. 22, 196 (1923).
KIRBY, S., GILLILAND, T.R.G., SMITH, N., REYMER, S.E.: Phys. Rev. 51,
    992 (1937).
KLÜBER, H.v.: Funk 3/4, 49 (1943).
KOHLHÖRSTER, W.: Bericht über die durchdringende Strahlung in der
    Atmosphäre. Naturwissenschaften 14, 21o, 313 (1926).
LANGE-HESSE, G.: Über die geographische Ausdehnung von Funkverkehrs-
    störungen in norwegisch-finnischem Raum und deren Auswirkung im
    Erdmagnetismus. Interner Ber. ZfF Nr. 4 (1943a).
LANGE-HESSE, G.: Ausbreitung kurzer Wellen unter besonderer Berück-
    sichtigung der Verhältnisse in hohen geographischen Breiten.
    Interner Ber. ZfF Nr. 3 (1943b).
LAPORTE, O.: Zur Theorie der Ausbreitung elektromagenetischer Wellen
    auf der Erdkugel. Jahrb. drahtl. Tel. 12, 45 (1918).
LASSEN, H.: Über die Ionisation der Atmosphäre und ihren Einfluß auf
    die Ausbreitung der kurzen elektrischen Wellen der drahtlosen
    Telegraphie. Jahrb. drahtl. Tel. 28, 1o9, 139 (1926).
LEHFELD, W.: Die Ausbreitung der ultrakurzen (quasioptischen) Wellen.
    AEÜ 3, 137 (1949).
LEITHÄUSER, G., BECKMANN, B.: Ionosphärenschichten und Sonnenfinster-
    nis. Z. techn. Physik 17, 327 (1936).
LEITHÄUSER, G., BECKMANN, B.: Über ungewöhnliche Zustände der Iono-
    sphäre und deren Beziehung zu Nordlichtern und Erdmagnetismus.
    Z. techn. Physik 18, 29o (1937).
MARCONI, G.: A note on the effect of daylight upon the propagation
    of electromagnetic waves over long distances. Proc. Roy. Soc.
    (London) (19o2).
MARCONI, G.: Radio communicationi con ondi cortissimi. Alta Frequenza
    2, 5 (1933).
MARTYN, D.F.: Proc. Phys. Soc. (London) 47, 332 (1935).
MAXWELL, J.C.: A Treatise on Electricity and Magnetism. Oxford 1873.
MIE, G.: Ann. Physik 377 (19o8).
MÖGEL, H.: Über die Beziehungen zwischen Kurzwellenempfang und den
    erdmagnetischen Störungen. TZ 11, Nr. 56, 14 (193o).
MÖGEL, H.: Kurzwellenempfang und Sonnentätigkeit. TZ 13, Nr. 6o, 32
    (1932a).
MÖGEL, H.: Über die Beziehungen zwischen Störungen des Kurzwellen-
    empfanges und den erdmagnetischen Störungen. ENT 9, 71 (1932b).
MÖGEL, H.: Kurzwellenerfahrungen im drahtlosen Überseeverkehr von
    1926 bis 1934. TZ 15, Nr. 67, 23 (1934).
NEYER, K.: Einfallswinkelmessungen nordamerikanischer Kurzwellensen-
    der Interner Ber. ZfF Nr. 16 (1944).

224

NETZER, E.: Über den Einfluß der erdmagnetischen Tätigkeit auf die
    Konzentration der F-Schicht und über einen Zusammenhang von abnor-
    maler E-Ionisierung mit Störungen der F-Schicht. Hochfrequenztechn.
    u. Elektroak. 55, 86 (1940).
NICHOLS, H.W., SCHELLENG, J.C.: Propagation of electric waves over
    the earth. Bell System Techn. J. 4, 215 (1925).
PFENNDORF, R.: Die Entstehung der stratosphärischen D-Schicht durch
    Absorption der Wasserstofflinie 1215 Å. Naturwissenschaften 29,
    195 (1941).
PLENDL, H., ECKART, G.: Die Ausbreitung der ultrakurzen Wellen. Z.
    techn. Physik 18, 441 (1937).
PLENDL, H., ECKART, G.: Die Überwindung der Erdkrümmung bei Ultra-
    kurzwellen durch die Strahlenbrechung der Atmosphäre. Hochfrequenz-
    techn. u. Elektroak. 52, 44 (1938a).
PLENDL, H., ECKART, G.: Die Beugungstheorie der Ausbreitung der ultra-
    kurzen Wellen. Hochfrequenztechn. u. Elektroak. 52, 58 (1938b).
PLENDL, H., DIEMINGER, W., RAWER, K.: Die Ionosphäre und ihre Bedeu-
    tung für den Funkdienst der Truppe. Vortrag bei einem Lehrgang für
    Fernmeldeing. 1942.
POINCARÉ, H.: Sur la diffraction des ondes Hertziennes. Comptes Rendu
    154, 795 (1912).
POL, B. VAN DER: On the propagation of electromagnetic waves round
    the earth. Phil. Mag. 38, 365 (1919a); auch in Proc. Roy. Soc.
    (London) A 95, 546 (1919b); Phil. Mag. 40, 163 (1920).
POL, B. VAN DER, BREMMER, H.: The diffraction of electromagnetic waves
    from an electrical point source round a finitely conducting sphere,
    with applications to radiotelegraphy and the theory of the rainbow.
    Phil. Mag. 24, 141-176 und 825-864 (1937).
QUÄCK, E., MÖGEL, H.: Hörbarkeitsgrenzen und günstige Verkehrszeiten
    bei Kurzwellen auf einzelnen Überseelinien. ENT 5, 542 (1928).
RAWER, K.: Der Einfluß der Dämpfung auf die Kurzwellenausbreitung.
    Dtsch. Luftfahrtforsch., Forsch.-Ber. Nr. 1872 (1934).
RAWER, K.: Elektrische Wellen in einem geschichteten Medium. Zur Frage
    der partiellen Reflexion und zur Berechung der scheinbaren Höhe
    von Ionosphärenschichten. Ann. Physik 35, 385 (1939a); auch in
    Hochfrequenztechn. u. Elektroak. 53, 150 (1939b).
RAWER, K.: Zur Entstehung der abnormalen E-Schicht der Ionosphäre.
    Naturwissenschaften 28, 577 (1940).
RAWER, K.: Eine Kennwertmethode zur Vorhersage ionosphärischer Grenz-
    frequenzen. Dtsch. Luftfahrtforsch., Forsch.-Ber. Nr. 1943 (1944).
REICH, M.: Quantitative Messungen über die durch elektrische Wellen
    übertragene Energie. Physik. Z. 14, 834 (1913).
REINARTZ, J.L.: The reflection of short waves. Q.S.T. 9, 9 (1925).
ROUND, H.J., ECKERSLEY, T.L., TREMELLEN, K., LUNNON, F.C.: Signal
    strength measurements. A report on some experiments made over great
    distances during 1922 and 1923 by an expedition sent to Australia.
    Electrician 94, 558 (1925); auch in J. I.E.E. 63, 933 (1925).

RUKOP, H.: Neuere Ergebnisse in der drahtlosen Telegraphie mit kurzen
    Wellen. Jahrb. drahtl. Tel. 28, 41 (1926a).
RUKOP, H.: Die Bildtelegraphie als Untersuchungsmethode für die Aus-
    breitung der kurzen Wellen. ENT 3, 316 (1926b).
RUKOP, H.: Der Stand der Wellenforschung in der oberen Atmosphäre.
    ENT 10, 41 (1933).
RUKOP, H., WOLF, P.: Eine leistungsfähige Einrichtung für Messungen
    an den Heaviside-Schichten. Z. techn. Physik 13, 132 (1932).
RYDBECK, O.: The propagation of electromagnetic waves in an ionized
    medium and the calculation of the true heights of the ionized
    layers of the atmosphere. Phil. Mag. 30, 282 (1940).
SACKLOWSKI, A.: Die Ausbreitung der elektromagnetischen Wellen. Berlin:
    Weidmann'sche Buchhandlung 1928.

SCHAFER, P.J., GOODALL, W.M.: Kennelly-Heaviside-layer studies employing a rapid method of virtual height determination. Proc. I.R.E. 2o, 1131 (1932).
SCHMIDT, O.v.: Neue Erklärung des Kurzwellenumlaufes um die Erde. Z. techn. Physik 19, 554 (1938); auch in Physik. Z. 39, 868 (1938).
SCHOLZ, W., EGERSDÖRFER, L.: Über den Einfluß der Troposphäre auf die Ultrakurzwellenausbreitung. TFT 28, 77 (1939).
SCHULTHEISS, F.: Die abnormale Ionisierung der Ionosphäre. Hochfrequenztechn. u. Elektroak. 48, 7 (1936).
SCHUSTER, A.: Phil. Trans. Roy. Soc. (London) A 2o8, 163 (19o7).
SCHÜTTLÖFFEL, E., VOGT, G.: Der Einfallswinkel der Kurzwellenstrahlung im Überseeverkehr. VDE Fachber. 11, 48 (1939).
SMITH, N.: Extension of normal-incidence ionosphere measurements to oblique incidence radio transmission. J. Res. Nat. Bur. Stand. 19, 89 (1937).
SMITH-ROSE, R.L.: Some radio direction finding observations on ship and shore transmitting stations. J. I.E.E. 62, 7o1 (1924).
SMITH-ROSE, R.L.: Polarization of wireless waves (experiments of vertically and horizontally polarized waves). Wireless World 17, 859 (1925).
SMITH-ROSE, R.L.: The cause and elimination of night errors in radio dircotion finding. Exp. Wireless (London) 3, 367 (1926).
SOHNEMANN, K.: Feldstärkemessungen im Ultrakurzwellengebiet. Diss. Univ. Berlin 1931; auch in E.N.T. 8, 462 (1931).
SOMMERFELD, A.: Über die Ausbreitung der Wellen in der drahtlosen Telegraphie. Ann. Physik 23, 665 (19o9); auch in Jahrb. drahtl. Tel. 4, 157 (1911); auch in Ann. Physik (4) 81, 1135 (1926).
STEWART, B.: Encyclopaedia Britannica, 9th ed. p. 181, 1878.
STOFFREGEN, W.: Apparate und Registrierverfahren der funktechnischen Expedition in Tromsö der Gesellschaft zur Förderung des Funkwesens. ENT 11, 341 (1934).
STÖRMER, C.: Ergebnisse der kosm. Physik 1, Leipzig: A.V.G. 1931.
STÖRMER, C.: Die wichtigsten Ergebnisse der Nordlichtforschung. ENT 1o, 6o-68 (1933).
SWANN, W.F.G.: Atmospheric electricity. J. Franklin Inst. 188, 577 (1919).
TAYLOR, A.H.: An investigation of transmission on the higher radio frequencies. Proc. I.R.E. 13, 677 (1925).
TAYLOR, A.H.: Relation between the height of the Kennelly-Heaviside layer and high frequency radio transmission phenomena. Proc. I.R.E. 14, 521 (1926).
TAYLOR, A.H., HULBURT, E.O.: The propagation of radio waves over the earth. Phys. Rev. 27, 189 (1926).
THEISSEN, E.: Bestimmung von "Smith'schen Kurven". Interner Ber. ZfF Nr. 34 (1944).
TREVOR, B., GEORGE, R.W.: Notes on propagation at a wavelength of seventy three centimeters. Proc. I.R.E. 23, 461 (1935).
VALLAURI, G.: Misure del campo elettromagnetico di onde radiotelegrafiche transoceaniche. L'Ettrotechnica 7, 298 (192o); auch in Proc. I.R.E. 8, 286 (192o).
VEGARD, L.: Z. Physik 16, 367 (1923).
VILBIG, F.: Gleichwellenfunk und Effekt der gegenseitigen Modulationsbeeinflussung (Luxemburg Effekt). TFT 31, 121 (1942).
VILBIG, F., BECKMANN, B., MENZEL, W.: Über Vorgänge in der Ionosphäre, die während des Nordlichtausbruches am 25. Januar 1938 in mittleren Breiten (52°) festgestellt wurden. TFT 27, 73 (1938).
VILBIG, F., BECKMANN, B., MENZEL, W.: Die Wellenausbreitungsforschung mit besonderer Berücksichtigung der Aufgaben und Ziele des Amtes für Wellenausbreitung der Forschungsanstalt der Deutschen Reichspost. Postarch. 71, 35 (1943).

WAGNER, K.W.: Vorläufige Ergebnisse der funktechnischen Expedition
    der Heinrich-Hertz-Gesellschaft nach Tromsö (Norwegen). Ber. Preuß.
    Akad. Wiss., Phys.-Math. Kl. 32 (1933).
WAGNER, K.W.: Die funkwissenschaftliche Expedition der Heinrich-Hertz-
    Gesellschaft nach Tromsö (Norwegen). ENT 11, 37 (1934).
WAGNER, K.W., FRÄNZ, K.: Periodische und unregelmäßige Vorgänge in
    der Ionosphäre. ENT 12, 21o (1935).
WATSON, G.N.: Diffraction of electric waves by the earth. Proc. Roy.
    Soc. (London) 95, 83 (1918).
WATSON WATT, R.A.: Nature 132, 13 (1933).
WULF, O.R., DEMING, L.S.: On the production of the ionospheric regions
    E and F and the lower altitude ionization causing radio fadeouts.
    Terr. Magn. 43, 283 (1938).
ZENNECK, J.: Über die Fortpflanzung ebener elektromagnetischer Wellen
    längs einer ebenen Leitfläche und ihre Beziehung zur drahtlosen
    Telegraphie. Ann. Physik 23, 846 (19o7).
ZENNECK, J.: Aus der Kindheit der drahtlosen Telegraphie. Naturwissen-
    schaften 39, 4o9-418 (1952).
ZENNECK, J., RUKOP, H.: Drahtlose Telegraphie. Stuttgart: Enke 1925.

Zur Geschichte der magnetischen Feldwaage

N. Petersen

<u>Einleitung</u>

Die magnetische Feldwaage[1] ist eines der grundlegenden Meßinstrumente
der angewandten Geophysik. Sie hat sich seit über 5o Jahren als Ge-
ländeinstrument auch unter extremen Bedingungen bewährt. Ihre Bedeutung rührt daher, daß sie Robustheit mit hoher Meßempfindlichkeit
verbindet.

Die magnetische Feldwaage dient vor allem zur Messung der örtlichen
Anomalien der Vertikal-Komponente des Erdmagnetfeldes. Manche Feldwaagen erlauben allerdings auch die Messung der Anomalien der Hori-
zontal-Komponente. Sie besteht im Prinzip aus einem um eine horizontale Achse beweglichen Permanentmagneten (entweder schneiden- oder
spitzengelagert oder durch horizontal gespannte Fäden gehalten).

Ihr Vorgänger im weiteren Sinne ist der magnetische Kompaß, der den
einfachsten und ältesten Typ eines Magnetometers darstellt. Der Leser
möge mir verzeihen, wenn ich einen kleinen Exkurs in die Frühzeit der
geomagnetischen Exploration, in der der Kompaß das einzige Gerät zur
Erkennung des Erdmagnetfeldes war, voranstelle. Mir erscheint gerade
diese "Vorzeit" äußerst interessant zu sein, in der man erst allmählich erkannte, daß das Erdmagnetfeld (man kannte den Feldbegriff zu
dieser Zeit natürlich noch nicht) nicht homogen war, sondern örtliche
Abweichungen aufwies; eine Tatsache, welche die spätere Entwicklung
der Feldwaagen nach sich zog.

<u>1. Die Zeit von Christoph Kolumbus bis Harald Lloyd</u>

Der magnetische Kompaß war in Europa bereits im Mittelalter bekannt
(HANSTEEN, 1819, S. 1ff; AUERBACH, 1921, S. 22of.; BALMER, 1956, S.
5off.)[2]. Er bestand meistens aus einem oben zugespitzten Stift, auf
dem eine runde Papierscheibe im Gleichgewicht lag. Auf der Unterseite
der Papierscheibe war ein Drähtchen befestigt, und dieses Drähtchen
wurde mit einem "Magnetstein" magnetisiert. Man nahm dabei an, daß
die Kompaßnadel stets genau nach Norden zeigte, wobei der Grund dafür
die Anziehung durch den Polarstern oder durch riesige Magnetberge im
Norden Europas sein sollte.

Kolumbus hat vermutlich als erster die örtliche Abweichung der Kompaßnadel von geographisch Nord beobachtet (GILBERT, 1958, S. 252, Fußnote; CHAPMAN u. BARTELS, 1951, S. 9o4ff.; BALMER, 1956, S. 82). Bei
seiner ersten Amerikafahrt schreibt er am 13. September 1492 in das
Schiffstagebuch, daß etwa 5o Seemeilen westlich der Azoreninsel Corvo

---

[1]Das Wort 'Feld" in Feldwaage bezieht sich nach Meinung des Autors
auf das Feld als Meßort und nicht auf das Magnetfeld.

[2]Das Literaturverzeichnis zu diesem Kapitel ist nach Abschnitten getrennt angeordnet.

die Kompaßnadel, deren Richtung bis dahin etwas nordöstlich gewesen
war, nach Nordwesten abwich, und auf seiner zweiten Reise benutzte
er diese örtliche Abweichung zur Lagebestimmung seines Schiffes. Daraus wird klar, daß er den ortsabhängigen Charakter der Abweichung
richtig erkannt hatte. Zur Messung peilte er einfach über seinen Kompaß hinweg den Polarstern an.

Auf dem Festland Mitteleuropas ahnte noch lange niemand, daß die Magnetnadel gar nicht in die wahre Nord-Süd-Richtung wies. Man hielt es
durchaus für zulässig, die Magnetnadel unmittelbar an einer Sonnenuhr
anzubringen und diese überall danach zu richten. Zentrum für die Herstellung derartiger Geräte war zu dieser Zeit Nürnberg. Selbst dem
hervorragenden französischen Gelehrten Petrus Peregrinus (um 1260)
war die Erscheinung der Abweichung der Magnetnadel entgangen. Auch
als man die "Mißweisung" schließlich erkannte, glaubte man noch lange,
sie sei bestimmten Magnetsteinen, mit denen man zuvor die Magnetnadel
bestrichen hatte, zu eigen. Obwohl auch Rheticus (1514 - 1574, er war
als Dozent für Arithmetik an der Hochschule Wittenberg, später als
Professor in Leipzig tätig) diese Meinung vertrat, beschrieb er nichtsdestoweniger ein besonderes Gerät, das sich gut zur Beobachtung der
örtlichen Abweichung verwenden ließ: Man kitte ein quadratisches
Messingplättchen von 15 cm Seitenlänge auf Holz, ziehe um den Mittelpunkt einen Kreis, teile ihn ein, errichte im Mittelpunkt ein senk-
rechts Messingstiftchen und setze ein 12 cm langes "Zünglein" darauf.
Aus gleichen Schattenlängen vor- und nachmittags ermittle man die
Mittagslinie, richte das Gerät danach, bestreiche nun das Zünglein
mit dem Magnetstein und prüfe seinen Ausschlag. Damit kein Luftzug
störe, wird es mit einem Gehäuse überdeckt, das aus einem Holzring
mit runder Glasscheibe besteht (aus BALMER, 1956, S. 278ff.).

In Mitteleuropa ist es Georg Hartmann, der 1544 als erster schreibt,
daß die Abweichung der Magnetnadel von Ort zu Ort verschieden ist,
ohne daß er die Beobachtung von Kolumbus erwähnt (BALMER, 1956, S.
287; HELLMANN, 1899). Georg Hartmann (1489 - 1564) war als Pfarrer
in Nürnberg tätig, muß aber außerdem ein ausgezeichneter Instrumentenbauer gewesen sein. Besonders liebte er die Sonnenuhren, und dabei
wurde er wohl zu seinen Versuchen mit Magnetnadeln und Magnetsteinen
angeregt. Aus seinem Briefwechsel mit Herzog Albrecht von Preußen,
einem Liebhaber der Naturwissenschaften, geht hervor, daß er nicht
nur die örtliche Verschiedenheit der Deklination, sondern auch das
Phänomen der Inklination erkannte. So schreibt er in seinem Brief vom
4. März 1544:

> "Ich finde am Magneten nicht nur, daß er sich von der Nordrichtung
> abwendet ..... sondern auch, daß er abwärts zieht. Dies erkennt
> man so. Ich mache ein fingerlanges Zünglein, das schön waagrecht
> ..... auf einem spitzigen Stifte steht, so daß es sich nirgends
> zur Erde neigt, sondern auf beiden Seiten im Gleichgewicht steht.
> Wenn ich nun aber eine der Seiten - gleichgültig welche, mit dem
> Magneten bestreiche, so bleibt das Zünglein nicht mehr waagrecht
> stehen, sondern sinkt auf einer Seite um 9 Grad oder mehr oder
> weniger abwärts." (Aus BALMER, 1956, S. 287ff.).

Daß der gemessene Betrag für die Inklination zu gering war, liegt
natürlich an der Meßmethode. Hartmann war noch nicht auf den Gedanken
gekommen, eine waagrecht gelagerte Achse für das "Zünglein" zu nehmen.

Hartmanns Brief blieb aber verborgen und hatte keine Folgen. Die Inklination wurde erst über 30 Jahre später in England wieder entdeckt,
und zwar von dem Seemann und Instrumentenbauer Robert Norman. Er beschreibt dies in seiner 1581 veröffentlichten Schrift "The newe
Attractiue". Norman schuf die erste Neigungsnadel, indem er durch

die durchbohrte Mitte einer Nadel eine feine Achse steckte, die er
waagrecht lagerte. Die zunächst unmagnetische Nadel mußte völlig frei
in jeder Lage spielen, dann berührte er sie mit dem Magnetstein und
richtete sie parallel zum magnetischen Meridian aus. Er fand als Neigung für London 71 Grad 5o Minuten (GILBERT, 1958, S. 15). Der englische Arzt William Gilbert (1544 - 16o3) war dann der erste, der diese
Erscheinung richtig deutete, indem er die Erde als Ganzes als Magnet
auffaßte. Er veranlaßte dann auch, daß wenig später die Breitenabhängigkeit der Inklination von den englischen Seefahrern Hudson und Baffin
auf ihren Nordlandfahrten gemessen wurde (HANSTEEN, 1819, S. 8f.).

Obwohl keines der bis jetzt beschriebenen Geräte eine Magnetwaage
oder einen direkten Vorläufer der Magnetwaage darstellt, bilden sie
doch den eigentlichen Untergrund für die nun folgenden Entwicklungen,
die zur Konstruktion der ersten brauchbaren Magnetwaage, der Magnetwaage von Harald Lloyd geführt haben.

Seit dem siebzehnten Jahrhundert wird in Skandinavien der sog. schwe-
dische Berg- oder Grubenkompaß zur Prospektion von Eisenlagerstätten
verwendet. Erfinder dieses Gerätes ist wahrscheinlich der Bergrat
Daniel Tilas (gest. 1672). Es ist als ältestes Instrument zur Prospektion von Eisenlagerstätten dem von Hartmann verwendeten Gerät sehr
ähnlich (REICH, 1926; HAALCK, 1927, S. 68f.). Der Grubenkompaß besteht
aus einer Kompaßnadel, welche in einer etwa 5 cm hohen Messingbüchse
auf einer Spitze so balanciert, daß sie sowohl in horizontaler wie
auch in vertikaler Richtung schwingen kann. Ursprünglich war dieses
Gerät ohne Gradeinteilung; mit Gradeinteilung wurde es später in Nord-
Amerika verwendet. Nicht viel empfindlicher als ein schwedischer Grubenkompaß, aber wohl ein direkter Vorläufer der magnetischen Feldwaage
war die in Nord-Amerika oft gebrauchte "Dip Needle", auch Tiberg-Inklinator genannt. Sie stellt eine Inklinationsnadel dar, deren Schwerpunkt so ausbalanciert ist, daß sie im ungestörten Feld horizontal
steht (SWANSON, 1936). Prinzipiell gesehen ist es vom Tiberg-Inklinator
zur Magnetwaage von Lloyd nur ein kleiner Schritt. Die Lloydsche Magnetwaage aber bildet den Ausgangspunkt für alle modernen Entwicklungen
der magnetischen Feldwaage.

Die ersten umfassenden Veröffentlichungen über Messungen von Anomalien
des Erdmagnetfeldes finden wir bei Alexander von HUMBOLDT (1797). Er
hatte 1796 bei einer "geognostischen Tour" in der Oberpfalz im Nord-
osten Bayerns erkannt, daß starke lokale magnetische Störfelder in
der Umgebung von Serpentinitkörpern zu beobachten sind. Sein Meßinstrument war ein Kompaß.

2. Die Zeit von Harald Lloyd bis Adolf Schmidt

Obschon nicht als Feldinstrument geeignet, ist die Lloydsche Magnetwaage die direkte Vorläuferin aller in diesem Jahrhundert entwickelten
Feldwaagen. Harald Lloyd hatte seine Magnetwaage für das Observatorium
in Dublin konstruiert (um 184o) und beschreibt sie in seinem "Treatise
on Magnetism" (LLOYD, 1874, siehe auch GRAETZ, 1915, S. 195). Sie ist
konstruiert zur Messung der zeitlichen Variationen der Vertikalkomponente des erdmagnetischen Feldes und besteht aus einem Waagebalken
aus Stahl, etwa 1o cm lang, der mittels horizontaler Schneiden auf
zwei Lagern ruht. Schneiden und Lager sind aus Achat. Die Schneiden
durchsetzen den Balken dicht oberhalb seines Schwerpunktes. Mit Hilfe
von verschiebbaren Zusatzgewichten wird der Waagebalken so ausbalanciert, daß das durch das Schwerefeld bewirkte Drehmoment gleich dem
durch das Magnetfeld bewirkten Drehmoment ist. Das Instrument wird so
orientiert, daß die Längsachse des Waagemagneten senkrecht zum magne-

tischen Meridian ausgerichtet ist. Damit wird ein Einfluß der Horizontalkomponente des Erdmagnetfeldes ausgeschaltet. Variationen der Vertikalkomponente dagegen verändern die Lage des Waagebalkens, wobei die Neigung mit Hilfe eines Fernrohres gemessen wird. Die Schwierigkeiten beim Gebrauch dieses Gerätes ergaben sich teils aus Reibungseffekten der Achatschneiden auf den Lagern und aus ungleichmäßigem Aufsetzen, teils aus geringfügigen Massenverlagerungen, bedingt durch die beweglichen Gewichtchen zur Justierung des Waagebalkens. Ferner war ein starker Temperatureinfluß vorhanden, der einerseits der mechanischen Ausdehnung des Waagebalkens, andererseits der Temperaturabhängigkeit der Magnetisierung des Magneten zuzuschreiben war. Dies veranlaßte WATSON (19o4) in einer seiner Arbeiten über Vertikalwaagen zu dem Kommentar:

> "..... many vertical-force magnetographs might almost be used more efficiently as thermographs than as instruments for recording changes in the vertical component."

Nichtsdestoweniger scheint dieses Instrument doch das erste brauchbare Observatoriums-Gerät zur Registrierung der zeitlichen Variationen der Vertikalkomponente gewesen zu sein. Als Feldgerät war es jedoch in der damaligen Form nicht geeignet.

WATSON (19o1) beschreibt als erster eine Version der Lloydschen Waage mit Temperaturkompensation. Das Magnetsystem besteht hier aus 8 Stahlstäben, 1o cm lang und o,2 cm Durchmesser, die von einem Rahmen aus Aluminium gehalten werden. Parallel zu den Stahlmagneten ist am Magnetsystem ein Zinkstift mit zwei zusätzlich verschiebbaren Messinggewichten befestigt, welcher durch Verschrauben in seiner Lage bezüglich der Achat-Achse des Systems verändert werden kann. Die unterschiedliche thermische Ausdehnung von Stahlmagneten und Zinkstift kann dann zur Temperaturkompensation verwendet werden. Fünf Kupferplatten dienen zur Dämpfung. Außerdem erlaubt ein Hebelsystem, daß der Waagebalken nach Arretierung genau an derselben Stelle wieder auf den Lagern aufliegt. Watson schreibt, daß die damit erzielte Temperaturkompensation ermöglicht, bei 15° Temperaturänderung den Fehler unter 5 γ zu halten. Auch dieses Gerät ist noch kein Feldgerät im eigentlichen Sinn, obschon es zur Messung an verschiedenen Stationen benutzt wurde, und zwar zur Bestimmung der Störfelder, verursacht durch eine elektrische Eisenbahn. Watson schreibt:

> "..... the experiments being made with the view to the framing of regulations for the protection of the English observatories."

Eine andere Form der Lloydschen Waage beschreibt im gleichen Jahr ESCHENHAGEN (19o1). Hier wird die Waage als Nullinstrument verwendet: Eschenhagen kompensiert den durch die Vertikal-Komponente verursachten Ausschlag des Waagebalkens durch einen passend angebrachten Rücklenkungsmagneten. Damit erreicht er auch eine gewisse Temperaturkompensation. Er schreibt:

> "..... es zeigte sich, daß die Temperatur auf den Rücklenkungsmagneten im entgegengesetzten Sinne wirkt, als auf den Waagemagnet, da eine Erwärmung die Rücklenkung abschwächt, den Waagemagneten aber zum Steigen bringt. Es ist infolgedessen begründete Aussicht vorhanden, durch geeignete Wahl des Materials und der Dimension der Magnete eine Waage zu konstruieren, auf welche die Temperatur geringen Einfluß ausübt ..... ".

Das BMZ (Balance Magnétique Zero) von LA COUR (1927) stellt eine Weiterentwicklung dieser Waage von Eschenhagen dar.

Alle diese Geräte waren für den Betrieb in Observatorien konstruiert. Bei der Fortentwicklung zu Feldgeräten erkennen wir, daß zwei ver-

schiedene Wege eingeschlagen wurden: Bei dem einen wurde die Schneide
als Lagerung für das Magnetsystem beibehalten, bei dem anderen wurde
es durch eine Aufhängung mit horizontal gespannten Fäden oder Bändern
ersetzt. Wir wollen zunächst den Weg der Waagen mit Schneidenlagerung
verfolgen.

3. Entwicklung der Feldwaage mit Schneidenlagerung

Es ist Adolf Schmidt zu verdanken, daß wir eine für Feldmessungen
geeignete Schneidenwaage von großer Genauigkeit zur Verfügung haben.
Im Jahre 1907 ließ er von der Firma O. Töpfer in Potsdam nach seinen
Plänen das erste Versuchsinstrument bauen. Bei diesem Instrument war
darauf Wert gelegt worden, daß es möglichst leicht und stabil war,
daß Zusatzgewichte am Waagebalken möglichst eingeschränkt wurden und
daß die Schneidenlagerung verbessert wurde.

Beim ersten Instrument wurde das Magnetsystem (er nennt es Nadel I),
bestehend aus zwei Lamellen mit verbindendem Mittelstück, auf dessen
obere Fläche der Spiegel aufpoliert war, als Ganzes aus einem Stahl-
stück herausgearbeitet. Als Material für Schneiden und Lager verwendete er nicht wie üblich Achat, sondern Quarz. SCHMIDT (1915) schreibt,
daß er auf Grund seiner laufenden Observatoriumserfahrung schon früher
Zweifel an der Zweckmäßigkeit von Achat als Schneidenmaterial hatte,
und zwar wegen seiner hygroskopischen Eigenschaften. Die Lager sind
zylindrisch geformt mit horizontaler, zur Schneide senkrechter Achse.
Den Hauptteil des Instruments bildet eine zylindrische Kammer, deren
Boden das Magnetlager und deren Decke einen Hohlkonus mit Fernrohr
zur Beobachtung der Auslenkung des Waagebalkens trägt. Dazu kommen
eine doppelte Arretierung und Kupferdämpfer. Die grobe Arretierung
gestattet es, den würfelförmigen, zur Gewichtsverminderung mehrfach
durchbohrten Mittelteil des Waagemagneten zwischen zwei Klemmbacken
fest zu fassen. Nach Lösung der Grobarretierung ruht der Magnet mit
den Prismen der Schneiden auf einer Gabel für Feinarretierung, die
dann für die Beobachtung herabgelassen wird. In die Kupferdämpfer
ragen die Gefäße zweier Thermometer. Das Gerät wird zur Messung auf
ein Stativ gesetzt und so orientiert, daß der Magnet senkrecht zum
magnetischen Meridian ausgerichtet ist. Ein zusätzlicher Stabmagnet
kann zur Erweiterung des Meßbereichs am Stativ befestigt werden. Das
Gerät besitzt noch keine Temperaturkompensation. Es mußte deshalb
die Temperatur mit abgelesen werden.

Obwohl Schmidt berichtet, daß dieses erste Gerät "zu einem recht be-
friedigenden Ergebnis" führte, verursachte die Herstellung der Nadel
aus einem Werkstück so große Schwierigkeiten, daß bei dem zweiten
Waagebalken (Nadel II) die magnetischen Stahllamellen mit einem Mes-
singstück durch Verschraubung verbunden wurden und ein Glasspiegel
auf das Mittelstück geklebt wurde. Nadel II hatte eine rund viermal
geringere Empfindlichkeit als Nadel I, verhielt sich jedoch sonst
ebenso gut. Im übrigen wurde das Instrument nicht verändert. Die
Sicherheit der einzelnen Einstellung gibt Ad. Schmidt für diese ersten Instrumente mit ± 10 γ an. Die Temperaturvariation der Nadel I
war ziemlich groß, nämlich + 17 γ pro Grad, während Nadel II nur
+ 5,3 γ pro Grad zeigte. Wahrscheinlich war bei Nadel II eine zufäl-
lige partielle Temperaturkompensation dadurch erreicht worden, daß
sie aus verschiedenen Metallen zusammengesetzt war. Als Meßzeit für
die eigentliche Beobachtung gibt Schmidt etwa 15 Minuten an, ebensoviel für Aus- und Einpacken, Aufstellen und Wiederzusammenlegen. Das
Gewicht war noch relativ groß: 3,5 kg das Magnetometer selbst, Ver-
packung und Stativ 6,5 kg. Bei der Messung muß das Gerät so justiert
werden, daß die Längsrichtung des Magneten senkrecht zum magnetischen
Meridian am Meßort gerichtet ist, um den Einfluß der Horizontalkompo-

nente auszuschalten. Wie wir weiter unten sehen werden, braucht diese
Forderung bei den Fadenwaagen, die nach der Nullmethode arbeiten, d.h.
bei denen eine Auslenkung des Magneten aus der Horizontalen wieder
kompensiert wird, nicht streng erfüllt zu werden.

Die guten Meßergebnisse, die bei diesen ersten Instrumenten erzielt
wurden, bedingten in den Kreisen der Praxis eine steigende Nachfrage
nach derartigen Geräten, so daß mit der serienweisen Herstellung des
Gerätes begonnen wurde. Die Herstellung des Instruments war dabei auf
die Askania-Werke AG (vormals Firma Carl Bamberg) übergegangen (um
192o).

Eine Beschreibung des nun von Askania hergestellten und etwas abgeän-
derten Geräts finden wir bei HEILAND u. DUCKERT (1924). Prinzipiell
hatte sich an der Feldwaage nichts geändert. An Stelle des zylinder-
förmigen Magnetometerkörpers hat das Gerät nun die Form eines Käst-
chens (s. Abb. 1). Das Magnetsystem besteht weiterhin aus zwei Lamellen aus Wolframstahl, die von einem Mittelstück aus Duraluminium zusammengehalten werden (Abb. 2). Ebenso wird Quarz als Material für
Schneiden und Lager beibehalten. Eine entscheidende Verbesserung
scheint jedoch die neue Arretiervorrichtung gewesen zu sein: Ein gebogener Arm mit drei Spitzen, die in drei Kerbschrauben auf der Unterseite des Waagenkörpers eingreifen. Dadurch wird zwangläufig immer
auf dieselbe Stelle des Lagers aufgesetzt. Außerdem verringerte sich
das Gesamtgewicht. Jedoch besteht weiterhin ein starker Temperatur-
gang. So finden wir z.B. für ein 1931 geliefertes Gerät als Temperaturkoeffizienten einen Wert von - 3,6 γ pro Grad.

Abb. 1. Außenansicht einer
Schmidtschen Feldwaage aus
den zwanziger Jahren, nachdem die Herstellung von den
Askania-Werken (vormals
Carl Bamberg) übernommen
worden war

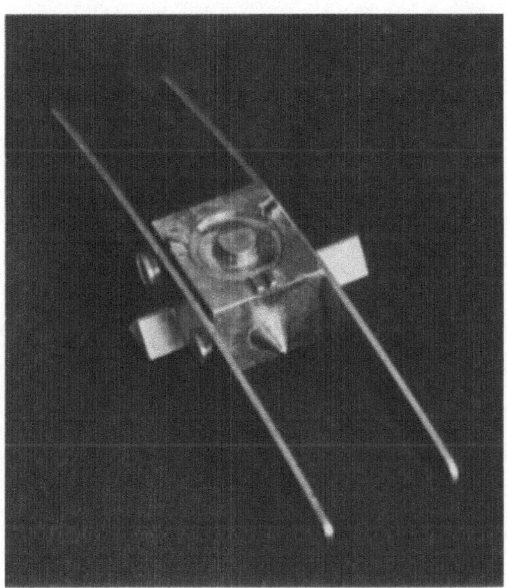

Abb. 2. Das Magnetsystem
aus der Feldwaage der
Abb. 1, bestehend aus zwei
Stahllamellen mit Verbin-
dungskörper. Dieses System
besitzt noch keine Spin-
deln für die Temperatur-
kompensation. Die Abb.
zeigt die Unterseite mit
den drei Kerben für die
Arretiervorrichtung. Die
Quarzschneiden sind deut-
lich sichtbar

AMBRONN (1926) beschreibt eine von ihm entwickelte Vertikal-Feldwaage,
die der von Schmidt sehr ähnlich ist. Auch dieses Gerät besitzt noch
keine Temperaturkompensation. Das Gerät ist mit einem Kupfermantel
umgeben, der für Temperaturausgleich im Innern sorgt.

Ein "Universales Lokalvariometer" zur Messung aller drei Komponenten
des Erdmagnetfeldes wird von OSTERMEIER (1926) beschrieben. Es besteht
aus einer Schneidenwaage zur Messung der Vertikalkomponente, in die
zusätzlich ein Bussolentheodolit eingebaut ist. Einige Jahre später
beschreibt OSTERMEIER (1933) eine weitere Version der Schneidenwaage.
Auch dieses Gerät ist der Schmidtschen Feldwaage sehr ähnlich. Als
Meßgenauigkeit gibt Ostermeier ± 4 γ an. Er verwendete eine Temperaturkompensation, die im Prinzip die gleiche ist wie die von Watson
bereits 19o1 verwendete: Es sind langgestreckte Metallkörper an den
Magnetlamellen befestigt, die sich parallel zu diesen erstrecken,
ohne sie (abgesehen von der Verbindungsstelle) zu berühren. Bei geeigneter Dimensionierung dieser Zusatzkörper wird durch die unterschiedliche Wärmeausdehnung von Stahlmagneten und Zusatzkörper eine
Temperaturvariation kompensiert. Im Unterschied zu Schmidt verwendet
Ostermeier Rubin als Schneidenmaterial. Die Auflagefläche der Lager
ist wie bei Schmidt gewölbt, so daß die Schneiden nur an zwei Punkten
aufsetzen.

Zu erwähnen bliebe weiterhin noch die "Universalwaage" von Hermann
HAALCK (1927). Dies ist eine Schneidenwaage, deren auf Achatschneiden
balancierendes Magnetsystem aus je zwei gekreuzten, vertikal bzw.
horizontal gerichteten Magnetlamellen besteht. Mit dieser Anordnung
läßt sich bei geeigneter Orientierung des Magnetsystems sowohl die
Vertikal- wie auch die Horizontalkomponente messen. Abgesehen von der
gekreuzten Anordnung ist das Magnetsystem dem der Schmidtschen Feldwaage sehr ähnlich.

Die Geräte von Ambronn, Ostermeier und H. Haalck konnten sich jedoch gegenüber der Askania-Feldwaage nach Schmidt nicht durchsetzen.

Weiterhin zu erwähnen sind noch die Schneidenwaagen der Firmen Hilger and Watts Ltd. und Ruska Instr. Corp., die mehr oder weniger Kopien der Schmidtschen Feldwaage sind.

Anfang der dreißiger Jahre entwickelten die Askania-Werke eine Temperaturkompensation für die Schneidenwaage (KOULOMZINE u. BOESCH, 1932; KOULOMZINE u. BONDALETOFF, 1934; KOHL, 1934): An beiden Seiten des Verbindungskörpers der zwei Magnetlamellen wurde je eine Zusatzspindel befestigt, die eine aus Aluminium, die andere aus Invar. Die unterschiedliche Wärmeausdehnung sorgt dann bei geeigneter Einstellung von Messingschrauben, die auf den Spindeln sitzen, für die Temperaturkompensation. Auch die äußere Form des Instruments wurde verändert. Das Gehäuse, welches das Magnetsystem beherbergt, bekam nun die Form einer kreisrunden Dose mit horizontaler Achse. Als Material für die Schneide wurde Quarz beibehalten. Dieses Gerät trägt die Bezeichnung GF6. Die Beobachtungszeit (Auf- und Abbau und Ablesen) hat sich nun auf weniger als 1o Minuten verringert, verglichen mit 3o Minuten bei den ersten Geräten von Adolf Schmidt. Die Meßgenauigkeit war etwa ± 5 γ.

Mit der Einführung der Temperaturkompensation ist die Entwicklung der Schneidenwaage im Prinzip abgeschlossen. Wir wenden uns nun, wieder ausgehend von der Lloydschen Waage, dem zweiten Entwicklungsweg zu, der zur Konstruktion der Faden-Feldwaagen führte.

4. Die Entwicklung der Faden-Feldwaagen

Eine der Hauptschwierigkeiten bei der Verwendung der Lloydschen Waage waren die Unregelmäßigkeiten in der Auflage der Schneiden. Diese Unregelmäßigkeiten resultierten aus Ungenauigkeiten und von Staubkörnchen in der Auflage. Dazu kam noch, daß die Achat-Lager hygroskopisch waren. Diese Unregelmäßigkeiten ließen sich nur überwinden, wenn das magnetische Moment des Waagemagnets hinreichend groß war, d.h. der Magnet selbst ziemlich groß und schwer war. Damit war es jedoch nicht möglich, kurzperiodische Veränderungen des erdmagnetischen Feldes zu messen. ESCHENHAGEN (19o1) hatte wohl als erster auf diese Schwierigkeit hingewiesen.

Aus dieser Problematik heraus hatte WATSON (19o4) eine Form der Lloydschen Waage entwickelt, welche an Stelle der Schneidenlagerung eine Aufhängung des Magnetsystems an horizontal gespannten Quarzfäden verwendet. Dieses Gerät wurde jedoch nicht als Feldgerät, sondern für den Observatoriumsbetrieb konstruiert. Das Magnetsystem bestand aus zwei Stahlstäben, 8 cm lang, 1 mm Durchmesser, welche mit Hilfe eines Platinbügels zusammengehalten wurden. Darauf war ein Spiegel befestigt. Die Quarzfäden der Aufhängung waren über eine Quarzfeder in Spannung gehalten. Der Schwerpunkt des Magnetsystems und die Torsion der Quarzfäden waren so aufeinander abgestimmt, daß die Achse des Magneten horizontal steht. Mit Hilfe der Torsion der Aufhängungsfäden konnte Watson eine einfache Temperaturkompensation erzielen. Er beschreibt das Prinzip folgendermaßen:

> "..... If now the temperature rises two effects will be produced.
> In the first place, the magnetic moment of the magnet will decrease,
> and hence the couple acting on the magnet, due to the vertical component of the earth's magnetic field, will decrease. The result
> will be that the north end of the magnet will rise. Secondly, owing
> to the fact that the torsional rigidity of fused silica increases
> with rise of temperature, the couple due to the torsion of the

fibre will increase. On this account also the north end of the
magnet will rise. Next let us adjust the balance of the magnet so
that the centre of gravity lies on the same side of the axis of
the fibre as the south pole, the displacement being such that to
make the magnet lie with its axis horizontal, the fibre has to be
twisted in the anti-clock-wise direction. In this case, when the
temperature rises the north end of the magnet will tend to rise
owing to the decrease in magnetic moment, but will tend to fall
owing to the increase in the stiffness of the fibre. Thus, by suit-
ably adjusting the horizontal displacement of the centre of gravity
of the magnet, that is the initial torsion of the fibre, we can so
arrange matters that the decrease in the couple due to the one
effect is exactly equal to the increase due to the other; and so
changes of temperature do not affect the position of the magnet..."

Nachdem sich dieses Instrument im Observatoriumsbetrieb bewährt hatte,
wurde es mit geringfügigen Änderungen von der Cambridge Instrument Co.
nachgebaut und an verschiedene geomagnetische Observatorien geliefert.
Dieses Gerät von Watson war der Vorläufer für alle folgenden Feldwaagen.

G.H. Angenheister hatte für die Island-Expedition im Frühjahr 1910
zur Messung der Vertikal-Komponente des erdmagnetischen Feldes eine
Torsionswaage konstruiert, die der von Watson sehr ähnlich ist (ANGEN-
HEISTER, 1912). Obwohl dieses Gerät robust sein mußte, ist es auch
noch keine Feldwaage im eigentlichen Sinn, sondern für stationäre Beobachtungen gedacht. Im Unterschied zu Watson verwendete Angenheister
einen Stahldraht, gespannt durch eine Messingfederung zur Aufhängung
des Systems. Das Magnetsystem bestand aus einem Stahl-Magneten, 7 cm
lang, 1/2 cm breit und 0,1 cm dick, der mit einem Spiegel versehen
war. Die Temperaturkompensation funktioniert nach demselben Prinzip
wie bei Watson. Genauigkeit der Ablesung etwa ± 10 γ.

Diese Waage wurde von ANGENHEISTER (1926) weiterentwickelt, wobei er
für die Aufhängung Wolframeinkristallfäden verwendete, um die mechanische Nachwirkung, die bei den sonst üblichen Torsionsfäden störend
wirkte, möglichst herabzusetzen. Der Nachteil von Einkristallfäden
jedoch ist, daß die Tragkraft gering ist. Um sie zu erhöhen, mußte
Angenheister besonders dicke Fäden verwenden, wodurch die Empfindlichkeit des Gerätes sinkt. Um diese wieder zu heben, war der Schwerpunkt so gelagert, daß das mechanische und magnetische Drehmoment
gleichgerichtet waren. Durch ein entgegengesetzt gerichtetes Torsions-
moment wurde die Waage dann im Gleichgewicht gehalten. Durch Regula-
tionsschräubchen am Magneten ließ sich die Schwerpunktlage geeignet
wählen. Mit Hilfe dieser Anordnung ist auch wieder eine Temperaturkompensation, wie oben beschrieben, möglich. Als Material für die
Magneten verwendete Angenheister Kobaltstahl. Er schreibt, daß diese
Waage sowohl als Zeitvariometer in Observatorien, wie auch als Lokalvariometer für den Feldgebrauch verwendet werden kann.

Das von KOENIGSBERGER (1925) beschriebene "Vertikalvariometer für Feldmessungen" unterscheidet sich etwas von den von Watson und Angenheister
konstruierten Instrumenten. Hier wird die horizontale Fadenaufhängung
nur als Schneidenersatz verwendet, derart, daß die Torsion der Fäden
gegenüber den mechanischen und magnetischen Drehmomenten sehr klein
ist. Die Wahl dieses Konstruktionsprinzips zeigt deutlich die Haupt-
schwierigkeit beim Bau von Fadenwaagen in jener Zeit, nämlich die
zeitliche Veränderlichkeit der Torsionskraft der Aufhängungsfäden.

Koenigsberger hatte keine Temperaturkompensation eingebaut, so daß
eine genaue Bestimmung des Temperaturkoeffizienten nötig war. Als
Meßgenauigkeit gibt Koenigsberger ± 2 γ an.

Eine andere Vertikalwaage, in der in ähnlicher Weise die horizontale
Fadenaufhängung nur als Ersatz für die Schneidenlagerung verwendet
wurde, ist in der Dissertation von ANDREESEN (1905) beschrieben. Bei
diesem Gerät ist der Magnet luftdicht in einem Hohlzylinder eingela-
gert. Der Hohlzylinder ist an Kokonfäden aufgehängt und in Glycerin
eingebettet. Die Resultierende aus Auftriebs- und Schwerpunktskraft
ändert sich mit der Temperatur der Flüssigkeit und wird von Andreesen
zur Temperaturkompensation des Magneten verwendet. Soweit dem Autor
bekannt, wurde mit diesem Instrument nur im Keller des Kieler Observatoriums gemessen.

Die bisher beschriebenen Torsionswaagen sind Einzelinstrumente. Auch
sie konnten sich gegenüber den Askania-Schneiden-Waagen nicht durchsetzen. Diese Situation änderte sich jedoch mit der Konstruktion der
Torsionswaagen von Fanselau und von Fritz Haalck.

Es erscheint interessant festzustellen, daß Fanselau vermerkt, daß
bei seinem Dienstantritt am Observatorium in Potsdam im Jahre 1927
sich Adolf Schmidt mit dem Gedanken trug, eine Vertikalwaage zu bauen.
Fanselau hatte diese Idee aufgegriffen, und nach jahrelangen Vorarbeiten entwickelte er eine neue Vertikal-Fadenwaage, die er 1948 beschreibt (FANSELAU, 1948). Sein Instrument arbeitet nach dem gleichen
Prinzip wie die Fadenwaagen von Watson und Angenheister. In Abweichung
von diesen Konstruktionen verwendet er jedoch nicht einen runden Draht
zur Aufhängung des Magneten, sondern ein dünnes Band. Der Vorteil des
Bandes ist ein zweifacher: Einmal ist die Torsionskraft des Bandes
der eines Fadens von gleicher Tragfähigkeit gegenüber merklich kleiner, ein Faktor, der zur Erhöhung der Empfindlichkeit führt; außerdem
läßt sich ein Band sicherer klemmen, wodurch die rein mechanische Stabilität des Gerätes erhöht wird. Das Magnetsystem besteht aus einem
Doppellamellenmagneten, ähnlich der Askania-Schneidenwaage nach
Schmidt. Die Länge der Lamellen ist hier jedoch nur 6 cm. Am Magnetsystem ist einseitig eine Aluminiumspindel zur Temperaturkompensation
befestigt. Das eine Ende des Aufhängebandes ist fest, das andere ist
drehbar eingespannt. Mit Hilfe der Torsion kann der Meßbereich erweitert werden. Eine Torsion von 1 Grad kompensiert eine Änderung der
Vertikalkomponente von 600 γ. Die Meßgenauigkeit bei dem 1948 beschriebenen Gerät lag nach Angabe von Fanselau bei ± 2 γ.

Bei diesem ersten Gerät von Fanselau, das ähnlich wie die Schneidenwaage von Adolf Schmidt arbeitet, ist auch eine genaue Ausrichtung
der magnetischen Achse des Instruments senkrecht zum magnetischen
Meridian notwendig.

Nach Plänen von Fanselau wurde dieses Gerät weiterentwickelt, wobei
an Stelle des Lamellenmagneten ein Rundmagnet von 5 cm Länge gesetzt
wurde. Schließlich wurde es vom VEB Geophysikalischer Gerätebau
Brieselang in Serie angefertigt. Dieses Gerät, das sich bei zahlreichen geomagnetischen Vermessungsarbeiten bewährt hatte, wurde auch als
kombinierte magnetische Feldwaage gebaut, wobei Horizontal- und Vertikalintensität mit ein und demselben Gerät gemessen werden können. Dazu
ist eine Vorrichtung eingebaut, die es erlaubt, die Waage um 90 Grad
um die Längsrichtung des Bandes zu kippen. Neu bei dieser Version ist,
daß nach der Nullmethode abgelesen wird: Die Neigung des Magneten
wird durch Torsion des Bandes kompensiert, wobei der Verdrehungswinkel
ein Maß für die Feldstärke ist. Eine genaue Ausrichtung senkrecht zum
magnetischen Meridian ist nicht mehr notwendig.

In einer dazu parallel laufenden Entwicklung hatte F. Haalck, jüngerer
Bruder von H. Haalck, bei der Firma Askania ein "Universal-Torsions-
magnetometer zur Bestimmung von D, H und Z" konstruiert (HAALCK, 1953).
Im Gegensatz zu Fanselau hatte Haalck einen Weg eingeschlagen, der
schon von WATSON (19o1) vorgeschlagen worden war: Verwendung eines
Magnetsystems mit möglichst kleiner Masse. Der Grund dafür ist folgender: Bei Aufhängung des Magneten an zwei horizontal gespannten Fäden
ist die Zugbelastung schon bei relativ kleiner Masse des Magnetsystems
groß. Deshalb ist es für die Betriebssicherheit des Gerätes vorteil-
haft, die Masse des Magnetsystems so klein wie möglich zu halten. Das
ganze Magnetsystem wiegt zusammen mit Spiegel und Justiereinrichtung
weniger als 1 g (verglichen mit etwa 1oo g bei der Askania-Schneidenwaage). Zur Aufhängung wurden runde Drähte verwendet (Durchmesser etwa
5o µ). Die Messung wird nach der Nullmethode durchgeführt, indem eine
Auslenkung des Magneten aus der Horizontalen durch Torsion ausgeglichen wird. Damit entfällt ein genaues Einnorden des Instruments, was
den Meßvorgang beträchtlich verkürzt. Der Torsionswinkel ist das Maß
für die Feldstärke am Meßort; d.h. der Torsionsfaden fungiert als
Meßnormale. Dieses Gerät von Haalck besaß noch keine Temperaturkompensation. Die Messung von Z und H mit demselben Gerät ist möglich
durch Drehung um 9o Grad um die Längsrichtung des Fadens, ähnlich wie
bei der Universalwaage nach Fanselau.

Die Entwicklung der Torsions-Fadenwaage wurde von Haalck weiterverfolgt, und als Ergebnis brachten die Askania-Werke einige Jahre später das "Torsions-Magnetometer Gfz" auf den Markt (HAALCK, 1956).
Dieses Gerät war zur Messung ausschließlich der Vertikal-Komponente
konstruiert worden. Das Prinzip ist jedoch das gleiche wie bei dem
vorhergehenden Universal-Torsionsmagnetometer: Es wird ein möglichst
leichtes Magnetsystem verwendet (Gewicht etwa 1oo mg) und nach der
Nullmethode gemessen (der Magnet wird durch Torsion in die Horizontale gebracht, wobei der Verdrehungswinkel das Maß für die Feldstärke
darstellt). Dieses Gerät besitzt eine Temperatur-Kompensation (WERNER,
1953), was dadurch erreicht wird, daß der Aufhängefaden aus zwei
Stücken unterschiedlichen Materials zusammengesetzt ist. Durch geeignete Verdrehung der beiden Enden des Fadens kann dann eine Temperaturkompensation erreicht werden.

Diese Geräte von F. Haalck sind keine Waagen mehr im eigentlichen
Sinn, da wegen des geringen Gewichts und der Kleinheit der Magnete
das mechanische Drehmoment, bedingt durch das Angreifen der Schwerkraft, sehr klein ist gegenüber dem magnetischen Drehmoment und der
Torsion des Fadens.

Das Torsionsmagnetometer Gfz hatte bald nach seinem Erscheinen weite
Verbreitung gefunden und die Schneidenwaage nach Schmidt weitgehend
abgelöst. Der Grund dafür ist die relative Unempfindlichkeit des Gerätes gegenüber mechanischen Beanspruchungen, geringes Gewicht (das
ganze Gerät einschließlich Stativ wiegt etwa 3 kg), leichte Handhabung und vor allem die kürzere Meßzeit. Aufstellen und Ablesen dauert
weniger als eine Minute, eine Zeitspanne, die dreißigmal kürzer ist
verglichen mit dem ersten brauchbaren Feldgerät von Adolf Schmidt
(HAHN, 1958).

Abschließend kann man die Frage stellen, wieso denn die Torsionswaage
nicht früher zu einem brauchbaren Feldgerät entwickelt worden war;
warum wurde zuerst die vergleichsweise delikate und schwieriger zu
handhabende Schneidenwaage auf den Markt gebracht? An Versuchen, Tor-
sions-Feldwaagen zu entwickeln, hat es offensichtlich nicht gefehlt.
Der entscheidende Hintergrund, sie als Feldgerät einsetzen zu können,
scheint die zeitliche Inkonstanz der früher zur Verfügung stehenden
Aufhängungsfäden gewesen zu sein.

*Mein besonderer Dank gilt Herrn Prof. Dr. G. Angenheister, der in großzügiger
Weise Quellenmaterial zur Verfügung stellte und durch wertvolle Diskussionen sehr
zum Gelingen dieser Arbeit beigetragen hat. Weiterhin bin ich Herrn Dr. J. Pohl
sehr zu Dank verpflichtet für sein stetes Interesse an der Arbeit und für kritische Durchsicht des Manuskripts. Den Herren Prof. Dr. O. Förtsch, Dr. A. Korschunow,
Dipl. Geophys. Chr. Schweitzer, Prof. Dr. H. Soffel und Dr. K. Wienert danke ich
für wertvolle Hinweise. Frl. S. Obenaus danke ich für ihre Hilfe beim Schreiben
und kritischen Durchsehen des Manuskripts.*

Literatur (geordnet nach Kapiteln)

1. Die Zeit von Christoph Kolumbus bis Harald Lloyd

AUERBACH, F.: Moderne Magnetik. Leipzig, J.A. Barth 1921.
BALMER, H.: Beiträge zur Geschichte der Erkenntnis des Erdmagnetismus.
    Aarau: H.R. Sauerländer & Co. 1956.
CHAPMAN, S., BARTELS, J.: Geomagnetism. Oxford University Press 1951.
GILBERT, W.: De Magnete. London 1600, Engl. Übersetzung von P. FLEURY
    MOTTELAY. New York: Dover Publ. Inc. 1958.
HAALCK, H.: Die magnetischen Verfahren der angewandten Geophysik.
    Sammlung geophys. Schriften (Hrsg. C. MAINKA) Berlin: Gebr. Born-
    traeger 1927.
HANSTEIN, Chr.: Untersuchungen über den Magnetismus der Erde. Chri-
    stiania: Jacob Lehmann u. Chr. Gröndahl 1819.
HELLMANN, G.: The beginnings of magnetic observations. Terr. Magn.
    73-86 (1899).
HUMBOLDT, A.v.: Über die merkwürdige magnetische Polarität einer Ge-
    birgskuppe von Serpentinstein. Gren's neues J. Physik $\underline{4}$, 136 (1797).
REICH, H.: Z. Elektrizität im Bergbau $\underline{1}$ (1926).
SWANSON, C.: The dip needle as a magnetometer. Geophysics $\underline{1}$, 48-96
    (1936).

2. Die Zeit von Harald Lloyd bis Adolf Schmidt

ESCHENHAGEN, M.: Über eine neue Form der Lloyd'schen Waage. Terr.
    Magn. $\underline{6}$, 59-61 (1901).
GRAETZ, L.: Handbuch der Elektrizität und des Magnetismus 4. F. AUER-
    BACH, Magnetismus. Leipzig: J.A. Barth 1915.
LA COUR, D.: Om et nyt apparat til jordmagnetiske maalinger. Fysisk
    Tidsskrift $\underline{25}$, 105-114 (1927).
LLOYD, H.: A treatise on magnetism, general and terrestrial. London:
    Longmans, Green 1874.
WATSON, W.: Description of a set of magnetographs designed by W.
    Watson. Terr. Magn. $\underline{6}$, 187-192 (1901).

3. Entwicklung der Feldwaage mit Schneidenlagerung

AMBRONN, R.: Methoden der angewandten Geophysik. Wiss. Forsch. Ber.,
    naturwiss. Reihe 15 (Hrsg. R.E. LIESEGANG). Dresden-Leipzig: Th.
    Steinkopff 1926.
HAALCK, H.: Ein neues erdmagnetisches Universalvariometer. Z. Instru-
    mentenkd. $\underline{47}$, 16-32 (1927).
HEILAND, C., DÜCKERT, P.: Beschreibung, Theorie und Anwendung einer
    Neukonstruktion von Ad. Schmidts Feldwaage. Z. angew. Geophys. $\underline{1}$,
    289-315 (1924).
KOHL, E.: Zur Frage der mit dem temperaturkompensierten Magnetsystem
    erreichbaren Meßgenauigkeit. Z. Geophys. $\underline{10}$, 93-94 (1934).
KOULOMZINE, Th., BOESCH, A.: Abhandlung über die von den Askania-
    Werken erbaute Vertikal-Feldwaage von Schmidt. Z. Geophys. $\underline{8}$,
    166-180 (1932).

KOULOMZINE, Th., BONDALETOFF, N.: Eine neue Methode für sehr präzise
    magnetische Messungen. Z. Geophys. 1o, 85-93 (1934).
OSTERMEIER, J.: Nochmals "Über eine Möglichkeit der Konstruktion hoch-
    empfindlicher Universalvariometer für erdmagnetische Messungen.
    Z. techn. Phys. 7, 223 (1926).
OSTERMEIER, J.: Eine hochempfindliche magnetische Feldwaage. Z. Geo-
    phys. 9, 1o9-118 (1933).
SCHMIDT, A.: Ein Lokalvariometer für die Vertikalintensität. Ber.
    Tätigkeit Kgl. Preuß. Meteorol. Inst. im Jahre 1914, 1o9-134.
    Berlin 1915.
SCHMIDT, A.: Ein Lokalvariometer für die Vertikalintensität, 2. Mit-
    teilung. Ber. Tätigkeit Kgl. Preuß. Meteorol. Inst. im Jahre 1915,
    S. 87-1o6, Berlin 1916.

4. Die Entwicklung der Faden-Feldwaagen

ANDREESEN, H.: Beschreibung und Theorie eines neuen Apparates zur
    Registrierung der Vertikal-Intensitäts-Variationen des Erdmagnetis-
    mus. Diss. Univ. Kiel 19o5.
ANGENHEISTER, G.H.: Die Island-Expedition im Frühjahr 191o. Die erd-
    magnetischen Beobachtungen, Nachr. K. Ges. Wiss. Göttingen, Math.-
    Phys. Kl., 1912.
ANGENHEISTER, G.H.: Magnetische Waage mit Fadenaufhängung. Z. Geophys.
    2, 43-44 (1926).
FANSELAU, G.: Über eine neue magnetische Vertikalfadenwaage. Z. Meteo-
    rol. 2, 216-225 (1948).
HAALCK, F.: Ein Universal-Torsions-Magnetometer zur Bestimmung von
    D, H und Z. Z. Geophys. 19, 1-7 (1953).
HAALCK, F.: A torsion-magnetometer for measuring the vertical component
    of the earth's magnetic field. Geophys. Prospect. 4, 424-441 (1956).
HAHN, A.: Erfahrungen mit dem Torsions-Magnetometer Gfz. Z. Geophys.
    24, 1o6-112 (1958).
KOENIGSBERGER, J.: Vertikalvariometer für Feldmessungen. Z. Geophys. 1,
    237-242 (1925).
WATSON, W.: A quartz-thread vertical force magnetograph. Phil. Mag. 7,
    Serie 6, 393-399 (19o4).
WERNER, F.: Die Temperaturkompensation bei Torsions-Magnetometern.
    Z. Geophys. 19, 8-11 (1953).

Die Erforschung der remanenten Magnetisierung von Gesteinen bis zu den Arbeiten von J. G. Koenigsberger

U. Schmucker (mit einem Anhang von H. Schmidlin)

1. Anfänge

Die anziehende Kraft des Magneteisensteins ist seit dem Alterum bekannt, die Ausrichtung einer frei schwingenden Magnetnadel in einem die Erde umgebenden magnetischen Kraftfeld seit dem Mittelalter. Im Jahre 16oo zeigte William Gilbert, daß die mit der geographischen Breite größer werdende Neigung der magnetischen Kraftlinien gegenüber der Erdoberfläche dem Verlauf von Kraftlinien entspricht, die eine kleine Kugel aus Magneteisenstein umgeben. Er schloß daraus, daß die Erde selbst als ein großer Magnet anzusehen sei: Magnum magnes est globus terrestris.

Diese von Gilbert geschaffene Verknüpfung von Gesteins- und Erdmagnetismus wurde in den folgenden Jahrhunderten so verstanden, daß die Quellen des erdmagnetischen Feldes tief im Erdinnern liegen, unabhängig vom Eigenmagnetismus oberflächennaher Gesteine. So schreibt Alexander von Humboldt in der Mitte des vorigen Jahrhunderts:

> "Anderer Art: nicht den Erd-Magnetismus im allgemeinen, sondern nur sehr partielle, örtliche Verhältnisse berührend, sind diejenigen geognostischen Erscheinungen, welche man mit dem Namen des Gebirgs-Magnetismus bezeichnen kann. Sie haben mich auf das lebhafteste vor meiner amerikanischen Reise bei Untersuchungen über den polarischen Serpentinstein des Haidberges in Franken (1796) beschäftigt: und sind damals in Deutschland Veranlassung zu vielem, freilich harmlosen, litterarischen Streite geworden.
>
> Die Stärke des Gestein-Magnetismus kann in einzelnen abgeschlagenen Fragmenten von Hornblende- und Chlorit-Schiefer, Serpentin, Syenit, Dolerit, Basalt, Melaphyr und Trachyt durch Abweichung der Nadel und durch Schwingungs-Versuche zur Bestimmung der Intensitäts-Zunahme geprüft werden." (HUMBOLDT, Kosmos 4, 1874, S. 96).

Humboldt benutzte für seine Beobachtungen am Haidberg eine einfache Kompaßnadel. Sie wurden mitgeteilt im Intelligenzblatt der allgemeinen Jenaer Literatur-Zeitung (No. 169/1796, No. 38/1797) und können als erster sicherer Nachweis einer Magnetisierung von Gesteinen normaler Dichte gelten, die durch keinen auffallenden Gehalt an Magneteisen ausgezeichnet sind. Humboldt hat diesen Beobachtungen auf seinen späteren Reisen viele weitere Beispiele hinzugefügt.

Auch die widersprüchlichen Ergebnisse, die sich bei den vielfältigen Bemühungen ergaben, eine Abnahme der erdmagnetischen Feldintensität mit zunehmender Höhe nachzuweisen, erklärte Humboldt mit dem störenden Einfluß "polarischer" Gesteinsmassen. Über seine gemeinsam mit Gay-Lussac am Vesuv angestellten Beobachtungen der Totalintensität, hier Erdkraft genannt, berichtet er wie folgt:

> "Wenn 18o5 die Erdkraft in Neapel 1,274 und in Portici 1,288 war: so stieg sie in der Einsiedelei von San Salvador zu 1,3o2, um im Krater des Vesuvs tiefer als in der ganzen Umgegend: zu 1,193,

herabzusinken. Eisengehalt der Laven, Nähe magnetischer Pole einzelner Stücke und die, im ganzen wohl schwächend wirkende Erhitzung des Bodens bringen die entgegengesetztesten Local-Störungen hervor." (HUMBOLDT, Kosmos 4, 1874, Fußnote 11 zu S. 62).

Zur Angabe der Totalintensität, die aus der Periode einer schwingenden Inklinationsnadel abgeleitet wurde, benutzte Humboldt noch seine auf den magnetischen Äquator in Peru bezogenen relativen Einheiten. Als C.F. Gauß und W. Weber um 183o in Göttingen mit Messungen der erdmagnetischen Horizontalintensität in absoluten cgs-Einheiten begannen, wurden auch sie bald auf gewisse lokale Abweichungen aufmerksam. Wilhelm Weber berichtet über sie in den Resultaten des magnetischen Vereins für das Jahr 184o:

"Während die bedeutenden Eisenmassen und mehrere große Magnetstäbe, welche in der Sternwarte sich befinden, nach obigen Versuchen schon in kleinen Entfernungen keinen merklichen Einfluß ausüben, hat sich dagegen ein sehr beträchtlicher Localeinfluß nahe bei Göttingen, auf der Spitze des Hohenhagens ergeben, die von Basalt gebildet wird." (Es folgt eine Tabelle mit Angaben der Schwingungsperiode an mehreren, mit *A*, *B*, *C* ... bezeichneten Orten auf dem Hohen Hagen.)

"Unter den verschiedenen Orten hat sich für *A* der kleinste Werth um 7,96 Procent kleiner als für Göttingen, für *B* der größte Werth um 2,2 Procent größer als für Göttingen, und 1o,16 Procent größer als für *A*, für die horizontale Intensität ergeben.

Es ist zu vermuten, daß an andern Orten, wo noch größere Basaltmassen sich befinden, noch größere Localeinflüsse werden gefunden werden, die auch in größeren Abständen noch merklich sein werden. Es würde sehr wünschenswert sein, daß in einer solchen Gegend ein vollständiges System von Beobachtungen, nicht bloß für die horizontale Intensität, sondern auch für die Declination, und wo möglich auch für die Inclination ausgeführt würde, und magnetische Specialkarten darnach entworfen würden. Auch ist es wichtig, durch ein Beispiel genauer nachzuweisen, daß auch die stärksten vorkommenden Localeinflüsse, die in der Nähe sehr große Abweichungen hervorbringen, im Ganzen doch sehr wenig zum Erdmagnetismus beitragen." (WEBER, 1841, S. 67-69).

Weder Humboldt noch Weber haben versucht, die zur Erzeugung lokaler Anomalien notwendige Gesteinsmagnetisierung nach Betrag und Richtung abzuschätzen und ihre Herkunft zu erklären. Humboldt verweist in diesem Zusammenhang auf die gerade erschienenen Arbeiten von Zaddach und Melloni, die für die nachfolgende Entwicklung des Gesteinsmagnetismus von besonderer Bedeutung werden sollten.

2. Die Entdeckung der Thermoremanenz in vulkanischen Gesteinen und gebrannten Tongegenständen

Ernst Gustav Zaddach, Lehrer am Königlichen Friederichskollegium und Privatdozent an der Universität zu Königsberg, hatte um 184o in der Eifel die ablenkende Wirkung der dortigen Basalte auf die Kompaßnadel eingehend untersucht, und zwar erstmals mit dem besonderen Ziel, die Stellung der "magnetischen Achsen" bezüglich der Richtung des erdmagnetischen Feldes festzustellen. Auf diese Weise hoffte er, etwas über die möglichen Ursachen des Eigenmagnetismus von Basaltbergen zu erfahren. Dabei kommt er zu dem Ergebnis,

"daß wie an den größeren Felsen, so auch an einzelnen polarischen
Basaltsäulen die Vertheilung des Magnetismus eine ganz andere ist,
wie an senkrecht stehenden Eisenstangen, die durch den Erdmagnetismus magnetisirt sind. Nirgends trennt eine horizontale Ebene die
beiden verschiedenen Magnetismen, so daß etwa das untere Ende der
Säule Nord-, das obere Südmagnetismus zeigte, sondern diese Indif-
ferenzebene steht meistens fast senkrecht. Aus diesem verschiedenen
Verhalten senkrechter Felsmassen und senkrechter Eisenstangen folgt,
daß in jenen Gesteinen außer dem Gehalte an Magneteisen noch andere
Verhältnisse die Einwirkung des Erdmagnetismus modificiren und die
Vertheilung der magnetischen Kraft bedingen müssen." (ZADDACH,
1851, S. 245-246).

Er glaubt nun, dem freien Zutritt der Luft eine besondere Rolle bei
der Entstehung der Polarität zuweisen zu müssen. Dieser Schluß gründet
sich auf die heute überraschend wirkende Feststellung,

"dass immer nur solche Felsstücke und Felsentheile polarisch wirken, welche an der Oberfläche der Erde oder sehr nahe derselben
der Einwirkung der Atmosphäre vollkommen ausgesetzt sind, dass
sich dagegen unter der Oberfläche die polarische Eigenschaft sehr
bald verliert und an Basalten, die tiefer unter der Erde liegen,
nicht vorkommt." (ZADDACH, 1851, S. 265).

Zur Prüfung seiner Hypothese hat Zaddach, wenn auch mit anderen Ab-
sichten, das vermutlich erste gesteinsmagnetische Erhitzungsexperi-
ment durchgeführt:

"Am 23. December 1849 hatte ich mehrere, durchaus nichtpolarisch
wirkende Magneteisenstücke und Basalte auf das Dach des von mir
bewohnten Hauses gelegt, um zu sehen, ob sich in ihnen vielleicht
allmälig die polarische Eigenschaft ausbilden würde. Da der Magnetismus auch nach 2 Monaten keine merkliche Verstärkung zeigte,
so glaubte ich ihre Empfänglichkeit für den Magnetismus den oben
mitgetheilten Beobachtungen gemäß verstärken zu können, wenn ich
in ihnen Spalte und Sprünge hervorbrächte, durch welche die Atmosphäre und die magnetische Kraft der Erde schneller auf ihre ganze
Masse einwirken könnte. Ich liess daher sämtliche Stücke in dem
Feuer einer Schmiedeesse glühen und sodann schnell in kaltem Wasser abkühlen.

Zufällig wurde ich verhindert, die Steine sogleich nach diesem
Experimente zu untersuchen, und als es nach zwei Tagen geschah,
fand ich zu meinem Erstaunen beide Basaltstücke entschieden polarisch auf die Magnetnadel wirken." (ZADDACH, 1851, S. 273).

Macedonio Melloni hat die Ergebnisse seiner gesteinsmagnetischen Untersuchungen 1853 der Akademie zu Neapel vorgelegt und 1856 in zwei
Teilen veröffentlicht (MELLONI, 1856). Der besondere Fortschritt gegenüber früheren Arbeiten besteht zunächst darin, daß Malloni zum
ersten Mal mit einem astatischen Magnetometer arbeitet, bei dem die
ausrichtende Kraft des Erdfeldes durch einen Kunstgriff ausgeschaltet
wird. Die Verbesserung moderner Magnetometer besteht lediglich in dem
Gebrauch sehr viel kürzerer Magnete, die es gestatten, den Abstand
der zu messenden Probe groß im Verhältnis zur Länge der Magnete zu
halten. Mellonis "magnetoscopia" war nach dem Vorbild der bereits
bekannten astatischen Galvanometer wie folgt konstruiert:

An einem Seidenfaden hängen zwei starr verbundene Magnetnadeln mit
etwa gleichen, aber gegeneinander gerichteten Momenten. Das Nadelpaar
stellt sich entsprechend dem verbleibenden Restmoment im herrschenden
Erdfeld ein. Die Nadeln sind 9 cm lang und ebenso weit voneinander

244

entfernt. Die zu messende Gesteinsprobe in der Form eines langgestreck-
ten Prismas wird mit einem Ende den Polen der unteren Nadel genähert
und der Ausschlag des Nadelpaares beobachtet. Diese halb-quantitative
Messung der relativen Polstärke wird dadurch kompliziert, daß in sehr
großer Nähe das Magnetfeld der Nadel induzierend wirkt, und Melloni
verwendet einen großen Teil seiner Arbeit auf die Unterscheidung zwischen der in der Ferne wirksamen "bipolaren" (= remanenten) und der
in der Nähe induzierten "unipolaren" Magnetisierung der Probe.

Mellonis Untersuchungsmaterial sind die Basaltlaven des Vesuvs. Er
entnimmt ihnen orientierte Proben, aus denen zur Messung Prismen von
3o cm Länge herausgeschlagen werden. Es zeigt sich, daß sich die Polkräfte an den beiden Enden der Prismen in senkrechter Stellung nach
Drehung um 18o° nur im Vorzeichen, nicht aber in ihrer Stärke ändern.
Eine Induktion durch die Vertikalkomponente des Erdfeldes findet
nicht statt, ihre Magnetisierung ist also remanent. Außerdem erweisen
sich die Polkräfte dann am stärksten, wenn die Längsachse der Probe
in ihrer natürlichen Stellung parallel zum Erdfeld ausgerichtet war,
wobei das obere Ende als Südpol wirkt. Die remanente Magnetisierung
der Laven ist also parallel zur Richtung des herrschenden Erdfeldes
gerichtet und offensichtlich durch einen besonderen Vorgang durch
dieses Feld hervorgerufen worden.

Melloni vermutet, daß dieser Vorgang mit der Abkühlung der Laven von
hohen Temperaturen zusammenhängt. Zur Prüfung dieser Annahme werden
Basaltprismen zwischen glühenden Kohlen bis zum Rotglühen erhitzt und
in ihrer natürlichen Stellung zum Erdfeld abgekühlt. Es entsteht die
gleiche Polarität wie im natürlichen Zustand. Die Prismen werden noch
einmal erhitzt und abgekühlt, diesmal aber in einer zur natürlichen
Stellung umgekehrten Orientierung. Es entsteht eine Polarität, die der
ursprünglichen entgegen gerichtet ist. Die natürliche Polarität der
Basaltprimen ist also durch das Erhitzen zerstört worden und beim Abkühlen ist eine neue Polarität in Richtung des herrschenden Erdfeldes
entstanden. Mit diesen Erkenntnissen begründet Melloni die moderne
Entwicklung des Gesteinsmagnetismus.

Um das Beharrungsvermögen der bipolaren Polarität von Basaltlaven zu
prüfen, entnimmt Melloni einer Mauer im nahem Pompeji, deren Steine
älteren Laven des Vesuvs entstammen, orientierte Proben. Er findet
eine von Stein zu Stein wechselnde Richtung der Polarität und schließt
daraus, daß die Basaltlaven des Vesuvs ihre bei der Abkühlung entstan-
dene natürliche Polarität gegenüber der Wirkung eines anders gerichteten Erdfeldes über Jahrhunderte hinweg bewahren können. Man bezeichnet diese von Melloni entdeckte remanente Magnetisierung großer Stabilität, die beim Abkühlen einer ferromagnetischen Substanz in schwachen Magnetfeldern entsteht, als Thermoremanenz.

In Deutschland hat sich insbesondere Förstemann eingehend mit den
Arbeiten Mellonis befaßt und sie ausführlich 1859 in Poggendorffs
Annalen dargestellt. F.C. Förstemann, Professor an der Realschule zu
Elberfeld, hatte um 184o nach dem Vorbild von Zaddach gleichfalls die
Basalte in der Eifel magnetisch untersucht, war aber in der Deutung
ihrer Polarität zu teilweise anderen Schlüssen gekommen. Er findet
die Ergebnisse Mellonis in vollkommener Übereinstimmung mit seinen
eigenen Beobachtungen und sieht in ihnen große Möglichkeiten eröffnet, eine Reihe von geologischen und geophysikalischen Fragestellun-
gen in ganz neuartiger Weise zu beantworten:

    "Nimmt man Melloni's Ansicht von der Magnetisierung der Laven im
    Moment ihres Erkaltens an, und dehnt man sie auf die sogenannten
    plutonischen, und die durch Hitze metamorphosirten Gesteine aus,
    da, wie die Glühversuche zeigen, eine Schmelzung der Mineralmasse

nicht erforderlich ist; will man ferner die Coërcitivkraft aller
dieser Gesteine der gleich setzen, welche M. für die Laven erwiesen
zu haben glaubt: so ließen sich hieraus für die Geologie höchst
wichtige Folgerungen ziehen: denn man würde das Magnetoskop als ein
Instrument zu betrachten haben, durch welches man zu entscheiden
vermöchte:

1. ob ein Gestein feurigen (vulcanischen und plutonischen) oder
neptunischen Ursprungs wäre;

2. ob man gewisse Gesteine mit Recht als solche zu betrachten habe,
die durch Hitze metamorphosirt sind;

3. ob sich Feldmassen, die sich bipolar zeigen, noch in derselben
Stellung befinden, die sie beim Erkalten einnahmen;

4. ob zur Zeit der Magnetisirung solcher Gesteine, die ihre normale
Lage behauptet haben, die Richtung des magnetischen Meridians und
die Größe der magnetischen Neigung eine andere war als heute.

Die ersten drei Fragen würden, so scheint es, sich leicht beantworten lassen; größere aber keineswegs unüberwindliche Schwierigkeiten würde die letzte Frage darbieten, deren Beantwortung aber
auch in vielfachen Beziehungen von großem Interesse wäre; man
könnte sogar auf die Idee kommen die Altersverhältnisse feuriger
Gebilde durch das Magnetoskop auf ähnliche Weise bestimmen zu wollen, wie man aus den Petrefacten auf das Alter sedimentärer Formationen zu schließen pflegt." (FÖRSTEMANN, 1859, S. 13o).

Auch das Problem der in bezug auf das heutige Erdfeld umgekehrten
Magnetisierung wird bereits von Förstemann behandelt.Zaddach hatte
in den Basaltlaven der Nürburg eine Reihe von parallelen magnetischen
"Achsen" mit wechselnder Richtung der Polarität festgestellt und führt
dies auf eine gegenseitige Beeinflussung von zeitlich nacheinander
entstandenen Polaritäten zurück.

Förstemann verwirft diese Erklärung, ohne allerdings eine alternative
Erklärungsmöglichkeit zu erwähnen, und schreibt:

"Wenn ich den Scharfsinn und die Ausdauer, mit welchen Zaddach sich
über die Richtung der Magnetaxen in jenen Felsen Rechenschaft zu
geben sucht, in hohem Grade anerkennen muß, so begreife ich doch
nicht, wie die durch den tellurischen Magnetismus hervorgerufene
Hauptaxe, deren polare Kraft mithin von der Intensität des Erdmagnetismus abhängen wird, in nahe liegenden Theilen der Steinmasse
Pole hervorzurufen in Stande seyn soll, deren Lage die entgegengesetzte von derjenigen ist, welche die Magnetkraft der Erde bedingt." (FÖRSTEMANN, 1859, S. 133).

Die von Förstemann vorgezeichnete Linie ist in Deutschland nicht weiter verfolgt worden, da sich das Interesse ganz auf isolierte Gesteins-
klippen konzentrierte, die durch eine besonders große und, wie sich
zeigen sollte, von Blitzeinschlägen erzeugte Magnetisierung auffielen.
Eine Zusammenstellung der Literatur bis zum Ausgang des Jahrhunderts
findet sich in Günther's Handbuch der Geophysik (GÜNTHER, 1897).

In Italien sind die Arbeiten von Melloni insbesondere von Folgheraiter
erfolgreich fortgesetzt worden. Folgheraiter bediente sich zwar wieder
nur einer einfachen Bussole, konnte aber deren Einstellung unter der
ablenkenden Wirkung einer magnetisierten Gesteinsprobe auf Bruchteile
eines Grades genau bestimmen. Er unterschied erstmalig klar zwischen
der remanenten Magnetisierung einer Gesteinsprobe, ihrer durch das
Erdfeld induzierten Magnetisierung und ihrer durch das Feld der Busso-

lennadel induzierten Magnetisierung. Letztere wird als vernachlässigbar klein erkannt.

FOLGHERAITER (1894, 1895a) entnimmt seine Proben Basalten und Basalttuffen der Campagna di Roma und findet, daß ihre remanente Magnetisierung durchweg die induzierte Magnetisierung weit übertrifft, etwa parallel zum heutigen Erdfeld gerichtet ist und sich durch eine große Koerzitivkraft auszeichnet. Exponierte Basaltklippen hoher Magnetisierung, punti distinti genannt, werden dabei bewußt ausgeschlossen. Bei der Wiederholung von Mellonis Erhitzungsexperimenten, deren Ergebnis voll bestätigt wird, geling es FOLGHERAITER (1895b) nachzuweisen, daß in bestimmten Tuffen ein durch die Erhitzung neu gebildetes ferromagnetisches Mineral zur Thermoremanenz beiträgt, eine für die Folgezeit wichtige Erkenntnis.

Das besondere Ziel Folgheraiters ist bereits die Verfolgung der erdmagnetischen Säkularvariation in der historischen und prähistorischen Vergangenheit. In späteren Arbeiten hat er hierzu, älteren Ansätzen von GHERARDI (1862) folgend, auch die remanente Magnetisierung von gebrannten Vasen benützt, von deren Stabilität er sich gleichfalls überzeugt. Ausgehend von der Annahme, daß diese Vasen während des Brennvorganges senkrecht gestanden haben und daß dabei in ihrem Ton erhaltene Eisenoxyde durch das Erdfeld thermoremanent magnetisiert worden sind, schließt Folgheraiter aus der Neigung ihrer Remanenz gegenüber dem Lot auf die Inklination des Feldes zur Zeit des Brennens. So erhält er etwa aus der Remanenz etruskischer Vasen, die dem sechsten vorchristlichen Jahrhundert entstammen, eine von der heutigen Feldrichtung deutlich abweichende Inklination. Das Ergebnis seiner Arbeiten, mit denen die moderne paläomagnetische und archäomagnetische Forschung beginnt, hat Folgheraiter 1899 zusammenfassend dargestellt (FOLGHERAITER, 1899).

Auch in Deutschland waren magnetische punti distinti seit langem bekannt wie etwa die Schnarcher Klippen bei Schierke im Harz. Man vermutete, daß sie ihre starke remanente Magnetisierung häufigen Blitzeinschlägen verdankten. Diese Möglichkeit wird von POCKELS (1897) experimentell bestätigt, indem er eine elektrische Entladung längs der Oberfläche einer Gesteinsprobe erfolgen läßt, die sich anschließend als remanent magnetisiert erweist. Den Beobachtungen Zaddachs an Basalten der Eifel entnimmt nun Pockels, daß "das in Steinbrüchen aufgeschlossene Gestein fast nie polaren Magnetismus (zeigt), ebensowenig Felsmassen in engen Tälern" (S. 66) und sieht in Blitzeinschlägen die eigentliche Ursache des Gesteinsmagnetismus. Diese Fehleinschätzung mag dazu beigetragen haben, daß man sich in Deutschland während der folgenden Jahrzehnte nur sehr wenig mit der natürlichen Remanenz von Gesteinen befaßte.

3. Die Entdeckung der umgekehrten Magnetisierung

Unter denen, die die von Folgheraiter begründete Forschungsrichtung fortsetzten, sind an erster Stelle Brunhes, David und Mercanton sowie Chevallier und Matuyama zu nennen. Ausgehend von der erwiesenen Stabilität einer durch das Erdfeld erzeugten Thermoremanenz, waren sie fest davon überzeugt, in der Richtung der natürlichen Remanenz von Gesteinen und Artefakten die Richtung des Erdfeldes zur Zeit der Aufprägung dieser Remanenz zu sehen. Verfeinerte Meßmethoden erlaubten nunmehr eine Bestimmung der Magnetisierungsrichtung auf wenige Grad genau, sofern nur der Betrag der Magnetisierung einige hundert Gamma übertraf.

Ein eindrucksvolles Beispiel für die Richtigkeit des eingeschlagenen
Weges stellen die Arbeiten von CHEVALLIER (1925) an historisch datier-
ten Laven des Ätna dar. Ihre natürliche Remanenz erwies sich innerhalb
einer einzelnen Lava als bemerkenswert richtungskonstant, und es gelang
Chevallier, die örtliche Säkularvariation von Deklination und Inklination bis ins 12. Jahrhundert zurückzuverfolgen. BRUNHES (19o5) und
DAVID (19o4) erforschten mit ähnlichem Erfolg die Magnetisierung ter-
tiärer Basalte der Auvergne. DAVID (19o4) überzeugte sich dabei noch
einmal von der sälularen Stabilität ihrer Remanenz, indem er einem
antiken Bauwerk auf der Spitze des Puy de Dôme orientierte Steine
vulkanischer Herkunft entnahm.

Am Plateaubasalt von Pontfarein und seinem kontaktmetamorphen Nebengestein gelang es BRUNHES (19o5, 19o6) zum ersten Mal, eine bezüglich
der heutigen Feldrichtung umgekehrte Magnetisierung festzustellen.
Dabei ist die Tatsache hervorzuheben, daß diese Umkehrung Basalt und
Nebengestein in gleicher Weise betraf. Eine Erklärung durch irgend-
welche besonderen Vorgänge, die eine ursprünglich in Richtung des
Erdfeldes aufgeprägte Magnetisierung im Verlauf seiner Abkühlung
hätte umkehren können, war damit ausgeschlossen. MERCANTON (1926) und
MATUYAMA (1929) konnten später zeigen, daß solche dem jeweiligen Erdfeld entgegengerichtete Remanenzen bei tertiären Basalten weltweit
auftreten und durchaus keine Seltenheit darstellen. Völlige Umpolun-
gen des Erdfeldes in der geologischen Vergangenheit schienen also möglich zu sein.

Ein zweiter Hinweis für die verbreitete Existenz einer remanenten,
von der heutigen Feldrichtung unabhängigen Gesteinsmagnetisierung
kam von erdmagnetischen Lokalvermessungen, die um 19oo einsetzten und
zunächst mit Absolutinstrumenten zur Messung der Horizontalintensität,
Inklination und Deklination durchgeführt wurden.

So berichtete G. Meyer bereits 19o2 aus dem tertiären Vulkangebiet
des Kaiserstuhls, daß auf den Kuppen von gewissen Basaltbergen (Toten-
kopf bei Oberrothweil, Schloßberg und Hochbuck bei Achkarren, Katha-
rinenberg bei Schnelingen) eine örtlich reduzierte Inklination auftritt. Die Horizontalintensität ist nördlich der genannten Berge verstärkt, südlich von ihnen vermindert. Hieraus schließt Meyer, daß
diese Berge eine dem heutigen Erdfeld entgegengerichtete Magnetisierung besitzen, die nicht durch Induktion durch das Erdfeld erklärt
werden kann. Eine lokale Magnetisierung durch Blitzschlag hält Meyer
für ausgeschlossen, eine Erkenntnis, die durch die spätere Vermessung
des Kaiserstuhls mit der Schmidtschen Feldwaage bestätigt wird (REICH,
CLOSS u. SCHÖNE, 194o).

In den folgenden Jahren wurden immer mehr Beispiele für eine umgekehrte
Magnetisierung an Gesteinskörpern der verschiedensten Art und Genese
gefunden. Bezüglich einer ersten Zusammenstellung sei auf die Arbeiten
von KOENIGSBERGER (1933, 1936a) und HAALCK (1942) verwiesen.

Keinen Eingang fanden indes diese Vorstellungen von der Umkehrbarkeit
des Erdfeldes in die geophysikalischen Lehr- und Handbücher, die um
193o erschienen. Man glaubte zu dieser Zeit an einen einfachen Zusammenhang zwischen Drehimpuls und magnetischem Dipolmoment der Erde,
der für eine gewisse säkulare Stabilität der erdmagnetischen Feldrichtung sorgen würde. Größere Änderungen der Feldrichtung galten für
wenig wahrscheinlich. Abweichende Richtungen der natürlichen Remanenz
von Gesteinen, die dieser Annahme widersprachen, wurde nur eine geringe
Beweiskraft zugesprochen, eine Ansicht, die allerdings Chapman und
Bartels in ihrer 194o erschienenen Monographie "Geomagnetism" als
"too dogmatic" bezeichnen (CHAPMAN u. BARTELS, 194o, S. 7o1).

4. Die ersten Magnetisierungskurven von Gesteinen und Mineralen

Zu Beginn des Jahrhunderts entstanden die heute gültigen Vorstellungen
von der Natur des Ferromagnetismus. Kennzeichen des ferromagnetischen
Verhaltens waren von nun an die Curie-Temperatur und unterhalb dieser
Temperatur die Charakteristiken der Hysteresekurve (Sättigungsmagne-
tisierung, Sättigungsremanenz, Anfangssuszeptibilität, Koerzitivkraft).
Damit war der Weg zur Erforschung der ferromagnetischen Eigenschaften
von Gesteinen vorgezeichnet, als deren Träger die Minerale Magnetit
($FeO \cdot Fe_2O_3$) und Magnetkies (FeS) erkannt worden waren.

Richtungweisend auf diesem Gebiet waren Untersuchungen von GRENET
(193o), PUZICHA (193o) und CHEVALLIER u. PIERRE (1932). Sie betrafen
die ferromagnetischen Charakteristiken von Titanomagnetiten, die sich
als sehr abhängig von der jeweiligen Stellung im ternären System
($FeO-Fe_2O_3-TiO_2$) erwiesen. Es ergab sich insbesondere, daß beim Erhitzen von natürlichen Magnetiten irreversible Änderungen dieser Charakteristiken eintreten können, die auf Entmischungen im festen Zustand
oder auf chemischen Reaktionen beruhen und für die Beurteilung künstlich erzeugter Thermoremanenzen sehr wichtig werden sollten. Aufschluß-
reich waren auch die Messungen der Sättigungsremanenz und Koerzitivkraft von Magnetit als Funktion der Temperatur, die RETTIG (1943)
– ein Schüler Puzichas – durchführte. Sie zeigen, daß unmittelbar
unterhalb des Curie-Punktes bei $575^{\circ}C$ die Koerzitivkraft einen deutlich stärkeren Anstieg mit abnehmender Temperatur aufweist als die
Sättigungsremanenz. Dies ist ein für die Ausbildung einer Thermoremanenz entscheidender Tatbestand. Wird nämlich vereinfachend angenommen,
daß am Curie-Punkt eine vollständige Ausrichtung der spontanen Magnetisierung I_s in Richtung des herrschenden Feldes H_a erfolgt, so bleibt
diese Ausrichtung bis zu derjenigen Temperatur T_b erhalten, bis zu der
das innere entmagnetisierende Gegenfeld (NI_s-H_a) kleiner ist als die
Koerzitivkraft (N: Entmagnetisierungsfaktor). Die Thermoremanenz bei
$2o^{\circ}C$ ist dann um so größer, je tiefer die Grenztemperatur T_b bei dem
betreffenden Material unterhalb der Curie-Temperatur liegt.

Im übrigen standen zu dieser Zeit bei gesteinsmagnetischen Arbeiten
Probleme der angewandten Geophysik im Vordergrund. Man befaßte sich
vorwiegend mit Messungen der Suszeptibilität in der Hoffnung, aus ihr
auf Zusammensetzung und Erzgehalt von Gesteinen schließen zu können.

5. Die Erforschung der Thermoremanenz durch Joh. Koenigsberger

Den genannten Untersuchungen zur Aufklärung der ferromagnetischen
Eigenschaften war gemeinsam, daß mit sehr starken Feldern (> 1oo Oe)
gearbeitet wurde. Beziehungen zur Thermoremanenz, die ja ein ferromagnetisches Phänomen sehr schwacher Felder (< 1 Oe) ist, konnten
daher nicht weiter verfolgt werden. Dies blieb den Arbeiten von Koenigsberger vorbehalten, die zwischen 193o und 1938 erschienen. Sie
begründen unsere heutigen Vorstellungen von den physikalischen Vor-
gängen, die in ferromagnetischen Mineralen zur Entstehung einer Thermoremanenz führen.

Magnetisierungsversuche in schwachen Feldern sind etwas früher bereits von Loewinson-Lessing und Turcev durchgeführt worden (LOEWINSON-
LESSING, 193o, 1932). Ihre Ergebnisse – es wird die Remanenz fast
reiner Magnetitgesteine nach Erhitzen auf Temperaturen unterschiedlicher Höhe gemessen – lassen bereits wesentliche Merkmale der partiellen Thermoremanenz erkennen.

Johann Georg Koenigsberger, Professor der Physik in Freiburg (Breisgau), hatte sich nach dem Ersten Weltkrieg theoretischen Problemen
der angewandten Geophysik zugewandt und auch selbst Feldmessungen,
zumeist mit Instrumenten eigener Konstruktion, durchgeführt. Über sie
berichtet H. Schmidlin im Anhang zu diesem Beitrag. Bei der Deutung
lokaler Anomalien des erdmagnetischen Feldes stellt nun KOENIGSBERGER
(1928) fest, daß die Annahme einer rein induktiven Magnetisierung
durch das herrschende Erdfeld in gewissen Fällen nicht zutreffen kann.
Diese Erfahrung veranlaßt ihn zu eigenen, umfangreichen gesteinsmagnetischen Untersuchungen, über deren Ziel er 193o wie folgt berichtet:

"Messungen in den Alpen und im Schwarzwald hatten gezeigt, daß
die aus topographischen Effekten berechnete Suszeptibilität innerhalb der Beobachtungsfehler mit der in Feldern von etwa 1o Gauß
ermittelten angenähert übereinstimmt, daß also die Induktionstheo-
rie hier, ebenso wie z.B. bei den Magnetitlagerstätten von Lappland
nach Carlheim-Gyllensköld zutrifft.

Dagegen hatten Brunhes und David durch Messungen am Puy de Dôme
festgestellt, daß die remanente Magnetisierung des dortigen Basaltes den dort vorhandenen topographischen Effekt des Berges erklärt.
Folgheralter hatte an den von ihm untersuchten Laven nur remanenten
Magnetismus beobachtet, ebenso erwähnt Chevallier an den neuerdings
von ihm sehr genau untersuchten Aetnalaven nur ihren remanenten
Magnetismus, dessen Richtung etwa der des heutigen Erdfeldes entspricht. Auf remanenten Magnetismus weisen auch manche negativen
Anomalien erdmagnetischer Karten, die kaum alle durch Singulari-
täten der heutigen Induktion erklärt werden können.

Daher hat der Verfasser sich die Aufgabe gestellt zu untersuchen,
ob der natürliche remanente Magnetismus ausnahmsweise oder regelmäßig bei den Gesteinen auftritt, ob er seiner Richtung nach ungefähr konstant ist und wie seine Größe sich zu der des induzierten
Magnetismus verhält." (KOENIGSBERGER, 193oa, S. 145).

Es folgt eine Tabelle, in der für 45 Proben der verschiedensten Ge-
steinstypen ihre Suszeptibilität K im Erdfeld H, ihre natürliche Remanenz J_{rn} sowie das Verhältnis $J_{rn}/(KH)$ von remanenter zu induzierter
Magnetisierung angegeben wird. Dieses in späteren Arbeiten mit Q oder
Q_n bezeichnete Verhältnis ist heute allgemein unter dem Namen "Koenigsberger Q-Faktor" bekannt.

Der entscheidende Fortschritt gegenüber früheren Arbeiten besteht
wiederum in der Verwendung eines astatischen Magnetometers mit der
damals unerreichten Nachweisempfindlichkeit von Magnetisierungen bis
zu $1o^{-6}$ cgs (o,1 gamma) bei Probewürfeln von 4 cm Kantenlänge. Koenigsberger hat es eigens für seine gesteinsmagnetischen Untersuchungen
entwickelt, und es gelang ihm, die bis dahin fast unbekannte Remanenz
nicht-vulkanischer Gesteine zu messen (KOENIGSBERGER, 193ob). Die
große Empfindlichkeit wurde mit drehbar angebrachten Hilfsmagneten
erreicht, durch deren Einstellung das aus vier paarweise gegeneinander
gerichteten Magneten bestehende System gegenüber dem Erdfeld mit höchster Genauigkeit astasiert werden konnte. Das Gerät ist nie nachgebaut
worden und konnte wohl auch nur von Koenigsberger selbst bedient werden.

Koenigsberger faßt seine ersten, bereits richtungweisenden Ergebnisse
so zusammen:

"Nur die untersuchten Sedimentgesteine hatten keinen nachweisbaren
remanenten Magnetismus. Die untersuchten Tiefen-, Gang-, und Ergußgesteine zeigten fast alle eine remanente Magnetisierung, die,

dividiert durch die Induktion des heutigen totalen Erdfeldes, für
die meisten Gesteine zwischen o,8 und o,2 liegt.

Merklich größere Quotienten als 1 erhält man vor allem für verschiedene saure Ergußgesteine und für die Laven basischer Ergußgesteine.
Hier können die Quotienten bis zu 1o und mehr gehen; sie sind anscheinend um so höher, je näher an der Oberfläche und je rascher
die Lava erkaltet ist. Möglicherweise kommen noch chemische Veränderungen dazu." (KOENIGSBERGER, 193oa, S. 147).

Zu dem relativ großen Q-Verhältnis bei jungen Ergußgesteinen bemerkt
er:

"Daß der remanente Magnetismus, der, wie weitere Versuche zeigten,
bei vielen, nicht bei allen, Gesteinen schon zwischen etwa 4oo bis
5oo° aufgenommen wird, bisweilen größer sein kann als die Induktion
bei Zimmertemperatur, ist auffallend. Es widerspricht scheinbar dem
Gesetz von Curie, wonach die Suszeptibilität mit steigender Temperatur abnimmt. Oder man muß annehmen, daß die Magnetisierung der betreffenden Mineralien durch das Erdfeld in diesen Fällen bei der
hohen Temperatur der Sättigung nahe kam, und daß die Koerzitivkraft
sehr groß ist." (KOENIGSBERGER, 193ob, S. 2o2).

Diese offensichtliche Sonderstellung der Thermoremanenz innerhalb
ferromagnetischer Erscheinungen wird nun an polykristallinen künstlichen Magnetitstäben sowie an Magnetit- und Hämatit-Einkristallen
weiter untersucht. Das Ergebnis bildet den Inhalt von zwei grundlegenden Arbeiten (KOENIGSBERGER, 1932c, 1932d). In ihnen verwendet
Koenigsberger zum ersten Mal den Begriff "Thermoremanenz". Es ist
diejenige remanente Magnetisierung $(J_r)_{H,t}$, die eine ferromagnetische
Substanz nach Erhitzung auf die Temperatur t und Abkühlen auf 2o°C im
Gleichfeld H besitzt. Eine etwa schon vorhandene Remanenz ist zuvor
durch Erhitzen über den Curie-Punkt (CP) und anschließendes Abkühlen
im Nullfeld zu beseitigen.

Wählt man t größer oder gleich CP, so erreicht die Thermoremanenz
ihren Maximalwert $(J_r)_{H,m}$ für das betreffende Feld. Koenigsberger
bezeichnet ihn in seinen späteren Arbeiten in der noch heute üblichen
Schreibweise mit J_{rt}, wenn H der (örtlichen) Erdfeldstärke entspricht.
Diese maximale Thermoremanenz ist in schwachen Feldern um ein Mehrfa-
ches größer als die bei 2o°C ohne Erhitzung erzeugte "isothermale"
Remanenz (Abb. 1). In hohen Feldern streben isothermale und thermo-
remanente Magnetisierung gegen die Sättigungsremanenz.

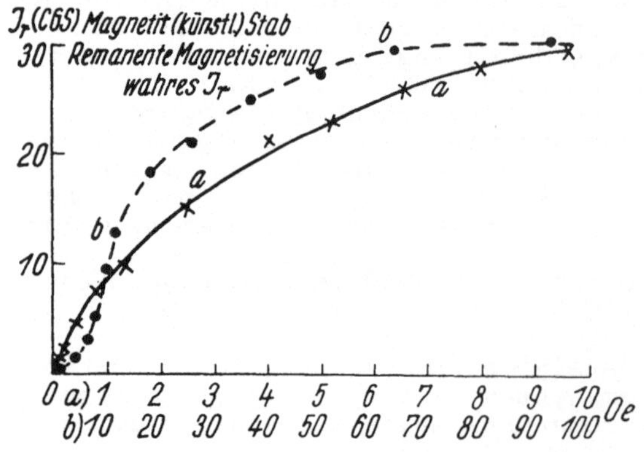

Abb.1. Thermoremanenz a und
isothermale Remanenz b von
Magnetit als Funktion des
äußeren Feldes. (KOENIGS-
BERGER, 1932c)

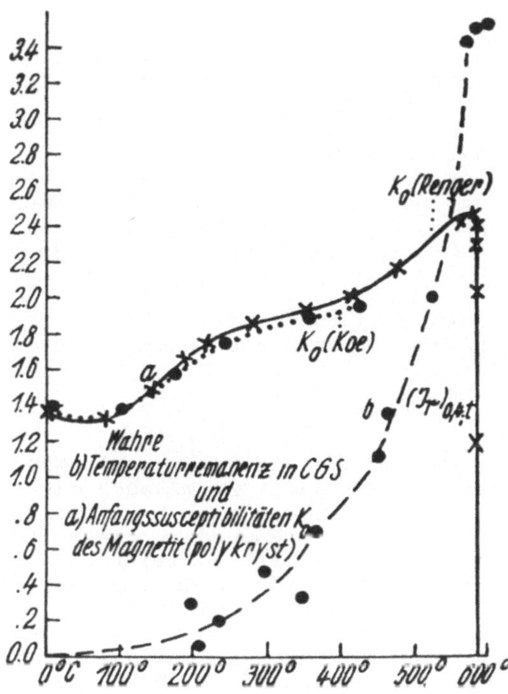

Abb. 2. Thermoremanenz $(J_r)_{H,t}$ für $H = 0,4$ Oe und die Anfangssuszeptibilität von Magnetit als Funktion der (Erhitzungs-) Temperatur t (KOENIGSBERGER, 1932c)

Unterhalb einer gewissen Mindesttemperatur (2oo°C für Magnetit, 5oo°C für Hämatit) entsteht keine nachweisbare Thermoremanenz. Andererseits erhält Koenigsberger in unmittelbarer Nähe des CP bei einer Erhöhung von t keine weitere Vergrößerung der Thermoremanenz. Ihre Aufprägung findet also in einem begrenzten Temperaturbereich (4oo - 5oo°C bei Magnetit) statt, in dem die $(J_r)_{H,t}$-Kurve ihren steilsten Anstieg besitzt (Abb. 2). Außerdem bestehen folgende Gesetzmäßigkeiten:

"Für Felder unter o,4 Oe ist in erster Näherung die scheinbare und wahre maximale Thermoremanenz des künstlichen Magnetit und der Magnetite aus Gesteinen dem magnetisierenden Felde proportional."

Bei der "wahren" Thermoremanenz ist H die Summe des äußeren Feldes und des entmagnetisierenden Gegenfeldes $N \cdot J_{rt}$ im Inneren der Substanz.

"Jedem Abkühlungsintervall zwischen zwei bestimmten Temperaturen in einem bestimmten Feld entspricht jedesmal ein bestimmter, von der Abkühlungsdauer in den oben angegebenen Zeitgrenzen unabhängiger Wert der Remanenz, wenn von dem Nullwert der Magnetisierung ausgegangen wird. Die niedrigere Temperatur macht nicht die bei der höheren Temperatur im gleichen Feld erzielte Ordnung rückgängig." (KOENIGSBERGER, 1932c, S. 471).

In der zuletzt genannten Beobachtung deutet sich bereits das Additionsgesetz der partiellen Thermoremanenzen an. Es wird in der zweiten Arbeit dann an Hand eines Beispiels klar formuliert:

"Die bei Abkühlung von 42o° auf 2o°C im Feld 2,1 Oe erlangte Thermoremanenz (1) ist ungefähr so groß wie die Differenz Thermoremanenz (2) bei Abkühlen von 59o° auf 2o° bei 2,1 Oe weniger Thermoremanenz

(3) von 59o^0 auf 42o^0 in 2,1 Oe und von 42o^0 - 2o^0 im Feld O. Für
Magnetit (künstlich) Stab war (1) = 3,3; (2) = 13,5; (3) = 1o,o,
also (2) weniger (3) = 3,5, etwa dem Wert von (1) gleich." (KOENIGS-
BERGER, 1932d, S. 767).

Es folgt die wichtige Bemerkung, daß die Koerzitivkraft partieller
Thermoremanenzen gleicher Größe um so größer ist, je höher das Tempe-
raturintervall liegt, in dem sie erzeugt worden ist. Auch der Zusammenhang von Thermoremanenz, Koerzitivkraft H_C und Suszeptibilität K wird
untersucht und eine erste theoretische Deutung der Thermoremanenz gegeben:

"Die relativen Thermoremanenzen ordnen sich für dieselbe kleine
Feldstärke, z.B. o,41 Oe, bei den bisher untersuchten Substanzen
in absteigender Reihenfolge folgendermaßen: Hämatit, Magnetit,
Wolframstahl, weiches Eisen. In derselben Reihenfolge wird H_C
größer und K kleiner." (KOENIGSBERGER, 1932d, S. 766).

"Die Suszeptibilität, also auch die Magnetisierung, nehmen mit Näherung an den ferromagnetischen Curiepunkt ab; damit nimmt auch die
zur Gleichrichtung der umklappbaren Spins aufzuwendende Arbeit ab,
die J^2 proportional ist. Solange bei sinkender Temperatur diese
Arbeit kleiner ist als die gegen die Koerzitivkraft zu leistende
Arbeit, bleibt eine bei höchster Temperatur durch die Umklappvor-
gänge erfolgte Magnetisierung erhalten. Das zur Magnetisierung
nahe am CP erforderliche Feld wird durch die dort noch vorhandene
Koerzitivkraft und durch die Arbeit bestimmt, die notwendig ist,
um die umklappbaren Spins alle gleichzurichten." (KOENIGSBERGER,
1932d, S. 765).

In diesen thesenartig formulierten Sätzen sind bereits alle heute
bekannten Merkmale der Thermoremanenz enthalten. Es fehlt eigentlich
nur ein Hinweis auf die auffallend große Stabilität gegenüber magnetischen Wechselfeldern, die offensichtlich von Koenigsberger nicht
untersucht worden ist. In späteren Versuchen konnte sein Schüler
SCHMIDLIN (1939) zeigen, daß Wechselfelder von Erdfeldstärke Thermoremanenzen nicht beeinflussen können.

Koenigsberger führte seine zahlreichen Untersuchungen zur Stabilität
von natürlichen und künstlichen Thermoremanenzen stets mit Gleichfeldern durch und fand mit seinen verfeinerten Meßmethoden die Angaben
von Melloni, Folgheraiter und David voll bestätigt, daß nämlich eine
durch das Erdfeld bei hohen Temperaturen erzeugte Thermoremanenz gegenüber Gleichfeldern von weniger als 1 Oe bei niedrigen Temperaturen
stabil ist.

Diese Erfahrung bleibt nicht ohne Einfluß auf Koenigsbergers Einstellung zur Frage der umgekehrten Magnetisierung. Bereits unter seinen
zuerst untersuchten Proben (KOENIGSBERGER, 193oa, b) befinden sich
zwei Basalte vom Roßberg bei Oberramstadt in Hessen, deren Remanenzen
deutlich negative Inklinationen besitzen (-36^0 und -55^0). Koenigsberger
sieht keine andere Erklärungsmöglichkeit als die einer Feldumkehr,
schreibt dann aber einschränkend:

"Der Annahme einer tatsächlichen Umkehrung der Inklinationsrichtung
(des Erdfeldes) steht die Schwierigkeit entgegen, daß Albert Einsteins Annahme der Entstehung des Erdmagnetismus durch Rotation der
Erdmasse eine völlige Umlagerung der Erdkruste über das Innere ver-
langen würde. Diese Umlagerung hätte aber nicht in der Rotationsrichtung, sondern senkrecht zu der Rotationsrichtung stattfinden
müssen, was zu Kreiselgesetzen nicht paßt. Die Umlagerung hätte

dann, um z.B. die Beobachtungen von Brunhes und P. David zu erklären, in relativ kurzer Zeit erfolgen müssen." (KOENIGSBERGER, 193ob,
S. 2o6).

Seine gesteinsmagnetischen Experimente überzeugen ihn aber später
vollends von der Aussagekraft einer durch die Thermoremanenz dokumen-
tierten Feldrichtung vergangener Erdzeitalter. Nach einer erneuten
Prüfung aller ihm verfügbaren Daten und nach Erwägung verschiedener
Alternativlösungen vermerkt er drei Jahre später in einer Fußnote:

"Persönlich neigt der Verf. jetzt bis auf weiteres zu dem Glauben,
daß die seitherigen Folgerungen aus den Beobachtungen im wesentlichen richtig sind, daß starke Änderungen und Umkehrungen des
magnetischen Erdfeldes seit Mitte der Tertiärzeit stattfanden,
vielleicht wie die Klimaänderungen durch außerterrestrische Einflüsse bedingt waren, kaum durch Umlagerungen der Erdkruste."
(KOENIGSBERGER, 1933, S. 51).

Es mag heute auffallend erscheinen, daß KOENIGSBERGER nur in seinen
ersten Arbeiten (193oa, b) die Richtungen der von ihm gemessenen Remanenzen angegeben hat. Vermutlich war es ihm später aber nicht mehr
möglich, orientierte Proben in genügender Anzahl im Gelände zu entnehmen, so daß er sich im wesentlichen auf nicht orientiert entnommene
Sammlungsstücke beschränken mußte.

An dieser Stelle seien auch zwei kürzere Arbeiten genannt, in denen
KOENIGSBERGER auf auch heute noch aktuelle Fragen eingeht. Die erste
Arbeit (1932e) betrifft den möglichen Beitrag der Erdkruste zum regionalen Erdfeld. Ausgehend von der zu erwartenden Temperaturabhängigkeit
der induktiven und remanenten Magnetisierung in größeren Tiefen, er-
wägt Koenigsberger die Möglichkeit,

"daß jungvulkanische Gegenden ein magnetisches Defizit in der Tiefe
aufweisen, während oben magnetitreiche Ergußgesteine sich positiv
von der Umgebung abheben; denn bei regionaler Überschreitung von
rund 55o$^{\circ}$C, wie sie die großen Temperaturgradienten mancher vulkanischer Gegenden schon in 5 km erwarten lassen, können sich magnetische Löcher ausbilden. Daher besteht theoretisch auch die Möglichkeit, derartige Unterschiede in den Temperaturgradienten der
Erde angenähert festzustellen, wenn durch Pendelmessung und Bestimmungen von $\delta g : \delta z$-Gesteinsdichten und dadurch indirekt Magnetitgehalt
des Untergrundes geschätzt werden können. Im allgemeinen wächst der
Magnetitgehalt nämlich mit der Dichte des Gesteins. Die vulkanische
Prognose kann also vielleicht einmal aus magnetischen Messungen
Nutzen ziehen." (KOENIGSBERGER, 1932e, S. 324).

In der zweiten Arbeit (1934b) geht es um die Frage, ob Eisen(III)-Oxyd
in der Modifikation $\gamma - Fe_2O_3$ (von Koenigsberger Hämatit genannt) ferro-
magnetisch ist. Koenigsberger hatte aus seinen Experimenten mit Hämatit-
Einkristallen einen Curie-Punkt von 7oo$^{\circ}$C abgeleitet. Um die Möglichkeit auszuschließen, daß ihr Ferromagnetismus auf kleinen Beimengungen
von Magnetit beruht, wird ihnen zunächst eine isothermale Remanenz
mit starken Feldern aufgeprägt. Anschließend werden sie auf den Curie-
Punkt von Magnetit·(585°C) erhitzt und im Nullfeld abgekühlt. Da ihre
ursprüngliche Remanenz etwa zur Hälfte erhalten bleibt, glaubt Koenigsberger, auf den Ferromagnetismus von Hämatit schließen zu können.
Die oberhalb von 4oo$^{\circ}$C eintretende Phasenumwandlung von $\gamma - Fe_2O_3$
(Maghemit) in $\alpha - Fe_2O_3$ (Hämatit i.e.S.) wurde erste einige Jahre
später entdeckt.

254

Im Mittelpunkt der letzten Arbeiten (1934a, 1936a) steht das Problem,
eine Beziehung zwischen der natürlichen Remanenz eines Erstarrungs-
gesteins und seiner im heutigen Erdfeld erzeugten künstlichen Thermoremanenz herzuleiten. Schon in seinen ersten Arbeiten hatte Koenigsberger festgestellt, daß das Q_n-Verhältnis von remanenter zu induzierter Magnetisierung mit wachsendem geologischem Alter eines Gesteins
abnimmt. Es lag nahe, hierin eine spontane Alterung der ursprünglichen
Thermoremanenz zu sehen, deren Zeitkonstante durch die Koerzitivkraft
und Form der ferromagnetischen Mineralkomponente bestimmt wird. Von
der Form würde nämlich die Größe des inneren entmagnetisierenden Feldes abhängen, während nach den vorliegenden Erfahrungen die schwächen-
de Wirkung eines äußeren Gegenfeldes unter 1 Oe sehr gering sein sollte. Man konnte daher erwarten, daß die Alterung besonders klar am
Verhältnis der natürlichen Remanenz J_{rn} zur Thermoremanenz J_{rt} abgelesen werden kann, da letztere gleichfalls durch Form und Koerzitivkraft der Ferromagnetika bestimmt wird.

Koenigsberger führt daher einen zweiten Q-Faktor ein, das Verhältnis
$Q_{nt} = J_{rn}/J_{rt}$, wobei J_{rt} durch ein Feld von der heutigen Stärke des
Erdfeldes am Ort der Probenentnahme zu erzeugen ist. Aus heutiger
Sicht wäre noch ein Korrekturfaktor anzubringen, um Änderungen der
geomagnetischen Breite und damit Änderungen der Erdfeldstärke seit
Aufprägung der ursprünglichen Thermoremanenz auszugleichen. Die resultierende Zeitabhängigkeit der Q_{nt}-Faktoren ist derjenigen von Q_n
sehr ähnlich, d.h. für ein vorgegebenes Alter läßt sich nur ein oberer Grenzwert von Q_{nt} angeben. Er beträgt 1,o für tertiäre und o,5
für permische Effusiva (Abb. 3).

Das eigentliche Ziel, nämlich aus Q_{nt} auf das geologische Alter eines
Gesteins zu schließen oder bei bekanntem Alter auf die Stärke des
Erdfeldes zur Zeit der Aufprägung der Thermoremanenz, konnte also nur
unvollkommen erreicht werden. Eine entscheidende Verbesserung hoffte
nun Koenigsberger dadurch herbeizuführen, daß Q_{nt} nicht mehr pauschal,
sondern getrennt für die verschiedenen ferromagnetischen Mineralkom-
ponenten berechnet wird, die erfahrungsgemäß in einem Gestein enthalten sind. Es war nämlich Koenigsberger aufgefallen, daß Gesteine
im Unterschied zu reinen Magnetitkristallen eine recht komplizierte
Abhängigkeit der Thermoremanenz $(J_r)_{H,t}$ von der Erhitzungstemperatur
t aufweisen, ein Hinweis auf das Vorhandensein mehrerer Ferromagnetika
mit unterschiedlichen Curie-Punkten.

Auf Grund zahlreicher Messungen unterscheidet Koenigsberger drei Gruppen: die x-Gruppe (CP $\leq$ 35o$^{\circ}$C, Pyrrhotit und Magnetit mit viel FeO
oder Fe_2O_3), die y-Gruppe (35o < CP < 58o$^{\circ}$C, Titanomagnetite) und die
z-Gruppe (CP $\geq$ 58o$^{\circ}$C, Hämatit-Ilmenit). Bezeichnen x_n, x_t usw. die
Beiträge dieser Gruppen zur pauschalen natürlichen Remanenz und Thermoremanenz, so ist $J_{rn} = x_n + y_n + z_n$ und $J_{rt} = x_t + y_t + z_t$. Zur Bestimmung des Beitrags der x-Gruppe zu den Remanenzen wird das Gestein
bis zur Grenztemperatur von 35o C erhitzt und im Erdfeld parallel zu
J_{rn} abgekühlt. Es entsteht nach dem Additionsgesetz der partiellen
Thermoremanenzen die Remanenz $A = J_{rn} - x_n + x_t$. Nach nochmaliger
Erhitzung auf 35o$^{\circ}$C und Abkühlung im Gegenfeld entsteht die Remanenz
$A' = J_{rn} - x_n - x_t$, woraus sich die Werte für x_n und x_t eliminieren
lassen. In entsprechender Weise wird mit der y- und z-Gruppe verfahren.
Abb. 4 zeigt die praktische Bestimmung der Größen A, A' für die x-Gruppe
und der entsprechenden Größen B, B' für die y-Gruppe der ferromagnetischen Mineralkomponente eines Basaltes. Koenigsberger vermerkt, daß

das für die y-Gruppe berechnete Verhältnis $Q_{nt}^{(y)} = y_n/y_t$ zu einer verbesserten Zeitabhängigkeit führt, aber sein Beobachtungsmaterial wird
nicht ausgereicht haben, nach Curie-Temperaturen getrennte Alterungs-
kurven der Thermoremanenz aufzustellen. Er untersucht noch in ähnli-

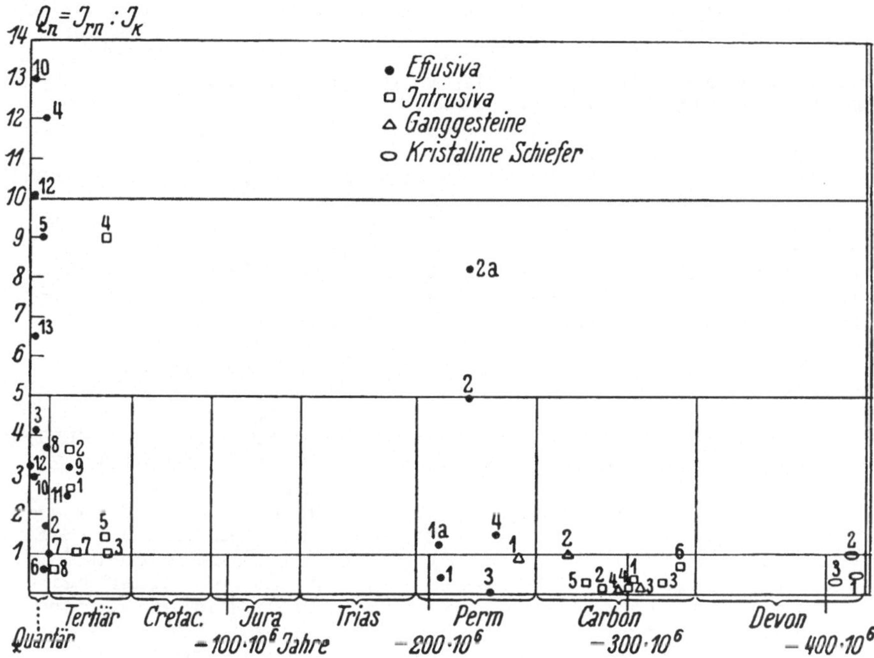

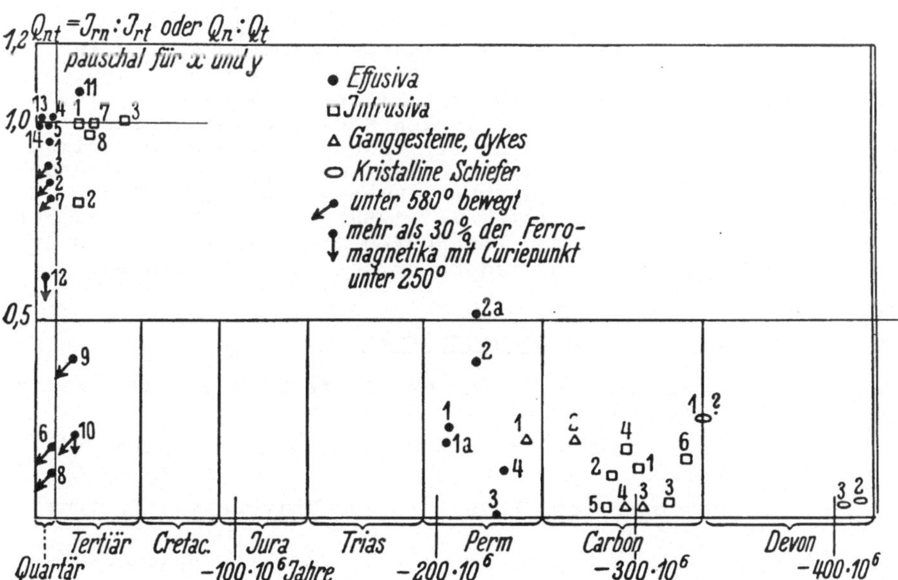

Abb. 3. Thermoremanenz einer Basaltprobe nach Erhitzung auf stufenweise erhöhte Temperaturen, wobei die Abkühlung wechselweise in einem Feld parallel (obere Kurve) und antiparallel (untere Kurve) zur Richtung der natürlichen Remanenz erfolgt (s. Text). (KOENIGSBERGER, 1936a)

cher Weise die Remanenzen gebrannter Tongegenstände (1938a) und faßt
dann das Ergebnis seiner gesteinsmagnetischen Arbeiten in einer Abhandlung zusammen, die in Terrestrial Magnetism erscheint (KOENIGS-
BERGER, 1938b). Über sie urteilt NAGATA in der 2. Auflage seiner Monographie "Rock magnetism" (1961, S. 329):

"It seems that this publication played the role of a guiding text-
book for further studies on rock magnetism for at least ten years."

Mit dem Ablauf des Jahres 1935 scheidet Koenigsberger vorzeitig aus
dem Amt, und die von ihm begründete gesteinsmagnetische Forschungsrichtung ist in Deutschland zunächst nicht weitergeführt worden. Die
Vorgänge, die bei Gesteinen zur Ausbildung einer remanenten Magnetisierung führen können, hatte sich als sehr kompliziert erwiesen, und
die Bedeutung der von Koenigsberger gefundenen Zusammenhänge wurde
wohl nicht gleich erkannt. Auch galten seine Veröffentlichungen als
schwer lesbar.

Im Jahre 1938 erscheint die erste zusammenfassende Arbeit von THELLIER
(1938), die in vielen Punkten auf den von Koenigsberger erzielten Ergebnissen aufbaut. Wenig später veröffentlicht HAALCK (1942) eine
erstmals ganz dem Gesteinsmagnetismus gewidmete Monographie. Etwa
gleichzeitig beginnen Gerlach und seine Mitarbeiter (GERLACH u. TEMES-
VÁRY, 1948; GERLACH, KRANZ u. KUHN, 1948) mit thermomagnetischen Untersuchungen an Nickeldrähten. Sie bezeichnen den Zustand einer bei
hohen Temperaturen durch schwache Felder aufgeprägten Magnetisierung
als "thermische Idealisierung"·, deren remanenter Anteil bei 2o°C der
Thermoremanenz i.S. von Koenigsberger entspricht. Die eigentliche
Fortsetzung der von Koenigsberger begonnenen Erforschung der Thermoremanenz bilden die Untersuchungen von T. Nagata, über deren Ergebnis
er erstmals 194o und 1942 berichtet (NAGATA, 194o, 1942).

Koenigsberger hat den Neuanfang gesteinsmagnetischer Forschung in
Deutschland nicht mehr erlebt. Er starb 1946 im Alter von 72 Jahren.
Ehrende Nachrufe erschienen in den Physikalischen Blättern (3, 16,
1947), in Nature (159, 19, 1947) und in den Schweizerischen mineralo-
gischen-petrographischen Mitteilungen (27, 236, 1947). Verzeichnisse
seiner Veröffentlichungen finden sich in dem von Poggendorf begründe-
ten "Biographisch-literarischen Handwörterbuch der exacten Wissenschaften" (4, 19o4; 5, 1925; 6, 1936; 7a, 1958). Dieser Rückblick auf
seinen Beitrag zum Verständnis des remanenten Gesteinsmagnetismus erscheint im Jahre der hundertsten Wiederkehr seines Geburtstags.

6. Lebensdaten von Johann Georg Koenigsberger

geb. 7.5.1874   in Heidelberg als Sohn des Professors der Mathematik
                 Leo Koenigsberger

1897   Promotion in Berlin als Schüler von O. Rubens und
                 E. Warburg

19oo   Privatdozent für Physik an der Universität Freiburg
                 im Breisgau

19o4-1935   Professor der Mathematischen Physik in Freiburg

192o-1922   Mitglied des Badischen Landtags

gest. 3.12.1946 in Freiburg

<u>Anhang: Lehrjahre bei Johann Koenigsberger</u>

Von H. SCHMIDLIN

An einem Frühlingsmorgen des Jahres 1931 begann für mich ein entscheidender Lebensabschnitt, als ich im Mathematisch-Physikalischen
Institut der Universität Freiburg dessen Direktor, Prof. Joh. Koenigsberger, vorgestellt wurde. Ich wollte nämlich Geophysiker werden.
Diese Wissenschaft war damals noch wenig bekannt, und Institute dafür
gab es nur vereinzelt. Da ich in Freiburg studieren wollte, war es
ein glücklicher Zufall, daß auch dort ein (unter anderem auch!) auf
dem Gebiet der Geophysik sehr bekannter Experte wirkte, nämlich J.
Koenigsberger. Seine Wirkungsstätte, das Mathematisch-Physikalische
Institut, war auch so weitgehend für Forschungen auf diesem Gebiet
ausgerüstet, daß man es eher als "Geophysikalisches Institut" hätte
bezeichnen können.

Diesem vielseitigen Forscher und ausgezeichneten Mathematiker saßen
wir - nämlich außer mir noch der bekannte Bonner Geologe Hans Cloos,
der die Audienz erwirkt hatte, und mein Vater, der erfahren wollte,
ob man mit dem von mir ersehnten Beruf sein täglich' Brot erwerben
konne - nun also an jenem Morgen gegenüber. Es war ein sehr schlanker,
mittelgroßer, grauhaariger Herr mit langem, schmalem Kopf und kurzem
Bart an Kinn und Oberlippe. Er hatte einen "Zwicker" auf und sah sehr
ernst, fast streng, aus. Er sprach ziemlich langsam und betont, mit
etwas schwerer Zunge, offensichtlich bemüht, mit bedächtigen Worten
nur Tatsachen auszusprechen. Aber während er meinen Studienplan und
die Berufsaussichten darlegte, blickte mich der alte Herr dann doch
so gütig, fast väterlich, an, daß sich die leise Beklemmung, die ich
vor der Audienz gefühlt hatte, rasch legte.

So wie sich Koenigsberger bei dieser ersten Zusammenkunft gegeben
hatte, so war er dann auch wirklich, während der fünf Studienjahre,
die ich - als letzter noch angenommener Schüler - bei ihm verbringen
durfte. In erster Linie war er Naturwissenschaftler, der sehr scharf
logisch denken konnte, aber zugleich besaß er viel Herz. Auch im
außerwissenschaftlichen Bereich, in Dingen des täglichen Lebens, war
er offensichtlich bestrebt, seine Logik zu gebrauchen, hatte aber
wohl auch ihre Grenzen erkannt. In weltanschaulichen Dingen und auch
der Politik war er deshalb ein Zweifler, wie man aus seinen gelegentlichen kurzen Äußerungen entnehmen konnte. Dafür war er in diesen
Dingen auch sehr tolerant. In seiner Wissenschaft war er jedoch zwin-
gende Autorität. Sein Wissen und seine Erfahrungen erhoben ihn zu
einer solchen, und zu einem neu auftretenden Problem wußte er immer
schnell eine Versuchsanordnung, die zur Klärung führen konnte. Dabei
ging es ihm nur darum, die Wirklichkeit zu finden, auch wenn sie einmal nicht seiner Erwartung entsprach.

Prof. Koenigsberger war in seinem Auftreten kein "Star-Typ", nicht
sprühend und elegant, nicht diplomatisch. Er war sehr schlicht, wirkte
bescheiden, manchmal etwas unbeholfen und mit seinem ernsten Gesicht
sogar etwas weltfremd. Doch stellte es sich beim Zusammensein mit ihm
heraus, daß er sehr wohl Temperament hatte, gerne mal lustig lachte,
aber auch zornig sein konnte, wobei er sich außerordentlich beherrsch-
te. Ganz Glück und Harmonie strahlte er aber aus, wenn man ihn in
seinem Häuschen in Freiburg-Zähringen besuchte und nach einer Besprechung seine noch junge, liebenswürdige Frau den Besucher zu "einem
Tässle Kaffee" einlud.

Sein gemütliches Heim mußte ihm um so mehr bedeuten, als es in jenen
Jahren, ab 1931, in der Öffentlichkeit immer unruhiger wurde. Der

Nationalsozialismus war im Kommen, und seine Hetze gegen die Juden,
auch solche, die längst im deutschen Bürgertum assimiliert waren,
war widerwärtig und brutal. Es ist ganz sicher, daß auch Koenigsberger
der jüdischer Abstammung war, unter den bösartigen Schmähungen, die
jeden Tag in den Zeitungen zu lesen waren, gelitten hat. Er machte
manchmal einen gehetzten und scheuen Eindruck, doch sprach er nicht
viel über diese Dinge und ging ruhig seinen Forschungen nach. Vielleicht hat er das alles auch gar nicht so ernst genommen, zumal sein
freundschaftlicher Briefwechsel mit deutschen und ausländischen Kollegen ruhig weiterging und er auch hie und da Kollegen von nah und fern
zu Besuch hatte, die ihn sehr achtungsvoll behandelten. Auch hätte
damals noch kaum jemand es für möglich gehalten, daß es einmal zur
Massenvernichtung der Juden kommen würde.

Doch bin ich froh, berichten zu können, daß Koenigsberger davon ver-
schont blieb, vielleicht weil er im Ersten Weltkrieg als Soldat ausgezeichnet worden war, oder, wahrscheinlicher, weil er von einfluß-
reichen Freunden beschützt worden ist. Im Jahre 1943 konnte ich ihn
zum letzten Mal besuchen. Ich fand ihn an Manuskripten arbeitend,
aber recht kränklich aussehend. Vor allem aber war er bedrückt und
verbittert: soviel Brutalität, so wenig Toleranz überall, das war
nichts für ihn, und ich erlebte zum ersten Mal, daß er, wenn auch
sehr beherrscht, seinem Herzen mit harten Worten des Unwillens und
der Verachtung Luft machte. Kurz nach dem Krieg ist er dann gestorben.

Seit meinen Studienjahren bei Koenigsberger ist eine lange Zeit vergangen. Trotzdem kann ich mich - vielleicht weil es so eine abwechs-
lungsreiche und doch gar nicht hektische Zeit war - immer noch in die
Atmosphäre seines Institutes zurückversetzen. Es war im Ostflügel der
"Alten Universität" im Erdgeschoß untergebracht, also einem sehr altertümlichen Gebäude mit dicken Mauern und romantischen Winkeln. Durch
schwere Türen gelangte man von zwei Seiten in einen langen, weiten
Korridor mit Spitzbogen-Decke, von dem aus die weiteren Räume gegen
Westen, auf den großen, verträumten Innenhof des Gebäudes zu, lagen.
Es war ein stilles Institut, denn den Straßenlärm hörte man nur ganz
gedämpft, und Studenten in größerer Schar kamen nur hie und da zu
Übungen, da die Vorlesungen im Mathematischen Institut gegenüber abgehalten wurden. In der Stille waren einige Geräusche typisch und sind
mir noch ganz im Ohr geblieben, u.a. das Hallen der Schritte auf den
Steinplatten des langen Ganges, wenn der Chef mit seinen - aus Gründen
der Sparsamkeit - derben Stiefeln und mit großen Schritten morgens
auf seinen Raum zuschritt und das plötzliche Poltern seiner Schritte,
wenn er den mit einfachem Bretterboden ausgelegten Raum betreten hatte.

Im Korridor standen sehr ordentlich aufgereiht, aber in einem Kontrast
zum altertümlichen Stil des Raumes, Maschinen und Meßgeräte, Ausrü-
stungen für die Geländeversuche und Heizvorrichtungen in Helmholtz-
Spulen für Gesteinsproben. In einfachen Glasschränken waren Meßgeräte
verschiedener Art untergebracht. Manche davon erschienen museumsreif;
doch war alles justiert und für gelegentliche Versuche einsatzbereit.
Die dicken Wände des Gebäudes waren unter hohen Fenstern stufenartig
gemauert, wahrscheinlich um hier Bücher u. dgl. aufstellen zu können,
jetzt aber waren hier die vielen Gesteinsproben aus aller Welt zur
magnetischen Untersuchung aneinandergereiht.

Vor der Türe zum Direktorzimmer aber stand im Korridor auf einem
Stativ, äußerlich ganz unscheinbar, ein besonders wichtiges Instrument, nämlich das Vierstab-Variometer (KOENIGSBERGER, 193o). Dieses
höchstempfindliche Magnetometer, das sich Koenigsberger hatte bauen
lassen, spielte bei seinen Forschungen über die natürliche remanente
Magnetisierung von Gesteinen eine große Rolle. Man konnte mit ihm
noch magnetische Momente von Proben in der Größe von $1o^{-5}$ $\Gamma \cdot cm^3$ messen,

zugleich aber auch schwache Suszeptibilitäten von Materialien. Dabei
war es nur sehr wenig anfällig gegen die Stadtstörungen, z.B. gegen
die ganze nahe, in der Bertholdstraße, vorbeirumpelnden Straßenbahnen.
Allerdings brauchte man beim Umgang mit ihm viel Geduld, denn es hatte
eine Einstelldauer von mehr als einer halben Stunde.

Mit diesem Instrument und einer genau durchdachten Methodik ist Koenigsberger einem Problem nachgegangen, welches ihn in seinen letzten
Jahren wohl hauptsächlich fesselte: dem der Art und Entstehung des
natürlichen Magnetismus in Gesteinen und den daraus für die geologische Erdgeschichte zu ziehenden Folgerungen. Er hatte es dabei nicht
nur mit einer sehr komplizierten Materie zu tun, sondern auch mit
einer Menge sorgfältig durchzuführender Prozeduren, die allein schon
manch' anderen entmutigt hätten.

Träger des Magnetismus in den Gesteinen sind ferromagnetische Mineralien, vor allem die Titanomagnetite. Sie können wohl durch ein starkes Feld remanent magnetisiert werden, das magnetische Erdfeld ist
dafür jedoch zu schwach. Ihre Koerzitivkraft wird nicht erreicht, und
sie nehmen nur induzierten Magnetismus an. Werden diese Mineralien
jedoch aufgeheizt, so werden sie auch für schwache Magnetfelder "nach-
giebig". Wieder abgekühlt, behalten sie nach Stärke und Richtung den
ihnen "eingebrannten" Magnetismus als Thermoremanenz.

Koenigsberger wählte zur Probeentnahme Stellen an Gesteinsvorkommen,
die voraussichtlich ihre natürliche Remanenz bewahrt haben mußten.
Die Proben wurden vom Anstehenden orientiert abgeschlagen, d.h. an

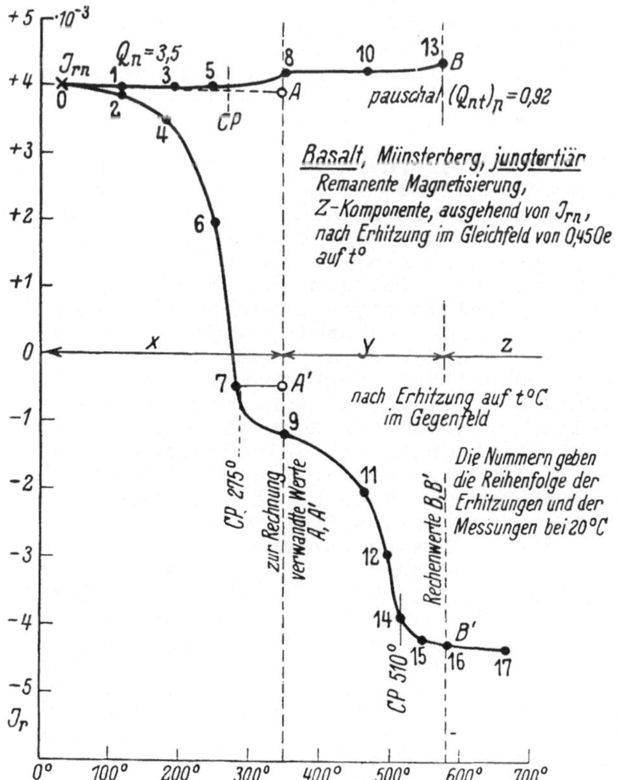

Abb. 4. Koenigsberger-
Q-Faktoren als Funktion
des geologischen Alters
von Gesteinen. Oben:
natürliche Remanenz/
induktive Magnetisie-
rung (Q_n). Unten: na-
türliche Remanenz/
künstliche Thermore-
manenz (Q_{nt}) (KOENIGS-
BERGER, 1936a)

einer vorhandenen Fläche wurde erst Streichen und Fallen gemessen
und auf ihr mit Farbe markiert. Nach dieser Fläche wurde ein Würfel
aus dem Gesteinsstück geschnitten, der auf dem Vierstab-Variometer
auf Stärke und Richtung der vorhandenen natürlichen Remanenz sowie
die Suszeptibilität nach allen 6 Würfelflächen durchgemessen wurde.

Dann begann der zweite, wesentlich mühsamere Abschnitt der Untersuchung: die Aufnahme der Thermoremanenz-Charakteristik des Gesteins-
würfels. Zu diesem Zweck wurde er erhitzt bis zu einer zunächst noch
mäßigen Temperatur, z.B. 1oo$^\circ$C. Dann mußte er in einem mit der Remanenz der Probe gleichgerichteten Magnetfeld von der Stärke der Totalintensität des Erdfeldes (also o,45 Oe) wieder abkühlen. Daraufhin
wurde er wieder auf dem Vierstab-Variometer nach allen Flächen durchgemessen. Nun erfolgte eine zweite Erhitzung auf 1oo$^\circ$, aber Abkühlung
im magnetischen Gegenfeld gleicher Stärke und erneute Durchmessung.
Dann erfolgen zwei weitere Erhitzungen des Probewürfels z.B. auf
15o$^\circ$ mit Abkühlung in jeweils gewechselter Feldrichtung und jeweils
die anschließende Bestimmung des magnetischen Moments. Im gleichen
Rhythmus ging es noch etwa 12mal weiter, aber mit stufenweise immer
erhöhten Temperaturen (Abb. 4). Es dauerte ungefähr drei Tage, bis
die 14 bis 18 Meßdaten für eine Probe vorlagen, und Koenigsberger
hat hunderte von Gesteinsproben untersucht.

Die Meßergebnisse an einer Gesteinsprobe ergeben mit großer Klarheit
den Verlauf der thermoremanenten Magnetisierung für dieses Material.
Vor allem sind die Curie-Punkte (CP) an Knicken in den Kurven deutlich
zu erkennen. Einzelne Gesteine haben eine ganze Anzahl von CP, die
bestimmten ferromagnetischen Mineralien entsprechen oder auch Misch-
kristallen verschiedener Zusammensetzung eines Minerals. Koenigsberger
hat nach der Höhe ihrer CP drei Klassen von ferromagnetischen Mineralien unterschieden, die mit einem CP unter 35o$^\circ$ die x-Gruppe, zwischen
35o und 58o$^\circ$ die y-Gruppe und über 58o$^\circ$ die z-Gruppe. Für jede dieser
Gruppe konnte er aus seinen Messungen die Magnetisierungsrichtung und
ihren Anteil an der Gesamtremanenz angeben.

Meine Disseration war auch ganz auf dieses Thema abgestimmt (SCHMIDLIN,
1939): ich mußte die Gesteinsproben tagelang mit Wechsel-Magnetfeldern
aller Frequenzen "behämmern". Aber zu meinem Leidwesen war der Effekt
klar negativ; die künstlichen magnetischen Variationen in Stärke des
Erdfeldes brachten an (kalten) Proben keinerlei Veränderungen der
Remanenz. Trotzdem war alles für mich sehr interessant, zumal mir
Koenigsberger volle Freiheit zur Verwirklichung von Ideen ließ. Zwar
konnte er zuweilen auch zweifelnd den Kopf schütteln, aber er freute
sich dann aufrichtig, wenn ich ihm etwas Neues vorführen konnte. Er
war sehr beweglich und gar nicht "autoritär"! Deshalb herrschte im
Institut Ruhe und Harmonie. Trotzdem wurde in ihm ein sehr abwechs-
lungsreiches und verschiedenartiges Programm mit Schwung vorangetrie-
ben. Da bestand z.B. die Möglichkeit, magnetische Geländeaufnahme zu
betreiben. Koenigsberger hatte eine magnetische Feldwaage konstruiert
und bauen lassen, mit der man nicht nur die Vertikalkomponenten, sondern zugleich auch die Horizontalkomponente des Erdfeldes messen
konnte. Das Magnetsystem war bei diesem Instrument zweiseitig an einem
Wolfram-Faden aufgehängt. Es wurde zur Messung von H einfach umgelegt,
wobei vorher allerdings noch ein Magnet-"Kranz" dazwischen geschoben
werden mußte, um den größten Teil der horizontalen Feldstärke konstant
wegzukompensieren. Bei der Messung der Vertikalkomponente war dies
durch Gewichte am Magnetsystem erreicht. Das Instrument war sehr ange-
nehm in der Handhabung und sehr schnell. Auch war es außerordentlich
stabil, einer Grundregel folgend, die mir eines Tages von meinem ver-
ehrten Meister beigebracht wurde: "Ein geophysikalisches Meßinstrument
muß so gebaut sein, daß man es vom dritten Stock eines Hauses auf die
Straße werfen und dann gleich weitermessen kann!"

Es war ein auch in der Form schönes Gerät, und es erwies sich als sehr
einstellungssicher, trotz seiner ausgezeichneten Empfindlichkeit. Es
war wohl zu fühlen, daß diese seine Schöpfung für Koenigsberger viel
bedeutete. Er brauchte noch Meßpunkte für sein magnetisches Profil
Offenburg-Chiasso (KOENIGSBERGER, 1932), und das war eine günstige
Gelegenheit, mir das magnetische Messen und einige Theorie beizubrin-
gen. Dieser eintägige Ausflug bei schönem Sommerwetter war damals
schon für mich ein Erlebnis, aber heute erscheint er mir noch denk-
würdiger! Ein Auto als Beförderungsmittel wäre unerschwinglich teuer
gewesen, so kam also nur die Bahn in Frage, nach einem Programm, das
Koenigsberger genau nach dem Fahrplan der Züge ausgetüftelt hatte, so
daß wir bei jeder vorgesehenen Meßstation genügend Zeit für ein paar
Kilometer Marsch und die Messungen hatten, um dann mit einem nächsten
Zug weiterzufahren. Es klappte alles ausgezeichnet. Beim Marschieren
unterhielten wir uns angeregt über alles mögliche, z.B. über die Ursache des "Singens" der damals noch vorhandenen Telefon-Überlandlei-
tungen längs der Landstraßen. Unsere Verpflegung bestand aus Butter-
broten, zum "Einkehren" hatten wir keine Zeit. Spät am Abend kamen
wir von Offenburg vergnügt wieder in Freiburg an. Das Variometer stand
mir dann fernerhin für meine Messungen in der "Breisgauer Bucht" und
am Kaiserstuhl ganz zur Verfügung, und ich war mir auch ganz bewußt,
daß mir eine Kostbarkeit anvertraut war.

Für Schweremessungen waren am Institut zwei Drehwaagen vorhanden, die
gelegentlich in Gang gesetzt wurden. Es waren feinmechanisch sehr
schön gebaute Geräte mit automatischer Registrierung, jedoch für praktischen Einsatz noch nicht zuverlässig genug. Koenigsberger hatte bei
ihrer Entwicklung mitgewirkt, aber anscheinend war es anderen Konstruk-
teuren schneller gelungen, mit den bei diesen hochempfindlichen Instrumenten auftauchenden Störungen, z.B. durch Konvektions-Strömungen, fertig zu werden.

Ein wiederum ganz anderes Thema stand auch auf dem Forschungsprogramm
Koenigsbergers: elektrische geophysikalische Aufschlußmethoden. Da war
es vor allem die Zentralinduktionsmethode, die NUNIER (1933) in seiner
Dissertation zu behandeln hatte, wobei hier zunächst die Entwicklung
der recht schwierigen Theorie des Verfahrens durchgeführt worden war.
Als ich zu Koenigsberger kam, war die Theorie fertig, und die Vorbereitungen für ihre empirische Nachprüfung waren in vollem Gange. Dann
kam der Tag, wo morgens früh eine Menge von Geräten auf einen Dreirad-
Lieferwagen aufgeladen wurden, der sie zur Landwasser-Wiese, im westlich von Freiburg gelegenen Mooswald brachte. Hier wurde zunächst von
einem Mittelpunkt aus mit einer Leine als Radius eine genaue kreisför-
mige Kabelschleife verlegt. Der Radius betrug anfänglich wohl nur 5o m,
doch wurden dann auch noch wesentlich größere Schleifen ausprobiert.
Die Schleife wurde an eines der Benzin-Wechselstrom-Aggregate angeschlossen. Genau in ihrer Mitte befand sich die Hörspule, ein großer
Rahmen mit einigen zehntausend Drahtwindungen, auf einem metallfreien
Stativ, zusammen mit zwei weiteren kleineren Spulen. In ziemlicher
Entfernung von der Empfangsvorrichtung wurden die in Blech gepanzerten
Verstärker mit Zubehör auf einem Tisch aufgebaut.

Funktionsweise und Technik des Zentralinduktions-Verfahrens kann aus
der Arbeit von NUNIER (1933) ersehen werden. Das magnetische Wechselfeld des in der Kreisschleife fließenden Wechselstromes induziert in
der Erde einen ebenfalls kreisenden Strom, der seinerseits wieder ein
eigenes, um 90° phasenverschobenes Feld besitzt. Da die Hörspule, ohne
besondere Maßnahmen, beide Felder aufnehmen würde, aber für die Messungen nur das 90°-Feld interessiert, wird das primäre 0°-Feld in ihrem
Bereich wegkompensiert. Das aus der Erde kommende 90°-Feld aber wird
in seiner Stärke gemessen und läßt die mittlere Leitfähigkeit des

Untergrundes bis zur Eindringtiefe des Primärfeldes, die etwa dem
Schleifendurchmesser entspricht, erkennen.

Es war nun also eine recht aufwendige Anlage, die da auf der Mooswald-
Wiese aufgebaut stand. Dabei waren wir nur wenige Personen: außer Prof.
Koenigsberger sein Assistent W. Nunier, der Institutsmechaniker J.
Reiner und ich als "Lehrling". Aber dieser erste Geländeversuch brachte Schwierigkeiten, deren Ursachen Stück für Stück erst herausgefunden
werden mußten. Ich stand natürlich hilflos dabei und kam aus dem Staunen nicht heraus, wie schnell der Chef die Fehler herausfand und was
er dagegen unternahm. Wir sind dann noch öfters auf die Wiese gefah-
ren, und die Apparate waren jedesmal weiter verbessert, bis zuletzt
die Versuche mit einer Schleife von ca. 1,5 km Durchmesser ausgezeichnet gelangen. Das war nicht zuletzt Koenigsbergers ausgezeichnetem
Organisationstalent zuzuschreiben, denn die Geldmittel, die seinem
Institut zur Verfügung standen, waren sehr gering.

Eine zweite, heute sehr viel angewandte geoelektrische Aufschlußme-
thode, die der Vierpunkt-Widerstand-Sondierungen, habe ich auch bei
Koenigsberger kennengelernt, der eines Tages den Plan zu einem nach
Art des englischen "Megger" zu bauenden Apparates auf den Tisch der
Institutswerkstatt legte. Seine dazu für Herrn Reiner und mich gegebenen Erläuterungen der "Wenner-Methode" und der Arbeitsweise des
Megger-Apparates erregten sehr mein Interesse. Sollte es doch mit
diesem wenig aufwendigen Gerät möglich sein, Schichtmächtigkeiten zu
bestimmen.

In dem Plan zu dem Widerstandsgerät war alles schon überlegt angeordnet, und der Chef brachte sogar schon verschiedene "Bausteine" mit,
so daß es nach einigen Tagen Arbeit fertiggestellt werden konnte
(KOENIGSBERGER, 1933). Beim Ausprobieren gab es, soweit ich mich er-
innern kann, keine Beanstandungen. Die Meßwerte für ein Widerstand-
Tiefen-Diagramm erhielt man aber erst durch eine Berechnung, aus
mehreren Ablesungen an den Anzeigeinstrumenten und ihren Shunts sowie
dem Elektroden-Grundabstand. Die Meßkurven wurden linear gezeichnet,
so daß die Anwendung der schon vorhandenen Theorien zu ihrer Auswertung nach Widerstand-Schichten kaum möglich war. Die Idee zu dem heute
üblichen Vergleich theoretischer und gemessener Diagramme im logarith-
mischen Maßstab kam erst einige Jahre später den Franzosen. Bei uns
wurde also noch nach Faustregeln ausgewertet.

Trotzdem gefiel mir die Methode mit ihren starken Indikationen gut,
und bei einem gelegentlichen mir übertragenen Einsatz kam mir ein,
zunächst noch vager, Einfall zum Bau eines selbstrechnenden Meggers.
Diesen Einfall konnte ich nach dem Krieg dann verwirklichen. Auf Anregung von Alfred Schleusener von der Seismos GmbH Hannover kam dann
mit deren Mithilfe eine Entwicklung von Widerstands-Sondiergeräten mit
Verstärker in Gang, mit denen die elegantere und fehlerfreiere Schlum-
berger-Elektrodenanordnung verwirklicht werden konnte. Letzte Entwicklungen haben zu einem Gerät mit automatischer Aufzeichnung der Meß-
kurve und Fernschaltung der Elektrodenstrecke geführt. Sicherlich
wäre ich aber heute in einem ganz anderen Bereich tätig, wenn mich
nicht damals Koenigsbergers "Megger" so begeistert hätte!

Sehr viel Arbeit widmete Koenigsberger seinen Veröffentlichungen. Oft
waren es nur kurze Erörterungen des Ergebnisses anderer Forscher, die
er sehr eingehend studierte, wobei ihm seine außerordentlichen mathematischen Kenntnisse auch einen schnellen Überblick über Theorien ermöglichten. Dann waren es aber auch sehr gründliche Zusammenstellungen
aller Forschungen über ein Gebiet (z.B. Aufsuchung von Wasser mit geophysikalischen Methoden), in die seine eigenen Arbeiten mit eingereiht

waren und natürlich seine großen Forschungen. Manche seiner Veröffentlichungen sind als Separat-Drucke richtige kleine Bücher, und man
konnte wohl die Zufriedenheit und ein bißchen Stolz wahrnehmen, mit
denen der alte Herr mit ein paar freundlichen Worten einem so ein
Bändchen auf den Tisch legte, obwohl er so tat, als sei es nur eine
Bagatelle. In Wirklichkeit steckt in jeder Veröffentlichung Koenigsbergers viel Mühe. Das Schreiben ging ihm, vermutlich, nicht leicht
von der Hand. Seine handgeschriebenen Manuskripte waren voller Änderungen, und auf den Korrekturfahnen wurden ganze Abschnitte nochmals
neu gefaßt oder aber eingefügt. Glücklicherweise schrieb er sehr le-
serlich. Er war unerbittlich in puncto Klarheit und Logik bei Veröffentlichungen, und das nicht nur bei den eigenen! Als Mitherausgeber
von "Gerlands Beiträgen zur Geophysik" und den "Ergänzungsheften"
studierte er auch kritisch alle eingehenden Manuskripte.

Koenigsbergers wissenschaftliche Abhandlungen sind auch heute noch
interessant, und die in ihnen angeschnittenen Probleme und Fragen
werden noch manchem jüngeren Wissenschaftler, unter Einsatz moderner
Hilfsmittel und Erkenntnisse, ein lohnendes Betätigungsfeld bieten.
Sein umfangreiches Lebenswerk läßt ihn auch noch in der Zukunft als
bedeutenden Forscher und Gelehrten erkennen. Für alle, die um ihn sein
konnten, war er aber noch mehr: ein gütiger Mensch, der Falschheit
und Überheblichkeit verachtete und dem Gerechtigkeit ein besonders
hohes Ideal bedeutete.

"Mehr sein als scheinen", das war Johann Koenigsbergers Einstellung!

Literatur

Abschnitt 1 bis 7

BRUNHES, B.: Sur la direction de l'aimantation permenente dans une
    argile métamorphique de Pontfarein (Cantal). C.R. Acad. Sci. 141
    (1), 567-568 (1905).
BRUNHES, B.: Recherches sur la direction d'aimantation des roches
    volcaniques. J. Phys. 5 (4. Sér.), 705-724 (1906).
CHAPMAN, S., BARTELS, J.: Geomagnetism. Oxford 1940.
CHEVALLIER, R.: L'aimantation des laves de l'Etna et l'orientation
    du champ terrestre en Sicile du XIIe au XVIIe siècle. Ann. Phys.
    (10. Sér.) 4, 5-162 (1925).
CHEVALLIER, R., PIERRE, J.: Propriétés thermomagnétiques des roches
    volcaniques. Ann. Phys. (10. Sér.) 18, 383-447 (1932).
DAVID, P.: Sur la stabilité de la direction d'aimantation dans
    quelques roches volcaniques. C.R. Acad. Sci. (Paris) 138 (1),
    41-42 (1904).
FÖRSTEMANN, F.C.: Über den Magnetismus der Gesteine; ein Auszug aus
    Melloni's Arbeiten, nebst einigen Bemerkungen und Beobachtungen.
    Ann. Phys. Chem. 16 (4. Reihe), 106-136 (1859).
FOLGHERAITER, G.: Orientazione ed intensità del magnetismo permanente
    nelle rocci vulcaniche del Lazio. Atti Reale Accad. dei Lincei
    (Serie 5 Rendiconti) 3.2, 165-172 (1894).
FOLGHERAITER, G.: L'induzione terrestre ed il magnetismo delle roccie
    vulcaniche. Atti Reale Accad. dei Lincei (Serie 5 Rendiconti) 4.1,
    203-211 (1895a).
FOLGHERAITER, G.: L'azione chimica nelle magnetizzazione delle roccie
    vulcaniche. Atti Reale Accad. dei Lincei (Serie 5 Rendiconti) 4.2,
    78-85 (1895b).
FOLGHERAITER, G.: Sur les variations séculaires de l'inclinaison
    magnétique dans l'antiquité. J. Phys. 8, (3. Sér.), 660-667 (1899).

GERLACH, W., TEMESVÁRY, A.: Ferromagnetische Untersuchungen: Die thermische Idealisierung. Sitz.-Ber. Bayer. Akad. Wiss., Math.-Naturw. Kl., 31-61 (1948).

GERLACH, W., KRANZ, J., KUHN, K.W.: Die thermische Idealisierung in sehr schwachen Magnetfeldern. Sitz.-Ber. Bayer. Akad. Wiss., Math.-Naturw. Kl., 235-245 (1948).

GHERARDI, S.: Sul magnetismo polare di palazzi ed altri edifizi in Torino. Il Nuovo Cimento 16, 384-418 (1862).

GILBERT, W.: Die magnete. London 16oo. (Übersetzung von P.F. MOTTELAY, New York: Dover 1958).

GRENET, G.: Sur les proprietés magnétiques des roches. Ann. Phys. (1o. Sér.) 13, 263-348 (193o).

GÜNTHER, S.: Handbuch der Geophysik. Stuttgart: Enke 1897.

HAALCK, H.: Der Gesteinsmagnetismus. Leipzig: Akad. Verlagsges. Becker & Erler 1942.

HUMBOLDT, A.v.: Kosmos. Entwurf einer physischen Weltbeschreibung. Stuttgart: J.G. Cotta'sche Buchhandlung 1874.

KOENIGSBERGER, J.G.: Zur Deutung der Karten magnetischer Isanomalen und Profile. Gerlands Beitr. Geophys. 19, 241-291 (1928).

KOENIGSBERGER, J.G.: Über die magnetische Eigenschaft von Gesteinen. Terr. Mag. 35, 145-148 (193oa).

KOENIGSBERGER, J.G.: Größenverhältnis von remanentem zu induziertem Magnetismus in Gesteinen; Größe und Richtung des remanenten Magnetismus. Z. Geophys. 6, 19o-2o7 (193ob).

KOENIGSBERGER, J.: Remanenter und induzierter Magnetismus bei Einlagerungen. Beitr. angew. Geophys. 1, 469-471 (1931).

KOENIGSBERGER, J.: Zu Folgheraiter's Bestimmung des magnetischen Erdfeldes aus der Magnetisierung gebrannter Tongegenstände. Gerlands Beitr. Geophys. 35, 51-54 (1932a).

KOENIGSBERGER, J.: Über remanenten Magnetismus von Gesteinen. Gerlands Beitr. Geophys. 35, 2o4-216 (1932b).

KOENIGSBERGER, J.: Thermoremanenz und spontane Magnetisierung. Physik. Z. 33, 468-474 (1932c).

KOENIGSBERGER, J.: Spontane Magnetisierung und Thermoremanenz in ferromagnetischen Einkristallen. Physik. Z. 33, 763-767 (1932d).

KOENIGSBERGER, J.: Gesteinsmagnetismus und Säkularvariation. Z. Geophys. 8, 322-324 (1932e).

KOENIGSBERGER, J.: Zu der Bestimmung des magnetischen Erdfeldes in früherer Zeit aus der Magnetisierung von gebrannten Tongegenständen und von Gesteinen. Gerlands Beitr. Geophys. 38, 47-52 (1933).

KOENIGSBERGER, J.G.: Magnetische Eigenschaften der ferromagnetischen Mineralien in den Gesteinen. Beitr. angew. Geophys. 4, 385-394 (1934a).

KOENIGSBERGER, J.G.: Ferromagnetismus von $\gamma - Fe_2O_3$. Naturwissenschaften 22, 9o (1934b).

KOENIGSBERGER, J.G.: Die Abhängigkeit der natürlichen remanenten Magnetisierung bei Eruptivgesteinen von deren Alter und Zusammensetzung. Gerlands Beitr. Geophys. 5, 193-246 (1936a).

KOENIGSBERGER, J.: Magnetische Suszeptibilität von zentralschweizer. Gesteinen und Arealsuszeptibilität der alpinen Strecke von Flüelen bis Bellinzona. Schweiz. Mineral. Petrog. Mitt. 16, 2o9-214 (1936b).

KOENIGSBERGER, J.G.: Stabilität der magnetischen Thermoremanenz in Tongegenständen und Gesteinen bei Bestimmungen des magnetischen Erdfeldes in der Vergangenheit. Gerlands Beitr. Geophys. 53, 345 - 351 (1938a).

KOENIGSBERGER, J.G.: Natural residual magnetism of eruptive rocks. Terr. Mag. 43, 119-13o und 299-32o (1938b).

LOEWINSON-LESSING, F.: Nouvelles recherches expérimentales sur l'aimantation permanente des roches soumises au chauffage. C.R. Acad. Sci. l'URSS 239-244 (193o).

LOEWINSON-LESSING, F.: Über die magnetische Verschiedenheit von Mag-
netitolithen verschiedenen Ursprungs. Cbl. Mineral. Geol. Paläontol.
A, 369-377 (1932).
MATUYAMA, M.: On the direction of magnetisation of basalt in Japan,
Tyôsen and Manchuria. Proc. Imp. Acad. (Japan), 5, 2o3-2o5 (1929).
MELLONI, M.: Richerche intorno al magnetismo delle rocce. Mem. I:
Sulla polarità magnetic delle Lave. Mem. II: Sopra la calamitazione
delle lave in virtù del colore. Mem. Reale Accad. Sci. Napoli 1
(1852-1854), 121-14o und 141-164 (1856).
MERCANTON, P.L.: Inversion de l'inclination magnétique terrestre aux
âges geologiques. Terr. Mag. 31, 187-19o (1926).
MEYER, G.: Erdmagnetische Untersuchungen im Kaiserstuhl. Ber. Natur-
forsch. Ges. Freiburg Breisgau 12, 134-174 (19o2).
NAGATA, T.: The mode of causation of thermo-remanent magnetism in
igneous rocks. Preliminary Note, Bull. Earthq. Res. Inst. 19,
49-79 (194o).
NAGATA, T.: The mode of development of thermo-remanent magnetism in
igneous rocks (II). Bull. Earthq. Res. Inst. 2o, 192-213 (1942).
NAGATA, T.: Rock Magnetism. Tokyo 1961.
POCKELS, F.: Über den Gesteinsmagnetismus und seine wahrscheinliche
Ursache. Neues Jahrb. Mineral. 1, 66-73 (1897).
PUZICHA, K.: Die magnetischen Eigenschaften der Eruptivgesteine.
Z. prakt. Geol. 38, 161-172 und 184-189 (193o).
REICH, H., CLOSS, H., SCHOENE, H.: Über magnetische und gravimetrische
Untersuchungen am Kaiserstuhl. Beitr. angew. Geophys. 8, 45-77
(194o).
RETTIG, F.: Über den Einfluß thermischer Behandlung auf die magneti-
schen Eigenschaften von Magnetiten. Beitr. angew. Geophys. 1o,
2o3-256 (1943).
SCHMIDLIN, H.: Über die entmagnetisierende Wirkung der Änderungen des
magnetischen Erdfeldes. Beitr. angew. Geophys. 7, 94-111 (1939).
THELLIER, E.: Sur l'aimantation des terres cuites et ses applications
géophysiques. Ann. Inst. Phys. Globe Univ. Paris 16, 157-3o2 (1938).
WEBER, W.: Bemerkungen über magnetische Localeinflüsse in der Nähe
von Göttingen. In: Resultate aus den Beobachtungen des magnetischen
Vereins im Jahre 184o. (Hrsg. C.F. GAUSS u. W. WEBER), S. 64-69.
Leipzig: Weidmannsche Buchhandlung 1841.
ZADDACH, E.G.: Beobachtungen über die magnetische Polarität des Ba-
saltes und der trachytischen Gesteine. Verhandl. d. naturhist.
Vereines d. Preuß. Rheinlande und Westphalens 8, 195-3o6 (1851).

Anhang

KOENIGSBERGER, J.: Größenverhältnis von remanentem zu induziertem
Magnetismus in Gesteinen. Z. Geophys. 6, 19o-2o7 (193o).
KOENIGSBERGER, J.: Variometrisch bestimmtes magnetisches Profil
Offenburg-Chiasso. Beitr. angew. Geophys. 2, 374-4oo (1932).
KOENIGSBERGER, J.: Das Aufsuchen von Wasser mit geophysikalischen
Methoden. Beitr. angew. Geophys. 3, 463-525 (1933).
NUNIER, W.: Messung der elektrischen Leitfähigkeit der Erde in ver-
schiedenen Tiefen durch die von einem Kreisstrom induzierten
Ströme (mit Vermeidung merklichen Skineffekts). Beitr. angew. Geo-
phys. 3, 37o-391 (1933).
SCHMIDLIN, H.: Über die entmagnetisierende Wirkung der Änderungen des
magnetischen Erdfeldes. Beitr. angew. Geophys. 7, 94-111 (1939).

Quellen zur Geschichte der Geophysik

H. Birett

Neben den Literaturangaben zu den einzelnen Artikeln dieses Buches
sollen hier weitere Werke zur Geschichte der Geophysik aufgeführt
werden. Allerdings übersteigt es den Rahmen dieses Werkes, eine
lückenlose Bibliographie zu bieten. Wer sich mit dem vorliegenden
Thema oder einem Teilaspekt beschäftigen will, soll hier Anregungen
und Hinweise finden.

1. Allgemeine Bibliographien

TOTOK, W.: Handbuch der bibliographischen Nachschlagwerke. Frankfurt
    1972.
Deutsche Bibliographie. Frankfurt 1947ff; mit den Vorläufern: Hinrichs
    Bücherkatalog. Leipzig 1851-1913; Kayser, C.G.: Vollständiges Bü-
    cherlexikon. Leipzig: 1834-1913; Deutsches Bücherverzeichnis.
    Leipzig: 1913ff.; Bibliographie der versteckten Bibliographien
    (auch unter anderen Titeln), Leipzig: 1956ff.
General Catalogue of printed books. London: British Museum. 1931ff
    (Gesamtkatalog der Bibliothek).
Catalog of books. Library of Congress. Ann Arbor/Mich. 1942ff.
    (Gesamtkatalog).
Jahresverzeichnis der deutschen Hochschulschriften. Leipzig: 1887ff.
Internationale Bibliographie der Zeitschriftenliteratur. Leipzig,
    sp. Osnabrück 1897ff (Verschiedene Serien).
Bulletin signalétique. Paris: 194off. (Série: Histoire des sciences).
SCHMIDT, P.: Zur Geschichte der Geographie, Geophysik, Mineralogie
    und Paläontologie. Bibliographie und Repertorium für die DDR.
    Freiberg/Sa.: Bibliothek der Bergakademie 197o.

Weitere Hilfsmittel sind die Sachkataloge der einzelnen Bibliotheken,
besonders der

    Preußischen Staatsbibliothek Berlin

    Bayerischen Staatsbibliothek München

    Niedersächsischen Staats- und Universitätsbibliothek Göttingen

    Bibliothek des Deutschen Museums.

Biographische Angaben sind enthalten in:

POGGENDORFF, J.G.: Biographisch-literarisches Handwörterbuch zur
    Geschichte der exacten Wissenschaften. Leipzig, sp. Berlin: 1863ff.
Naturforschung und Medizin in Deutschland 1939-1945. (FIAT-Review).
    Bd. 15 Geophysik. Wiesbaden 1948.
Internationale Bibliographie der Zeitschriftenliteratur. Leipzig,
    sp. Osnabrück 1897ff.
Terrestrial Magnetism and Atmospheric Electricity. 1896ff.

2. Geschichtliche Darstellungen in geophysikalischen Monographien, Lehr- und Handbüchern

CHAPMAN, S., BARTELS, J.: Geomagnetism. Oxford: Clarendon 194o. Im 2. Band, S. 898-937, werden historische Beobachtungen, Karten, Personen und Institutionen vorgestellt.

DARMSTAEDTER, L.: Handbuch zur Geschichte der Naturwissenschaften und der Technik. Berlin: Springer 19o8. Das Lexikon ist chronologisch geordnet und hat ein ausgiebiges Sachverzeichnis.

DUHEM, P.: Le système du monde. Vol. 1-1o. Paris: Librairie Scientifique Hermann 1954-1959. Das Werk behandelt die verschiedenen Wissensgebiete in nach Epochen geordneten Kapiteln. Die Geophysik ist daher in allen Bänden vertreten.

FOREL, F.A., LE LÉMAN: Genf: Slatkine Reprints 1969. Im Band 2 seines Werkes schildert Forel die Geschichte der Wissenschaft von den Seiches (S. 4o-62) (Eigenschwingungen der Seen).

GÜNTHER, S.: Geschichte der anorganischen Naturwissenschaften im 19. Jahrhundert. Berlin: Bondi 19o1. Die Geophysik wird im 6. und 23. Kapitel (S. 1o3-13o, 868-926) behandelt, zusammen mit den damals noch verwandten Gebieten Meteorologie und Erdkunde.

GÜNTHER, S.: Lehrbuch der Geophysik und physikalischen Geographie. Stuttgart: Enke 1884 und 1885. In alle Kapitel des Werkes sind historische Abschnitte eingestreut.

Handbuch der Physik. Berlin-Göttingen-Heidelberg: Springer 1956ff. Ausführlicher werden nur die "Radioaktivität und das Alter der Mineralien" (Bd. 47, S. 289-295) sowie die "Magnetischen Stürme und die Sonnentätigkeit" (Bd. 49, S. 199-2o4) aus historischer Sicht behandelt.

HARRIS, R.A.: Manual of tides. Washington: Government Printing Office 19o8. Auf den S. 483-487 wird die Geschichte der Gezeitenbeobachtungen in Brunnen geschildert.

International dictionary of geophysics. London: Pergamon Press 1967. Abgesehen von einigen kurzen Notizen wird die historische Entwicklung bei drei Stichwörter behandelt: History of modern seismology (S. 724-729), Geodesy, historical introduction to (S. 567-576) und Astronomic-geodetic methods (S. 94).

JORDAN, W.: Handbuch der Vermessungskunde. Stuttgart: Metzler 1956ff. In Band 2 (S. 241-31o) wird die Geschichte der Kartographie behandelt; in Band 4 (S. 9-23) die der Erdmessung. Vereinzelt sind in andere Kapitel kurze historische Bemerkungen eingeflochten.

MONTESSUS DE BALLORE: Le science seismologique. Paris: Colin 19o7. Im Einleitungskapitel (S. 13-41) wird eine geschichtliche Übersicht über die Seismologie und ihre Organisationen gegeben.

NEEDHAM, J.: Science and civilization in China. Cambridge: University Press 1954ff. Geophysikalische Probleme werden in verschiedenen Sektionen behandelt: 21: Meteorologie, 22: Geographie und Kartographie; 23: Geologie, 24: Seismologie, 26: Physik und 29f: Navigation.

Paulys Real-Enzyklopädie der classischen Altertumswissenschaft. Stuttgart: Metzler 1894ff. Siehe unter den entsprechenden Schlagwörtern.

WARTNABY, J.: Seismology. London: Her Majesty's Stationary Office 1957 (= Geophysics Handbook 1), 47 S. Kurze historische Einleitung. Anschließend Erklärung der Erdbeben und (ab S. 2o) die Beschreibung der 45 im Science Museum aufgestellten Instrumente.

Freiberger Forschungshefte. Reihe D.: Kultur und Technik. Leipzig 1952ff. Manche Hefte behandeln direkt die Geschichte der Geophysik, viele weitere ihre Grenzgebiete.

Journal of the Franklin Institute, Philadelphia 1826ff. Diese Zeitschrift enthält viele Artikel zur Geschichte der Luftelektrizität und der Blitzforschung.

Terrestrial Magnetism and Atmospheric Electricity. 1896ff. Mit vielen
   historischen Artikeln und Biographien.
Zeitschrift für Geophysik, Würzburg, sp. Berlin 1925. In der Hauptsache Biographien. Seit 1968 werden in den Übersichtsartikeln auch
   oft historische Bemerkungen eingeflochten.

3. Spezielle Beiträge zur Geschichte der Geophysik

AITON, E.J.: The contributions of Newton, Bernoulli and Euler to the
   theory of the tides. In: Annals of science, 1955, Nr. 3, S. 2o6-223.
   Die Beiträge der genannten Wissenschaftler zur Fortentwicklung der
   Gezeitentheorie.
APOLIN, A.: Die Geschichte der Gravitation. In: Philosophia naturalis.
   Jg. 12, 197o, Nr. 2, S. 156-172. Knapp gefaßte Geschichte mit viel
   Literatur.
APOLIN, A.: Die Geschichte des Erdmagnetismus. In: Philosophia natu-
   ralis. Jg. 13, 1972, Nr. 2, S. 191-215. Knapp gefaßte Geschichte
   mit viel Literatur.
BALMER, H.: Beiträge zur Geschichte der Erkenntnis des Erdmagnetismus.
   Aarau: Sauerländer 1956. 892 s. (= Veröffentlichungen der Schwei-
   zerischen Gesellschaft für Geschichte der Medizin und der Natur-
   wissenschaften 2o). Die geschichtliche Entwicklung wird mit aus-
   giebigen Auszügen aus den Originalberichten und zahlreichen Biographien erläutert.
BIERMANN, K.R.: Der Brief A.v.Humboldts an Wilhelm Weber vom Ende
   1831 - ein bedeutsames Dokument zur Geschichte der Erforschung des
   Geomagnetismus. In: Monatsberichte der Deutschen Akademie der Wissenschaften zu Berlin. 1971, Nr. 3, S. 234-242. Wiedergabe des
   Briefes mit kritischen Erläuterungen.
BROCKAMP, B.: Entwicklung der Geophysik im 19. Jahrhundert. In:
   Technikgeschichte in Einzeldarstellungen, Bd. 7, S.25-31. Referat
   nach einem Übersichtsvortrag.
CANNEGIETER, H.G.: The history of the International Meteorological
   Organization 1872-1951. In: Annalen der Meteorologie. Neue Folge 1,
   1963, 28o S. Geschichte der Organisation und ihrer Kommissionen.
CHAPMAN, S.: Geophysics and Germany, men and enterprises. In: Z. Geo-
   phys. 393-398 (197o). Beiträge der deutschen Wissenschaft seit
   Gauß zu Problemen der Geophysik.
DEACON, M.: Founders of marine science in Britain: the work of the
   early fellows of the Royal Society. In: Notes and records of the
   Royal Society of London, Jg. 2o, 1965, Nr. 1, S. 28-5o. Anhand
   der Personen wird die Geschichte der Ozeanographie geschildert.
   Mit vielen Bildern und Literatur.
The Earth Science in Canada. A centennial appraisal and forecast.
   Toronto: Univ. of Toronto Press 1968. 259 S. (= Special Publi-
   cations 11). Symposiumsbericht. Starke Betonung der Geologie und
   der Bergwerksgeophysik.
FLOHN, H.: Probleme der geophysikalisch-vergleichenden Klimatologie
   seit A.v.Humboldt. In: Berichte des Deutschen Wetterdienstes,
   Bd. 8, 1959, Nr. 59, S. 9-31. Mit reichen Literaturangaben wird
   die Geschichte des Problems belegt.
GERMAN, S.: Das Potsdamer Schweresystem. Seine Geschichte bei den
   internationalen Organisationen. In: Veröffentlichungen der Deutschen Geodätischen Kommission. Reihe E, Heft 3. München 1961, 2o S.
   Vor allem Protokolle der Generalversammlungen der UGGI und für Maß
   und Gewicht.
HASSERT, K.: Die Polarforschung. Geschichte der Entdeckungsreisen
   zum Nord- und Südpol. München: Goldmann 1956. 29o S. (Aus Natur
   und Geisteswelt 38). Ausführliche Geschichte mit ausführlichen
   Literaturangaben.

HELLMANN, G.: Repertorium der Deutschen Meteorologie. Leipzig: Engelmann 1883. Katalog der Schriften, Erfindungen, Beobachtungen. Spalte 869-974 geschichtlicher Abriß.
HELLMANN, G.: Die Anfänge der magnetischen Beobachtung. In: Z. Ges. Erdkunde, Berlin 1897, S. 112-136. In der Hauptsache wird mittels Zitaten und Bildern die Geschichte der ersten Hälfte des 16. Jahrhunderts geschildert.
HELLMANN, G.: Beiträge zur Erfindungsgeschichte meteorologischer Instrumente. In: Abhandl. Preuß. Akad. Wiss., Phys.-Math. Klasse 1, 1-6o (192o). Sammlung von Zitaten aus alten Schriften über Thermometer, Barometer, Regenmesser, Windfahne/-rose.
HELLMANN, G.: Magnetische Kartographie in historisch-kritischer Darstellung. Berlin: Behrend 19o9 (= Abhandl. Kgl. Preuß. Meteorolog. Inst. 19o9, Bd. III, Nr. 3 = Veröffentlichungen 215), 61 S. Darstellung der Methoden (bis S. 29) und Bibliographie der Karten, in der Hauptsache von 17oo bis 191o.
HELLMANN, G.: Die Meteorologie in den deutschen Flugschriften und Flugblättern des 16. Jahrhunderts. In: Abhandl. Preuß. Akad. Wiss. Phys.-Math. Klasse 1, 196 (1921).
HELLMANN, G.: Über den Ursprung der volkstümlichen Wetterregeln. In: Sitz.Ber. Preuß. Akad. Wiss. 2o, 148-17o (1923).
HELLMANN, G.: Über die Kenntnis der magnetischen Deklination vor Christoph Columbus. (Mit Nachtrag.) In: Meteorolog. Z. Jg. 23, 19o6, S. 145-149; Jg. 25, 19o8, S. 369. Anhand von Sonnenuhren der vorkolumbischen Zeit wird der Beweis für die Kenntnis der Mißweisung geführt.
HILLER, W.: Geophysikalische Arbeiten und Untersuchungen in Württemberg. Jahreshefte Ges. f. Naturkunde in Württemberg, 1969, S. 58-64.
HILLER, W.: 15o Jahre Amtliche Statistik in Baden-Württemberg. Stuttgart: Stat. Landesamt Baden-Württemberg, Geophys. Abt., S. 327-342.
KOLL, K.: 6o Jahre Kontinentaldrift-Theorie. Zbl. Geol. Paläont. 15o-186, 27o-3o6 (1972).
LENZEN, V.F., MULTHAUF, R.P.: Development of gravity pendulums in the 19th century. Washington: US Gov. Printing Office 1965 (= Smithsonian Institute. Bulletin 24o, Paper 44). S. 3o7-347. Entwicklung der Pendel seit Galilei und ihre Anwendung. Viele Bilder.
NADJI, M.: Karadjis "Erschließung verborgener Gewässer". In: Technikgeschichte, 1972, Nr. 1, S. 11-24. Karadji lebte in Persien um 1ooo. In den hier vorgestellten Teilen seines Buches behandelt der Autor vor allem die Hydrogeologie und die Gezeiten.
Naturforschung und Medizin in Deutschland 1939-1945 (= FIAT-Review), Bd. 17 Geophysik (Hrsg. Bartels, J.) Wiesbaden: Dieterich 1948. 557 S. Bericht über die Entwicklung der Geophysik während des Zweiten Weltkrieges mit Exkursen in frühere Zeiten.
NICOLLE, J.: Sir Henry Cavendish (1731-181o), l'homme qui a pesé la terre. Paris: Palais de la Découverte 1969 (= Les Conférences du Palais de la Découverte, D 126), 26 S. Biographie mit Bibliographie.
OLDROYD, D.R.: Robert Hooke's methodology of science as exemplified in his "Discourse of earthquakes". In: British Journal for the History of Science, 1972, Part 2, Nr. 22, S. 1o9-13o. Wissenschaftstheoretische Darstellung.
POPPE, K.: Über den Ursprung der Gravitationslehre. Jakob Böhme, Henry More, Isaac Newton. In: Die Drei. 1964, Nr. 5, S. 313-34o. Der aus anthroposophischer Sicht geschriebene Artikel betont das Wirken Böhmes.
PRINZ, H.: Fulminantes über Wolkenelektrizität. In: Bulletin des schweizerischen elektrotechnischen Vereins, 1973, Nr. 1, S. 1-15. Geschichte der Blitzforschung. Etwas geänderte Fassung des italienischen Artikels.
PRINZ, H.: I mirabili artifici sperimentali dell' elletricità scillante. In: Museoscienza, 1972, Nr. 5, S. 3-26. Geschichte der Blitzforschung.

RÜDIGER, H.: Deutschlands Anteil an der Lösung der polaren Probleme.
     In: Mitteilungen der Geographischen Gesellschaft, München, Bd. 7,
     1912, S. 455-564. Bericht über Organisationen, Expeditionen und
     Personen, mit Literaturangaben.
SCHMIDT, P.: Zur Geschichte der Geologie, Geophysik, Mineralogie und
     Paläontologie. Bibliographie und Repertorium für die DDR, Freiberg
     /Sa.: Bibliothek der Bergakademie 1970.
SHEA, W.R.J.: Galileo's claim to fame: The proof that the earth moves
     from the evidence of the tides. In: British Journal for the History
     of Science, 1970, Part 2, Nr. 18, S. 111-127. Geschichtliche Dar-
     stellung der Ansichten Galileos.
STÖRMER, C.: 25 Jahre Polarlichtforschung. In: Forschungen und Fort-
     schritte, 1930, Nr. 25, S. 321-322. Bericht über die eigenen For-
     schungsarbeiten nach einem Vortrag in der Physikal. Ges. Berlin.
SWEET, G.E.: The history of geophysical prospecting. Bd. 1 und 2.
     Los Angeles: Science Press 1966 und 1970. Abdruck von Interviews
     und anderen Quellen, vor allem zur Geschichte der Erdölprospektion.
TAMS, E.: Über die Wandlungen der Ansichten von der Entstehung der
     Erdbeben seit A.v.Humboldt. In: Forschungen und Fortschritte, 1954,
     Nr. 8, S. 225-232. Die Wandlung wird vor allem auf Grund der besseren
     Kenntnisse durch instrumentelle Beobachtungen verursacht.
URBANITZKY, A. v.: Elektrizität und Magnetismus im Altertume. Wien:
     Hartlegen 1887 (= Elektrotechnische Bibliothek 34), 284 S. Behandelt
     werden: Magnetismus, Bernstein, Nordlicht, Blitz und Elmsfeuer, at-
     mosphärische Elektrizität. Viele Literaturangaben.
WATKINS, N.D.: Review of the development of the geomagnetic polarity
     time scale and discussion of prospects for its finer definition.
     Geol. Soc. Amer. Bull. 83, 551-574 (1972).
WEISSGERBER, C.: Antike Quellen zur Geschichte des Vermessungswesens.
     In: Der Vermessungsingenieur 1969, Nr. 5, S. 171-180. Der Artikel
     behandelt Instrumente, Karten und Schrifttum der Ägypter, Mesopo-
     tamier, Griechen und Römer.
WIEDEMANN, E.: Über Al Kindis Schrift über Ebbe und Flut. In: Annalen
     der Physik 67, 374-387 (1922). Der Text des Werkes ist mit Anmer-
     kungen versehen abgedruckt. Al Kindi lebte im 9. Jahrhundert.
WILSON, C.A.: From Kepler's law, so-called, to universal gravitation:
     empirical factors. In: Archive for History of Exact Sciences 6,
     Nr. 2, 89-170 (1970). Es werden insbesondere Arbeiten von Boulliau,
     Boyle und Hooke besprochen.

4. Nachlässe, historische Instrumente und Aufzeichnungen

Nachlässe, die in Bibliotheken und Archiven gelagert sind, können aus
vier Veröffentlichungen entnommen werden:

DENECKE, L.: Die Nachlässe in den Bibliotheken der Bundesrepublik
     Deutschland. Boppard 1969.
Gelehrten- und Schriftstellernachlässe in den Bibliotheken der Deut-
     schen Demokratischen Republik, Bd. 1.2. Berlin 1959 und 1968
     (einschließlich wissenschaftlichen Instituten und Museen).
MOMMSEN, W.A.: Die Nachlässe in den deutschen Archiven. Boppard 1971.
Repertorium der handschriftlichen Nachlässe in den Bibliotheken und
     Archiven der Schweiz. Bern 1967.

Weiter liegen in vielen Instituten und in Firmenarchiven noch wertvolle
Bestände, die in diesen Werken nicht erfaßt wurden. Auf Grund der
freundlichen Mitarbeit der verschiedenen Institutionen ist es möglich,
eine Übersicht über die dort lagernden Bestände zu geben.

Fürstenfeldbruck: Geophysikalisches Observatorium

Magnetischer Theodolit nach J. v. Lamont, 1853 (unvollständig).

Elektrometer für luftelektrische Messungen nach Benndorf (1905 -1942 in Betrieb).

Magnetische Beobachtungen in München 9.1.1841 - 31.12.1858 (stündlich bis mehrstündlich) von J. v. Lamont.

Sonderdrucke von J. v. Lamont und C.W. Lutz.

Erdmagnetische Regionalvermessung 2. Ordnung 1950-1968. Bayern. Protokolle von H. Burmeister. Dass. 1938-1941. Baden-Württemberg.

Reichsvermessung (Erdmagnetismus) 1934/35, 1938. Protokolle von H. Burmeister.

Erdmagnetische Vermessung Bayern. 1903-1909. Von J.B. Messerschmidt.

Erdmagnetische Registrierungen (photo-optisch) München 1898-1927; Maisach 1931-1937.

Seismogramme (Russ-Schrieb) München-Bogenhausen 1905-1944; Bergwerk Hausham 1914-1923; Hof 1909-1918.

Weitere Angaben finden sich in:

Zum 125jährigen Bestehen der Observatorien München-Maisach-Fürstenfeldbruck. München: Geophysikalisches Observatorium Fürstenfeldbruck der Ludwig-Maximilians-Universität München 1966.

Göttingen: Institut für Geophysik

Briefwechsel E. Wiechert (u.a. mit A. Sommerfeld).

Sonderdrucksammlung von E. Wiechert und L. Mintrop.

Erdmagnetische Beobachtungen (Deklination) an verschiedenen europäischen Stationen 1834-1861. (Beobachtungsprotokolle des "Magnetischen Vereins in Göttingen", Gauss-Weber.)

Seismogramme der Observatorien Apia/Samoa (1903-1913); Clausthal (1906-1913, 1916-1920); Helgoland (1907-1914, 1927-1936); Tsingtau (1908-1909); Göttingen (1903ff).

Magnetogramme von Apia (1909-1912, H und D); Göttingen (1955ff).

Luftelektrische Registrierungen von Apia (1906-1913).

Temperaturregistrierungen von Apia (1907-1912).

Geodätische und erdmagnetische Originalgeräte aus der Zeit von C.F. Gauss und W. Weber.

Von E. Wiechert erbaute Seismographen: 17-Tonnen-Pendel (17.400 kg), astatischer Horizontalseismograph (1.200 kg), astatischer Vertikalseismograph (1.300 kg).

Hamburg: Geophysikalisches Institut

Seismogramme Hamburg 1905-1942, 1952ff.

Seismogramme Helgoland 1941-1943.

Bibliothek von R. Schütt mit z.T. sehr alten Büchern über Seismik.

Astatischer Wiechert-Horizontalseismograph (1905), 1.000 kg.

Astatischer Wiechert-Vertikalseismograph, 1.250 kg.

Hamburg: Deutsches Hydrographisches Institut

Zwei Gezeitenrechenmaschinen: Erster Typ, Baujahr 1915/16, erbaut von Fa. Otto Toepfer u. Sohn, Potsdam, für das Marineobservatorium Wilhelmshaven. Die Maschine berücksichtigt 2o Partialtiden. Zweiter Typ, Baujahr 1938. Diese Maschine berücksichtigt 62 Partialtiden.

Im Erdmagnetischen Observatorium Wingst:

Erdmagnetische Registrierungen aus Wilhelmshaven:

5 Magnetogramme (D und H) gestörter Tage aus den Jahren 1892 und 1894.

1o Magnetogramme ruhiger und gestörter Tage aus den Jahren 19o9 und 1917 (D und H).

3 Magnetogramme mit *Erdbeben* aus den Jahren 1885, 1886, 1892 (D und H).

Sämtliche Magnetogramme D, H, Z vom 1.1.1931 - 15.1.1937.

Erdmagnetische Registrierungen aus Wingst.

Sämtliche Magnetogramme D, H, Z vom 1.1.1938 ab bis heute.

Meßprotokolle:

Deklinationsbestimmungen Nordsee 1894-191o.

Doppelkompaßmessungen 1934-1936 Nord- und Ostsee, Vermessungsschiff "Geeste".

Sammlung wichtiger Daten und Angaben über Erdmagnetismus aus dem Kaiserlichen Observatorium Wilhelmshaven

Absolute magnetische Beobachtungen 17.1o.19o8 bis 17.3.1913.

Alte Instrumente der Deutschen Seewarte (Baujahr um die Jahrhundertwende und später), Deviationsmagnetometer, Deklinatorien und Reisetheodolite.

Der Meridiankreis des Marineobservatoriums Wilhelmshaven, erbaut ca. 188o, steht im Institut für Angewandte Geodäsie, Frankfurt/M.

Hannover: Prakla-Seismos

Mintrop-Station der zwanziger Jahre.

Thyssen-Gravimeter.

Reflexionsgeophone und Oszillographen der Vorkriegszeit.

Berichte und Beobachtungen können nur nach Rücksprache mit den Auftraggebern eingesehen werden.

Karlsruhe: Geodätisches Institut - Erdbebenwarte

Briefwechsel des Naturwissenschaftlichen Vereins in Karlsruhe über die Entstehung der Erdbebenwarte am Geodätischen Institut der Technischen Hochschule (jetzt Universität) Karlsruhe (um 19oo).

Briefwechsel Geh. Hofrat Prof. Dr. M. Haid, u.a. mit Prof. Dr. F.R. Helmert, Dr. C. Mainka und R. v. Sterneck (1883-1915).

Tagungs- und Jahresberichte verschiedener Erdbebenstationen von
19o5-1916 (lückenhaft), u.a. Kaiserliche Hauptstation für Erdbebenforschung zu Straßburg, Hauptstation für Erdbebenforschung am Physikalischen Staatslaboratorium zu Hamburg.

Entwurf einer Geschäftsordnung (1911) der Kaiserlichen Hauptstation
für Erdbebenforschung in Straßburg.

Unterlagen über den Makroseismischen Dienst in Baden (188o-1943,
lückenhaft).

Beobachtungsprotokolle und Berechnungsunterlagen über relative
Schweremessungen im südwestdeutschen Raum und u.a. in Potsdam,
Paris, Padua, Wien, München (1897-19o5).

Unterlagen über Messungen von Erdgezeiten (19o7-1912) und Berechnungen des Starrheitskoeffizienten der Erde (Prof. Haid).

Erster Vier-Pendelapparat nach Prof. Haid zur Messung relativer
Schwerewerte, gefertigt 1895 von C. Bamberg, Berlin.

Horizontalpendel nach Prof. Hecker (ein Zwei-Komponenten- und ein
Ein-Komponentengerät), gefertigt um 19oo von Fechner, Potsdam.

Außerdem zahlreiche historische geodätische und geodätisch-astro-
nomische Instrumente.

Kiel: Institut für Geophysik

Seismogramme der Erdbebenstation Helgoland 196off.

München: Deutsches Museum

Geräte und Instrumente (auch nachgebaute) zur Geophysik aus allen
Zeiten, u.a. Mintrop-Station der zwanziger Jahre.

Nachlaß Alfred Wegener: Tagebücher, Zeichnungen und Briefe.

Nachlaß Zenneck: Meßprotokolle und Messungen der Ionosphäre,
Briefe u.a. (unbearbeitet).

Nachlaß Helmholtz: Briefe und andere Papiere.

Nachlaß W. Jordan: Briefe und andere Papiere.

Münster/Westf.: Institut für Geophysik

Deutsches Archiv für Polarforschung. Literatur.
Ergebnisse der Expeditionen aus den Jahren 187o-1918 (1. Interna-
tionales Polarjahr; Scott, Nansen, Shackleton, Filchner, v. Dry-
galski).
Expedition nach Grönland (Wegener 1929/31).
Expedition in die Antarktis (Schwabenlandexpedition 1938/39).

Nachlaß J. Georgi: Bildmaterial der Wegener-Expedition 1929/31.

Stuttgart: Institut für Geophysik

Seismogramme der Stuttgarter Erdbebenstation.

17-Tonnen-Seismograph (Standort: Keller der Villa Reitzenstein).

Namenverzeichnis

Bei den Personennamen mußte eine – manchmal notgedrungen willkürliche –
Auswahl getroffen werden, da diese oft nur in einer Nebenbemerkung
erscheinen. – Kursive Zahlen weisen auf die Abbildungen hin.

Verzeichnis der Institute und Organisationen

Sachverzeichnis

Im allgemeinen wird jeweils nur die Seite angegeben, auf der der Text
zu dem entsprechenden Schlagwort beginnt. Nur wenn zwischen zwei
behandelnden Texten ein längerer, anderes behandelnder Text steht,
wird die spätere Seite ebenfalls erwähnt. Außerdem werden bei langen
Abhandlungen (z.B. ganze Aufsätze) die Buchstaben "ff" hinzugefügt. -
Kursive Zahlen weisen auf die Abbildungen hin.

Journal of Geophysics
Zeitschrift für Geophysik

Editorial Board: K.M. Creer, Edinburgh; W. Dieminger (Managing Editor), Lindau/Harz; K. Fuchs, Karlsruhe; C. Kisslinger, Boulder, Cola.;T. Krey, Hannover; J. Untiedt (Managing Editor), Münster; S. Uyeda, Tokyo

This journal is edited for the Deutsche Geophysikalische Gesellschaft by W. Dieminger, Max-Planck-Institut für Aeronomie at Lindau/Harz and J. Untied, Institut für Geophysik der Universität Münster/Westfalen. In order to increase its international range, the editorial board of the Journal of Geophysics — Zeitschrift für Geophysik was enlarged to include leading scientists from various countries. The journal continues to publish original papers and reviews from all fields of geophysics, including applied geophysics and related disciplines. Once accepted, papers can be published very quickly, especially Short Communications and Letters to the Editor.

Fields of Interest: Geophysics, Seismology, Geomagnetism, Aeronomy, Extraterrestrial Physics, Space Research, Meteorology Oceanography, Applied Geophysics, Theoretical Geophysics, Tectonics, Geochemistry, Petrology.

Sample copies as well as subscription and back-volume information available upon request.

Please address:

Springer-Verlag or Springer-Verlag
Werbeabteilung 4021   New York Inc.
D 1000 Berlin 33   Promotion Department
Heidelberger Platz 3   175 Fifth Avenue New York, N.Y. 10010

Springer-Verlag
Berlin Heidelberg New York

München Johannesburg London Madrid New Delhi
Paris Rio de Janeiro Sydney Tokyo Utrecht Wien

Einführung in die Geophysik

Von Professor Dr. Hans Israël,
Rheinisch-Westfälische Technische Hochschule Aachen

Mit 157 Abbildungen. XI, 223 Seiten. 1969
Gebunden DM 53,—; US $21.70
ISBN 3-540-04573-2   Preisänderung vorbehalten

Das aus Vorlesungen des Verfassers hervorgegangene Buch
vermittelt eine einführende Übersicht über das Gebiet der
Geophysik. Es richtet sich an alle, die an den Erkenntnissen
und Problemen der Physik unserer Umwelt interessiert sind.

Als „Einführung" tritt es bewußt an die Stelle einer umfassenden Gesamtdarstellung, wie sie heute angesichts der lawinen-
artigen Vermehrung von Erkenntnissen und Publikationen
ohnedies aus **einer** Feder nicht mehr gegeben werden kann. In
flüssiger und leicht verständlicher Darstellung führt das Buch
an die Erkenntnisse und Aufgaben dieses Zweiges der Naturwissenschaften heran und macht den Leser mit der besonderen
Arbeits- und Betrachtungsweise der geophysikalischen
Forschungsarbeit vertraut. Durch ausführliche, gebietsbezogene
Literaturhinweise wird der Leser an die zusammenfassende
Spezialliteratur herangeführt.

Eine besondere Hilfe bietet das Buch dem Studierenden der
Physik, der sich auf dieser Grundlage dem Gebiet der
Geophysik zuwendet.

Springer-Verlag
Berlin · Heidelberg · New York

Operationstechniken Orthopädie Unfallchirurgie

In der Reihe **Operationstechniken Orthopädie Unfallchirurgie** werden alle relevanten Operationen dieses Fachbereichs dargestellt. Jeweils eine Operation wird in einem Band von einem Spezialisten für gerade diese Operation vorgestellt.

Dabei wird jede Operation in zwei Formen dargestellt:

- als Buch und E-Book, in dem kurze präzise Texte die Operationen step-by-step beschreiben und brillante Fotos und Grafiken den OP-Ablauf visualisieren und
- mit einem OP-Video, das den Operationsverlauf demonstriert. Um das Video anschauen zu können: einfach die SN More Media App kostenfrei herunterladen, das Standbild im letzten Kapitel des Buches scannen und das Video streamen.

Weitere Bände in der Reihe: http://www.springer.com/series/15031

Maximilian Rudert

Zementfreie Hüftendoprothese: minimalinvasiver anteriorer Zugang

Springer

Maximilian Rudert
Orthopädische Klinik Universität Würzburg
König-Ludwig-Haus
Würzburg, Deutschland

Die Online-Version des Buches enthält digitales Zusatzmaterial, das durch ein Play-Symbol gekennzeichnet ist. Die Dateien können von Lesern des gedruckten Buches mittels der kostenlosen Springer Nature „More Media" App angesehen werden. Die App ist in den relevanten App-Stores erhältlich und ermöglicht es, das entsprechend gekennzeichnete Zusatzmaterial mit einem mobilen Endgerät zu öffnen.

ISSN 2570-0340   ISSN 2570-0359   (electronic)
Operationstechniken Orthopädie Unfallchirurgie
ISBN 978-3-662-59890-0   ISBN 978-3-662-59891-7   (eBook)
https://doi.org/10.1007/978-3-662-59891-7

Die Deutsche Nationalbibliothek verzeichnet diese Publikation in der Deutschen Nationalbibliografie; detaillierte bibliografische Daten sind im Internet über http://dnb.d-nb.de abrufbar.

Springer

Springer ist ein Imprint der eingetragenen Gesellschaft Springer-Verlag GmbH, DE und ist ein Teil von Springer Nature.
Die Anschrift der Gesellschaft ist: Heidelberger Platz 3, 14197 Berlin, Germany

Vorwort des Verlages

Zusammen mit Herrn Professor Lüring entwickelten wir 2014 die Idee, einzelne Operationen so zu publizieren, dass der Leser in den OP-Saal hineinversetzt wird. In vielen Treffen und Gesprächen mit Herrn Professor Lüring haben wir gemeinsam das Konzept zur Reihe „Operationstechniken Orthopädie Unfallchirurgie" ausgearbeitet, mit der ein Springer-Operationspool entstehen soll. Dabei wird jede Operation in 2 Formen dargestellt:

- als Buch und E-Book, in dem kurze präzise Texte die Operationen step-by-step beschreiben und brillante Fotos und Grafiken den OP-Ablauf visualisieren und
- mit einem OP-Video, das den Operationsverlauf demonstriert. Um das Video anschauen zu können: einfach die SN MoreMedia App kostenfrei herunterladen, das Standbild im letzten Kapitel des Buches scannen und das Video streamen.

Ganz herzlich möchten wir uns an dieser Stelle bei Herrn Professor Lüring für die stets so angenehme und kollegiale Zusammenarbeit bedanken. Immer wieder hat er mit großer Geduld Zeit für den Gedankenaustausch mit uns aufgebracht, Ideen eingebracht, Ideen von uns überprüft und versucht, diese soweit wie möglich umzusetzen.

Unseren Lesern wünschen wir, dass die Lektüre ihnen nützliche Hinweise und Anregungen für ihren operativen Alltag geben kann.

Springer, im Herbst 2019

Vorwort des Autors

Die Endoprothetik des Hüftgelenks gilt als eine der erfolgreichsten Operationen der letzten Jahrzehnte. Die Implantate sind ausgereift, die Gleitpaarungen über lange Jahre erprobt, die klassischen Zugänge (nach Bauer/Hardinge, Watson-Jones, posterior) wurden nicht in Frage gestellt. Erst der Versuch, die Invasivität der Eingriffe zu verringern, hat zu neuen Entwicklungen geführt. Und das sowohl im Bereich der Prothesendesigns (Oberflächenersatz, Kurzschaftprothesen) als auch der Zugänge (minimalinvasive Zugänge).

Minimalinvasivität bedeutet hierbei: Knochenmaterial zu erhalten und Muskulatur möglichst nicht zu verletzten. Es bedeutet nicht unbedingt, mit dem kleinsten Schnitt zum Ergebnis zu kommen.

Wir verwenden in unserer Klinik seit 2008 den Direkten Vorderen Zugang, der bereits nach kurzer Zeit auch in der Ausbildung zum Standardzugang avanciert ist. Die Lernkurve ist flach (den Hartog et al. 2016). Dennoch lohnt sich aus unserer Sicht der Aufwand für den Operateur und die Patienten (Reichert et al. 2018). Außerdem macht der Zugang einfach mehr Freude für den Operateur. Versuchen Sie es!

Literatur

den Hartog YM, Mathijssen NM, Vehmeijer SB (2016) The less invasive anterior approach for total hip arthroplasty: a comparison to other approaches and an evaluation of the learning curve – a systematic review. Hip Int 26(2):105–120

Reichert JC, von Rottkay E, Roth F, Renz T, Hausmann J, Kranz J, Rackwitz L, Noth U, Rudert M (2018) A prospective randomized comparison of the minimally invasive direct anterior and the transgluteal approach for primary total hip arthroplasty. BMC Musculoskelet Disord 19(1):241

Inhaltsverzeichnis

Zementfreie Hüftendoprothese: Minimalinvasiver direkter vorderer Zugang

Elektronisches Zusatzmaterial: Die elektronische Version dieses Kapitels enthält Zusatzmaterial, das berechtigten Benutzern zur Verfügung steht https://doi.org/10.1007/978-3-662-59891-7_1. Die Videos lassen sich mit Hilfe der SN More Media App abspielen, wenn Sie die gekennzeichneten Abbildungen mit der App scannen.

1.1 Indikationen

Vor dem Hintergrund der sich regelmäßig wiederholenden medialen Anschuldigung: „wir operieren zu viel", tut der verantwortliche Operateur gut daran, die Indikation zum endoprothetischen Ersatz des Hüftgelenkes gewissenhaft zu stellen und zu dokumentieren.

Grundsätzlich sollten folgende Voraussetzungen erfüllt sein:

- Die anamnestischen Beschwerden des Patienten stimmen mit den klinischen und radiologischen Befunden überein
- Es lässt sich eine radiologische Verschleißerkrankung oder Zerstörung eines oder beider Gelenkpartner (Acetabulum/Becken, Hüftkopf/proximales Femur) erkennen
- Der Patient klagt über eine Einschränkung seiner Lebensqualität. Dies kann z. B. klassischer Weise durch eine Einschränkung der Mobilität oder durch Schmerzen hervorgerufen werden
- Eine konservative Therapie konnte diese Einschränkung nicht längerfristig kompensieren (hier werden immer wieder 5–6 Monate genannt. Natürlich gibt es abhängig vom Beschwerdebild auch Ausnahmen)

- Eine zu erwartende Deformierung des erkrankten Gelenkes (Zysten, Hüftkopfnekrose, Gelenkluxation) wird eine zukünftige Kunstgelenkimplantation erheblich kompromittieren

1.2 Kontraindikationen

- Allgemeines Operationsrisiko zu hoch
- Nachgewiesene Gelenkinfektion (hier empfehlen wir ein zweizeitiges Vorgehen)
- Adipositas in solcher Ausprägung, daß eine Fettschürze über den Bereich des Hautschnitts zu liegen kommt (dies führt häufig zu Wundheilungsstörungen und oberflächlichen Wundinfekten). Wird hier dennoch ein vorderer Zugang gewählt, ist auf die postoperative Verhinderung einer feuchten Kammer über der Wunde zu achten

1.3 Operationsvorbereitung

- Übliche präoperative Vorbereitung des Patienten (s. Video ▪ Abb. 1.1)

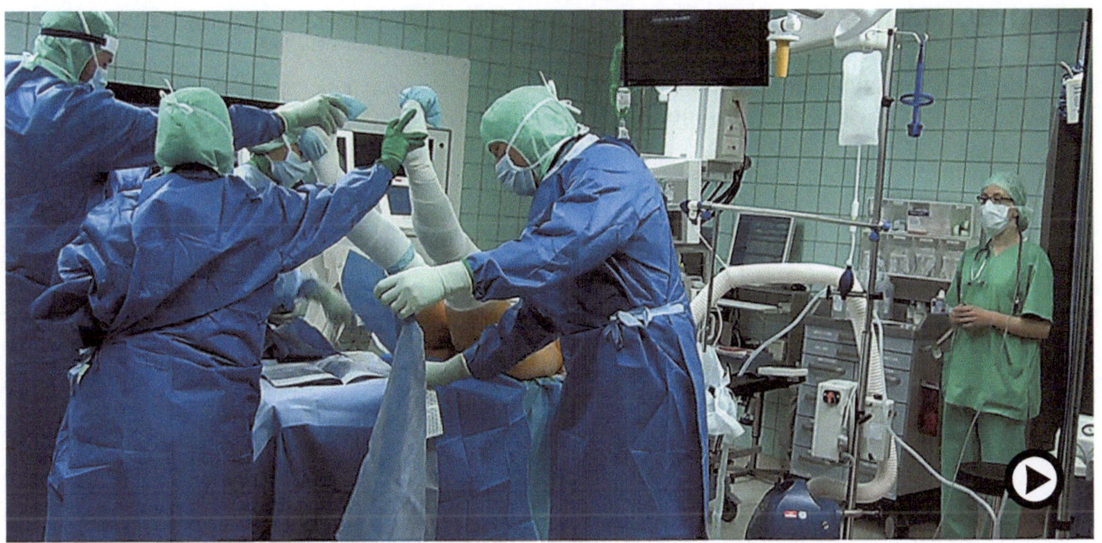

Abb. 1.1 (Video 1.1) Operationsvorbereitung

- Klinische Einschätzung der Beinlängendifferenz
- Radiologische Planung der Prothese an einer tief eingestellten Beckenübersichtsaufnahme und einer Lauensteinaufnahme (Abb. 1.2 und 1.3)
- Radiologische Kontrolle der Beinlängendifferenz

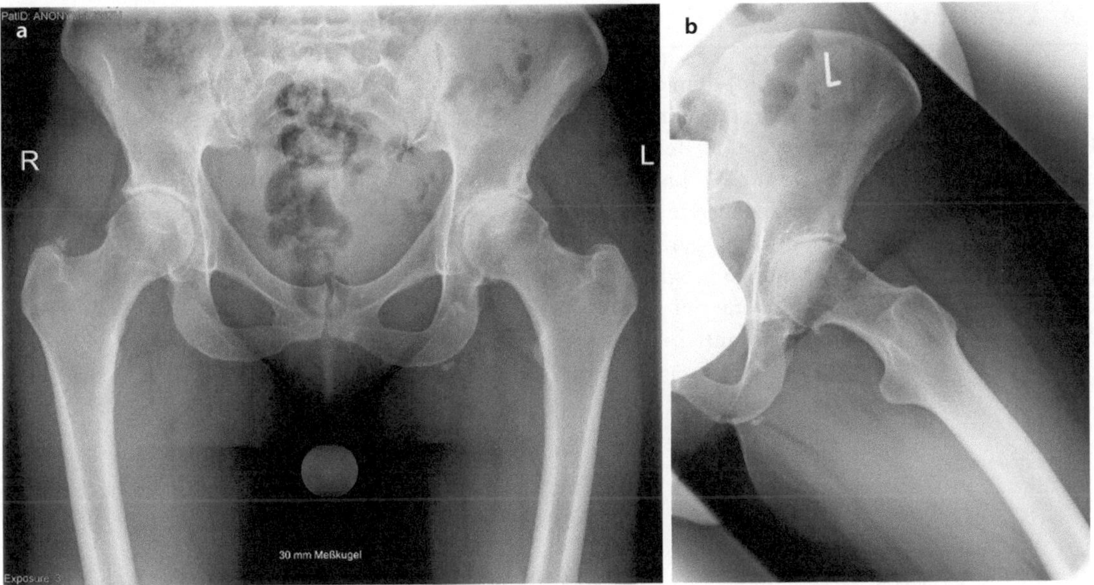

Abb. 1.2   a, b Präoperatives Röntgen: Beckenübersicht und Lauensteinaufnahme, 58-jährige Patientin, Coxarthose links

Abb. 1.3   Planungsaufnahme Röntgen

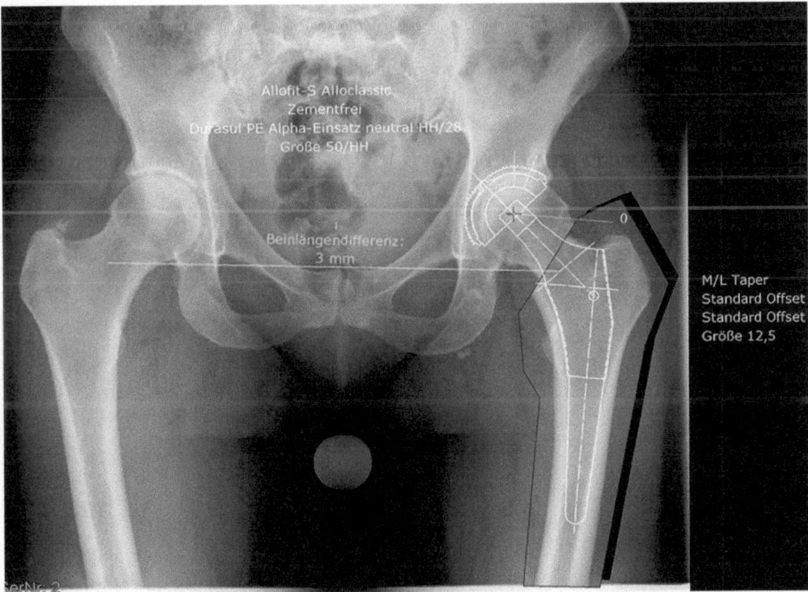

1.4 Lagerung

Lagerung des Patienten mittig auf dem Operationstisch (Abb. 1.4). Der Arm auf der Operationsseite wird hochgelagert. Beide Beine werden steril abgedeckt. Dadurch kann das Operationsbein unter die Gegenseite geführt werden, und es ist im Verlauf der Operation ein optimaler Vergleich der Beinlänge möglich. Das Hüftgelenk kann zur Erleichterung der späteren Mobilisation des proximalen Femur bei exten-dierbarem Tisch über dem dafür bestehenden Gelenk zwischen Oberkörperteil und Beinteilen positioniert werden. Um die ventralen Weichteile vor dem Acetabulum zu entspannen, wird eine Rolle unterhalb der Kniekehle gelagert, die zu einer leichten Flexion im Hüftgelenk führt. In steril abgedecktem Zustand wird vor Beginn der Operation noch einmal die Beinlänge verglichen. Dies kann auf Höhe der Kniegelenke, der Knöchel und von uns bevorzugt auf Höhe der Fersen erfolgen.

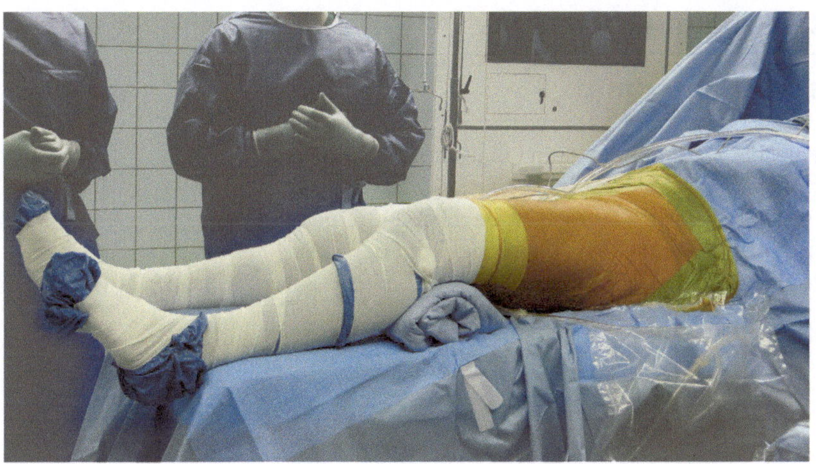

❑ **Abb. 1.4** Lagerung

1.5 Operationstechnik

1.5.1 Hautschnitt

Palpable Landmarken: Spina iliaca anterior superior (SIAS), Fibulaköpfchen, M. tensor fasciae latae (MTFL). Der Hautschnitt beginnt 2–3 Querfinger dorsal und zwei Querfinger distal der SIAS (s. Video ◻ Abb. 1.5 und Abb. 1.6).

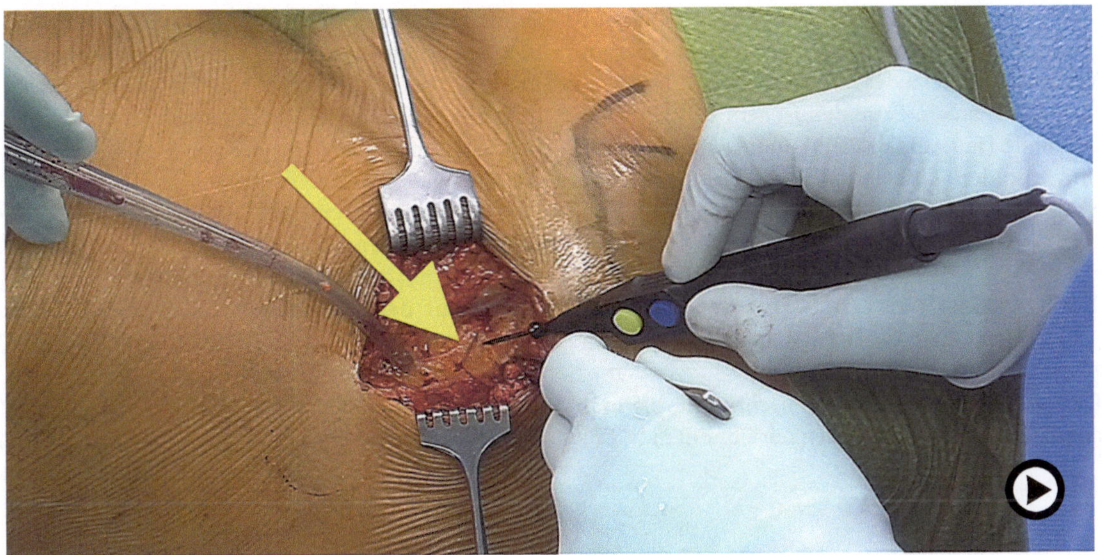

■ **Abb. 1.5** (Video 1.5) Hautschnitt

■ **Abb. 1.6** Hautschnitt

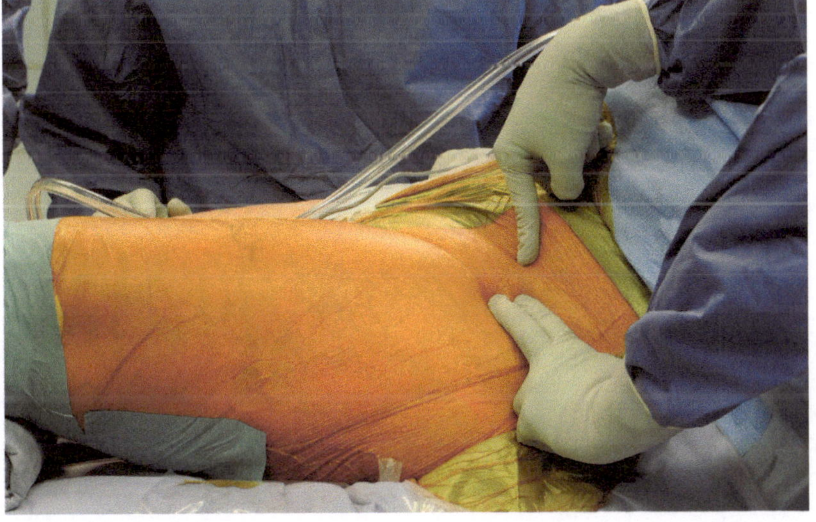

Er verläuft schräg in Richtung des Fibulaköpfchens und gerne auch noch etwas schräger im Verlauf der Fasern des MTFL (◘ Abb. 1.7).

Bei schlanken Patienten ist sein Muskelbauch durch die Haut und das Subkutangewebe palpabel und mit den Fingern greifbar. Die Länge des Schnittes beträgt zwischen 8 und 10 Zentimetern.

1.5.2 Tiefe Präparation des MTFL und der Gelenkkapsel

Das Subkutangewebe wird durchtrennt, bis man auf die Faszie des Oberschenkels über dem MTFL stößt. Hier haben sich die regelmäßig vorkommenden Perforatorgefäße als optimale Landmarke erwiesen (Rudert et al. 2016). Direkt oberhalb dieses Gefäßes erfolgt die Inzision der Faszie in Richtung der Muskelfasern des MTFL (◘ Abb. 1.8).

Die Inzision der Faszie erfolgt über die gesamte Schnittlänge. Danach wird das obere Faszienblatt mit der Pinzette gegriffen und stumpf, digital mit dem Zeigefinger unterminiert. Man gelangt dadurch mit dem Finger um den Muskelbauch des MTFL nach medial und kaudal bis auf das tiefe Blatt der Faszienscheide des Muskels (◘ Abb. 1.9).

Abb. 1.7 Hautschnitt

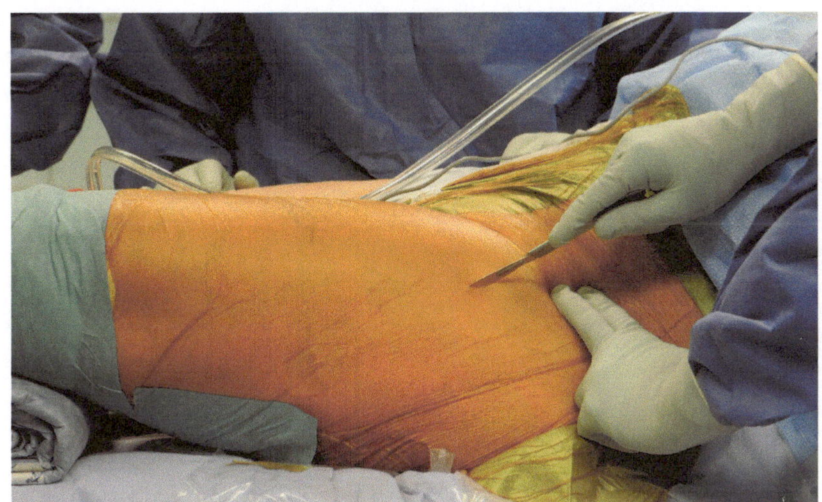

Abb. 1.8 Tiefe Präparation

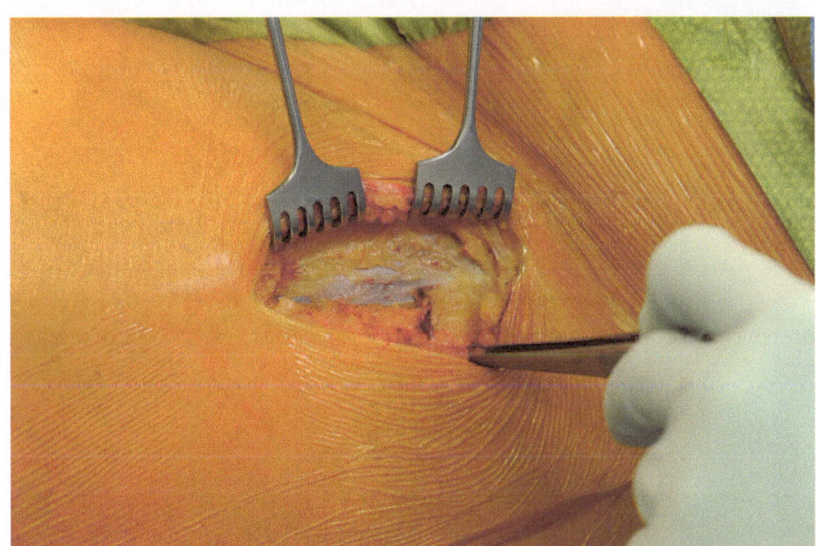

Abb. 1.9 Tiefe Präparation

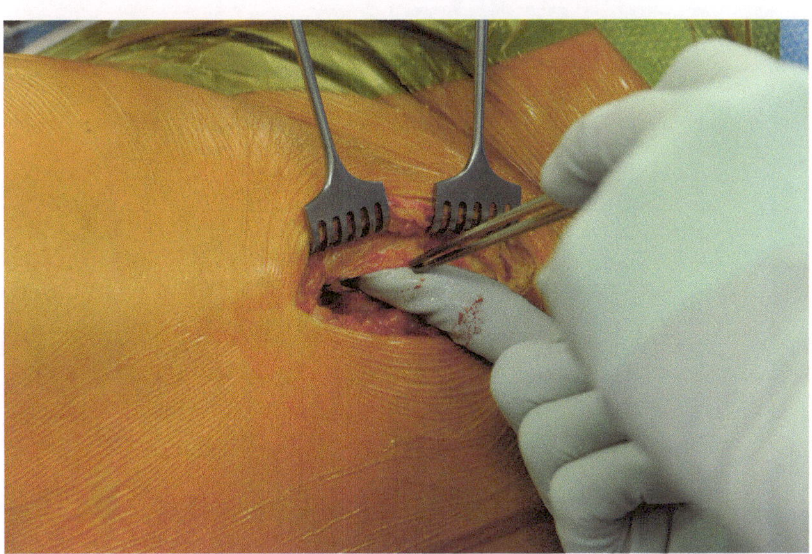

Das tiefe Blatt der Faszie des MTFL wird scharf durchtrennt. In ihm verlaufen die aszendierenden Äste der circumflexen femoralen Gefäße, die aus den femoralen Hauptgefäßen kommen. Diese müssen entweder ligiert oder kauterisiert werden, da es sonst zu stärkeren Blutungen kommen kann (s. Video ◘ Abb. 1.10). Da-

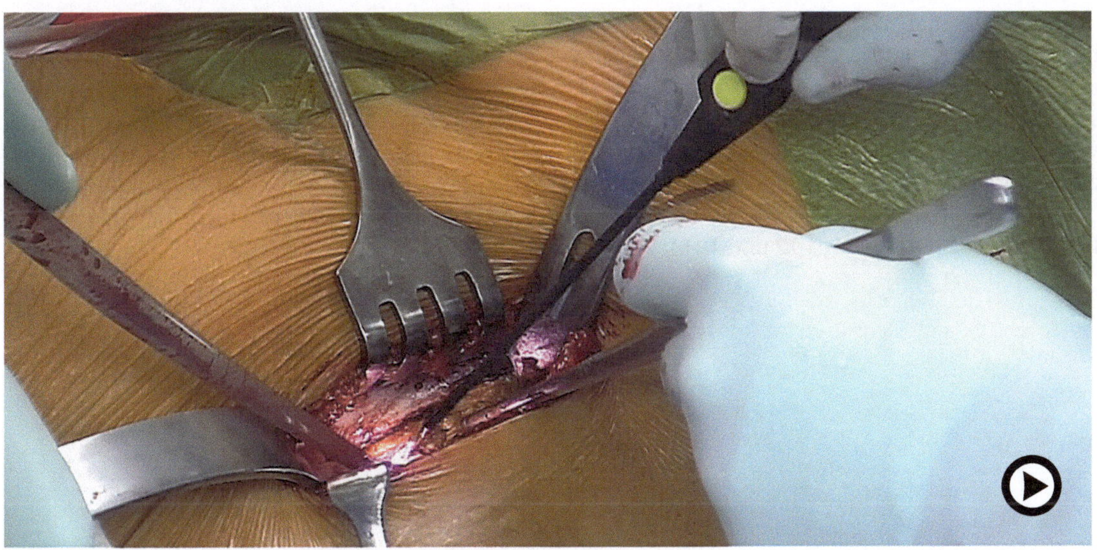

 Abb. 1.10   (Video 1.10) Circumflexe Gefäße und Kapsulektomie

nach befindet man sich direkt auf dem Schenkelhals (◘ Abb. 1.11 und 1.12).

Die ventrale Gelenkkapsel exzidieren wir. Sie kann auch türflügelartig eröffnet und später wieder verschlossen werden. Die Fossa piriformis wird bis zum Übergang in den Trochanter major dargestellt und durch einen breiten Hohmann- oder Cobrahaken freigehalten (◘ Abb. 1.12 und 1.13).

1.5.3 Femurosteotomie und Hüftkopfresektion

Vom lateralen Ende der Fossa beginnt die Osteotomie des Schenkelhalses mit der oszillierenden Säge 45° zum Oberschenkel in Richtung des Trochanter minor (◘ Abb. 1.13).

 Abb. 1.11 Schenkel-
halspräparation

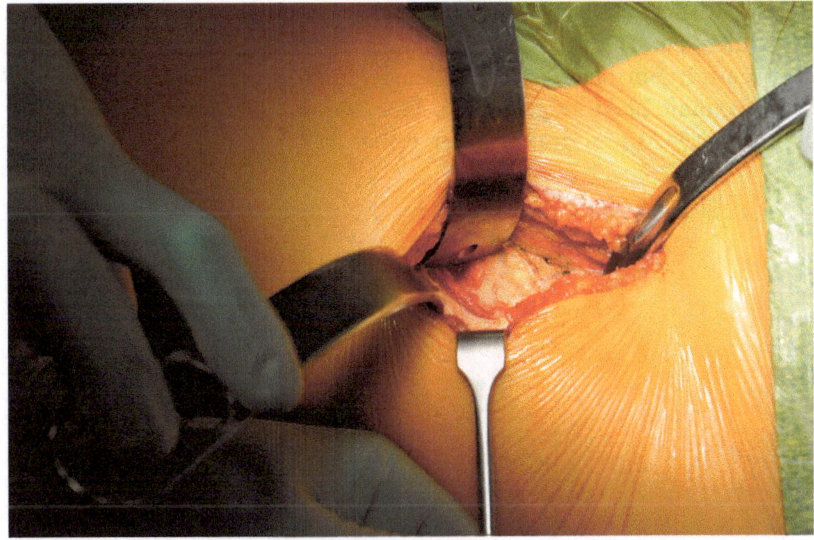

Abb. 1.12 Schenkel-
halspräparation

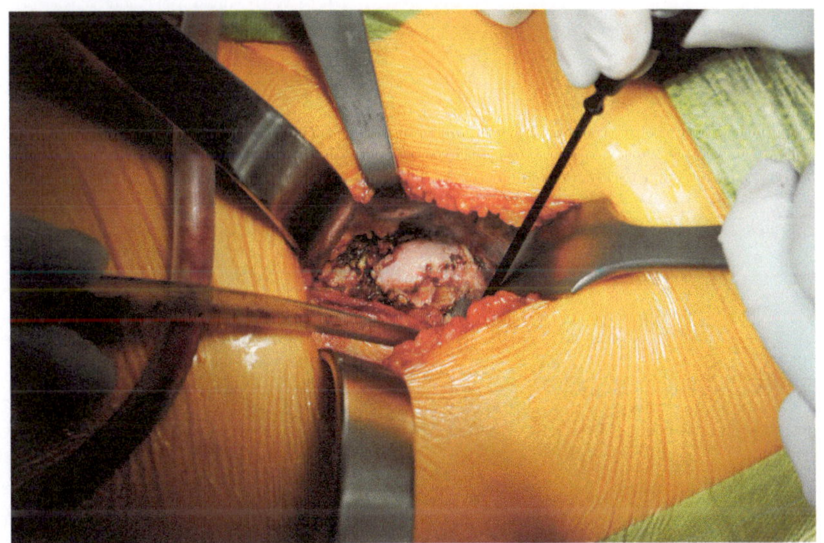

Abb. 1.13 Schenkel-
halsosteotomie

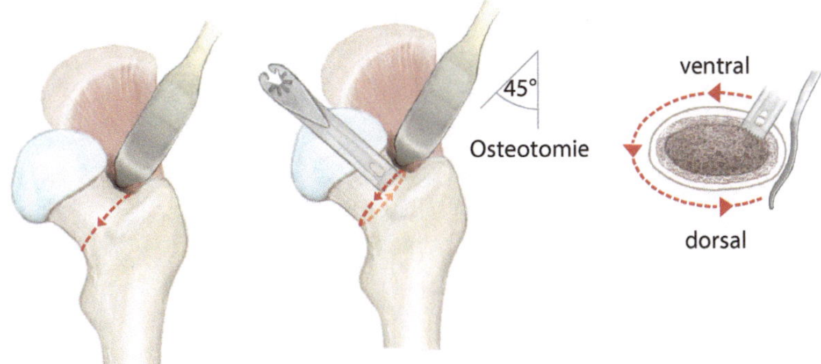

Dabei achten wir auf eine gleichzeitige Innenrotation des Hüftgelenkes (die Patella zeigt nach ventral), um den Trochanter major durch die Osteotomie nicht zu gefährden. Eine zweite Osteotomie 5–10 mm proximal der ersten lässt eine Scheibe des Schenkelhalses entfernen und erleichtert die Extraktion des Hüftkopfes mit dem Korkenzieher (◘ Abb. 1.14, 1.15 und 1.16) (s. Video ◘ Abb. 1.17).

Abb. 1.14 Osteotomie

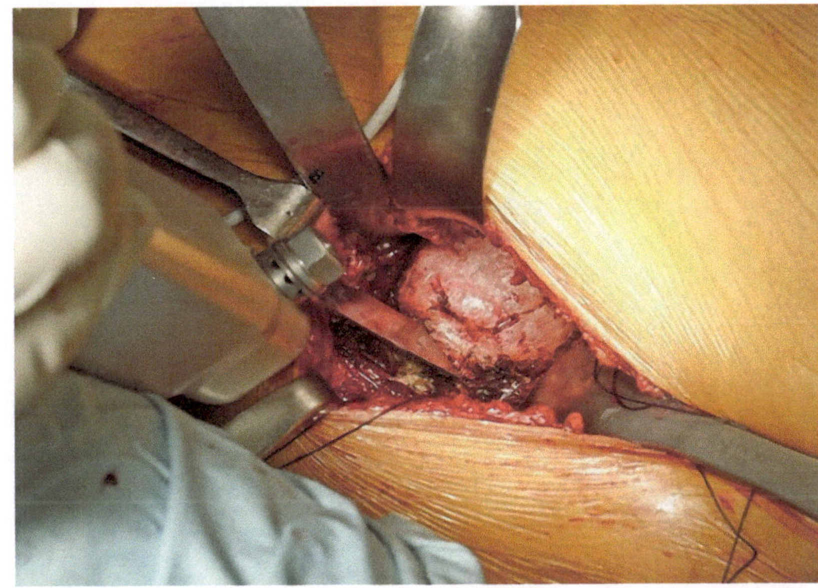

Abb. 1.15 Osteotomie Scheibe

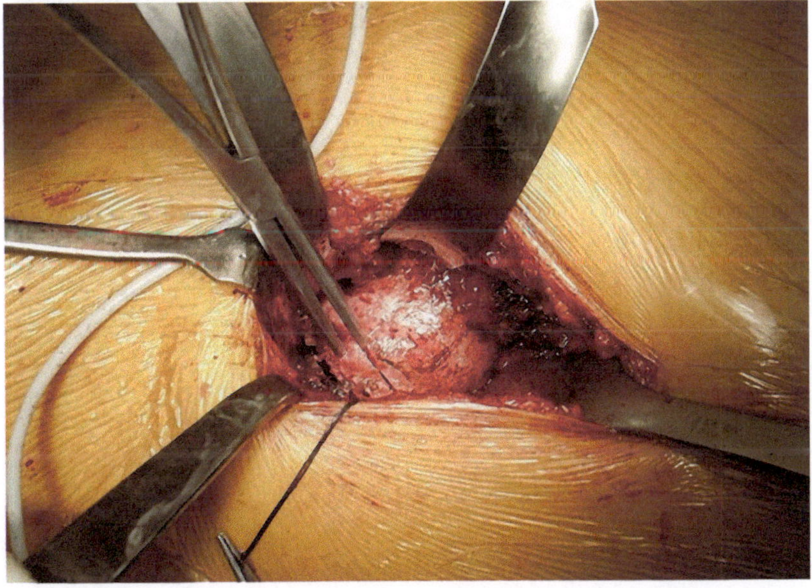

1

Abb. 1.16 Extraktion Hüftkopf

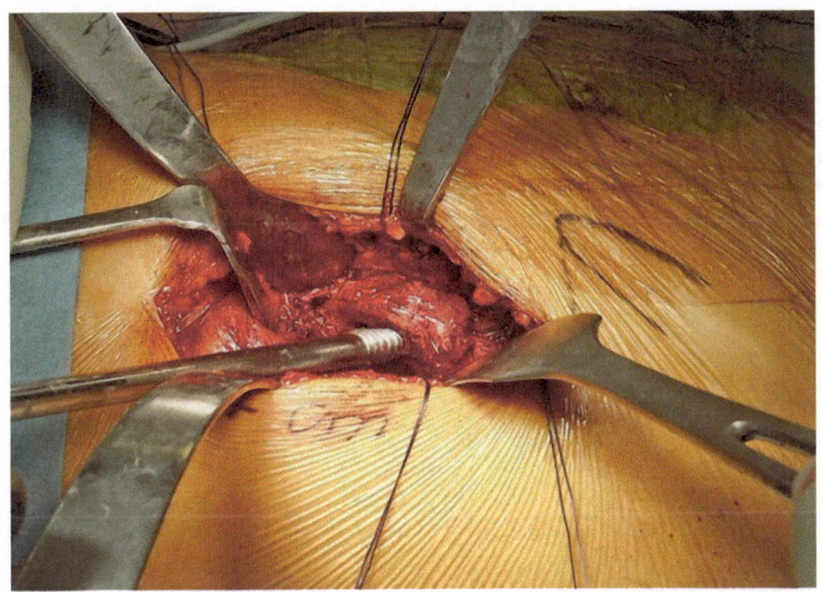

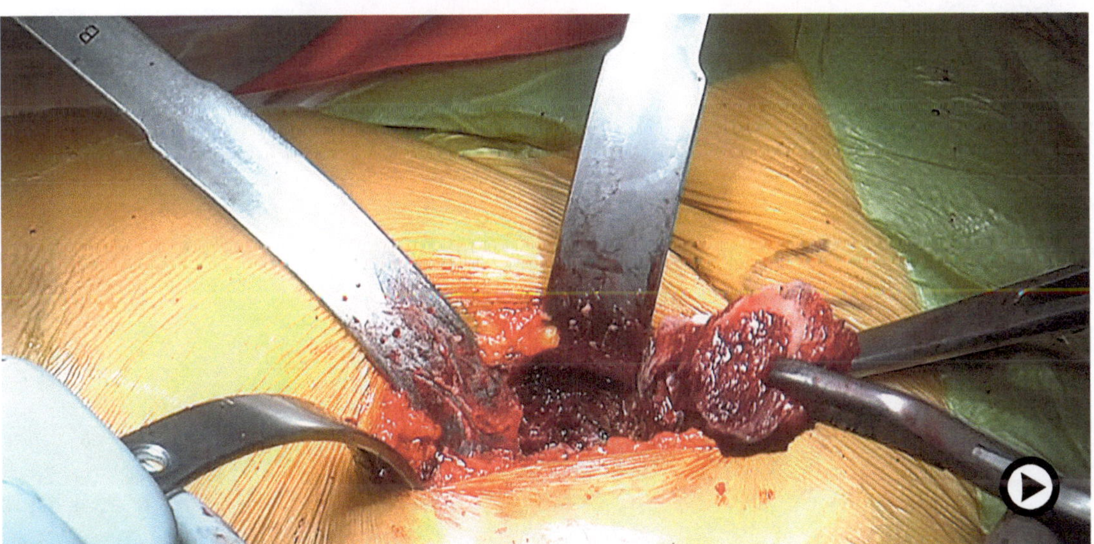

Abb. 1.17 (Video 1.17) Schenkelhalsosteotomie und Hüftkopfextraktion

1.5.4 Präparation Acetabulum und Pfannenimplantation

Das Acetabulum wird mit 3–4 Haken (etwa bei 3, 12, 9 und 6 Uhr) umfahren und gewährt so einen hervorragenden Einblick beim liegenden Patienten. In üblicher Weise wird nun mit der Pfannenfräse gearbeitet und das Acetabulum von Knorpel befreit, bis die Pfanne in geplant 45° Inklination und 15° Anteversion eingebracht wird. Wir verwenden für das Fräsen und Einschlagen der Pfanne gewinkelte Instrumente. Dies ist aber nicht unbedingt notwendig, hat sich jedoch aus unserer Sicht bei kleinen Hautschnitten bewährt (◘ Abb. 1.18) (s. Video ◘ Abb. 1.19). S. auch ◘ Abb. 1.20 und 1.21.

Abb. 1.18 Blick ins Acetabulum

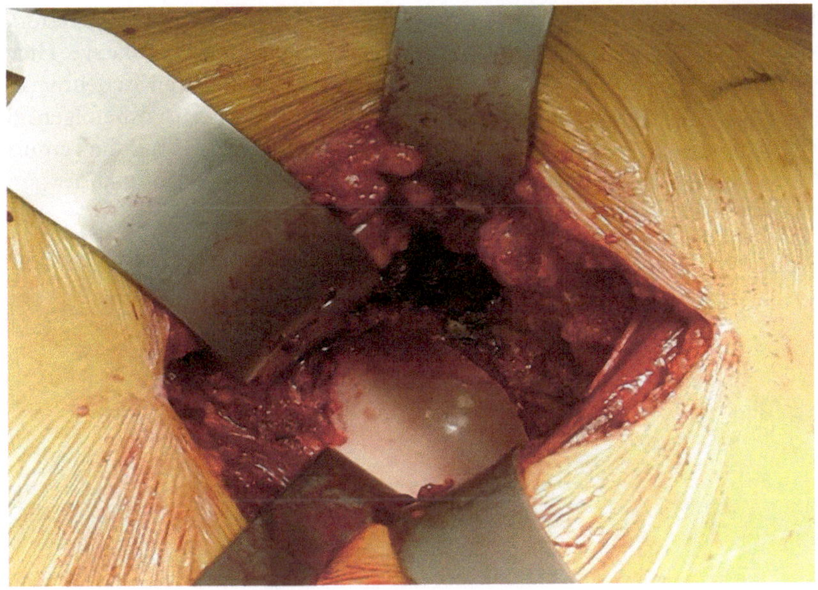

Abb. 1.19 Pfannenfräse gewinkelt

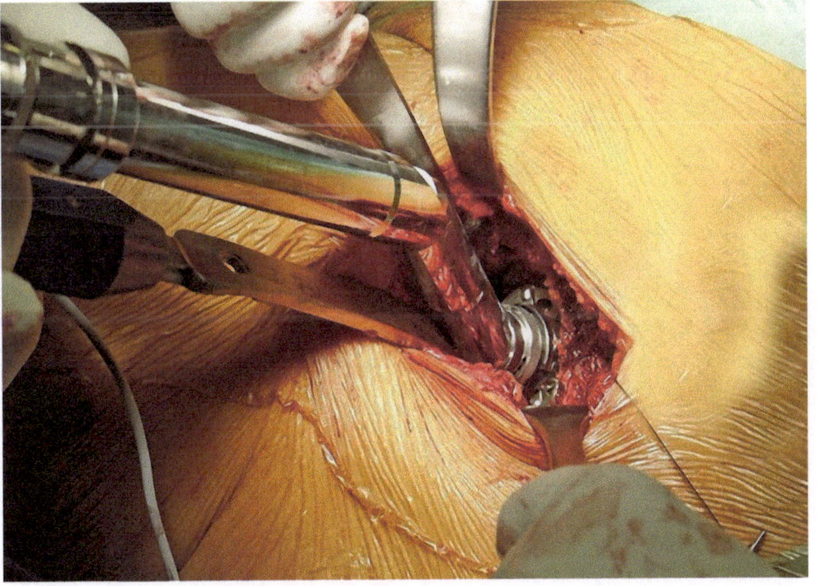

1.5.5 Präparation proximales Femur und Femurschaftimplantation

Die Rolle unter dem Kniegelenk wird entfernt.

Die Femurpräparation und Mobilisierung zum Bearbeiten des Femurkanals ist der anspruchvollste Teil der Operation und hat daher auch die längste Lernkurve. Hier ist es wichtig, sich ausreichend Zeit zu nehmen und die Operationsschritte langsam zu befolgen. Sind sie erfolgreich, so ist der Blick auf die Femurosteotomie ebenso gut wie auf die Hüftpfanne.

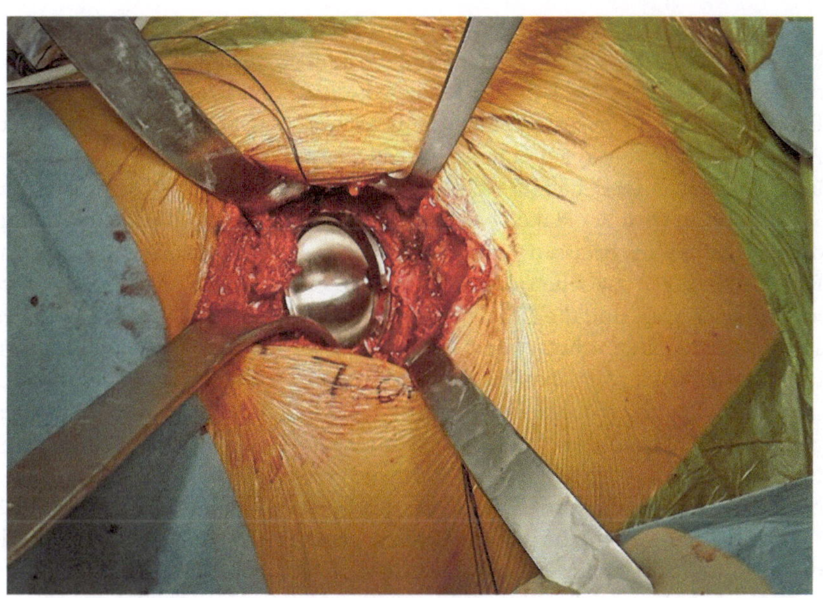

Abb. 1.20 Pfanne implantiert

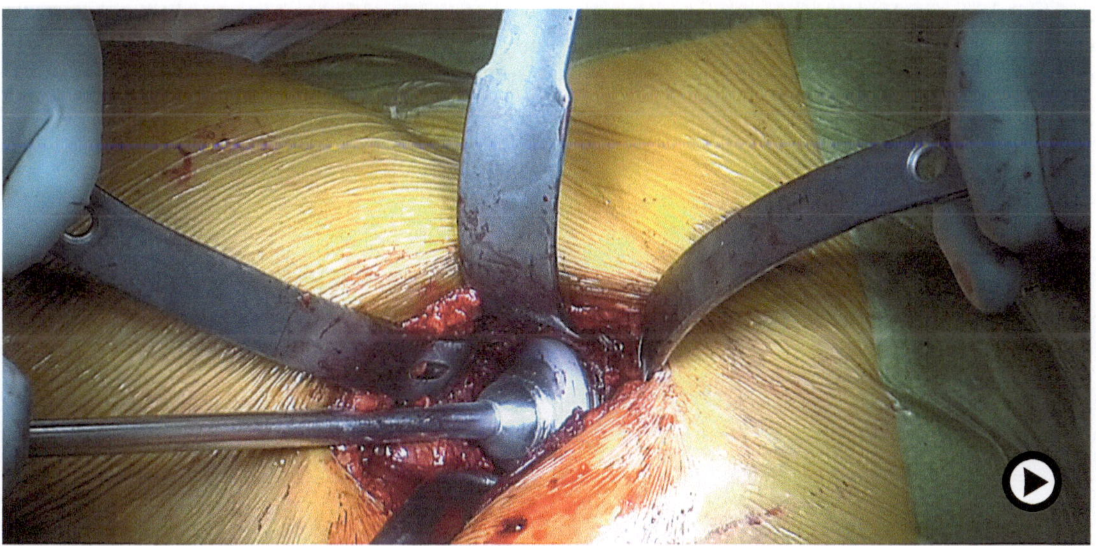

Abb. 1.21 (Video 1.21) Pfannenimplantation

1

Im Verlauf wird der Operationstisch in eine kopftiefe „Schocklagerung" gebracht und die Beinteile des Tisches abgesenkt, um eine möglichst gute Exposition der Femurosteotomie zu erreichen. Alle Manöver sind also auf eine leichte Extension im Hüftgelenk ausgerichtet (◘ Abb. 1.22).

Zu Beginn wird der Haken bei 12:00 Uhr über dem Azetabulum belassen und ein gebogener Hohmann-Haken zwischen den Trochanter major mit der Kapsel und die Glutealmuskulatur gesetzt. Dieser Haken schützt die Glutealmuskulatur vor ungewollter Verletzung.

Gleiches wird gewährleistet, indem die folgende Kapselinzision in strahlenförmiger Richtung von der cranialen Osteotomie des Schenkelhalses aus weiter nach cranial erfolgt (◘ Abb. 1.23).

Um hier ein Gefühl für die die Ventralisierung des Femur noch behindernde Kapselstränge zu bekommen, wird gleichzeitig mit einem Einzinkerhaken in die Femurosteotomie eingehakt und das Femur damit nach ventral gezogen (s. Video ◘ Abb. 1.24).

Das proximale Femur lässt sich dann merklich ventralisieren. Ist dies nicht der Fall, war das proximale Release noch nicht ausreichend und muss weiter fortgesetzt werden, bis sich das Femur elevieren lässt. Ein flacher Haken mit zwei Branchen wird nun zwischen Trochanter major und Kapsel positioniert. Damit wird das proximale Femur eleviert, ohne zu hebeln.

Der 12-Uhr Haken über dem Acetabulum wird entfernt. Wir senken nun die Beinteile ab und unterführen in einer langsamen Bewegung das gestreckte Operationsbein unter das Bein der Gegenseite. Dadurch kommt das Bein in eine 90° Außenrotationsstellung mit nur leicht gebeugtem Kniegelenk. Proximal werden zwei gerade Hohmannhaken direkt an den dorsalen Anteil der Femurosteotomie eingebracht, um die medialen Weichteile nach medial zu drängen. War die Osteotomie auf der richtigen Höhe, dann kann man in diesem Bereich die Sehne des M. obturator externus von dorsal an die Osteotomie ziehen sehen (s. auch ◘ Abb. 1.23).

Nun wird der dorsale Anteil der Osteotomie mit Übergang zur Fossa piriformis in Fortsetzung der Femurlängsachse mit einem Kastenmeißel von Knochen befreit, so dass der Weg für die Formraspeln in den Femurmarkraum offen ist. Mit einem gebogenen Löffel verifizieren wir die Richtung im Markraum, bevor wir mit dem Raspeln beginnen.

Aufraspeln des Markraumes bis zur passenden Größe (entsprechend der zuvor durchgeführten Planung am Röntgenbild und dem klinischen, intraoperativen Befund). Probereposition der

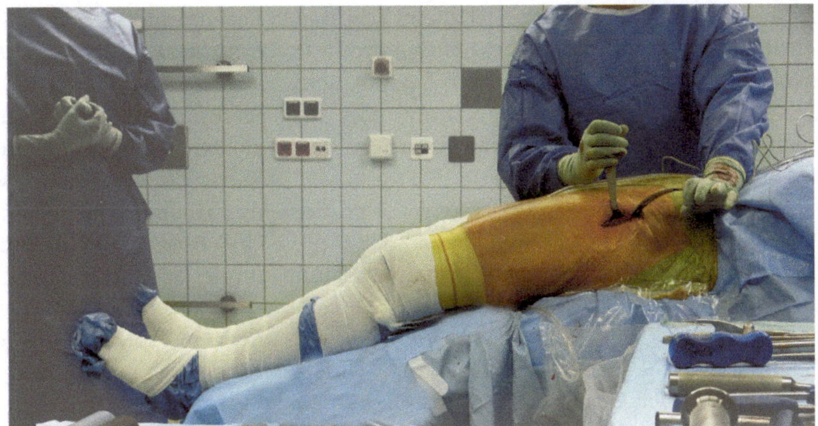

Abb. 1.22 Hüftextension

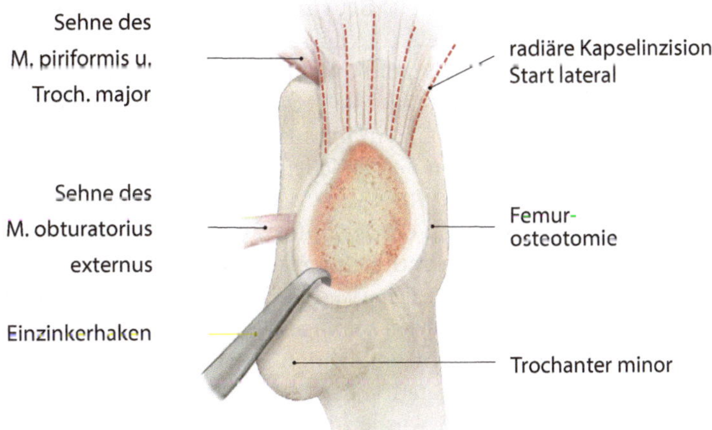

Abb. 1.23 Radiäre Kapselinzision (Zeichnung Birgit Brühmüller)

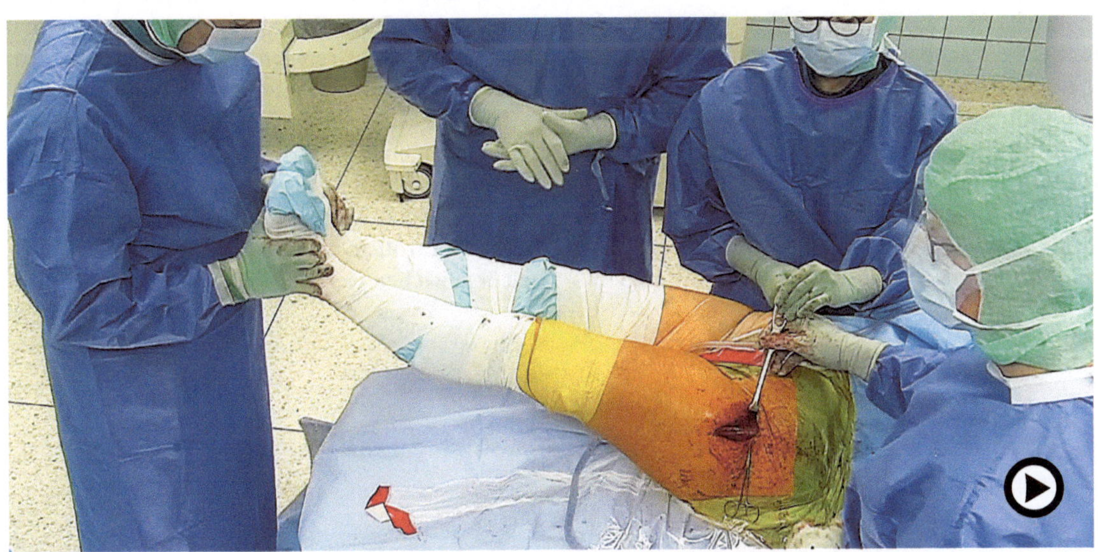

Abb. 1.24 (Video 1.24) Schaftmobilisation und Femurkomponentenimplantation

Prothese. Dies sollte mit nur leichtem Zug und leichtem Druck auf den Probekopf der Prothese erfolgen können. Ist ein zu starker Zug am Bein und Druck über den Probekopf notwendig, ist höchstwahrscheinlich eine Verlängerung des Beines erfolgt (s. Video ◘ Abb. 1.25).

In reponiertem Zustand wird der Vorteil der Abdeckung von beiden Beinen sichtbar. Über die Fersenpolster, die Knöchel und Kniegelenke kann die Beinlänge verglichen werden. In 90° Flexion der Hüft- und Kniegelenke kann ebenfalls die Geometrie der Längen von Ober- und Unterschenkel mit der Gegenseite verglichen werden (sog. Galeazzi-Test).

Die Stabilität wird in voller Hüftstreckung und gleichzeitiger forcierter Außenrotation des Beines getestet, ebenso wie in über 90° Beugung der Hüfte und Druck auf das Kniegelenk in dorsaler Luxationsrichtung. Es bietet sich dabei an, mit einem Finger das proximale Femur und die Prothesenkomponenten zu palpieren, um ein Impingement gegen den Beckenknochen ausschließen zu können.

Kommt es hier zur Instabilität, ist entweder die Prothesengröße zu klein oder die Prothesenkopf-Kombination zu kurz. Beides kann angepasst werden, bis Stabilität besteht. Besteht ein Impingement, liegt entweder eine ungünstige Kombination von Anteversion der Pfanne und Rotation der Femurkomponente vor, Osteophyten wurden nicht entfernt oder das Femorale Offset ist zu gering. Dies muss jeweils adäquat korrigiert werden. Dann Einbringen des endgültigen Schaftes und Prothesenkopfes nach erneuter Luxation. Die durch das Raspeln entstandenen Lücken zwischen der Prothese und dem proximalen Schaftknochen werden mit Spongiosa aus dem Kastenmeißel aufgefüllt. Reposition und Röntgenkontrolle (Röntgenbildverstärker) intraoperativ nach EPZ-Richtlinie.

Danach Kontrolle der Wunde auf übersehene Sickerblutungen, die gerade im Bereich der Kauterisierung der aszendierenden Äste der circum-

flexen femoralen Gefäße gefunden werden und erneute Blutstillung. Bestehen keine Kontraindikationen, geben wir nach erfolgter Patientenaufklärung 1 g Tranexamsäure (10 ml) lokal und verzichten auf eine Redondrainage. Adaptation der Faszie des M. tensor fasciae latae mit fortlaufender atraumatischer Naht. Wir verwenden den gleichen Faden ebenfalls, um im Subkutangewebe eine immer bestehende Zwischenfaszie zu adaptieren.

Danach Subkutannaht und Hautnaht mit einem resorbierbaren Faden. Wundverband und Anlage eines Kompressionsverbandes

1.6 Postoperative Mobilisation

Wurde keine Redondrainage eingelegt, steht der Patient nach Abklingen der Narkose am Nachmittag des OP-Tages mit der Physiotherapie auf und geht ein paar Schritte. Vollbelastung ist erlaubt, NSAR zur Verkalkungsprophylaxe werden für mindestens 5 Tage gegeben, oder es erfolgt bei nephrologischen Kontraindikationen einen präoperative oder postoperative Bestrahlung am OP-Tag.

Standard Schmerztherapie und zunehmende Mobilisation des Patienten an den nächsten Tagen. Bis der Patient nach Hause geht, sollte er selbstständig mobil sein und Treppen alleine steigen können. Unterarmgehhilfen werden zur Sicherheit empfohlen, sind aber nicht unbedingt erforderlich. Wir empfehlen ebenso eine Einschränkung der Flexion bis 90° für 6 Wochen postoperativ. Eine Adduktions-Außenrotations-Bewegung bei gestrecktem Hüftgelenk sollte im gleichen Zeitraum vermieden werden. Bevor der Patient das Haus verlässt, erfolgt eine konventionelle Röntgenkontrolle (◘ Abb. 1.26) Weitere Kontrollen sollten in jährlichen Abständen durchgeführt werden. Von dieser Regel kann nach den ersten Kontrollen bei absoluter Beschwerdefreiheit abgewichen werden.

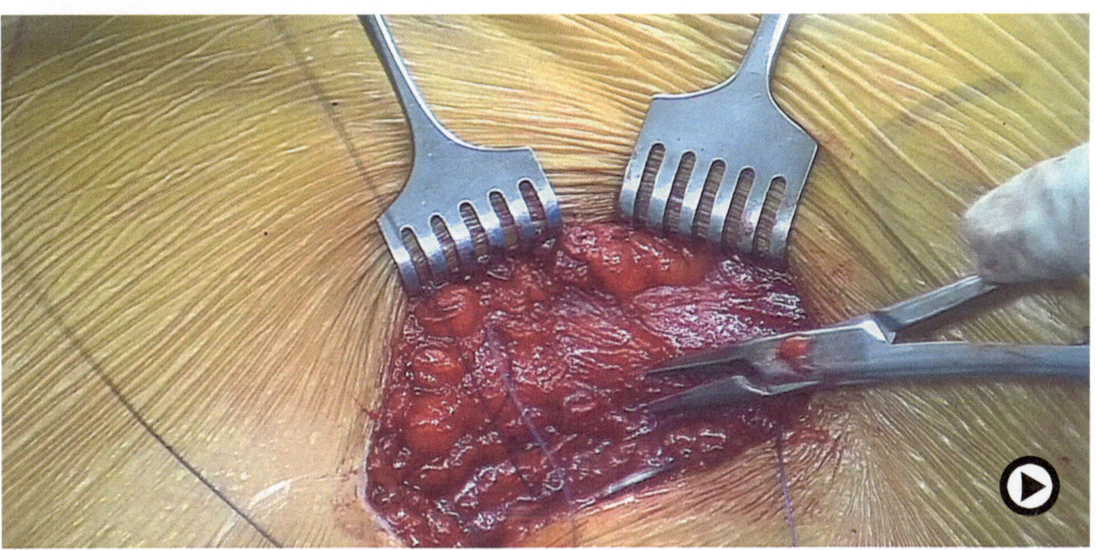

Abb. 1.25 (Video 1.25) Röntgenkontrolle und Hautnaht

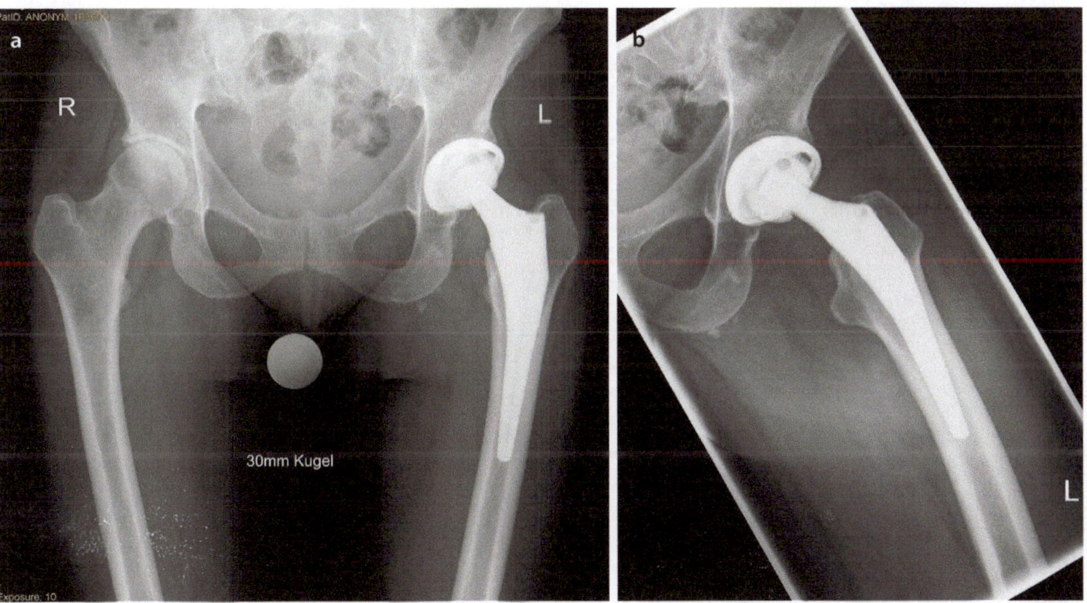

Abb. 1.26 a, b Röntgenkontrolle postoperativ

1.7 Videos

Das Video der gesamten Operation – (s. Video ◘ Abb. 1.27) sowie die einzelnen Videos können aus dem E-Book direkt über den Link „Zementfreie Hüftendoprothese: Minimalinvasiver direkter vorderer Zugang" und in der gedruckten Ausgabe über einen Scan der entsprechenden Abbildungen mit der SN MoreMedia App aufgerufen werden. Eine Benutzeranleitung für die App finden Sie nach dem Inhaltsverzeichnis dieses Buches.

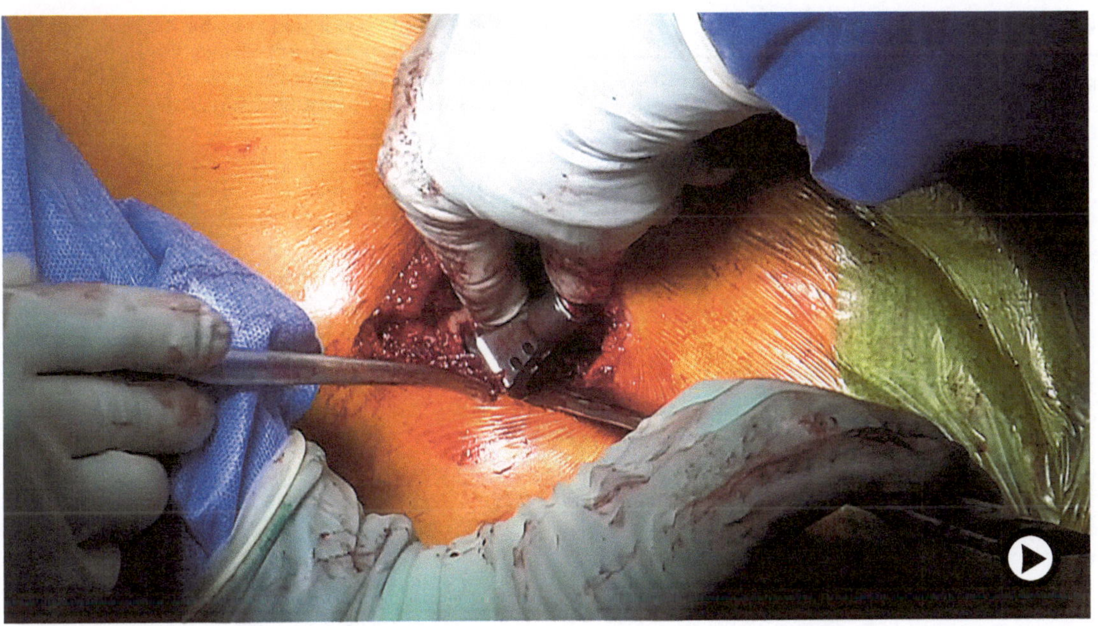

Abb. 1.27   (Video 1.27) Zementfreie Hüftendoprothese: Minimalinvasiver direkter vorderer Zugang (gesamte OP)

Literatur

Rudert M, Horas K, Hoberg M, Steinert A, Holzapfel DE, Hubner S, Holzapfel BM (2016) The Wuerzburg procedure: the tensor fasciae latae perforator is a reliable anatomical landmark to clearly identify the Hueter interval when using the minimally-invasive direct anterior approach to the hip joint. BMC Musculoskelet Disord 17:57